2016年
浙江省农作物新品种动态

◎ 浙江省种子管理总站　编

ZHEJIANG UNIVERSITY PRESS
浙江大学出版社 | 全国百佳图书出版单位

图书在版编目（CIP）数据

2016年浙江省农作物新品种动态 / 浙江省种子管理总站编. — 杭州：浙江大学出版社，2018.1

ISBN 978-7-308-17947-8

Ⅰ. ①2… Ⅱ. ①浙… Ⅲ. ①作物—品种—介绍—浙江—2016 Ⅳ. ①S329.255

中国版本图书馆CIP数据核字(2018)第015707号

2016年浙江省农作物新品种动态

浙江省种子管理总站 编

责任编辑 季 峥（really@zju.edu.cn）

责任校对 潘晶晶 梁 容

封面设计 杭州林智广告有限公司

排 版 杭州林智广告有限公司

出版发行 浙江大学出版社

（杭州市天目山路148号邮政编码310007）

（网址：http://www.zjupress.com）

印 刷 虎彩印艺股份有限公司

开 本 889mm×1194mm 1/16

印 张 21.5

字 数 705千

版 印 次 2018年1月第1版 2018年1月第1次印刷

书 号 ISBN 978-7-308-17947-8

定 价 128.00元

《2016年浙江省农作物新品种动态》

编写委员会

前 言

农作物品种是农业科技竞争力的核心，是决定农业生产发展的内在因子。品种区域试验、展示示范是品种审定推广的依据。根据《中华人民共和国种子法》和《浙江省主要农作物品种审定办法》的规定，2016 年，浙江省围绕农业供给侧结构性改革需要，全面开展水稻、小麦、玉米、棉花、大豆 5 种主要农作物及甘薯、马铃薯等其他农作物品种区域试验、展示示范，筛选并确定了一批符合各地推广种植的品质优、抗性强、产量高、适应性广的农作物优良品种，为农作物品种审定工作提供科学依据。现将 2016 年浙江省农作物品种区域试验、展示示范结果予以汇编。

本书共分两大部分。

第一部分介绍品种区域试验结果。包含了水稻、小麦、玉米、棉花、大豆 5 种农作物品种区域试验 24 组、品种 308 个、217 个试验点（次）；生产试验 17 组、64 个品种、157 个试验点（次）。

第二部分介绍品种展示示范结果。主要包括了水稻、玉米、小麦、油菜、大豆、甘薯、马铃薯和杂粮等农作物新品种展示示范点 62 个、展示示范品种 562 个（次）。其中，水稻展示示范点 40 个、品种 425 个（次）；玉米展示示范点 4 个、品种 55 个（次）；小麦展示示范点 3 个、品种 14 个（次）；油菜展示示范点 6 个、品种 14 个（次）；其他农作物展示示范点 9 个、品种 54 个（次）。

考虑到实际工作的需要，本书沿用了生产上通用的计量单位“亩”（1 亩≈667 平方米），特此说明。

本书力求客观、公正、详尽，但由于时间仓促，若有错误之处，敬请批评指正。

浙江省种子管理总站

2017 年 10 月

目　录

第一部分　品种区域试验

第二部分　展示示范总结

第一部分　品种区域试验

2016年浙江省早籼稻区域试验和生产试验总结

浙江省种子管理总站

一、试验概况

2016年，浙江省早籼稻区域试验参试品种（组合）共有12个（不包括对照，下同），其中10个新参试品种（组合），2个续试品种（组合）。生产试验参试组合有1个。区域试验采用随机区组排列的形式，小区面积为0.02亩，重复3次。生产试验采用大区对比法，大区面积为0.33亩。试验四周设保护行，同组所有试验品种（组合）同期播种和移栽，其他田间管理与当地大田生产一致，试验田及时防治病虫害，观察记载标准和项目按《浙江省水稻区域试验和生产试验技术操作规程（试行）》执行。

区域试验和生产试验分别由金华市种子管理站、余姚市种子管理站、诸暨国家级区试站、台州市农业科学研究院、金华市婺城区第一良种场、衢州市种子管理站、温州市原种场、苍南县种子站、江山市种子管理站、嵊州市良种场这10个单位承担。其中，因诸暨试点的两个早熟品种收割较迟,故这两个品种数据做报废处理。稻米品质分析和主要病虫害抗性鉴定任务分别由农业部稻米及制品质量监督检验测试中心（杭州）和浙江省农业科学院植物保护与微生物研究所承担。

二、品种简评

（一）区域试验

1. 中组143（续）：系中国水稻研究所选育而成的早籼稻新品种，该品种第二年参试。2015年试验平均亩产为512.0千克，比对照中早39增产1.4%，未达显著水平；2016年试验平均亩产为540.3千克，比对照中早39增产2.6%，未达显著水平；两年省区域试验平均亩产为526.2千克，比对照中早39增产2.0%。两年平均全生育期为112.1天，比对照中早39短0.9天。该品种每亩有效穗数为17.9万穗，株高88.4厘米，每穗总粒数为137.4粒，每穗实粒数为117.8粒，结实率为85.7%，千粒重为25.1克。经浙江省农业科学院植物保护与微生物研究所2015—2016年抗性鉴定，平均叶瘟1.7级，穗瘟6级，穗瘟损失率3级，综合指数为3.7；白叶枯病7.5级。经农业部稻米及制品质量监督检测中心（杭州）2015—2016年检测，平均整精米率为45.3%，长宽比为2.0，垩白粒率为86%，垩白度为13.6%，透明度为4级，胶稠度为61毫米，直链淀粉含量为25.4%，米质各项指标综合评价均为食用稻品种品质普通（部颁）。

该品种产量一般，生育期适中，中感稻瘟病，高感白叶枯病，米质类似于对照中早39。建议下一年度进入生产试验。

2. 中早46（续）：系中国水稻研究所选育而成的早籼稻新品种，该品种第二年参试。2015年试验平均亩产为532.1千克，比对照中早39增产5.4%，达显著水平；2016年试验平均亩产为532.4千克，比对照中早39增产1.1%，未达显著水平；两年省区域试验平均亩产为532.2千克，比对照中早39增产3.2%。两年平均全生育期为114.8天，比对照中早39长1.8天。该品种每亩有效穗数为18.5万穗，株高90.7厘米，每穗总粒数为145粒，每穗实粒数为119粒，结实率为82.1%，千粒重为25.6克。经浙江省农业科学院植物保护与微生物研究所2015—2016年抗性鉴定，平均叶瘟3.0级，穗瘟7级，穗瘟损失率4级，综合指数为4.8；白叶枯病6.9级。经农业部稻米及制品质量监督检测中心（杭州）2015—2016年检测，平均整精米率为44.8%，长宽比为2.2，垩白粒率为72%，垩白度为12.0%，透明度为4级，胶稠度为71毫米，直链淀粉含量为26.1%，米质各项指标综合评价均为食用稻品种品质普通（部颁）。

该品种产量较高，生育期适中，中感稻瘟病，高感白叶枯病，米质类似于对照中早39。建议下一年度不再参试。

3. 嘉育25：系浙江勿忘农种业股份有限公司选育而成的早籼稻新品种，该品种第一年参试。2016年试验平均亩产为553.0千克，比对照中早39增产5.1%，达显著水平。全生育期为112.1天，比对照中早39长0.3天。该品种每亩有效穗数为20.4万穗，株高83.2厘米，每穗总粒数为133.5粒，每穗实粒数为111粒，结实率为83.1%，千粒重为25.8克。经浙江省农业科学院植物保护与微生物研究所2016年抗性鉴定，平均叶瘟6.0级，穗瘟9级，穗瘟损失率3级，综合指数为5.5；白叶枯病6.6级。经农业部稻米及制品质量监督检测中心（杭州）2016年检测，平均整精米率为31.5%，长宽比为2.2，垩白粒率为85%，垩白度为12.7%，透明度为4级，胶稠度为82毫米，直链淀粉含量为25.8%，米质各项指标综合评价为食用稻品种品质普通（部颁）。

该品种产量高，生育期适中，中感稻瘟病，感白叶枯病，米质类似于对照中早39。建议下一年度继续试验。

4. 陵两优1435：系浙江龙游县五谷香种业有限公司、中国水稻研究所选育而成的早籼稻新组合，该组合第一年参试。2016年试验平均亩产为533.3千克，比对照中早39增产1.3%，未达显著水平。全生育期为113.5天，比对照中早39长1.7天。该组合每亩有效穗数为19.7万穗，株高85.3厘米，每穗总粒数为135.8粒，每穗实粒数为111.6粒，结实率为82.2%，千粒重为25.0克。经浙江省农业科学院植物保护与微生物研究所2016年抗性鉴定，平均叶瘟0.7级，穗瘟5级，穗瘟损失率3级，综合指数为3.0；白叶枯病6.5级。经农业部稻米及制品质量监督检测中心（杭州）2016年检测，平均整精米率为45.9%，长宽比为2.4，垩白粒率为71%，垩白度为10.5%，透明度为4级，胶稠度为44毫米，直链淀粉含量为20.7%，米质各项指标综合评价为食用稻品种品质普通（部颁）。

该组合产量一般，生育期适中，中抗稻瘟病，感白叶枯病，米质类似于对照中早39。建议下一年度不再参试。

5. 辐435：系浙江省农业科学院选育而成的早籼稻新品种，该品种第一年参试。2016年试验平均亩产为520.6千克，比对照中早39减产1.1%，未达显著水平。全生育期为112.8天，比对照中早39长1.0天。该品种每亩有效穗数为20.6万穗，株高86.5厘米，每穗总粒数为137.4粒，每穗实粒数为113.3粒，结实率为82.5%，千粒重为25.2克。经浙江省农业科学院植物保护与微生物研究所2016年抗性鉴定，平均叶瘟5.0级，穗瘟5级，穗瘟损失率3级，综合指数为4.3；白叶枯病6.2级。经农业部稻米及制品质量监督检测中心（杭州）2016年检测，平均整精米率为60.9%，长宽比为2.2，垩白粒率为88%，垩白度为16.3%，透明度为5级，胶稠度为77毫米，直链淀粉含量为26.8%，米质各项指标综合评价为食用稻品种品质普通（部颁）。

该组合产量一般，生育期适中，中感稻瘟病，感白叶枯病，米质类似于对照中早39。建议下一年度不再参试。

6. 嘉早103：系嘉兴市农业科学研究院选育而成的早籼稻新品种，该品种第一年参试。2016年试验平均亩产为512.7千克，比对照中早39减产2.6%，未达显著水平。全生育期为112.8天，比对照中早39长1.0天。该品种每亩有效穗数为18.5万穗，株高85.6厘米，每穗总粒数为144.7粒，每穗实粒数为122.2粒，结实率为84.5%，千粒重为25.4克。经浙江省农业科学院植物保护与微生物研究所2016年抗性鉴定，平均叶瘟2.7级，穗瘟7级，穗瘟损失率1级，综合指数为3.3；白叶枯病3.6级。经农业部稻米及制品质量监督检测中心（杭州）2016年检测，平均整精米率为50.3%，长宽比为2.1，垩白粒率为65%，垩白度为8.2%，透明度为3级，胶稠度为73毫米，直链淀粉含量为15.3%，米质各项指标综合评价为食用稻品种品质普通（部颁）。

该品种产量一般，生育期适中，中抗稻瘟病，中感白叶枯病，米质类似于对照中早39。建议下一年度不再参试。

7. 瓯早3号：系温州市农业科学研究院选育而成的早籼稻新品种，该品种第一年参试。2016年试验平均亩产为510.1千克，比对照中早39减产3.1%，未达显著水平。全生育期为111.5天，比对照中早39短0.3天。该品种每亩有效穗数为19.2万穗，株高84.9厘米，每穗总粒数为139.8粒，每穗实粒数为111.8粒，结实率为80.0%，千粒重为25.4克。经浙江省农业科学院植物保护与微生物研究所2016年抗性鉴定，平均叶瘟3.7级，穗瘟9级，穗瘟损失率5级，综合指数为5.8；白叶枯病8.4级。经农业部稻米及制品质量监督检测中心（杭州）2016年检测，平均整精米率为54.9%，长宽比为2.2，垩白粒率为77%，垩白度为9.9%，透明度为3级，胶稠度为76毫米，直链淀粉含量为26.3%，米质各项指标综合评价为食用稻品种品质普通（部颁）。

该品种产量偏低，生育期适中，中感稻瘟病，高感白叶枯病，米质类似于对照中早39。建议下一年度不再参试。

8. 中组135：系浙江可得丰种业有限公司、中国水稻研究所选育而成的早籼稻新品种，该品种第一年参试。2016年试验平均亩产为500.9千克，比对照中早39减产4.8%，达显著水平。全生育期为111.0天，比对照中早39短0.8天。该品种每亩有效穗数为18.8万穗，株高90.2厘米，每穗总粒数为126.4粒，每穗实粒数为107.4粒，结实率为85.0%，千粒重为25.7克。经浙江省农业科学院植物保护与微生物研究所2016年抗性鉴定，平均叶瘟0.7级，穗瘟9级，穗瘟损失率3级，综合指数为4.0；白叶枯病4.6级。经农业部稻米及制品质量监督检测中心（杭州）2016年检测，平均整精米率为54.4%，长宽比为2.1，垩白粒率为68%，垩白度为14.2%，透明度为5级，胶稠度为84毫米，直链淀粉含量为24.6%，米质各项指标综合评价为食用稻品种品质普通（部颁）。

该品种产量偏低，生育期适中，中抗稻瘟病，中感白叶枯病，米质类似于对照中早39。建议下一年度不再参试。

9. 甬籼409：系绍兴市舜达种业有限公司、宁波市农业科学研究院、舟山市农林科学研究院选育而成的早籼稻新品种，该品种第一年参试。2016年试验平均亩产为494.4千克，比对照中早39减产6.1%，达显著水平。全生育期为107.9天，比对照中早39短3.9天。该品种每亩有效穗数为17.4万穗，株高85.4厘米，每穗总粒数为143.6粒，每穗实粒数为124.9粒，结实率为87.0%，千粒重为25.7克。经浙江省农业科学院植物保护与微生物研究所2016年抗性鉴定，平均叶瘟0.3级，穗瘟5级，穗瘟损失率1级，综合指数为2.0；白叶枯病4.3级。经农业部稻米及制品质量监督检测中心（杭州）2016年检测，平均整精米率为59.6%，长宽比为1.8，垩白粒率为83%，垩白度为17.7%，透明度为4级，胶稠度为69毫米，直链淀粉含量为25.4%，米质各项指标综合评价为食用稻品种品质普通（部颁）。

该品种产量低，生育期偏短，抗稻瘟病，中感白叶枯病，米质类似于对照中早39。建议下一年度继续试验。

10. 甬籼414：系宁波市农业科学研究院、舟山市农林科学研究院选育而成的早籼稻新品种，该品种第一年参试。2016年试验平均亩产为468.2千克，比对照中早39减产11.1%，达极显著水平。全生育期为108.4天，比对照中早39短3.4天。该品种每亩有效穗数为18.8万穗，株高78.1厘米，每穗总粒数为124.1粒，每穗实粒数为103粒，结实率为83.0%，千粒重为26.6克。经浙江省农业科学院植物保护与微生物研究所2016年抗性鉴定，平均叶瘟5.3级，穗瘟9级，穗瘟损失率3级，综合指数为5.3；白叶枯病4.2级。经农业部稻米及制品质量监督检测中心（杭州）2016年检测，平均整精米率为29.6%，长宽比为2.1，垩白粒率为86%，垩白度为16.5%，透明度为4级，胶稠度为76毫米，直链淀粉含量为14.5%，米质各项指标综合评价为食用稻品种品质普通（部颁）。

该品种产量低，生育期偏短，中感稻瘟病，中感白叶枯病，米质类似于对照中早39。建议下一年度不再参试。

11. 中两优69：系中国水稻研究所选育而成的早籼稻新组合，该组合第一年参试。2016年试验平均亩产为458.2千克，比对照中早39减产13.0%，达极显著水平。全生育期为112.9天，比对照中早39长1.1天。该组合每亩有效穗数为20.5万穗，株高84.5厘米，每穗总粒数为127粒，每穗实粒数为97粒，结实率为76.4%，千粒重为25.1克。经浙江省农业科学院植物保护与微生物研究所2016年抗性鉴定，平均叶瘟3.3级，穗瘟9级，穗瘟损失率5级，综合指数为5.8；白叶枯病6.3级。经农业部稻米及制品质量监督检测中心（杭州）2016年检测，平均整精米率为53.4%，长宽比为2.3，垩白粒率为62%，垩白度为9.1%，透明度为3级，胶稠度为51毫米，直链淀粉含量为21.3%，米质各项指标综合评价为食用稻品种品质普通（部颁）。

该品种产量低，生育期适中，中感稻瘟病，感白叶枯病，米质类似于对照中早39。建议下一年度不再参试。

（二）生产试验

金12-39：系金华市农业科学研究院选育而成的早籼稻新品种。本年度生产试验平均亩产为528.7千克，比对照中早39增产4.3%。

该组合已于2016年通过浙江省品审会水稻专业组的考察审查，并推荐浙江省品审会审定。

相关结果见表1～表8。

表1 2016年浙江省早籼稻区域试验和生产试验参试品种及申请（供种）单位表

试验类别	品种名称	原名	亲本	申请（供种）单位	备注
区域试验	中早46（续）		中组7号/G08-89	中国水稻研究所	续试
	中组143(续)		中早39/台早733	中国水稻研究所	
	瓯早3号	W14-01	Z5331/温210//温210///浙409	温州市农业科学研究院	新参试
	嘉早103	Z14103	ZD25/ZD105	嘉兴市农业科学研究院	
	中两优69	14YK-7	中18S×中恢69	中国水稻研究所	
	辐435		温718/DK03-7 F_1辐照	浙江省农业科学院	
	甬籼414	NZ14-14	Z6340/G03-70//甬籼703	宁波市农业科学研究院、舟山市农林科学研究院	
	陵两优1435		湘陵628S×14J35	浙江龙游县五谷香种业有限公司、中国水稻研究所	
	中组135		中早39/Z10-108	浙江可得丰种业有限公司、中国水稻研究所	
	嘉育25		嘉育89/中早39	浙江勿忘农种业股份有限公司	
	甬籼409		甬籼57/HP15//浙农72	绍兴市舜达种业有限公司、宁波市农业科学研究院、舟山市农林科学研究院	
	中早39（CK）		嘉育253/中组3号	浙江省种子管理总站	
生产试验	金12-39		杭06-08/温624	金华市农业科学研究院	
	中早39（CK）		嘉育253/中组3号	浙江省种子管理总站	

表 2　2015—2016 年浙江省早籼稻区域试验和生产试验参试品种产量表

试验类别	品种名称	2016 年					2015 年			两年平均	
		小区产量（千克）	亩产（千克）	亩产与对照比较（%）	差异显著性检验		亩产（千克）	亩产与对照比较（%）	差异显著性	亩产（千克）	亩产与对照比较（%）
					0.05	0.01					
区域试验	嘉育 25	11.060	553.0	5.1	a	A	/	/	/	/	/
	中组 143（续）	10.806	540.3	2.6	ab	AB	512.0	1.4	/	526.2	2.0
	陵两优 1435	10.666	533.3	1.3	abc	ABC	/	/	/	/	/
	中早 46（续）	10.648	532.4	1.1	abc	ABC	532.1	5.4	*	532.2	3.2
	中早 39（CK）	10.528	526.4	0.0	bc	ABCD	504.9	0.0	/	515.6	0.0
	辐 435	10.413	520.6	−1.1	bcd	ABCD	/	/	/	/	/
	嘉早 103	10.254	512.7	−2.6	cde	BCD	/	/	/	/	/
	瓯早 3 号	10.202	510.1	−3.1	cde	BCD	/	/	/	/	/
	中组 135	10.018	500.9	−4.8	de	CDE	/	/	/	/	/
	甬籼 409	9.889	494.4	−6.1	e	DE	/	/	/	/	/
	甬籼 414	9.364	468.2	−11.1	f	EF	/	/	/	/	/
	中两优 69	9.164	458.2	−13.0	f	F	/	/	/	/	/
生产试验	金 12-39	/	528.7	4.3	/	/	/	/	/	/	/
	中早 39（CK）	/	507.2	/	/	/	/	/	/	/	/

注：　*表示差异达显著水平。

表 3　2015—2016 年浙江省早籼稻区域试验参试品种经济性状表

品种名称	年份	全生育期（天）	全生育期与对照比较（天）	落田苗数（万株/亩）	有效穗数（万穗/亩）	株高（厘米）	总粒数（粒/穗）	实粒数（粒/穗）	结实率（%）	千粒重（克）
中早 46（续）	2015	115.8	1.6	8.8	18.1	92.5	149.4	122.0	81.7	24.9
	2016	113.7	1.9	9.0	18.9	89.0	140.6	116.0	82.5	26.2
	平均	114.8	1.8	8.9	18.5	90.7	145.0	119.0	82.1	25.6
中组 143（续）	2015	113.5	−0.7	9.4	17.3	90.1	141.2	121.1	85.8	24.6
	2016	110.7	−1.1	8.7	18.5	86.7	133.7	114.5	85.6	25.6
	平均	112.1	−0.9	9.0	17.9	88.4	137.4	117.8	85.7	25.1
中早 39（CK）	2015	114.2	0.0	9.1	19.2	86.0	123.8	108.5	87.6	25.2
	2016	111.8	0.0	9.0	19.6	84.4	125.4	111.4	88.8	25.8
	平均	113.0	0.0	9.1	19.4	85.2	124.6	110.0	88.3	25.5
陵两优 1435	2016	113.5	1.7	6.3	19.7	85.3	135.8	111.6	82.2	25.0
中两优 69	2016	112.9	1.1	7.3	20.5	84.5	127.0	97.0	76.4	25.1

（续表）

品种名称	年份	全生育期（天）	全生育期与对照比较（天）	落田苗数（万株/亩）	有效穗数（万穗/亩）	株高（厘米）	总粒数（粒/穗）	实粒数（粒/穗）	结实率（%）	千粒重（克）
嘉早103	2016	112.8	1.0	8.9	18.5	85.6	144.7	122.2	84.5	25.4
辐435	2016	112.8	1.0	8.7	20.6	86.5	137.4	113.3	82.5	25.2
嘉育25	2016	112.1	0.3	9.2	20.4	83.2	133.5	111.0	83.1	25.8
瓯早3号	2016	111.5	−0.3	8.7	19.2	84.9	139.8	111.8	80.0	25.4
中组135	2016	111.0	−0.8	8.8	18.8	90.2	126.4	107.4	85.0	25.7
甬籼414	2016	108.4	−3.4	9.0	18.8	78.1	124.1	103.0	83.0	26.6
甬籼409	2016	107.9	−3.9	8.5	17.4	85.4	143.6	124.9	87.0	25.7

表4 2015—2016年浙江省早籼稻区域试验参试品种主要病虫害抗性鉴定结果表

品种名称	年份	稻瘟病								白叶枯病		
		叶瘟		穗瘟		穗瘟损失率		综合指数	品种评价	平均级	最高级	品种评价
		平均级	最高级	平均级	最高级	平均级	最高级					
中早46（续）	2015	2.6	4	9	9	5	5	5.8	中感	7.4	9	高感
	2016	3.3	4	5	/	3	/	3.8	中抗	6.4	7	感
	平均	3.0	4	7	/	4	/	4.8	中感	6.9	8	高感
中组143（续）	2015	2.3	3	3	3	1	1	2.0	抗	7.6	9	高感
	2016	1.0	2	9	/	5	/	5.3	中感	7.3	9	高感
	平均	1.7	3	6	/	3	/	3.7	中感	7.5	9	高感
中早39（CK）	2015	2.0	3	3	3	1	1	2.0	抗	6.4	7	感
	2016	1.3	3	7	/	1	/	3.0	中抗	4.2	5	中感
	平均	1.7	3	5	/	1	/	2.5	中抗	5.3	6	感
瓯早3号	2016	3.7	4	9	/	5	/	5.8	中感	8.4	9	高感
嘉早103	2016	2.7	4	7	/	1	/	3.3	中抗	3.6	5	中感
中两优69	2016	3.3	4	9	/	5	/	5.8	中感	6.3	7	感
辐435	2016	5.0	6	5	/	3	/	4.3	中感	6.2	7	感
甬籼414	2016	5.3	6	9	/	3	/	5.3	中感	4.2	5	中感
陵两优1435	2016	0.7	1	5	/	3	/	3.0	中抗	6.5	7	感
中组135	2016	0.7	1	9	/	3	/	4.0	中抗	4.6	5	中感
嘉育25	2016	6.0	7	9	/	3	/	5.5	中感	6.6	7	感
甬籼409	2016	0.3	1	5	/	1	/	2.0	抗	4.3	5	中感

注：2016年早籼稻田间穗瘟抗性鉴定试验感病对照品种穗瘟病级未达7级，田间试验无效。该年度早籼稻穗瘟抗性鉴定为人工喷雾接种鉴定结果。

表 5　2015—2016 年浙江省早籼稻区域试验参试品种稻米品质表

品种名称	年份	糙米率（%）	精米率（%）	整精米率（%）	粒长（毫米）	长宽比	垩白粒率（%）	垩白度（%）	透明度（级）	碱消值（级）	胶稠度（毫米）	直链淀粉含量（%）	蛋白质含量（%）	等级
中早 46（续）	2015	80.5	68.2	26.7	5.7	2.2	64	9.8	4	5.6	64	26.3	10.4	普通
	2016	80.7	72.0	62.9	5.7	2.2	80	14.2	4	5.0	78	25.9	8.9	普通
	平均	80.6	70.1	44.8	5.7	2.2	72	12.0	4	5.3	71	26.1	9.7	
中组 143（续）	2015	79.5	64.1	27.9	5.2	1.9	83	11.4	3	5.7	50	25.8	11.8	普通
	2016	81.0	72.3	62.6	5.4	2.0	89	15.8	5	5.0	72	24.9	9.8	普通
	平均	80.3	68.2	45.3	5.3	2.0	86	13.6	4	5.4	61	25.4	10.8	
中早 39（CK）	2015	79.6	63.7	33.0	5.2	1.9	83	11	3	5.5	45	25.4	10.4	普通
	2016	80.0	72.0	60.1	5.2	1.9	85	14.7	5	5.2	44	24.7	9.0	普通
	平均	79.8	67.9	46.6	5.2	1.9	84	12.9	4	5.4	45	25.1	9.7	
瓯早 3 号	2016	80.0	71.0	54.9	5.6	2.2	77	9.9	3	6.3	76	26.3	8.7	普通
嘉早 103	2016	79.4	71.0	50.3	5.5	2.1	65	8.2	3	4.7	73	15.3	8.4	普通
中两优 69	2016	78.6	70.4	53.4	5.8	2.3	62	9.1	3	5.3	51	21.3	9.4	普通
辐 435	2016	79.9	72.1	60.9	5.6	2.2	88	16.3	5	6.1	77	26.8	9.4	普通
甬籼 414	2016	79.7	70.4	29.6	5.6	2.1	86	16.5	4	4.2	76	14.5	9.9	普通
陵两优 1435	2016	80.0	70.9	45.9	5.9	2.4	71	10.5	4	5.2	44	20.7	9.3	普通
中组 135	2016	80.9	71.9	54.4	5.8	2.1	68	14.2	5	5.1	84	24.6	8.2	普通
嘉育 25	2016	80.1	71.0	31.5	5.8	2.2	85	12.7	4	5.0	82	25.8	8.4	普通
甬籼 409	2016	80.2	72.6	59.6	5.0	1.8	83	17.7	4	5.0	69	25.4	8.9	普通

表 6　2016 年浙江省早籼稻区域试验和生产试验参试品种各试点产量对照表

单位：千克/亩

试验类别	品种名称	平均	苍南	江山	金华	衢州	嵊州良	台州	温原种	婺城	余姚	诸国家
区域试验	嘉育 25	553.0	521.7	554.0	535.0	495.0	662.5	543.5	578.3	508.3	559.0	572.8
	中组 143（续）	540.3	477.5	514.0	533.3	505.5	690.8	532.6	545.0	468.3	563.5	572.5
	陵两优 1435	533.3	487.5	542.5	527.7	503.3	671.7	469.8	541.7	456.7	546.3	585.8
	中早 46（续）	532.4	508.3	509.0	501.0	504.8	656.7	523.5	558.3	470.0	464.0	628.2
	中早 39（CK）	526.4	477.5	546.0	511.0	467.0	631.7	519.0	541.7	480.0	535.5	554.5
	辐 435	520.6	475.8	536.7	527.7	491.2	650.8	517.2	528.3	455.0	452.2	571.5
	嘉早 103	512.7	457.5	492.0	488.3	459.8	645.8	509.8	508.3	463.3	504.8	597.2
	瓯早 3 号	510.1	458.3	547.8	498.3	491.2	590.8	441.8	546.7	483.3	465.0	577.7
	中组 135	500.9	474.2	448.8	452.3	479.3	620.0	494.7	478.3	478.3	533.3	549.7
	甬籼 409	494.4	444.2	498.9	494.3	427.8	639.2	478.3	483.3	453.3	529.7	/
	甬籼 414	468.2	445.0	504.9	441.3	391.5	620.8	401.4	446.7	433.3	528.7	/
	中两优 69	458.2	406.7	454.5	525.0	429.5	575.0	390.2	471.7	446.7	469.7	413.2
生产试验	金 12-39	528.7	528.3	496.7	492.5	515.4	535.5	558.9	507.0	504.7	622.3	526.0
	中早 39（CK）	507.2	489.4	481.8	455.5	485.0	578.0	523.8	492.0	478.7	603.4	484.2

表7　2016年浙江省早籼稻区域试验参试品种各试点杂株率表

单位：%

品种名称	苍南	江山	金华	衢州	嵊州良	台州	温原种	婺城	余姚	诸国家	平均
中早46（续）	0.0	0.0	0.0	0.0	0.0	0.0	0.0	0.0	0.0	0.0	0.0
中组143（续）	0.0	0.0	0.0	0.4	0.0	0.0	0.0	0.0	0.0	0.3	0.1
瓯早3号	0.0	0.0	0.0	0.6	0.0	0.0	0.0	0.8	0.0	0.0	0.1
嘉早103	0.0	0.0	0.0	0.0	0.0	0.0	0.0	0.0	0.0	0.0	0.0
中两优69	0.0	3.8	7.0	4.7	5.0	7.3	5.0	7.3	5.0	5.2	5.0
辐435	0.0	0.0	0.0	0.0	0.0	0.0	0.0	0.8	0.0	0.0	0.1
甬籼414	0.0	0.0	0.0	0.0	0.0	0.0	0.0	0.5	0.0	0.0	0.1
陵两优1435	0.0	1.5	1.9	0.4	3.0	4.9	5.0	2.9	5.0	0.2	2.5
中组135	0.0	0.0	0.0	0.0	0.0	0.0	0.0	0.3	0.0	0.0	0.0
嘉育25	0.0	0.0	0.0	0.2	0.0	0.0	0.0	0.3	0.0	0.0	0.1
甬籼409	0.0	0.0	0.0	0.0	2.0	0.0	0.0	0.8	0.0	3.3	0.6
中早39（CK）	0.0	0.0	0.0	0.0	0.0	0.0	0.0	0.5	0.0	0.0	0.1

表8　2016年浙江省早籼稻区域试验参试品种各试点抗倒性表

品种名称	苍南	江山	金华	衢州	嵊州良	台州	温原种	婺城	余姚	诸国家	综合评价
中早46（续）	好	好	好	好	好	好	好	好	好	好	好
中组143（续）	好	好	好	好	好	好	中	好	好	好	好
瓯早3号	好	好	好	好	好	好	好	好	好	好	好
嘉早103	好	好	好	好	好	中	中	好	好	好	好
中两优69	中	好	好	好	好	好	好	好	好	好	好
辐435	好	好	好	好	好	好	好	好	好	好	好
甬籼414	好	好	好	好	中	好	差	差	中	好	中
陵两优1435	好	好	好	好	好	好	好	好	好	好	好
中组135	好	好	好	好	好	差	中	中	中	好	好
嘉育25	好	好	好	好	好	中	好	好	好	好	好
甬籼409	中	好	好	好	好	好	中	好	中	好	好
中早39（CK）	好	好	好	好	好	好	好	好	好	好	好

附件

2016 早稻区域试验质量检查与品种评价

2016 年 7 月 14—16 日，浙江省主要农作物品审会办公室组织水稻专业组现场检查了省早籼稻区域试验与生产试验点，现将情况汇总如下。

1. 检查地点。金华市农业科学研究院、金华市婺城区第一良种场、温州市原种场、苍南县种子站和诸暨国家区试站共 5 个点。

2. 试验质量。各试点田间排列和布局合理，管理水平较高，整体能反映品种特性。今年因后期雨水和台风影响，温州原种场和苍南种子站有多个品种倾斜。金华市婺城区第一良种场试验点，因台风期间水淹导致纹枯病较重；诸暨国家区试站内第一重复几个早熟品种（甬籼 409、甬籼 414 和中组 135 等）雀害重，拟对第一重复进行缺区处理。

3. 品种评价。田间考察表现较好的品种为中组 143。甬籼 409 熟期早，丰产性较好。中早 46 丰产性好，但生育期长。中两优 69 杂株较多且生育期偏长。其他品种表现一般。

浙江省农作物品审会水稻专业组

2016 年 7 月 16 日

2016年浙江省早籼稻筛选多点试验总结

浙江省种子管理总站

一、试验概况

2016年，浙江省早籼稻品种筛选多点试验参试品种（组合）共有16个（不包括对照，下同）。筛选试验采用随机区组排列的形式，小区面积为0.02亩，重复2次。试验四周设保护行，同组所有试验品种（组合）同期播种和移栽，其他田间管理与当地大田生产一致，试验田及时防治病虫害，观察记载标准和项目按《浙江省水稻区域试验和生产试验技术操作规程（试行）》执行。

试验分别由金华市种子管理站、余姚市种子管理站、诸暨国家级区试站、台州市农业科学研究院、金华市婺城区第一良种场、衢州市种子管理站、温州市原种场、苍南县种子站、江山市种子管理站、嵊州市良种场这10个单位承担。其中，诸暨、余姚试点因鸟害严重，故其试验数据做报废处理。稻米品质分析和主要病虫害抗性鉴定工作分别由农业部稻米及制品质量监督检验测试中心（杭州）和浙江省农业科学院植物保护与微生物研究所承担。

二、品种简评

1. 陵两优205：系绍兴市舜达种业有限公司、中国水稻研究所选育而成的早籼稻新组合，该组合第一年参试。2016年试验平均亩产为545.2千克，比对照中早39增产4.5%，未达显著水平。全生育期为112.0天，比对照中早39长1.0天。经浙江省农业科学院植物保护与微生物研究所2016年抗性鉴定，平均叶瘟3.3级，穗瘟7级，穗瘟损失率3级，综合指数为4.3；白叶枯病6.8级。经农业部稻米及制品质量监督检测中心（杭州）2016年检测，平均整精米率为40.8%，长宽比为2.4，垩白粒率为70%，垩白度为11.8%，透明度为4级，胶稠度为43毫米，直链淀粉含量为19.2%，米质各项指标综合评价为食用稻品种品质普通（部颁）。

该组合产量较高，生育期适中，中感稻瘟病，感白叶枯病，米质类似于对照中早39。建议下一年度不再参试。

2. 中组53：系中国水稻研究所选育而成的早籼稻新品种，该品种第一年参试。2016年试验平均亩产为530.3千克，比对照中早39增产1.6%，未达显著水平。全生育期为112.0天，比对照中早39长1.0天。经浙江省农业科学院植物保护与微生物研究所2016年抗性鉴定，平均叶瘟0.7级，穗瘟3级，穗瘟损失率1级，综合指数为1.5；白叶枯病6.6级。经农业部稻米及制品质量监督检测中心（杭州）2016年检测，平均整精米率为65.6%，长宽比为1.9，垩白粒率为90%，垩白度为17.7%，透明度为4级，胶稠度为50毫米，直链淀粉含量为25.2%，米质各项指标综合评价为食用稻品种品质普通（部颁）。

该品种产量一般，生育期适中，抗稻瘟病，感白叶枯病，米质类似于对照中早39。建议下一年度不再参试。

3. 嘉育104：系浙江勿忘农种业股份有限公司、嘉兴市农业科学研究院选育而成的早籼稻新品种，该品种第一年参试。2016 年试验平均亩产为 524.4 千克，比对照中早 39 增产 0.5%，未达显著水平。全生育期为 114.0 天，比对照中早 39 长 3.0 天。经浙江省农业科学院植物保护与微生物研究所 2016 年抗性鉴定，平均叶瘟 0.3 级，穗瘟 5 级，穗瘟损失率 1 级，综合指数为 2.0；白叶枯病 6.8 级。经农业部稻米及制品质量监督检测中心（杭州）2016 年检测，平均整精米率为 50.4%，长宽比为 2.0，垩白粒率为 85%，垩白度为 13.3%，透明度为 5 级，胶稠度为 69 毫米，直链淀粉含量为 25.6%，米质各项指标综合评价为食用稻品种品质普通（部颁）。

该品种产量一般，生育期偏长，抗稻瘟病，感白叶枯病，米质类似于对照中早 39。建议下一年度不再参试。

4. 陵两优 45：系中国水稻研究所选育而成的早籼稻新组合，该组合第一年参试。2016 年试验平均亩产为 520.4 千克，比对照中早 39 减产 0.3%，未达显著水平。全生育期为 113.0 天，比对照中早 39 长 2.0 天。经浙江省农业科学院植物保护与微生物研究所 2016 年抗性鉴定，平均叶瘟 0.3 级，穗瘟 5 级，穗瘟损失率 1 级，综合指数为 2.0；白叶枯病 5.8 级。经农业部稻米及制品质量监督检测中心（杭州）2016 年检测，平均整精米率为 43.9%，长宽比为 2.3，垩白粒率为 62%，垩白度为 9.7%，透明度为 3 级，胶稠度为 66 毫米，直链淀粉含量为 20.6%，米质各项指标综合评价为食用稻品种品质普通（部颁）。

该组合产量一般，生育期适中，抗稻瘟病，感白叶枯病，米质类似于对照中早 39。建议下一年度不再参试。

5. 陵两优 J5：系浙江可得丰种业有限公司选育而成的早籼稻新组合，该组合第一年参试。2016 年试验平均亩产为 517.6 千克，比对照中早 39 减产 0.8%，未达显著水平。全生育期为 113.0 天，比对照中早 39 长 2.0 天。经浙江省农业科学院植物保护与微生物研究所 2016 年抗性鉴定，平均叶瘟 3.7 级，穗瘟 7 级，穗瘟损失率 5 级，综合指数为 5.3；白叶枯病 6.6 级。经农业部稻米及制品质量监督检测中心（杭州）2016 年检测，平均整精米率为 53.1%，长宽比为 2.3，垩白粒率为 77%，垩白度为 11.6%，透明度为 4 级，胶稠度为 78 毫米，直链淀粉含量为 21.1%，米质各项指标综合评价为食用稻品种品质普通（部颁）。

该组合产量一般，生育期适中，中感稻瘟病，感白叶枯病，米质类似于对照中早 39。建议下一年度不再参试。

6. 陵两优 129：系中国水稻研究所选育而成的早籼稻新组合，该组合第一年参试。2016 年试验平均亩产为 517.6 千克，比对照中早 39 减产 0.8%，未达显著水平。全生育期为 112.0 天，比对照中早 39 长 1.0 天。经浙江省农业科学院植物保护与微生物研究所 2016 年抗性鉴定，平均叶瘟 0.7 级，穗瘟 3 级，穗瘟损失率 1 级，综合指数为 1.5；白叶枯病 4.4 级。经农业部稻米及制品质量监督检测中心（杭州）2016 年检测，平均整精米率为 55.2%，长宽比为 2.4，垩白粒率为 63%，垩白度为 9.9%，透明度为 4 级，胶稠度为 73 毫米，直链淀粉含量为 20.3%，米质各项指标综合评价为食用稻品种品质普通（部颁）。

该组合产量一般，生育期适中，抗稻瘟病，中感白叶枯病，米质类似于对照中早 39。建议下一年度不再参试。

7. 9 两优 106：系中国水稻研究所选育而成的早籼稻新组合，该组合第一年参试。2016 年试验平均亩产为 514.1 千克，比对照中早 39 减产 1.5%，未达显著水平。全生育期为 112.0 天，比对照中早 39 长 1.0 天。经浙江省农业科学院植物保护与微生物研究所 2016 年抗性鉴定，平均叶瘟 1.3 级，穗瘟 5 级，穗瘟损失率 3 级，综合指数为 3.3；白叶枯病 4.4 级。经农业部稻米及制品质量监督检测中心（杭州）2016 年检测，平均整精米率为 52.5%，长宽比为 2.5，垩白粒率为 73%，垩白度为 10.4%，透明度为 4 级，胶稠度为 61 毫米，直链淀粉含量为 20%，米质各项指标综合评价为食用稻品种品质普通（部颁）。

该组合产量一般，生育期适中，中抗稻瘟病，中感白叶枯病，米质类似于对照中早39。建议下一年度不再参试。

8. 舜达95：系绍兴市舜达种业有限公司、中国水稻研究所选育而成的早籼稻新品种，该品种第一年参试。2016年试验平均亩产为512.7千克，比对照中早39减产1.8%，未达显著水平。全生育期为110.0天，比对照中早39短1.0天。经浙江省农业科学院植物保护与微生物研究所2016年抗性鉴定，平均叶瘟1.3级，穗瘟5级，穗瘟损失率3级，综合指数为3.5；白叶枯病8.4级。经农业部稻米及制品质量监督检测中心（杭州）2016年检测，平均整精米率为66.3%，长宽比为2.0，垩白粒率为89%，垩白度为16.7%，透明度为4级，胶稠度为78毫米，直链淀粉含量为26%，米质各项指标综合评价为食用稻品种品质普通（部颁）。

该品种产量一般，生育期适中，中抗稻瘟病，高感白叶枯病，米质类似于对照中早39。建议下一年度继续试验。

9. 中嘉早917：系中国水稻研究所选育而成的早籼稻新品种，该品种第一年参试。2016年试验平均亩产为512.1千克，比对照中早39减产1.9%，未达显著水平。全生育期为110.0天，比对照中早39短1.0天。经浙江省农业科学院植物保护与微生物研究所2016年抗性鉴定，平均叶瘟8.7级，穗瘟9级，穗瘟损失率7级，综合指数为8.0；白叶枯病6.5级。经农业部稻米及制品质量监督检测中心（杭州）2016年检测，平均整精米率为58.6%，长宽比为1.9，垩白粒率为85%，垩白度为14.3%，透明度为5级，胶稠度为74毫米，直链淀粉含量为25.5%，米质各项指标综合评价为食用稻品种品质普通（部颁）。

该品种产量一般，生育期适中，高感稻瘟病，感白叶枯病，米质类似于对照中早39。建议下一年度不再试验。

10. 台早14-126：系台州市农业科学研究院选育而成的早籼稻新品种，该品种第一年参试。2016年试验平均亩产为505.8千克，比对照中早39减产3.1%，未达显著水平。全生育期为112.0天，比对照中早39长1.0天。经浙江省农业科学院植物保护与微生物研究所2016年抗性鉴定，平均叶瘟8.3级，穗瘟9级，穗瘟损失率7级，综合指数为8.0；白叶枯病4.3级。经农业部稻米及制品质量监督检测中心（杭州）2016年检测，平均整精米率为61.9%，长宽比为2.0，垩白粒率为94%，垩白度为20.3%，透明度为4级，胶稠度为67毫米，直链淀粉含量为24.5%，米质各项指标综合评价为食用稻品种品质普通（部颁）。

该品种产量偏低，生育期适中，高感稻瘟病，中感白叶枯病，米质类似于对照中早39。建议下一年度不再试验。

11. 9两优771：系浙江可得丰种业有限公司选育而成的早籼稻新组合，该组合第一年参试。2016年试验平均亩产为501.3千克，比对照中早39减产4.0%，未达显著水平。全生育期为110.0天，比对照中早39短1.0天。经浙江省农业科学院植物保护与微生物研究所2016年抗性鉴定，平均叶瘟4.3级，穗瘟9级，穗瘟损失率5级，综合指数为6.3；白叶枯病4.6级。经农业部稻米及制品质量监督检测中心（杭州）2016年检测，平均整精米率为55.7%，长宽比为2.5，垩白粒率为80%，垩白度为11.5%，透明度为4级，胶稠度为71毫米，直链淀粉含量为21.4%，米质各项指标综合评价为食用稻品种品质普通（部颁）。

该组合产量偏低，生育期适中，感稻瘟病，中感白叶枯病，米质类似于对照中早39。建议下一年度不再试验。

12. 甬籼430：系宁波市农业科学研究院、舟山市农林科学研究院选育而成的早籼稻新品种，该品种第一年参试。2016年试验平均亩产为498.2千克，比对照中早39减产4.5%，未达显著水平。全生育期为109.0天，比对照中早39短2.0天。经浙江省农业科学院植物保护与微生物研究所2016年抗性鉴定，平均叶瘟3.0级，穗瘟9级，穗瘟损失率5级，综合指数为5.8；白叶枯病2.3级。经农业部稻米及制品质量监督检测中心（杭州）2016年检测，平均整精米率为48.7%，长宽比为2.3，垩白粒率为88%，垩白度为19.5%，透明度为5级，胶稠度为77毫米，直链淀粉含量为26%，米质各项指标综合评价为食用稻品种品质普通（部颁）。

该品种产量偏低，生育期适中，中感稻瘟病，中抗白叶枯病，米质类似于对照中早39。建议下一年度继续试验。

13. 中早49：系中国水稻研究所选育而成的早籼稻新品种，该品种第一年参试。2016年试验平均亩产为496.2千克，比对照中早39减产4.9%，未达显著水平。全生育期为112.0天，比对照中早39长1.0天。经浙江省农业科学院植物保护与微生物研究所2016年抗性鉴定，平均叶瘟2.7级，穗瘟7级，穗瘟损失率5级，综合指数为5.0；白叶枯病4.6级。经农业部稻米及制品质量监督检测中心（杭州）2016年检测，平均整精米率为62.3%，长宽比为2.1，垩白粒率为89%，垩白度为16.8%，透明度为4级，胶稠度为69毫米，直链淀粉含量为25.9%，米质各项指标综合评价为食用稻品种品质普通（部颁）。

该品种产量偏低，生育期适中，中感稻瘟病，中感白叶枯病，米质类似于对照中早39。建议下一年度不再参试。

14. 陵两优1123：系浙江省农业科学院作物与核技术利用研究所选育而成的早籼稻新组合，该组合第一年参试。2016年试验平均亩产为490.8千克，比对照中早39减产6.0%，达显著水平。全生育期为111.0天，与对照中早39相仿。经浙江省农业科学院植物保护与微生物研究所2016年抗性鉴定，平均叶瘟2.7级，穗瘟9级，穗瘟损失率5级，综合指数为5.5；白叶枯病7.8级。经农业部稻米及制品质量监督检测中心（杭州）2016年检测，平均整精米率为45.8%，长宽比为2.5，垩白粒率为55%，垩白度为9.2%，透明度为4级，胶稠度为64毫米，直链淀粉含量为20.2%，米质各项指标综合评价为食用稻品种品质普通（部颁）。

该组合产量低，生育期适中，中感稻瘟病，高感白叶枯病，米质类似于对照中早39。建议下一年度不再参试。

15. 株两优932：系浙江省农业科学院作物与核技术利用研究所选育而成的早籼稻新组合，该组合第一年参试。2016年试验平均亩产为488.9千克，比对照中早39减产6.3%，达显著水平。全生育期为109.0天，比对照中早39短2.0天。经浙江省农业科学院植物保护与微生物研究所2016年抗性鉴定，平均叶瘟4.0级，穗瘟9级，穗瘟损失率5级，综合指数为6.0；白叶枯病6.3级。经农业部稻米及制品质量监督检测中心（杭州）2016年检测，平均整精米率为47.9%，长宽比为2.5，垩白粒率为76%，垩白度为14.1%，透明度为4级，胶稠度为42毫米，直链淀粉含量为25.4%，米质各项指标综合评价为食用稻品种品质普通（部颁）。

该组合产量低，生育期适中，中感稻瘟病，感白叶枯病，米质类似于对照中早39。建议下一年度不再参试。

16. 绍籼122：系绍兴市舜达种业有限公司选育而成的早籼稻新组合，该组合第一年参试。2016年试验平均亩产为467.7千克，比对照中早39减产10.4%，达极显著水平。全生育期为110.0天，比对照中早39短1.0天。经浙江省农业科学院植物保护与微生物研究所2016年抗性鉴定，平均叶瘟7.0级，穗瘟9级，穗瘟损失率7级，综合指数为7.8；白叶枯病6.3级。经农业部稻米及制品质量监督检测中心（杭州）2016年检测，平均整精米率为62.5%，长宽比为2.2，垩白粒率为87%，垩白度为17.6%，透明度为4级，胶稠度为52毫米，直链淀粉含量为24.2%，米质各项指标综合评价为食用稻品种品质普通（部颁）。

该组合产量低，生育期适中，高感稻瘟病，感白叶枯病，米质类似于对照中早39。建议下一年度不再参试。

相关结果见表1～表5。

表1 2016年浙江省早籼稻筛选多点试验参试品种及申请（供种）单位表

品种名称	亲本	申请（供种）单位
中早49	中早33/Z09-125	中国水稻研究所
9两优106	9771S×HT106	中国水稻研究所
陵两优129	湘陵628S×中13-129	中国水稻研究所
绍籼122	金早47/浙农34	绍兴市舜达种业有限公司
中组53	中早39/金10-02	中国水稻研究所
陵两优45	湘陵628S×中恢M45	中国水稻研究所
舜达95	中早39/中嘉早17	绍兴市舜达种业有限公司、中国水稻研究所
陵两优205	湘陵628S×M205	绍兴市舜达种业有限公司、中国水稻研究所
台早14-126	台早502/中06-212	台州市农业科学研究院
9两优771	9771S×T-255（中早39/中嘉早32）	浙江可得丰种业有限公司
甬籼430	浙1071/甬籼15	宁波市农业科学研究院、舟山市农林科学研究院
陵两优J5	湘陵628S×14J5	浙江可得丰种业有限公司
嘉育104	嘉育89-RT/中早39	浙江勿忘农种业股份有限公司、嘉兴市农业科学研究院
中嘉早917	中早39/中嘉早17	中国水稻研究所
陵两优1123	湘陵628S×11J23	浙江省农业科学院作物与核技术利用研究所
株两优932	株1S×09J32	浙江省农业科学院作物与核技术利用研究所
中早39（CK）	嘉育253/中组3号	浙江省种子管理总站

表2 2016年浙江省早籼稻筛选多点试验参试品种产量表

品种名称	小区产量（千克）	亩产（千克）	亩产与对照比较（%）	差异显著性检验		全生育期（天）	全生育期与对照比较（天）	齐穗期与对照比较（天）
				0.05	0.01			
陵两优205	10.904	545.2	4.5	a	A	112.0	1.0	0.8
中组53	10.606	530.3	1.6	ab	AB	112.0	1.0	−0.1
嘉育104	10.488	524.4	0.5	abc	ABC	114.0	3.0	2.4
中早39(CK)	10.437	521.9	0.0	abcd	ABCD	111.0	0.0	0.0
陵两优45	10.408	520.4	−0.3	abcd	ABCD	113.0	2.0	0.5
陵两优J5	10.353	517.6	−0.8	bcd	ABCD	113.0	2.0	−0.1
陵两优129	10.352	517.6	−0.8	bcd	ABCD	112.0	1.0	1.7
9两优106	10.283	514.1	−1.5	bcde	ABCD	112.0	1.0	−0.3
舜达95	10.253	512.7	−1.8	bcde	ABCD	110.0	−1.0	−2.7
中嘉早917	10.242	512.1	−1.9	bcde	ABCD	110.0	−1.0	−2.2
台早14-126	10.116	505.8	−3.1	bcde	BCD	112.0	1.0	0.7
9两优771	10.026	501.3	−4.0	cde	BCDE	110.0	−1.0	−3.4
甬籼430	9.964	498.2	−4.5	cde	BCDE	109.0	−2.0	−3.7
中早49	9.924	496.2	−4.9	de	BCDE	112.0	1.0	−0.3
陵两优1123	9.816	490.8	−6.0	ef	CDE	111.0	0.0	−0.9
株两优932	9.778	488.9	−6.3	ef	DE	109.0	−2.0	−4.0
绍籼122	9.354	467.7	−10.4	f	E	110.0	−1.0	−0.9

表 3　2016 年浙江省早籼稻筛选多点试验参试品种主要病虫害抗性鉴定结果表

品种名称	稻瘟病								白叶枯病		
	叶瘟		穗瘟		穗瘟损失率		综合指数	品种评价	平均级	最高级	品种评价
	平均级	最高级	平均级	最高级	平均级	最高级					
中早 49	2.7	3	7	/	5	/	5.0	中感	4.6	5	中感
9 两优 106	1.3	2	5	/	3	/	3.3	中抗	4.4	5	中感
陵两优 129	0.7	1	3	/	1	/	1.5	抗	4.4	5	中感
绍籼 122	7.0	8	9	/	7	/	7.8	高感	6.3	7	感
中组 53	0.7	1	3	/	1	/	1.5	抗	6.6	7	感
陵两优 45	0.3	1	5	/	1	/	2.0	抗	5.8	7	感
舜达 95	1.3	3	5	/	3	/	3.5	中抗	8.4	9	高感
陵两优 205	3.3	4	7	/	3	/	4.3	中感	6.8	7	感
台早 14-126	8.3	9	9	/	7	/	8.0	高感	4.3	5	中感
9 两优 771	4.3	6	9	/	5	/	6.3	感	4.6	5	中感
甬籼 430	3.0	4	9	/	5	/	5.8	中感	2.3	3	中抗
陵两优 J5	3.7	4	7	/	5	/	5.3	中感	6.6	7	感
嘉育 104	0.3	1	5	/	1	/	2.0	抗	6.8	7	感
中嘉早 917	8.7	9	9	/	7	/	8.0	高感	6.5	7	感
陵两优 1123	2.7	3	9	/	5	/	5.5	中感	7.8	9	高感
株两优 932	4.0	5	9	/	5	/	6.0	中感	6.3	7	感
中早 39（CK）	1.0	2	7	/	3	/	3.8	中抗	4.6	5	中感

注：2016 年早籼稻田间穗瘟抗性鉴定试验感病对照品种穗瘟病级未达 7 级，田间试验无效。该年度早籼稻穗瘟抗性鉴定为人工喷雾接种鉴定结果。

表 4　2016 年浙江省早籼稻筛选多点试验参试品种稻米品质表

品种名称	糙米率（%）	精米率（%）	整精米率（%）	粒长（毫米）	长宽比	垩白粒率（%）	垩白度（%）	透明度（级）	碱消值（级）	胶稠度（毫米）	直链淀粉含量（%）	蛋白质含量（%）	等级
中早 49	81.6	73.9	62.3	5.4	2.1	89	16.8	4	5.0	69	25.9	8.4	普通
9 两优 106	80.2	71.6	52.5	5.9	2.5	73	10.4	4	5.0	61	20.0	9.7	普通
陵两优 129	80.7	72.8	55.2	5.8	2.4	63	9.9	4	5.0	73	20.3	9.2	普通
绍籼 122	80.4	71.5	62.5	5.6	2.2	87	17.6	4	5.0	52	24.2	10.6	普通
中组 53	81.1	73.3	65.6	5.3	1.9	90	17.7	4	5.0	50	25.2	10.1	普通
陵两优 45	80.0	71.6	43.9	5.6	2.3	62	9.7	3	5.0	66	20.6	9.4	普通
舜达 95	81.3	73.6	66.3	5.2	2.0	89	16.7	4	5.0	78	26.0	9.1	普通
陵两优 205	78.5	69.5	40.8	5.9	2.4	70	11.8	4	5.0	43	19.2	11.5	普通

（续表）

品种名称	糙米率（%）	精米率（%）	整精米率（%）	粒长（毫米）	长宽比	垩白粒率（%）	垩白度（%）	透明度（级）	碱消值（级）	胶稠度（毫米）	直链淀粉含量（%）	蛋白质含量（%）	等级
台早 14-126	80.5	72.1	61.9	5.3	2.0	94	20.3	4	5.0	67	24.5	10.2	普通
9 两优 771	81.5	73.9	55.7	6.0	2.5	80	11.5	4	5.1	71	21.4	9.7	普通
甬籼 430	81.3	73.5	48.7	6.2	2.3	88	19.5	5	5.2	77	26.0	9.9	普通
陵两优 J5	80.4	72.3	53.1	5.8	2.3	77	11.6	4	5.1	78	21.1	9.1	普通
嘉育 104	80.9	72.1	50.4	5.4	2.0	85	13.3	5	5.0	69	25.6	9.8	普通
中嘉早 917	80.2	72.6	58.6	5.2	1.9	85	14.3	5	5.0	74	25.5	9.1	普通
陵两优 1123	80.4	71.5	45.8	5.9	2.5	55	9.2	4	5.3	64	20.2	9.4	普通
株两优 932	80.5	72.1	47.9	6.0	2.5	76	14.1	4	5.2	42	25.4	9.9	普通
中早 39(CK)	80.1	72.4	63.3	5.3	2.0	86	14.8	5	5.0	55	24.7	9.5	普通

表 5　2016 年浙江省早籼稻筛选多点试验参试品种各试点产量对照表

单位：千克/亩

品种名称	平均	台州	婺城	江山	金华	苍南	衢州	温原种	嵊州良
中早 49	496.2	507.8	460.0	428.5	519.0	453.8	431.8	517.5	651.3
9 两优 106	514.1	506.8	462.5	487.5	556.0	447.5	472.0	542.5	638.3
陵两优 129	517.6	501.3	457.5	511.3	565.5	453.8	496.0	490.0	665.8
绍籼 122	467.7	464.8	430.0	408.0	488.0	442.5	428.5	455.0	625.0
中组 53	530.3	517.8	460.0	552.0	508.0	490.0	491.5	512.5	710.5
陵两优 45	520.4	519.3	447.5	463.3	546.0	491.3	504.3	535.0	656.5
舜达 95	512.7	522.3	465.0	488.8	510.5	431.3	485.8	515.0	682.8
陵两优 205	545.2	508.8	472.5	507.8	573.5	517.5	508.5	530.0	743.3
台早 14-126	505.8	520.5	462.5	423.5	523.5	441.3	462.3	510.0	702.8
9 两优 771	501.3	502.5	447.5	483.8	529.5	482.5	428.0	480.0	656.5
甬籼 430	498.2	515.3	447.5	411.5	504.0	520.0	397.0	507.5	683.0
陵两优 J5	517.6	491.0	462.5	490.8	557.5	512.5	475.8	515.5	635.5
嘉育 104	524.4	499.5	462.5	508.0	524.0	461.3	502.3	565.0	672.5
中嘉早 917	512.1	501.5	492.5	487.5	470.5	452.5	472.0	512.5	708.0
陵两优 1123	490.8	446.3	442.5	408.0	541.0	450.0	510.0	505.0	623.8
株两优 932	488.9	478.5	432.5	422.0	531.0	450.0	483.0	485.0	629.0
中早 39（CK）	521.9	517.3	460.0	552.0	478.5	487.5	453.8	557.5	668.5

2016年浙江省连作杂交晚籼稻区域试验和生产试验总结

浙江省种子管理总站

一、试验概况

2016年，浙江省连作杂交晚籼稻区域试验参试组合共有11个（不包括对照，下同），其中5个续试组合，6个新参试组合。生产试验参试组合有4个。区域试验采用随机区组排列的形式，小区面积为0.02亩，重复3次。生产试验采用大区对比法，大区面积为0.33亩。试验四周设保护行，同组所有参试组合同期播种、移栽，其他田间管理与当地大田生产一致，试验田及时防治病虫害，观察记载标准和项目按《浙江省水稻区域试验和生产试验技术操作规程（试行）》执行。

区域试验和生产试验由建德市种子管理站、诸暨国家级区试站、嵊州市农业科学研究所、金华市种子管理站、金华市婺城区第一良种场、温州市原种场、台州市农业科学研究院、苍南县种子管理站、江山市种子管理站和衢州市种子管理站这10个单位承担。其中，金华市10月气温偏高，阴雨天气较多，多雨、寡照天气不利于晚稻的收割和晾晒，且10月18—19日的台风“莎莉嘉”带来的降水造成部分稻田穗发芽，产量受到影响，所以金华市种子管理站的试验结果做报废处理。稻米品质分析和主要病虫害抗性鉴定任务分别由农业部稻米及制品质量监督检验测试中心（杭州）和浙江省农业科学院植物保护与微生物研究所承担。

二、试验结果

1. 产量：据区域试验各试点的产量结果汇总，比对照岳优9113增产的续试组合有2个，为钱6优9199和泰两优华占，钱6优9199增产达显著水平。比对照增产的新参试组合有4个，其中，增产3.0%以上的为中嘉优7202和泰两优1332；其余组合均比对照减产。生产试验4个组合中除嘉浙优1502外均比对照岳优9113增产。

2. 生育期：区域试验续试组合生育期变幅为128.1～133.5天，均比对照岳优9113长，其中钱6优9199、泰两优华占、两优H52生育期偏长，分别比对照长7.5天、7.0天和5.5天。新参试组合生育期变幅为117.7～132.6天，比对照长的组合有4个，其中风两优163、泰两优1332和恒丰优50生育期偏长，分别比对照长9.5天、7.4天和4.4天；比对照短的组合有2个，其中，泰两优1433生育期偏短，比对照短5.4天。

3. 品质：区域试验续试组合中，有4个组合米质优于对照岳优9113，其中钱6优9199为二等优质米（部颁），五优68、嘉浙优1502和泰两优华占为三等优质米（部颁）。新参试组合中，有4个组合米质优于对照，其中泰两优1332为一等优质米（部颁），泰两优1433、恒丰优50和浙两优8273为三等优质米（部颁）。

三、品种简评

（一）区域试验

1. 钱6优9199（续）：系浙江省农业科学院选育而成的连作杂交晚籼稻新组合，该组合第二年参试。2015年试验平均亩产为561.1千克，比对照岳优9113增产9.6%，达显著水平；2016年试验平均亩产为614.1千克，比对照岳优9113增产9.6%，达显著水平；两年省区域试验平均亩产为587.6千克，比对照岳优9113增产9.6%。两年平均全生育期为133.5天，比对照岳优9113长7.5天。该组合每亩有效穗数为16.8万穗，株高107.2厘米，每穗总粒数为168.3粒，每穗实粒数为135.0粒，结实率为80.2%，千粒重为29.2克。经浙江省农业科学院植物保护与微生物研究所2015—2016年抗性鉴定，平均叶瘟1.8级，穗瘟7.7级，穗瘟损失率3.3级，综合指数为4.2；白叶枯病8.4级；褐飞虱9级。经农业部稻米及制品质量监督检测中心（杭州）2015—2016年检测，平均整精米率为62.1%，长宽比为3.2，垩白粒率为28%，垩白度为4.8%，透明度为2级，胶稠度为72毫米，直链淀粉含量为17.7%，米质各项指标综合评价为食用稻品种品质二等（部颁）。

该组合产量高，生育期偏长，中感稻瘟病，高感白叶枯病，感褐飞虱，米质优于对照岳优9113。建议下一年度终止试验。

2. 泰两优华占（续）：系浙江国稻高科技种业有限公司选育而成的连作杂交晚籼稻新组合，该组合第二年参试。2015年试验平均亩产为532.1千克，比对照岳优9113增产4.0%，未达显著水平；2016年试验平均亩产为582.3千克，比对照岳优9113增产3.9%，未达显著水平；两年省区域试验平均亩产为557.2千克，比对照岳优9113增产4.0%。两年平均全生育期为133.0天，比对照岳优9113长7.0天。该组合每亩有效穗数为19.0万穗，株高97.8厘米，每穗总粒数为164.1粒，每穗实粒数为136.9粒，结实率为83.4%，千粒重为23.1克。经浙江省农业科学院植物保护与微生物研究所2015—2016年抗性鉴定，平均叶瘟1.3级，穗瘟6.0级，穗瘟损失率2.7级，综合指数为3.4；白叶枯病5.3级；褐飞虱8级。经农业部稻米及制品质量监督检测中心（杭州）2015—2016年检测，平均整精米率为66.5%，长宽比为3.2，垩白粒率为14%，垩白度为3%，透明度为2级，胶稠度为76毫米，直链淀粉含量为14.9%，米质各项指标综合评价为食用稻品种品质三等（部颁）。

该组合产量较高，生育期偏长，中抗稻瘟病，感白叶枯病，感褐飞虱，米质优于对照岳优9113。推荐浙江省品审会审定。

3. 五优68（续）：系中国水稻研究所选育而成的连作杂交晚籼稻新组合，该组合第二年参试。2015年试验平均亩产为551.9千克，比对照岳优9113增产6.1%，未达显著水平；2016年试验平均亩产为549.2千克，比对照岳优9113减产2.0%，未达显著水平；两年省区域试验平均亩产为550.5千克，比对照岳优9113增产1.9%。两年平均全生育期为128.1天，比对照岳优9113长0.3天。该组合每亩有效穗数为14.8万穗，株高104.1厘米，每穗总粒数为218.9粒，每穗实粒数为185.3粒，结实率为84.7%，千粒重为22.7克。经浙江省农业科学院植物保护与微生物研究所2015—2016年抗性鉴定，平均叶瘟1.5级，穗瘟8.3级，穗瘟损失率4.7级，综合指数为5.3；白叶枯病6.4级；褐飞虱8级。经农业部稻米及制品质量监督检测中心（杭州）2015—2016年检测，平均整精米率为63.2%，长宽比为2.9，垩白粒率为21%，垩白度为3.6%，透明度为2级，胶稠度为72毫米，直链淀粉含量为14.8%，米质各项指标综合评价为食用稻品种品质三等（部颁）。

该组合产量一般，生育期适中，中感稻瘟病，感白叶枯病，感褐飞虱，米质优于对照岳优9113。建议下一年度进入生产试验。

4. 两优H52（续）：系中国水稻研究所选育而成的连作杂交晚籼稻新组合，该组合第二年参试。2015年试验平均亩产为523.3千克，比对照岳优9113增产2.2%，未达显著水平；2016年试验平均亩产为535.3千克，比对照岳优9113减产4.4%，未达显著水平；两年省区域试验平均亩产为529.3千克，比对照岳优9113减产1.3%。两年平均全生育期为131.5天，比对照岳优9113长5.5天。该组合每亩有效穗数为14.2万穗，株高105.3厘米，每穗总粒数为179.0粒，每穗实粒数为144.8粒，结实率为80.9%，千粒重为 30.0 克。经浙江省农业科学院植物保护与微生物研究所 2015—2016 年抗性鉴定，平均叶瘟 1.7 级，穗瘟 7.4 级，穗瘟损失率 3.0 级，综合指数为 3.9；白叶枯病 3.0 级；褐飞虱 8 级。经农业部稻米及制品质量监督检测中心（杭州）2015—2016 年检测，平均整精米率为 47.4%，长宽比为 3.0，垩白粒率为 59%，垩白度为 12.9%，透明度为 1 级，胶稠度为 67 毫米，直链淀粉含量为 21.1%，米质各项指标综合评价为食用稻品种品质普通（部颁）。

该组合产量一般，生育期偏长，中抗稻瘟病，中感白叶枯病，感褐飞虱，米质类似于对照岳优 9113。建议下一年度终止试验。

5. 嘉浙优 1502（续）：系浙江之豇种业有限责任公司、嘉兴市农业科学研究院、浙江大学选育而成的连作杂交晚籼稻新组合，该组合第二年参试。2015 年试验平均亩产为 543.3 千克，比对照岳优 9113 增产 6.2%，未达显著水平；2016 年试验平均亩产为 525.8 千克，比对照岳优 9113 减产 6.1%，未达显著水平；两年省区域试验平均亩产为 534.5 千克，比对照岳优 9113 减产 0.3%。两年平均全生育期为 126.6 天，比对照岳优 9113 长 0.6 天。该组合每亩有效穗数为 13.3 万穗，株高 108.3 厘米，每穗总粒数为 229.9 粒，每穗实粒数为 184.6 粒，结实率为 80.3%，千粒重为 25.9 克。经浙江省农业科学院植物保护与微生物研究所 2015—2016 年抗性鉴定，平均叶瘟 2.6 级，穗瘟 8.2 级，穗瘟损失率 5.5 级，综合指数为 6.1；白叶枯病 5.7 级；褐飞虱 7 级。经农业部稻米及制品质量监督检测中心（杭州）2015—2016 年检测，平均整精米率为 60%，长宽比为 3.1，垩白粒率为 28%，垩白度为 4.3%，透明度为 2 级，胶稠度为 76 毫米，直链淀粉含量为 18.5%，米质各项指标综合评价为食用稻品种品质三等（部颁）。

该组合产量一般，生育期适中，感稻瘟病，感白叶枯病，感褐飞虱，米质优于对照岳优 9113。不报审。

6. 中嘉优 7202：系中国水稻研究所选育而成的连作杂交晚籼稻新组合，该组合第一年参试。2016 年试验平均亩产为 588.1 千克，比对照岳优 9113 增产 5.0%，未达显著水平。全生育期为 123.2 天，比对照岳优 9113 长 0.1 天。该组合每亩有效穗数为 12.3 万穗，株高 102.1 厘米，每穗总粒数为 255.4 粒，每穗实粒数为 202.1 粒，结实率为 79.1%，千粒重为 26.8 克。经浙江省农业科学院植物保护与微生物研究所 2015—2016 年抗性鉴定，平均叶瘟 3.3 级，穗瘟 6.0 级，穗瘟损失率 3.0 级，综合指数为 4.5；白叶枯病 5.0 级；褐飞虱 9 级。经农业部稻米及制品质量监督检测中心（杭州）2015—2016 年检测，平均整精米率为 66.8%，长宽比为 2.1，垩白粒率为 67%，垩白度为 10.2%，透明度为 2 级，胶稠度为 84 毫米，直链淀粉含量为 16.5%，米质各项指标综合评价为食用稻品种品质普通（部颁）。

该组合产量高，生育期适中，中感稻瘟病，中感白叶枯病，感褐飞虱，米质类似于对照岳优 9113。建议下一年度继续试验。

7. 泰两优 1332：系温州市农业科学研究院选育而成的连作杂交晚籼稻新组合，该组合第一年参试。2016 年试验平均亩产为 583.8 千克，比对照岳优 9113 增产 4.2%，未达显著水平。全生育期为 130.4 天，比对照岳优 9113 长 7.3 天。该组合每亩有效穗数为 19.1 万穗，株高 98.2 厘米，每穗总粒数为 168.4 粒，每穗实粒数为 142.8 粒，结实率为 84.8%，千粒重为 22.0 克。经浙江省农业科学院植物保护与微生物研究所 2016 年抗性鉴定，平均叶瘟 1.8 级，穗瘟 7.7 级，穗瘟损失率 3.7 级，综合指数为 4.8；白叶枯病 5.0 级；褐飞虱 9 级。经农业部稻米及制品质量监督检测中心（杭州）2016 年检测，平均整精米率为 63.4%，长宽比为 3.3，垩白粒率为 3%，垩白度为 0.3%，透明度为 1 级，胶稠度为 76 毫米，直链淀粉含量为 16%，米质各项指标综合评价为食用稻品种品质一等（部颁）。

该组合产量较高，生育期偏长，中感稻瘟病，中感白叶枯病，感褐飞虱，米质优于对照岳优 9113。建议下一年度继续试验。

8. 恒丰优 50：系中国水稻研究所选育而成的连作杂交晚籼稻新组合，该组合第一年参试。2016 年试验平均亩产为 571.0 千克，比对照岳优 9113 增产 1.9%，未达显著水平。全生育期为 127.5 天，比对照岳优 9113 长 4.4 天。该组合每亩有效穗数为 14.3 万穗，株高 109.1 厘米，每穗总粒数为 239.6 粒，每穗实粒数为 180.4 粒，结实率为 75.3%，千粒重为 24.9 克。经浙江省农业科学院植物保护与微生物研究所 2016 年抗性鉴定，平均叶瘟 2.2 级，穗瘟 7.0 级，穗瘟损失率 3.0 级，综合指数为 4.3；白叶枯病 8.1 级；褐飞虱 9 级。经农业部稻米及制品质量监督检测中心（杭州）2016 年检测，平均整精米率为 60.8%，长宽比为 2.6，垩白粒率为 39%，垩白度为 5%，透明度为 2 级，胶稠度为 63 毫米，直链淀粉含量为 20.1%，米质各项指标综合评价为食用稻品种品质三等（部颁）。

该组合产量一般，生育期偏长，中感稻瘟病，高感白叶枯病，感褐飞虱，米质优于对照岳优 9113。建议下一年度继续试验。

9. 浙两优 8273：系浙江农科种业有限公司选育而成的连作杂交晚籼稻新组合，该组合第一年参试。2016 年试验平均亩产为 563.4 千克，比对照岳优 9113 增产 0.6%，未达显著水平。全生育期为 121.1 天，比对照岳优 9113 短 2.0 天。该组合每亩有效穗数为 16.2 万穗，株高 108.2 厘米，每穗总粒数为 199.8 粒，每穗实粒数为 167.9 粒，结实率为 84.0%，千粒重为 24.7 克。经浙江省农业科学院植物保护与微生物研究所 2016 年抗性鉴定，平均叶瘟 0.7 级，穗瘟 9.0 级，穗瘟损失率 6.3 级，综合指数为 5.7；白叶枯病 5.0 级；褐飞虱 9 级。经农业部稻米及制品质量监督检测中心（杭州）2016 年检测，平均整精米率为 59.7%，长宽比为 3.0，垩白粒率为 16%，垩白度为 2.5%，透明度为 1 级，胶稠度为 82 毫米，直链淀粉含量为 15.3%，米质各项指标综合评价为食用稻品种品质三等（部颁）。

该组合产量一般，生育期适中，中感稻瘟病，中感白叶枯病，感褐飞虱，米质优于对照岳优 9113。建议下一年度终止试验。

10. 风两优 163：系温州市农业科学研究院选育而成的连作杂交晚籼稻新组合，该组合第一年参试。2016 年试验平均亩产为 559.7 千克，比对照岳优 9113 减产 0.1%，未达显著水平。全生育期为 132.6 天，比对照岳优 9113 长 9.5 天。该组合每亩有效穗数为 17.2 万穗，株高 108.6 厘米，每穗总粒数为 171.2 粒，每穗实粒数为 133.1 粒，结实率为 77.7%，千粒重为 27.0 克。经浙江省农业科学院植物保护与微生物研究所 2016 年抗性鉴定，平均叶瘟 0.8 级，穗瘟 7.7 级，穗瘟损失率 3.7 级，综合指数为 4.3；白叶枯病 4.7 级；褐飞虱 7 级。经农业部稻米及制品质量监督检测中心（杭州）2016 年检测，平均整精米率为 48.7%，长宽比为 3.0，垩白粒率为 22%，垩白度为 2.1%，透明度为 1 级，胶稠度为 86 毫米，直链淀粉含量为 22.4%，米质各项指标综合评价为食用稻品种品质普通（部颁）。

该组合产量一般，生育期较长，中感稻瘟病，中感白叶枯病，中感褐飞虱，米质类似于对照岳优 9113。建议下一年度终止试验。

11. 泰两优 1433：系温州市农业科学研究院选育而成的连作杂交晚籼稻新组合，该组合第一年参试。2016 年试验平均亩产为 437.8 千克，比对照岳优 9113 减产 21.8%，达极显著水平。全生育期为 117.7 天，比对照岳优 9113 短 5.4 天。该组合每亩有效穗数为 17.6 万穗，株高 108.1 厘米，每穗总粒数为 190.0 粒，每穗实粒数为 147.8 粒，结实率为 77.8%，千粒重为 21.5 克。经浙江省农业科学院植物保护与微生物研究所 2016 年抗性鉴定，平均叶瘟 0.3 级，穗瘟 9.0 级，穗瘟损失率 7.0 级，综合指数为 6.0；白叶枯病 7.8 级；褐飞虱 7 级。经农业部稻米及制品质量监督检测中心（杭州）2015—2016 年检测，平均整精米率为 58.3%，长宽比为 3.3，垩白粒率为 4%，垩白度为 0.5%，透明度为 1 级，胶稠度为 70 毫米，直链淀粉含量为 15.7%，米质各项指标综合评价为食用稻品种品质三等（部颁）。

该组合产量低，生育期偏短，中感稻瘟病，高感白叶枯病，中感褐飞虱，米质优于对照岳优 9113。建议下一年度终止试验。

（二）生产试验

1. 甬优 8050：系宁波市种子有限公司选育而成的连作杂交晚籼稻新组合。本年度生产试验平均亩产为 583.4 千克，比对照岳优 9113 增产 8.2%。

该组合已于 2016 年通过浙江省品审会水稻专业组的考察审查，并推荐浙江省品审会审定。

2. 浙两优 274：系浙江农科种业有限公司选育而成的连作杂交晚籼稻新组合。本年度生产试验平均亩产为 576.5 千克，比对照岳优 9113 增产 7.0%。

该组合已于 2016 年通过浙江省品审会水稻专业组的考察审查，并推荐浙江省品审会审定。

3. 泰两优华占：系浙江国稻高科技种业有限公司选育而成的连作杂交晚籼稻新组合。本年度生产试验平均亩产为 551.2 千克，比对照岳优 9113 增产 2.3%。

该组合已于 2016 年通过浙江省品审会水稻专业组的考察审查，并推荐浙江省品审会审定。

4. 嘉浙优 1502：系浙江之豇种业有限责任公司、嘉兴市农业科学研究院、浙江大学选育而成的连作杂交晚籼稻新组合。本年度生产试验平均亩产为 518.7 千克，比对照岳优 9113 减产 3.8%。

该组合已于 2016 年通过浙江省品审会水稻专业组的考察审查，并推荐浙江省品审会审定。

相关结果见表 1～表 9。

表 1　2016 年浙江省连作杂交晚籼稻区域试验和生产试验参试品种及申请（供种）单位表

试验类别	品种名称	亲本	申请（供种）单位	备注
区域试验	五优 68（续）	五丰 A×R136	中国水稻研究所	续试
	钱 6 优 9199（续）	钱江 6A×浙恢 9199	浙江省农业科学院	
	嘉浙优 1502（续）	JZY502A×JZY501	浙江之豇种业有限责任公司、嘉兴市农业科学研究院、浙江大学	
	两优 H52（续）	1892S×中恢 H52	中国水稻研究所	
	泰两优华占（续）	泰 1S×R201	浙江国稻高科技种业有限公司	
	泰两优 1433	泰 IS×R1433	温州市农业科学研究院	新参试
	恒丰优 50	恒丰 A×C50	中国水稻研究所	
	泰两优 1332	泰 IS×1332	温州市农业科学研究院	
	中嘉优 7202	秀水 134A×C7202	中国水稻研究所	
	浙两优 8273	浙科 82S×浙恢 73	浙江农科种业有限公司	
	风两优 163	风 S×温恢 163	温州市农业科学研究院	
	岳优 9113（CK）	岳 4A×岳恢 9113	浙江省种子管理总站	
生产试验	浙两优 274	浙科 82S×R274	浙江农科种业有限公司	
	甬优 8050	A80×F8585	宁波市种子有限公司	
	嘉浙优 1502	JZY502A×JZY501	浙江之豇种业有限责任公司、嘉兴市农业科学研究院、浙江大学	
	泰两优华占	泰 1S×R201	浙江国稻高科技种业有限公司	
	岳优 9113（CK）	岳 4A×岳恢 9113	浙江省种子管理总站	

表 2　2015—2016 年浙江省连作杂交晚籼稻区域试验和生产试验参试品种产量表

试验类别	品种名称	2016年							2015年			两年平均	
		小区产量（千克）	亩产（千克）	亩产与对照比较（%）	亩产与组平均比较（%）	差异显著性检验			亩产（千克）	亩产与对照比较（%）	差异显著性	亩产（千克）	亩产与对照比较（%）
						0.05	0.01	差异显著性					
区域试验	钱6优9199（续）	12.283	614.1	9.6	10.5	a	A	*	532.1(B)	9.6	*	587.6	9.6
	中嘉优7202	11.761	588.1	5.0	5.8	ab	AB	/	/	/	/	/	/
	泰两优1332	11.676	583.8	4.2	5.0	ab	AB	/	/	/	/	/	/
	泰两优华占（续）	11.647	582.3	3.9	4.8	ab	ABC	/	532.1(B)	4.0	/	557.2	4.0
	恒丰优50	11.419	571.0	1.9	2.7	bc	ABC	/	/	/	/	/	/
	浙两优8273	11.267	563.4	0.6	1.3	bcd	ABC	/	/	/	/	/	/
	岳优9113(CK)	11.205	560.2	0.0	0.8	bcd	ABC	/	520.2(A)	0.0	/	540.2	0.0
									511.8(B)	0.0	/	536.0	0.0
	风两优163	11.194	559.7	−0.1	0.7	bcd	ABC	/	/	/	/	/	/
	五优68（续）	10.984	549.2	−2.0	−1.2	bcd	BC	/	551.9(A)	6.1	/	550.5	1.9
	两优H52（续）	10.706	535.3	−4.4	−3.7	cd	BC	/	523.3(B)	2.2	/	529.3	−1.3
	嘉浙优1502（续）	10.515	525.8	−6.1	−5.4	d	C	/	543.3(B)	6.2	/	534.5	−0.3
	泰两优1433	8.756	437.8	−21.8	−21.2	e	D	**	/	/	/	/	/
	平均	/	555.9	/	/	/	/	/	/	/	/	/	/
生产试验	浙两优274	/	576.5	7.0	/	/	/	/	/	/	/	/	/
	甬优8050	/	583.4	8.2	/	/	/	/	/	/	/	/	/
	嘉浙优1502	/	518.7	−3.8	/	/	/	/	/	/	/	/	/
	泰两优华占	/	551.2	2.3	/	/	/	/	/	/	/	/	/
	岳优9113(CK)	/	539.0	0.0	/	/	/	/	/	/	/	/	/

注：**表示差异达极显著水平；*表示差异达显著水平。

表3　2015—2016年浙江省连作杂交晚籼稻区域试验参试品种经济性状表

品种名称	年份	全生育期(天)	全生育期与对照比较(%)	基本苗数(万株/亩)	有效穗数(万穗/亩)	株高(厘米)	总粒数(粒/穗)	实粒数(粒/穗)	结实率(%)	千粒重(克)
五优68(续)	2016	125.1	2.0	4.6	15.3	104.0	221.1	179.6	81.2	22.7
	2015	131.1	−1.4	4.4	14.4	104.2	216.6	191.0	88.2	22.7
	平均	128.1	0.3	4.5	14.8	104.1	218.9	185.3	84.7	22.7
钱6优9199(续)	2016	131.6	8.5	4.5	17.9	110.5	165.7	128.9	77.8	29.1
	2015	135.4	6.6	5.7	15.6	103.8	170.9	141.0	82.5	29.3
	平均	133.5	7.5	5.1	16.8	107.2	168.3	135.0	80.2	29.2
嘉浙优1502(续)	2016	120.2	−2.9	4.1	12.9	108.4	250.4	202.7	80.9	26.5
	2015	132.9	4.1	5.0	13.6	108.2	209.3	166.6	79.6	25.3
	平均	126.6	0.6	4.6	13.3	108.3	229.9	184.6	80.3	25.9
两优H52(续)	2016	129.7	6.6	4.5	15.2	108.1	187.6	147.8	78.8	29.7
	2015	133.2	4.4	5.3	13.1	102.5	170.4	141.8	83.2	30.4
	平均	131.5	5.5	4.9	14.2	105.3	179.0	144.8	80.9	30.0
泰两优华占(续)	2016	132.1	9.0	4.8	19.7	100.0	164.6	136.9	83.1	22.7
	2015	133.8	5.0	5.6	18.3	95.5	163.6	137.0	83.7	23.6
	平均	133.0	7.0	5.2	19.0	97.8	164.1	136.9	83.4	23.1
泰两优1433	2016	117.7	−5.4	4.6	17.6	108.1	190.0	147.8	77.8	21.5
恒丰优50	2016	127.5	4.4	4.5	14.3	109.1	239.6	180.4	75.3	24.9
泰两优1332	2016	130.4	7.3	4.8	19.1	98.2	168.4	142.8	84.8	22.0
中嘉优7202	2016	123.2	0.1	4.1	12.3	102.1	255.4	202.1	79.1	26.8
浙两优8273	2016	121.1	−2.0	4.6	16.2	108.2	199.8	167.9	84.0	24.7
风两优163	2016	132.6	9.5	4.7	17.2	108.6	171.2	133.1	77.7	27.0
岳优9113(CK)	2016	123.1	0.0	4.8	21.0	100.0	154.3	127.7	82.8	25.4
	2015(A)	132.5	0.0	6.1	20.4	98.0	134.7	113.1	84.0	26.0
	2015(B)	128.8	0.0	6.2	20.0	97.7	131.4	111.0	84.5	25.9
	平均(A)	127.8	0.0	5.4	20.7	99.0	144.5	120.4	83.3	25.7
	平均(B)	126.0	0.0	5.5	20.5	98.8	142.8	119.3	83.5	25.6

表 4　2015—2016 年浙江省连作杂交晚籼稻区域试验参试品种主要病虫害抗性鉴定结果表

品种名称	年份	稻瘟病								白叶枯病			褐飞虱	
		叶瘟		穗瘟		穗瘟损失率		综合指数	抗性评价	平均级	最高级	抗性评价	分级	抗性评价
		平均级	最高级	平均级	最高级	平均级	最高级							
五优 68（续）	2016	1.2	3	8.3	9	5.0	5	5.3	中感	6.1	7	感	9	感
	2015	1.7	4	8.3	9	4.3	5	5.3	中感	6.6	7	感	7	中感
	平均	1.5	4	8.3	9	4.7	5	5.3		6.4	7		8	
钱 6 优 9199（续）	2016	1.7	3	8.3	9	4.3	5	5.0	中感	8.1	9	高感	9	感
	2015	1.8	2	7.0	9	2.3	5	3.4	中抗	8.6	9	高感	9	感
	平均	1.8	3	7.7	9	3.3	5	4.2		8.4	9		9	
嘉浙优 1502（续）	2016	2.8	5	8.3	9	7.0	9	6.8	感	5.4	7	感	5	中抗
	2015	2.3	5	8.0	9	4.0	5	5.3	中感	6.0	7	感	9	感
	平均	2.6	5	8.2	9	5.5	7	6.1		5.7	7		7	
两优 H52（续）	2016	0.7	1	7.7	9	3.7	5	4.0	中抗	4.6	5	中感	7	中感
	2015	2.7	3	7.0	9	2.3	3	3.7	中抗	1.4	3	中抗	9	感
	平均	1.7	2	7.4	9	3.0	4	3.9		3.0	4		8	
泰两优华占（续）	2016	1.0	2	6.3	7	3.7	5	3.9	中抗	5.0	5	中感	7	中感
	2015	1.5	2	5.7	7	1.7	3	2.8	中抗	5.6	7	感	9	感
	平均	1.3	2	6.0	7	2.7	4	3.4		5.3	6		8	
泰两优 1433	2016	0.3	1	9.0	9	7.0	7	6.0	中感	7.8	9	高感	7	中感
恒丰优 50	2016	2.2	4	7.0	7	3.0	3	4.3	中感	8.1	9	高感	9	感
泰两优 1332	2016	1.8	4	7.7	9	3.7	5	4.8	中感	5.0	5	中感	9	感
中嘉优 7202	2016	3.3	6	6.0	7	3.0	3	4.5	中感	5.0	5	中感	9	感
浙两优 8273	2016	0.7	1	9.0	9	6.3	7	5.7	中感	5.0	5	中感	9	感
风两优 163	2016	0.8	2	7.7	9	3.7	5	4.3	中感	4.7	5	中感	7	中感
岳优 9113（CK）	2016	2.3	4	8.3	9	5.0	7	5.6	中感	5.7	7	感	9	感
	2015（A）	2.0	3	8.3	9	5.0	5	5.3	中感	5.7	7	感	9	感
	2015（B）	1.8	2	9.0	9	4.3	5	4.9	中感	6.1	7	感	9	感
	平均（A）	2.2	4	8.3	9	5.0	6	5.5		5.7	7		9	
	平均（B）	2.1	3	8.7	9	4.7	6	5.3		5.9	7		9	

表5　2015—2016年浙江省连作杂交晚籼稻区域试验参试品种稻米品质表

品种名称	年份	糙米率（%）	精米率（%）	整精米率（%）	粒长（毫米）	长宽比	垩白粒率（%）	垩白度（%）	透明度（级）	碱消值（级）	胶稠度（毫米）	直链淀粉含量（%）	蛋白质含量（%）	等级
五优68（续）	2016	81.5	72.6	58.0	6.0	2.9	16	3.0	2	5.2	75	14.5	9.3	三等
	2015（A）	81.7	74.0	68.4	6.3	2.9	26	4.2	1	6.5	68	15.1	8.1	三等
	平均	81.6	73.3	63.2	6.2	2.9	21	3.6	2	5.9	72	14.8	8.7	
钱6优9199（续）	2016	82.2	73.3	62.1	7.2	3.3	14	2.5	1	7.0	72	17.4	8.9	二等
	2015（B）	82.6	75.3	62.1	7.3	3.0	41	7.1	2	7.0	72	18.0	8.3	普通
	平均	82.4	74.3	62.1	7.3	3.2	28	4.8	2	7.0	72	17.7	8.6	
嘉浙优1502（续）	2016	81.2	72.4	52.2	7.0	3.2	29	4.1	2	5.7	84	22.2	8.8	普通
	2015（B）	82.2	74.1	67.7	6.6	2.9	26	4.4	1	7.0	68	14.7	9.2	三等
	平均	81.7	73.3	60.0	6.8	3.1	28	4.3	2	6.4	76	18.5	9.0	
两优H52（续）	2016	82.7	70.2	44.6	7.2	3.1	39	9.5	1	5.0	69	21.4	9.0	普通
	2015（B）	83.1	75.0	50.2	7.2	2.9	78	16.3	1	6.7	64	20.7	9.6	普通
	平均	82.9	72.6	47.4	7.2	3.0	59	12.9	1	5.9	67	21.1	9.3	
泰两优华占（续）	2016	81.5	72.0	62.6	6.6	3.3	6	0.8	1	5.7	75	14.9	9.6	三等
	2015（B）	81.3	74.1	70.3	6.6	3.1	21	5.2	2	6.7	77	14.9	8.9	普通
	平均	81.4	73.1	66.5	6.6	3.2	14	3.0	2	6.2	76	14.9	9.3	
泰两优1433	2016	81.3	71.8	58.3	6.5	3.3	4	0.5	1	5.3	70	15.7	6.6	三等
恒丰优50	2016	82.5	73.0	60.8	6.2	2.6	39	5.0	2	5.2	63	20.1	8.5	三等
泰两优1332	2016	81.4	71.9	63.4	6.5	3.3	3	0.3	1	7.0	76	16.0	9.6	一等
中嘉优7202	2016	81.6	72.2	66.8	5.8	2.1	67	10.2	2	7.0	84	16.5	8.9	普通
浙两优8273	2016	82.3	73.0	59.7	6.6	3.0	16	2.5	1	5.3	82	15.3	8.6	三等
风两优163	2016	80.9	71.9	48.7	7.0	3.0	22	2.1	1	6.2	86	22.4	8.3	普通
岳优9113（CK）	2016	82.2	68.3	44.2	7.2	3.4	16	2.6	2	6.5	72	22.1	8.5	普通
	2015（A）	83.1	73.8	51.2	7.1	3.4	22	3.5	1	6.8	64	21.8	8.6	普通
	2015（B）	83.0	73.3	51.5	7.1	3.4	24	4.3	2	6.6	60	22.0	8.5	普通
	平均（A）	82.7	71.1	47.7	7.2	3.4	19	3.1	2	6.7	68	22.0	8.6	
	平均（B）	82.6	70.8	47.9	7.2	3.4	20	3.5	2	6.6	66	22.1	8.5	

表6 2016年浙江省连作杂交晚籼稻区域试验参试品种各试点杂株率表

单位：%

品种名称	平均	苍南	建德	江山	金华	衢州	嵊州所	台州	温原种	婺城	诸国家
五优68（续）	0.0	0.0	0.0	0.0	0.0	0.0	0.0	0.0	0.0	0.0	0.0
钱6优9199（续）	0.1	0.0	0.0	0.0	0.4	0.3	0.0	0.0	0.0	0.4	0.0
嘉浙优1502（续）	0.0	0.0	0.0	0.0	0.0	0.0	0.0	0.0	0.0	0.0	0.0
两优H52（续）	0.0	0.0	0.0	0.0	0.0	0.0	0.0	0.0	0.0	0.2	0.0
泰两优华占（续）	0.4	0.0	0.0	2.0	0.0	0.0	0.0	0.0	0.0	1.5	0.0
泰两优1433	0.1	0.0	0.8	0.0	0.0	0.0	0.0	0.0	0.0	0.0	0.5
恒丰优50	0.0	0.0	0.0	0.0	0.0	0.0	0.0	0.0	0.0	0.0	0.0
泰两优1332	0.1	0.0	0.0	0.5	0.4	0.0	0.0	0.0	0.0	0.4	0.0
中嘉优7202	0.2	0.0	1.2	0.0	1.1	0.0	0.0	0.0	0.0	0.0	0.0
浙两优8273	0.0	0.0	0.0	0.0	0.4	0.0	0.0	0.0	0.0	0.0	0.0
风两优163	0.5	0.0	0.4	1.3	2.2	1.0	0.0	0.0	0.0	0.4	0.0
岳优9113（CK）	0.0	0.0	0.0	0.0	0.0	0.0	0.0	0.0	0.0	0.3	0.0

表7 2016年浙江省连作杂交晚籼稻区域试验和生产试验参试品种各试点产量对照表

单位：千克/亩

试验类别	品种名称	平均	苍南	建德	江山	衢州	嵊州所	台州	温原种	婺城	诸国家
区域试验	五优68（续）	549.2	510.8	602.5	437.8	611.0	598.0	570.7	420.0	555.0	636.8
	钱6优9199（续）	614.1	463.3	623.3	547.3	694.7	675.2	653.8	445.0	655.0	769.5
	嘉浙优1502（续）	525.8	388.3	646.7	460.5	496.7	673.0	564.3	280.0	481.7	740.7
	两优H52（续）	535.3	385.8	604.2	437.5	669.5	603.2	540.3	323.3	533.3	720.3
	泰两优华占（续）	582.3	445.8	610.8	493.5	683.3	606.2	652.0	446.7	511.7	791.0
	泰两优1433	437.8	381.7	416.7	434.8	471.7	514.3	477.8	286.7	273.3	683.2
	恒丰优50	571.0	410.8	597.5	541.2	741.7	608.7	578.8	393.3	555.0	711.7
	泰两优1332	583.8	495.0	605.8	492.0	621.5	634.5	616.8	441.7	558.3	788.5
	中嘉优7202	588.1	475.0	618.3	605.2	638.2	686.5	602.2	386.7	561.7	719.0
	浙两优8273	563.4	451.7	633.3	459.8	560.0	622.2	666.3	353.3	580.0	743.7
	风两优163	559.7	416.7	604.2	443.0	617.0	629.7	631.0	330.0	580.0	785.8
	岳优9113（CK）	560.2	479.2	599.2	482.3	548.7	578.3	615.3	435.0	578.3	725.8
生产试验	浙两优274	576.5	462.8	656.7	577.9	672.0	671.6	591.2	452.0	463.9	640.5
	甬优8050	583.4	492.9	684.7	498.5	661.5	646.0	551.0	468.0	635.6	612.4
	嘉浙优1502	518.7	426.4	626.9	450.3	578.1	673.2	530.6	352.0	492.5	537.9
	泰两优华占	551.2	466.3	580.2	521.8	630.0	581.4	491.6	483.0	559.7	646.6
	岳优9113（CK）	539.0	500.2	611.4	479.7	566.0	589.8	552.4	434.4	549.8	567.1

表8 2016年浙江省连作杂交晚籼稻区域试验参试品种各试点抗倒性表

品种名称	苍南	建德	江山	金华	衢州	嵊州所	台州	温原种	婺城	诸国家	综合评价
五优68（续）	好	好	中	中	好	好	好	差	好	好	好
钱6优9199（续）	好	好	好	中	好	好	好	好	好	好	好
嘉浙优1502（续）	差	好	差	中	差	好	好	差	好	中	中
两优H52（续）	好	好	中	好	好	好	好	好	好	好	好
泰两优华占（续）	好	好	中	中	好	好	好	好	好	好	好
泰两优1433	差	好	中	中	中	好	好	中	好	好	中
恒丰优50	好	好	好	中	好	好	好	好	好	好	好
泰两优1332	好	好	中	中	好	好	好	好	好	好	好
中嘉优7202	好	好	好	好	好	好	好	好	好	好	好
浙两优8273	中	中	差	差	差	中	好	差	好	中	中
风两优163	好	好	中	中	中	好	好	好	好	中	好
岳优9113（CK）	中	好	差	中	差	好	好	差	中	中	中

表9 2016年浙江省连作杂交晚籼稻区域试验参试品种田间抗性表

品种名称	叶瘟	穗颈瘟	白叶枯病	稻曲病	综合评价
五优68（续）	无	无	无	无	无
钱6优9199（续）	无	无	无	无	无
嘉浙优1502（续）	无	无	无	无	无
两优H52（续）	无	无	无	无	无
泰两优华占（续）	无	无	无	无	无
泰两优1433	无	无	无	无	无
恒丰优50	无	无	无	无	无
泰两优1332	无	无	无	无	无
中嘉优7202	无	无	无	无	无
浙两优8273	无	无	无	无	无
风两优163	无	无	无	无	无
岳优9113（CK）	无	无	无	无	无

2016年浙江省单季籼型杂交稻区域试验和生产试验总结

浙江省种子管理总站

一、试验概况

2016年，浙江省单季籼型杂交稻区域试验为2组：A组参试组合共11个（不包括对照，下同），其中4个续试组合，7个新参试组合；B组参试组合共11个，其中6个续试组合，5个新参试组合。生产试验2组：A组参试组合4个；B组参试组合3个。区域试验采用随机区组排列的形式，小区面积为0.02亩，重复3次。生产试验采用大区对比法，大区面积为0.33亩。试验四周设保护行，同组所有参试组合同期播种、移栽，其他田间管理与当地大田生产一致，试验田及时防治病虫害，观察记载标准和项目按《浙江省水稻区域试验和生产试验技术操作规程（试行）》执行。

区域试验分别由建德市种子管理站、遂昌县种子管理站、诸暨国家级区试站、台州市农业科学研究院、浦江县良种场、温州市农业科学研究院、衢州市种子管理站、开化县种子技术推广站、丽水市农业科学研究院和黄岩区种子管理站这10个单位承担。生产试验分别由建德市种子管理站、杭州市临安区种子种苗管理站、诸暨国家级区试站、浦江县良种场、温州市农业科学研究院、衢州市种子管理站、开化县种子技术推广站、丽水市农业科学研究院、浙江可得丰种业有限公司和新昌县种子有限公司这10个单位承担。稻米品质分析和主要病虫害抗性鉴定任务分别由农业部稻米及制品质量监督检验测试中心（杭州）和浙江省农业科学院植物保护与微生物研究所承担。

二、试验结果

1. 产量：A组所有区域试验续试组合均比对照两优培九增产，且达极显著水平；新参试组合除荃优113以外均比对照增产，增产幅度达3%以上的有4个组合，其中以中浙优H7、两优4391增产幅度较大，分别达极显著水平和显著水平。生产试验4个组合均比对照增产。B组区域试验续试组合除深两优7248以外均比对照两优培九增产，且达极显著水平；新参试组合除Y两优G25以外均比对照增产，且均增产3%以上，其中以两优丰美、钱优5168增产幅度较大，达极显著水平，浙两优其次，达显著水平。生产试验3个组合均比对照增产。

2. 生育期：A组区域试验续试组合生育期变幅为134.5～143.0天，其中甬优5550生育期偏长，比对照两优培九长6.8天；新参试组合生育期变幅为128.9～134.2天，比对照长的组合有3个，比对照短的组合有4个。B组区域试验续试组合生育期变幅为136.6～144.2天，其中嘉禾优2125、钱优3514生育期偏长，分别比对照长7.0天、4.5天；新参试组合生育期变幅为129.4～138.3天，其中钱优5168生育期偏长，比对照长5.0天，两优丰美生育期偏短，比对照短3.9天。

3. 品质：A组区域试验续试组合米质均优于对照两优培九，其中嘉优中科13-1、甬优5550为二等优质米（部颁），嘉禾优1号、V两优1219为三等优质米（部颁）；新参试组合中，有5个组合米质优于对照，其中深两优7217、荃优113为二等优质米（部颁），两优4391、中浙优H7和浙两优86为三等优质米（部颁）。B组区域试验续试组合除隆两优3206为普通米（部颁）外，其余5个组合米质均优于对照两优培九，其中嘉禾优 2125、深两优 7248 为二等优质米（部颁），钱优 2514、华浙优 1671、泰两优 217 为三等优质米（部颁）；新参试组合中，有 2 个组合米质优于对照，其中荃优 632 为二等优质米（部颁），钱优 5168 为三等优质米（部颁）。

三、品种简评

（一）A 组区域试验

1. 嘉禾优 1 号（续）：系嘉兴市农业科学研究院选育而成的单季籼型杂交稻新组合，该组合第二年参试。2015 年试验平均亩产为 655.4 千克，比对照两优培九增产 9.9%，达极显著水平；2016 年试验平均亩产为 672.1 千克，比对照两优培九增产 14.8%，达极显著水平；两年省区域试验平均亩产为 663.8 千克，比对照两优培九增产 12.3%。两年平均全生育期为 134.5 天，比对照两优培九短 1.7 天。该组合每亩有效穗数为 12.8 万穗，株高 124.0 厘米，每穗总粒数为 265.4 粒，每穗实粒数为 220.1 粒，结实率为 82.9%，千粒重为 26.0 克。经浙江省农业科学院植物保护与微生物研究所 2015—2016 年抗性鉴定，平均叶瘟 2.3 级，穗瘟 4.4 级，穗瘟损失率 2.0 级，综合指数为 3.0；白叶枯病 5.7 级；褐飞虱 9 级。经农业部稻米及制品质量监督检测中心（杭州）2015—2016 年检测，平均整精米率为 65.5%，长宽比为 2.7，垩白粒率为 17%，垩白度为 2.8%，透明度为 2 级，胶稠度为 75 毫米，直链淀粉含量为 13.8%，米质各项指标综合评价为食用稻品种品质三等（部颁）。

该组合产量高，生育期适中，中抗稻瘟病，感白叶枯病，感褐飞虱，米质优于对照两优培九。建议下一年度进入生产试验。

2. V 两优 1219（续）：系温州市农业科学研究院选育而成的单季籼型杂交稻新组合，该组合第二年参试。2015 年试验平均亩产为 637.7 千克，比对照两优培九增产 6.9%，达显著水平；2016 年试验平均亩产为 647.4 千克，比对照两优培九增产 10.6%，达极显著水平；两年省区域试验平均亩产为 642.6 千克，比对照两优培九增产 8.7%。两年平均全生育期为 137.5 天，比对照两优培九长 1.3 天。该组合每亩有效穗数为 14.4 万穗，株高 120.0 厘米，每穗总粒数为 236.8 粒，每穗实粒数为 199.1 粒，结实率为 84.1%，千粒重为 25.2 克。经浙江省农业科学院植物保护与微生物研究所 2015—2016 年抗性鉴定，平均叶瘟 1.2 级，穗瘟 5.0 级，穗瘟损失率 2.4 级，综合指数为 3.0；白叶枯病 5.0 级；褐飞虱 9 级。经农业部稻米及制品质量监督检测中心（杭州）2015—2016 年检测，平均整精米率为 61.7%，长宽比为 3.0，垩白粒率为 14%，垩白度为 2.3%，透明度为 2 级，胶稠度为 78 毫米，直链淀粉含量为 15.5%，米质各项指标综合评价为食用稻品种品质普通（部颁）。

该组合产量高，生育期适中，中抗稻瘟病，中感白叶枯病，感褐飞虱，米质类似于对照两优培九。建议下一年度进入生产试验。

3. 甬优 5550（续）：系宁波市种子有限公司选育而成的单季籼型杂交稻新组合，该组合第二年参试。2015 年试验平均亩产为 638.3 千克，比对照两优培九增产 7.0%，达显著水平；2016 年试验平均亩产为 643.5 千克，比对照两优培九增产 9.9%，达极显著水平；两年省区域试验平均亩产为 640.9 千克，比对照两优培九增产 8.4%。两年平均全生育期为 143.0 天，比对照两优培九长 6.8 天。该组合每亩有效穗数为 12.4 万穗，株高 130.7 厘米，每穗总粒数为 269.4 粒，每穗实粒数为 220.6 粒，结实率为 81.9%，千粒重为 26.5 克。经浙江省农业科学院植物保护与微生物研究所 2015—2016 年抗性鉴定，平均叶瘟 1.5 级，穗瘟 3.5 级，穗瘟损失率 1.5 级，综合指数为 2.3；白叶枯病 4.8 级；褐飞虱 8 级。经农业部稻米及制品质量监督检测中心（杭州）2015—2016 年检测，平均整精米率为 67.3%，长宽比为 2.3，垩白粒率为 15%，垩白度为 1.5%，透明度为 1 级，胶稠度为 75 毫米，直链淀粉含量为 15.1%，米质各项指标综合评价为食用稻品种品质二等（部颁）。

该组合产量高，生育期偏长，中抗稻瘟病，中感白叶枯病，感褐飞虱，米质优于对照两优培九。推荐浙江省品审会审定。

4. 嘉优中科13-1（续）：系嘉兴市农业科学研究院、中国科学院遗传与发育生物学研究所、诸暨市越丰种业有限公司选育而成的单季籼型杂交稻新组合，该组合第二年参试。2015年试验平均亩产为663.9千克，比对照两优培九增产11.3%，达极显著水平；2016年试验平均亩产为633.8千克，比对照两优培九增产8.2%，达极显著水平；两年省区域试验平均亩产为648.9千克，比对照两优培九增产9.8%。两年平均全生育期为135.1天，比对照两优培九短1.1天。该组合每亩有效穗数为13.4万穗，株高119.4厘米，每穗总粒数为253.0粒，每穗实粒数为204.1粒，结实率为80.7%，千粒重为28.5克。经浙江省农业科学院植物保护与微生物研究所2015—2016年抗性鉴定，平均叶瘟2.2级，穗瘟5.3级，穗瘟损失率2.4级，综合指数为3.3；白叶枯病6.0级；褐飞虱8级。经农业部稻米及制品质量监督检测中心（杭州）2015—2016年检测，平均整精米率为60.8%，长宽比为2.9，垩白粒率为18%，垩白度为2.5%，透明度为2级，胶稠度为75毫米，直链淀粉含量为15.2%，米质各项指标综合评价为食用稻品种品质二等（部颁）。

该组合产量高，生育期适中，中抗稻瘟病，感白叶枯病，感褐飞虱，米质优于对照两优培九。建议下一年度进入生产试验。

5. 中浙优H7：系浙江勿忘农种业股份有限公司选育而成的单季籼型杂交稻新组合，该组合第一年参试。2016年试验平均亩产为631.7千克，比对照两优培九增产7.9%，达极显著水平。全生育期为132.1天，比对照两优培九长0.2天。该组合每亩有效穗数为13.8万穗，株高128.9厘米，每穗总粒数为214.9粒，每穗实粒数为187.8粒，结实率为87.4%，千粒重为27.2克。经浙江省农业科学院植物保护与微生物研究所2016年抗性鉴定，平均叶瘟2.2级，穗瘟8.3级，穗瘟损失率5.0级，综合指数为5.6；白叶枯病5.8级；褐飞虱9级。经农业部稻米及制品质量监督检测中心（杭州）2016年检测，平均整精米率为56.9%，长宽比为3.0，垩白粒率为17%，垩白度为2.2%，透明度为2级，胶稠度为84毫米，直链淀粉含量为13.9%，米质各项指标综合评价为食用稻品种品质三等（部颁）。

该组合产量高，生育期适中，中感稻瘟病，感白叶枯病，感褐飞虱，米质优于对照两优培九。建议下一年度继续试验。

6. 两优4391：系浙江农科种业有限公司选育而成的单季籼型杂交稻新组合，该组合第一年参试。2016年试验平均亩产为626.9千克，比对照两优培九增产7.1%，达显著水平。全生育期为128.9天，比对照两优培九短3.0天。该组合每亩有效穗数为15.8万穗，株高128.4厘米，每穗总粒数为177.1粒，每穗实粒数为156.2粒，结实率为88.2%，千粒重为30.8克。经浙江省农业科学院植物保护与微生物研究所2016年抗性鉴定，平均叶瘟1.0级，穗瘟8.3级，穗瘟损失率5.0级，综合指数为5.1；白叶枯病5.0级；褐飞虱7级。经农业部稻米及制品质量监督检测中心（杭州）2016年检测，平均整精米率为64.3%，长宽比为3.0，垩白粒率为26%，垩白度为3.3%，透明度为2级，胶稠度为83毫米，直链淀粉含量为16.2%，米质各项指标综合评价为食用稻品种品质三等（部颁）。

该组合产量高，生育期适中，中感稻瘟病，中感白叶枯病，中感褐飞虱，米质优于对照两优培九。建议下一年度继续试验。

7. 浙两优30：系浙江可得丰种业有限公司选育而成的单季籼型杂交稻新组合，该组合第一年参试。2016年试验平均亩产为620.7千克，比对照两优培九增产6.0%，未达显著水平。全生育期为134.2天，比对照两优培九长2.3天。该组合每亩有效穗数为16.9万穗，株高115.0厘米，每穗总粒数为188.1粒，每穗实粒数为150.1粒，结实率为79.8%，千粒重为27.6克。经浙江省农业科学院植物保护与微生物研究所2016年抗性鉴定，平均叶瘟1.8级，穗瘟9.0级，穗瘟损失率5.0级，综合指数为5.5；白叶枯病4.8级；褐飞虱9级。经农业部稻米及制品质量监督检测中心（杭州）2016年检测，平均整精米率为54.3%，长宽比为3.2，垩白粒率为15%，垩白度为1.3%，透明度为2级，胶稠度为84毫米，直链淀粉含量为14.4%，米质各项指标综合评价为食用稻品种品质普通（部颁）。

该组合产量高，生育期适中，中感稻瘟病，中感白叶枯病，感褐飞虱，米质类似于对照两优培九。建议下一年度继续试验。

8. 浙两优 86：系浙江农科种业有限公司选育而成的单季籼型杂交稻新组合，该组合第一年参试。2016 年试验平均亩产为 613.2 千克，比对照两优培九增产 4.7%，未达显著水平。全生育期为 131.0 天，比对照两优培九短 0.9 天。该组合每亩有效穗数为 15.7 万穗，株高 127.5 厘米，每穗总粒数为 160.8 粒，每穗实粒数为 141.8 粒，结实率为 88.2%，千粒重为 30.8 克。经浙江省农业科学院植物保护与微生物研究所 2016 年抗性鉴定，平均叶瘟 4.7 级，穗瘟 9.0 级，穗瘟损失率 6.3 级，综合指数为 6.9；白叶枯病 5.0 级；褐飞虱 9 级。经农业部稻米及制品质量监督检测中心（杭州）2016 年检测，平均整精米率为 53.2%，长宽比为 2.9，垩白粒率为 32%，垩白度为 3.5%，透明度为 2 级，胶稠度为 81 毫米，直链淀粉含量为 16%，米质各项指标综合评价为食用稻品种品质三等（部颁）。

该组合产量较高，生育期适中，感稻瘟病，中感白叶枯病，感褐飞虱，米质优于对照两优培九。建议下一年度终止试验。

9. 龙两优 42：系中国水稻研究所选育而成的单季籼型杂交稻新组合，该组合第一年参试。2016 年试验平均亩产为 600.4 千克，比对照两优培九增产 2.6%，未达显著水平。全生育期为 132.9 天，比对照两优培九长 1.0 天。该组合每亩有效穗数为 15.7 万穗，株高 127.2 厘米，每穗总粒数为 184.1 粒，每穗实粒数为 155.5 粒，结实率为 84.5%，千粒重为 29.6 克。经浙江省农业科学院植物保护与微生物研究所 2016 年抗性鉴定，平均叶瘟 2.3 级，穗瘟 9.0 级，穗瘟损失率 6.0 级，综合指数为 6.0；白叶枯病 4.8 级；褐飞虱 9 级。经农业部稻米及制品质量监督检测中心（杭州）2016 年检测，平均整精米率为 52.2%，长宽比为 3.1，垩白粒率为 32%，垩白度为 4.2%，透明度为 2 级，胶稠度为 74 毫米，直链淀粉含量为 25.1%，米质各项指标综合评价为食用稻品种品质普通（部颁）。

该组合产量一般，生育期适中，中感稻瘟病，中感白叶枯病，感褐飞虱，米质类似于对照两优培九。建议下一年度终止试验。

10. 深两优 7217：系中国水稻研究所选育而成的单季籼型杂交稻新组合，该组合第一年参试。2016 年试验平均亩产为 597.0 千克，比对照两优培九增产 2.0%，未达显著水平。全生育期为 131.3 天，比对照两优培九短 0.6 天。该组合每亩有效穗数为 15.7 万穗，株高 129.9 厘米，每穗总粒数为 228.9 粒，每穗实粒数为 176.5 粒，结实率为 77.1%，千粒重为 24.8 克。经浙江省农业科学院植物保护与微生物研究所 2016 年抗性鉴定，平均叶瘟 3.8 级，穗瘟 7.7 级，穗瘟损失率 4.3 级，综合指数为 5.6；白叶枯病 5.7 级；褐飞虱 9 级。经农业部稻米及制品质量监督检测中心（杭州）2016 年检测，平均整精米率为 59.3%，长宽比为 3.1，垩白粒率为 16%，垩白度为 1%，透明度为 2 级，胶稠度为 79 毫米，直链淀粉含量为 15.9%，米质各项指标综合评价为食用稻品种品质二等（部颁）。

该组合产量一般，生育期适中，中感稻瘟病，感白叶枯病，感褐飞虱，米质优于对照两优培九。建议下一年度继续试验。

11. 荃优 113：系中国水稻研究所选育而成的单季籼型杂交稻新组合，该组合第一年参试。2016 年试验平均亩产为 563.8 千克，比对照两优培九减产 3.7%，未达显著水平。全生育期为 129.5 天，比对照两优培九短 2.4 天。该组合每亩有效穗数为 16.0 万穗，株高 121.5 厘米，每穗总粒数为 171.6 粒，每穗实粒数为 148.3 粒，结实率为 86.4%，千粒重为 30.2 克。经浙江省农业科学院植物保护与微生物研究所 2016 年抗性鉴定，平均叶瘟 0.6 级，穗瘟 8.3 级，穗瘟损失率 4.3 级，综合指数为 4.8；白叶枯病 7.7 级；褐飞虱 9 级。经农业部稻米及制品质量监督检测中心（杭州）2016 年检测，平均整精米率为 57.0%，长宽比为 3.1，垩白粒率为 12%，垩白度为 1.3%，透明度为 2 级，胶稠度为 77 毫米，直链淀粉含量为 16%，米质各项指标综合评价为食用稻品种品质二等（部颁）。

该组合产量一般，生育期适中，中感稻瘟病，高感白叶枯病，感褐飞虱，米质优于对照两优培九。建议下一年度终止试验。

（二）A 组生产试验

1. 嘉禾优 2125：系浙江可得丰种业有限公司选育而成的单季籼型杂交稻新组合。本年度生产试验平均亩产为 667.8 千克，比对照两优培九增产 21.3%。该组合已于 2016 年通过浙江省品审会水稻专业组的考察审查，并推荐浙江省品审会审定。

2. 甬优 5550：系宁波市种子有限公司选育而成的单季籼型杂交稻新组合。本年度生产试验平均亩产为 602.1 千克，比对照两优培九增产 9.3%。该组合已于 2016 年通过浙江省品审会水稻专业组的考察审查，并推荐浙江省品审会审定。

3. 华浙优 1671：系浙江勿忘农种业股份有限公司选育而成的单季籼型杂交稻新组合。本年度生产试验平均亩产为 589.8 千克，比对照两优培九增产 7.1%。该组合已于 2016 年通过浙江省品审会水稻专业组的考察审查，并推荐浙江省品审会审定。

4. 臻优 H30：系中国水稻研究所选育而成的单季籼型杂交稻新组合。本年度生产试验平均亩产为 574.1 千克，比对照两优培九增产 4.2%。该组合已于 2016 年通过浙江省品审会水稻专业组的考察审查，并推荐浙江省品审会审定。

（三）B 组区域试验

1. 嘉禾优 2125（续）：系浙江可得丰种业有限公司选育而成的单季籼型杂交稻新组合，该组合第二年参试。2015 年试验平均亩产为 659.4 千克，比对照两优培九增产 14.7%，达极显著水平；2016 年试验平均亩产为 687.5 千克，比对照两优培九增产 18.7%，达极显著水平；两年省区域试验平均亩产为 673.5 千克，比对照两优培九增产 16.7%。两年平均全生育期为 144.2 天，比对照两优培九长 7.0 天。该组合每亩有效穗数为 11.5 万穗，株高 126.9 厘米，每穗总粒数为 273.3 粒，每穗实粒数为 215.5 粒，结实率为 78.8%，千粒重为 25.7 克。经浙江省农业科学院植物保护与微生物研究所 2015—2016 年抗性鉴定，平均叶瘟 3.2 级，穗瘟 1.5 级，穗瘟损失率 1.0 级，综合指数为 2.1；白叶枯病 5.4 级；褐飞虱 8 级。经农业部稻米及制品质量监督检测中心（杭州）2015—2016 年检测，平均整精米率为 64.1%，长宽比为 2.7，垩白粒率为 9%，垩白度为 0.8%，透明度为 2 级，胶稠度为 78 毫米，直链淀粉含量为 15.1%，米质各项指标综合评价为食用稻品种品质二等（部颁）。

该组合产量高，生育期偏长，中抗稻瘟病，感白叶枯病，感褐飞虱，米质优于对照两优培九。推荐浙江省品审会审定。

2. 隆两优 3206（续）：系湖南隆平种业有限公司选育而成的单季籼型杂交稻新组合，该组合第二年参试。2015 年试验平均亩产为 630.3 千克，比对照两优培九增产 9.6%，达极显著水平；2016 年试验平均亩产为 648.0 千克，比对照两优培九增产 11.9%，达极显著水平；两年省区域试验平均亩产为 639.1 千克，比对照两优培九增产 10.7%。两年平均全生育期为 140.1 天，比对照两优培九长 2.9 天。该组合每亩有效穗数为 14.7 万穗，株高 125.8 厘米，每穗总粒数为 216.7 粒，每穗实粒数为 183.0 粒，结实率为 84.4%，千粒重为 25.4 克。经浙江省农业科学院植物保护与微生物研究所 2015—2016 年抗性鉴定，平均叶瘟 2.4 级，穗瘟 4.0 级，穗瘟损失率 1.4 级，综合指数为 2.4；白叶枯病 6.0 级；褐飞虱 9 级。经农业部稻米及制品质量监督检测中心（杭州）2015—2016 年检测，平均整精米率为 60.1%，长宽比为 3.0，垩白粒率为 17%，垩白度为 2.6%，透明度为 2 级，胶稠度为 85 毫米，直链淀粉含量为 15.4%，米质各项指标综合评价为食用稻品种品质普通（部颁）。

该组合产量高，生育期适中，中抗稻瘟病，感白叶枯病，感褐飞虱，米质类似于对照两优培九。建议下一年度进入生产试验。

3. 华浙优 1671（续）：系浙江勿忘农种业股份有限公司选育而成的单季籼型杂交稻新组合，该组合第二年参试。2015 年试验平均亩产为 619.5 千克，比对照两优培九增产 7.7%，达显著水平；2016 年试验平均亩产为 643.0 千克，比对照两优培九增产 11.0%，达极显著水平；两年省区域试验平均亩产为

631.3 千克，比对照两优培九增产 9.4%。两年平均全生育期为 136.9 天，比对照两优培九短 0.3 天。该组合每亩有效穗数为 12.5 万穗，株高 119.7 厘米，每穗总粒数为 245.1 粒，每穗实粒数为 207.8 粒，结实率为 84.8%，千粒重为 26.9 克。经浙江省农业科学院植物保护与微生物研究所 2015—2016 年抗性鉴定，平均叶瘟 2.3 级，穗瘟 7.5 级，穗瘟损失率 3.5 级，综合指数为 4.5；白叶枯病 8.2 级；褐飞虱 9 级。经农业部稻米及制品质量监督检测中心（杭州）2015—2016 年检测，平均整精米率为 62.9%，长宽比为 2.9，垩白粒率为 18%，垩白度为 2.9%，透明度为 2 级，胶稠度为 86 毫米，直链淀粉含量为 15.3%，米质各项指标综合评价为食用稻品种品质三等（部颁）。

该组合产量高，生育期适中，中感稻瘟病，高感白叶枯病，感褐飞虱，米质优于对照两优培九。建议下一年度继续试验。

4. 泰两优 217（续）：系温州市农业科学研究院选育而成的单季籼型杂交稻新组合，该组合第二年参试。2015 年试验平均亩产为 605.6 千克，比对照两优培九增产 5.3%，未达显著水平；2016 年试验平均亩产为 641.2 千克，比对照两优培九增产 10.7%，达极显著水平；两年省区域试验平均亩产为 623.4 千克，比对照两优培九增产 8.0%。两年平均全生育期为 136.9 天，比对照两优培九短 0.3 天。该组合每亩有效穗数为 14.6 万穗，株高 114.2 厘米，每穗总粒数为 217.9 粒，每穗实粒数为 185.9 粒，结实率为 85.3%，千粒重为 24.6 克。经浙江省农业科学院植物保护与微生物研究所 2015—2016 年抗性鉴定，平均叶瘟 1.9 级，穗瘟 3.5 级，穗瘟损失率 2.0 级，综合指数为 2.9；白叶枯病 4.6 级；褐飞虱 9 级。经农业部稻米及制品质量监督检测中心（杭州）2015—2016 年检测，平均整精米率为 59.6%，长宽比为 3.2，垩白粒率为 15%，垩白度为 2.4%，透明度为 2 级，胶稠度为 85 毫米，直链淀粉含量为 14.5%，米质各项指标综合评价为食用稻品种品质三等（部颁）。

该组合产量高，生育期适中，中抗稻瘟病，中感白叶枯病，感褐飞虱，米质优于对照两优培九。建议下一年度进入生产试验。

5. 钱优 3514（续）：系台州市农业科学研究院、浙江勿忘农种业股份有限公司选育而成的单季籼型杂交稻新组合，该组合第二年参试。2015 年试验平均亩产为 623.1 千克，比对照两优培九增产 8.4%，达极显著水平；2016 年试验平均亩产为 641.0 千克，比对照两优培九增产 10.6%，达极显著水平；两年省区域试验平均亩产为 632.0 千克，比对照两优培九增产 9.5%。两年平均全生育期为 141.7 天，比对照两优培九长 4.5 天。该组合每亩有效穗数为 14.8 万穗，株高 128.8 厘米，每穗总粒数为 224.8 粒，每穗实粒数为 184.2 粒，结实率为 81.9%，千粒重为 25.6 克。经浙江省农业科学院植物保护与微生物研究所 2015—2016 年抗性鉴定，平均叶瘟 2.6 级，穗瘟 6.0 级，穗瘟损失率 2.0 级，综合指数为 3.8；白叶枯病 6.4 级；褐飞虱 9 级。经农业部稻米及制品质量监督检测中心（杭州）2015—2016 年检测，平均整精米率为 59.9%，长宽比为 2.8，垩白粒率为 23%，垩白度为 3%，透明度为 2 级，胶稠度为 85 毫米，直链淀粉含量为 16.5%，米质各项指标综合评价为食用稻品种品质三等（部颁）。

该组合产量高，生育期偏长，中感稻瘟病，感白叶枯病，感褐飞虱，米质优于对照两优培九。建议下一年度进入生产试验。

6. 深两优 7248（续）：系中国水稻研究所选育而成的单季籼型杂交稻新组合，该组合第二年参试。2015 年试验平均亩产为 576.0 千克，比对照两优培九增产 0.2%，未达显著水平；2016 年试验平均亩产为 571.4 千克，比对照两优培九减产 1.4%，未达显著水平；两年省区域试验平均亩产为 573.7 千克，比对照两优培九减产 0.6%。两年平均全生育期为 136.6 天，比对照两优培九短 0.6 天。该组合每亩有效穗数为 14.6 万穗，株高 122.6 厘米，每穗总粒数为 182.9 粒，每穗实粒数为 163.6 粒，结实率为 89.5%，千粒重为 27.9 克。经浙江省农业科学院植物保护与微生物研究所 2015—2016 年抗性鉴定，平均叶瘟 1.2 级，穗瘟 4.5 级，穗瘟损失率 2.0 级，综合指数为 2.9；白叶枯病 5.7 级；褐飞虱 9 级。经农业部稻米及制品质量监督检测中心（杭州）2015—2016 年检测，平均整精米率为 55.2%，长宽比为 3.1，垩白粒率为 15%，垩白度为 1.4%，透明度为 2 级，胶稠度为 80 毫米，直链淀粉含量为 15.7%，米质各项指标综合评价为食用稻品种品质二等（部颁）。

该组合产量一般，生育期适中，中抗稻瘟病，感白叶枯病，感褐飞虱，米质优于对照两优培九。建议下一年度进入生产试验。

7. 两优丰美：系杭州阳陂湖农业科技有限公司选育而成的单季籼型杂交稻新组合，该组合第一年参试。2016年试验平均亩产为630.8千克，比对照两优培九增产8.9%，达极显著水平。全生育期为129.4天，比对照两优培九短3.9天。该组合每亩有效穗数为14.4万穗，株高129.6厘米，每穗总粒数为238.9粒，每穗实粒数为199.6粒，结实率为83.5%，千粒重为25.7克。经浙江省农业科学院植物保护与微生物研究所2016年抗性鉴定，平均叶瘟0.5级，穗瘟9.0级，穗瘟损失率5.0级，综合指数为5.0；白叶枯病5.9级；褐飞虱7级。经农业部稻米及制品质量监督检测中心（杭州）2016年检测，平均整精米率为57.1%，长宽比为3.2，垩白粒率为39%，垩白度为5.4%，透明度为2级，胶稠度为66毫米，直链淀粉含量为25.5%，米质各项指标综合评价为食用稻品种品质普通（部颁）。

该组合产量高，生育期偏短，中感稻瘟病，感白叶枯病，中感褐飞虱，米质类似于对照两优培九。建议下一年度终止试验。

8. 钱优5168：系台州市农业科学研究院选育而成的单季籼型杂交稻新组合，该组合第一年参试。2016年试验平均亩产为627.7千克，比对照两优培九增产8.4%，达极显著水平。全生育期为138.3天，比对照两优培九长5.0天。该组合每亩有效穗数为15.9万穗，株高128.7厘米，每穗总粒数为214.6粒，每穗实粒数为175.5粒，结实率为81.8%，千粒重为26.8克。经浙江省农业科学院植物保护与微生物研究所2016年抗性鉴定，平均叶瘟2.2级，穗瘟5.7级，穗瘟损失率2.3级，综合指数为3.8；白叶枯病5.4级；褐飞虱9级。经农业部稻米及制品质量监督检测中心（杭州）2016年检测，平均整精米率为61.5%，长宽比为3.1，垩白粒率为10%，垩白度为1%，透明度为2级，胶稠度为86毫米，直链淀粉含量为15.4%，米质各项指标综合评价为食用稻品种品质三等（部颁）。

该组合产量高，生育期偏长，中抗稻瘟病，感白叶枯病，感褐飞虱，米质优于对照两优培九。建议下一年度继续试验。

9. 浙两优203：系浙江农科种业有限公司选育而成的单季籼型杂交稻新组合，该组合第一年参试。2016年试验平均亩产为619.4千克，比对照两优培九增产6.9%，达显著水平。全生育期为134.7天，比对照两优培九长1.4天。该组合每亩有效穗数为16.7万穗，株高113.0厘米，每穗总粒数为195.5粒，每穗实粒数为154.6粒，结实率为79.1%，千粒重为27.8克。经浙江省农业科学院植物保护与微生物研究所2016年抗性鉴定，平均叶瘟0.7级，穗瘟7.7级，穗瘟损失率3.7级，综合指数为4.0；白叶枯病5.0级；褐飞虱9级。经农业部稻米及制品质量监督检测中心（杭州）2016年检测，平均整精米率为56.2%，长宽比为3.0，垩白粒率为26%，垩白度为3.4%，透明度为2级，胶稠度为86毫米，直链淀粉含量为22.2%，米质各项指标综合评价为食用稻品种品质普通（部颁）。

该组合产量高，生育期适中，中抗稻瘟病，中感白叶枯病，感褐飞虱，米质类似于对照两优培九。建议下一年度终止试验。

10. 荃优632：系中国水稻研究所选育而成的单季籼型杂交稻新组合，该组合第一年参试。2016年试验平均亩产为597.1千克，比对照两优培九增产3.1%，未达显著水平。全生育期为130.5天，比对照两优培九短2.8天。该组合每亩有效穗数为14.7万穗，株高122.2厘米，每穗总粒数为198.9粒，每穗实粒数为178.2粒，结实率为89.6%，千粒重为26.5克。经浙江省农业科学院植物保护与微生物研究所2016年抗性鉴定，平均叶瘟0.8级，穗瘟7.0级，穗瘟损失率3.7级，综合指数为4.1；白叶枯病5.4级；褐飞虱9级。经农业部稻米及制品质量监督检测中心(杭州)2016年检测，平均整精米率为63.6%，长宽比为3.0，垩白粒率为17%，垩白度为2.2%，透明度为2级，胶稠度为80毫米，直链淀粉含量为15%，米质各项指标综合评价为食用稻品种品质二等（部颁）。

该组合产量较高，生育期适中，中感稻瘟病，感白叶枯病，感褐飞虱，米质优于对照两优培九。建议下一年度继续试验。

11. Y 两优 G25：系中国水稻研究所选育而成的单季籼型杂交稻新组合，该组合第一年参试。2016 年试验平均亩产为 571.3 千克，比对照两优培九减产 1.4%，未达显著水平。全生育期为 132.2 天，比对照两优培九短 1.1 天。该组合每亩有效穗数为 17.8 万穗，株高 121.0 厘米，每穗总粒数为 162.0 粒，每穗实粒数为 126.6 粒，结实率为 78.1%，千粒重为 29.0 克。经浙江省农业科学院植物保护与微生物研究所 2016 年抗性鉴定，平均叶瘟 0.6 级，穗瘟 8.0 级，穗瘟损失率 3.0 级，综合指数为 4.0；白叶枯病 2.6 级；褐飞虱 9 级。经农业部稻米及制品质量监督检测中心（杭州）2016 年检测，平均整精米率为 54.7%，长宽比为 3.2，垩白粒率为 40%，垩白度为 5.1%，透明度为 2 级，胶稠度为 82 毫米，直链淀粉含量为 15.6%，米质各项指标综合评价为食用稻品种品质普通（部颁）。

该组合产量一般，生育期适中，中抗稻瘟病，中抗白叶枯病，感褐飞虱，米质类似于对照两优培九。建议下一年度继续试验。

（四）B 组生产试验

1. 深两优 332：系深圳市兆农农业科技公司选育而成的单季籼型杂交稻新组合。本年度生产试验平均亩产为 622.3 千克，比对照两优培九增产 8.8%。该组合已于 2016 年通过浙江省品审会水稻专业组的考察审查，并推荐浙江省品审会审定。

2. 中浙优 157：系中国水稻研究所、浙江勿忘农种业股份有限公司选育而成的单季籼型杂交稻新组合。本年度生产试验平均亩产为 616.4 千克，比对照两优培九增产 7.8%。该组合已于 2016 年通过浙江省品审会水稻专业组的考察审查，并推荐浙江省品审会审定。

3. 91 优 16：系浙江勿忘农种业股份有限公司选育而成的单季籼型杂交稻新组合。本年度生产试验平均亩产为 593.1 千克，比对照两优培九增产 3.7%。该组合已于 2016 年通过浙江省品审会水稻专业组的考察审查，并推荐浙江省品审会审定。

相关结果见表 1～表 9。

表 1 2016 年浙江省单季籼型杂交稻区域试验和生产试验参试品种及申请（供种）单位表

试验类别	品种名称	亲本	申请（供种）单位	备注
A 组区域试验	嘉优中科 13-1（续）	嘉 81A×中科嘉恢 131	嘉兴市农业科学研究院、中国科学院遗传与发育生物学研究所、诸暨市越丰种业有限公司	续试
	嘉禾优 1 号（续）	嘉禾 212A×NP001	嘉兴市农业科学研究院	
	甬优 5550（续）	A55×13F9550	宁波市种子有限公司	
	V 两优 1219（续）	V18S×R1219	温州市农业科学研究院	
	龙两优 42	龙 S×中恢 H42	中国水稻研究所	新参试
	深两优 7217	深 08S×R7217	中国水稻研究所	
	两优 4391	广占 63-4S×R391	浙江农科种业有限公司	
	浙两优 30	1892S×中恢 9330	浙江可得丰种业有限公司	
	荃优 113	荃 9311S×R113	中国水稻研究所	
	浙两优 86	广占 63-4S×R86	浙江农科种业有限公司	
	中浙优 H7	中浙 A/H7	浙江勿忘农种业股份有限公司	
	两优培九（CK）	培矮 64S×9311	浙江省种子管理总站	
A 组生产试验	臻优 H30	臻达 A×中恢 H30	中国水稻研究所	
	甬优 5550	A55×13F9550	宁波市种子有限公司	

（续表）

试验类别	品种名称	亲本	申请（供种）单位	备注
A组生产试验	嘉禾优 2125	嘉禾 212A×P025	浙江可得丰种业有限公司	
	华浙优 1671	华浙 A×C71	浙江勿忘农种业股份有限公司	
	两优培九（CK）	培矮 64S×9311	浙江省种子管理总站	
B组区域试验	隆两优 3206（续）	隆科 638S×AC3206	湖南隆平种业有限公司	续试
	钱优 3514（续）	钱江 1ATA×台恢 3514	台州市农业科学研究院、浙江勿忘农种业股份有限公司	
	华浙优 1671（续）	华浙 A×C71	浙江勿忘农种业股份有限公司	
	泰两优 217（续）	泰 IS×R217	温州市农业科学研究院	
	嘉禾优 2125（续）	嘉禾 212A×P025	浙江可得丰种业有限公司	
	深两优 7248（续）	深 08S×中恢 7248	中国水稻研究所	
	两优丰美	龙 S×丰美	杭州阳陂湖农业科技有限公司	新参试
	荃优 632	荃 9311A×R632	中国水稻研究所	
	钱优 5168	钱江 1A×T5168	台州市农业科学研究院	
	Y 两优 G25	y58S×中恢 G25	中国水稻研究所	
	浙两优 203	广湘 24S×浙恢 203	浙江农科种业有限公司	
	两优培九（CK）	培矮 64S×9311	浙江省种子管理总站	
B组生产试验	中浙优 157	中浙 A×中恢 157	中国水稻研究所、浙江勿忘农种业股份有限公司	
	91 优 16	91A×恢 16	浙江勿忘农种业股份有限公司	
	深两优 332	深 08S×R332	深圳市兆农农业科技公司	
	两优培九（CK）	培矮 64S×9311	浙江省种子管理总站	

表 2　2015—2016 年浙江省单季籼型杂交稻区域试验和生产试验参试品种产量表

试验类别	品种名称	2016年							2015年			两年平均	
		小区产量（千克）	亩产（千克）	亩产与对照比较（%）	亩产与组平均比较（%）	差异显著性检验			亩产（千克）	亩产与对照比较（%）	差异显著性	亩产（千克）	亩产与对照比较（%）
						0.05	0.01	差异显著性					
A组区域试验	嘉禾优 1 号（续）	13.442	672.1	14.8	8.5	a	A	**	655.4	9.9	**	663.8	12.3
	V 两优 1219（续）	12.948	647.4	10.6	4.5	ab	AB	**	637.7	6.9	*	642.6	8.7
	甬优 5550（续）	12.869	643.5	9.9	3.8	abc	AB	**	638.3	7.0	*	640.9	8.4
	嘉优中科 13-1（续）	12.675	633.8	8.2	2.3	bc	ABC	**	663.9	11.3	**	648.9	9.8
	中浙优 H7	12.634	631.7	7.9	1.9	bcd	ABC	**	/	/	/	/	/
	两优 4391	12.537	626.9	7.1	1.2	bcde	BCD	*	/	/	/	/	/
	浙两优 30	12.415	620.7	6.0	0.2	bcde	BCD	/	/	/	/	/	/
	浙两优 86	12.264	613.2	4.7	−1.0	cdef	BCD	/	/	/	/	/	/
	龙两优 42	12.009	600.4	2.6	−3.1	def	CDE	/	/	/	/	/	/

（续表）

试验类别	品种名称	2016年							2015年			两年平均	
		小区产量（千克）	亩产（千克）	亩产与对照比较（%）	亩产与组平均比较（%）	差异显著性检验			亩产（千克）	亩产与对照比较（%）	差异显著性	亩产（千克）	亩产与对照比较（%）
						0.05	0.01	差异显著性					
A组区域试验	深两优7217	11.940	597.0	2.0	−3.7	ef	CDE	/	/	/	/	/	/
	两优培九（CK）	11.710	585.5	0.0	−5.5	fg	DE	/	596.5	0.0	/	591.0	0.0
	苤优113	11.277	563.8	−3.7	−9.0	g	E	/	/	/	/	/	/
	平均	/	619.7	/	/	/	/	/	/	/	/	/	/
A组生产试验	臻优H30	/	574.1	4.2	/	/	/	/	/	/	/	/	/
	甬优5550	/	602.1	9.3	/	/	/	/	/	/	/	/	/
	嘉禾优2125	/	667.8	21.3	/	/	/	/	/	/	/	/	/
	华浙优1671	/	589.8	7.1	/	/	/	/	/	/	/	/	/
	两优培九（CK）	/	550.7	0.0	/	/	/	/	/	/	/	/	/
B组区域试验	嘉禾优2125（续）	13.750	687.5	18.7	10.6	a	A	**	659.4	14.7	**	673.5	16.7
	隆两优3206（续）	12.959	648.0	11.9	4.3	b	AB	**	630.3	9.6	**	639.1	10.7
	华浙优1671（续）	12.860	643.0	11.0	3.5	b	ABC	**	619.5	7.7	*	631.3	9.4
	泰两优217（续）	12.824	641.2	10.7	3.2	b	ABC	**	605.6	5.3		623.4	8.0
	钱优3514（续）	12.819	641.0	10.6	3.1	b	ABC	**	623.1	8.4	**	632.0	9.5
	两优丰美	12.616	630.8	8.9	1.5	bc	BC	**	/	/	/	/	/
	钱优5168	12.554	627.7	8.4	1.0	bc	BC	**	/	/	/	/	/
	浙两优203	12.387	619.4	6.9	−0.3	bc	BCD	*	/	/	/	/	/
	苤优632	11.941	597.1	3.1	−3.9	cd	CDE	/	/	/	/	/	/
	两优培九（CK）	11.586	579.3	0.0	−6.8	d	DE	/	575.0	0.0	/	577.2	0.0
	深两优7248（续）	11.428	571.4	−1.4	−8.1	d	E	/	576.0	0.2	/	573.7	−0.6
	Y两优G25	11.427	571.3	−1.4	−8.1	d	E	/	/	/	/	/	/
	平均	/	621.5	/	/	/	/	/	/	/	/	/	/
B组生产试验	中浙优157	/	616.4	7.8	/	/	/	/	/	/	/	/	/
	91优16	/	593.1	3.7	/	/	/	/	/	/	/	/	/
	深两优332	/	622.3	8.8	/	/	/	/	/	/	/	/	/
	两优培九（CK）	/	571.8	0.0	/	/	/	/	/	/	/	/	/

注：　**表示差异达极显著水平；*表示差异达显著水平。

表3 2015—2016年浙江省单季籼型杂交稻区域试验参试品种经济性状表

试验类别	品种名称	年份	全生育期(天)	全生育期与对照比较（天）	基本苗数（万株/亩）	有效穗数（万穗/亩）	株高（厘米）	总粒数（粒/穗）	实粒数(粒/穗）	结实率(%)	千粒重（克）
A组区域试验	嘉优中科13-1（续）	2016	133.0	1.1	3.4	14.8	118.7	232.7	186.3	80.0	29.2
		2015	137.2	−3.2	3.5	12.1	120.1	273.2	221.9	81.2	27.8
		平均	135.1	−1.1	3.4	13.4	119.4	253.0	204.1	80.7	28.5
	嘉禾优1号（续）	2016	130.3	−1.6	3.2	12.6	125.2	280.9	228.1	81.2	25.8
		2015	138.6	−1.8	3.3	12.9	122.8	250.0	212.0	84.8	26.1
		平均	134.5	−1.7	3.3	12.8	124.0	265.4	220.1	82.9	26.0
	甬优5550（续）	2016	139.9	8.0	2.9	12.9	131.3	273.2	224.9	82.3	26.3
		2015	146.1	5.7	3.1	12.0	130.0	265.6	216.2	81.4	26.7
		平均	143.0	6.8	3.0	12.4	130.7	269.4	220.6	81.9	26.5
	V两优1219（续）	2016	133.4	1.5	3.0	15.0	118.5	239.5	200.0	83.5	25.1
		2015	141.6	1.2	3.4	13.9	121.6	234.1	198.3	84.7	25.3
		平均	137.5	1.3	3.2	14.4	120.0	236.8	199.1	84.1	25.2
	龙两优42	2016	132.9	1.0	3.6	15.7	127.2	184.1	155.5	84.5	29.6
	深两优7217	2016	131.3	−0.6	3.0	15.7	129.9	228.9	176.5	77.1	24.8
	两优4391	2016	128.9	−3.0	3.2	15.8	128.4	177.1	156.2	88.2	30.8
	浙两优30	2016	134.2	2.3	3.2	16.9	115.0	188.1	150.1	79.8	27.6
	荃优113	2016	129.5	−2.4	3.4	16.0	121.5	171.6	148.3	86.4	30.2
	浙两优86	2016	131.0	−0.9	3.6	15.7	127.5	160.8	141.8	88.2	30.8
	中浙优H7	2016	132.1	0.2	3.4	13.8	128.9	214.9	187.8	87.4	27.2
	两优培九（CK）	2016	131.9	0.0	3.6	16.9	123.6	191.7	158.9	82.9	27.2
		2015	140.4	0.0	3.6	14.8	123.4	202.1	169.2	83.7	26.0
		平均	136.2	0.0	3.6	15.9	123.5	196.9	164.0	83.3	26.0
B组区域试验	隆两优3206（续）	2016	136.4	3.1	3.3	15.8	125.0	211.1	178.6	84.6	25.1
		2015	143.7	2.7	3.6	13.6	126.6	222.3	187.4	84.3	25.7
		平均	140.1	2.9	3.5	14.7	125.8	216.7	183.0	84.4	25.4
	钱优3514（续）	2016	137.8	4.5	3.1	15.9	127.0	235.5	187.3	79.5	25.3
		2015	145.5	4.5	3.3	13.7	130.6	214.2	181.1	84.5	25.9
		平均	141.7	4.5	3.2	14.8	128.8	224.8	184.2	81.9	25.6
	华浙优1671（续）	2016	132.4	−0.9	2.6	12.9	125.9	246.4	210.4	85.4	27.0
		2015	141.3	0.3	3.0	12.0	113.6	243.9	205.2	84.1	26.9
		平均	136.9	−0.3	2.8	12.5	119.7	245.1	207.8	84.8	26.9
	泰两优217（续）	2016	133.0	−0.3	3.1	15.7	112.6	225.4	187.8	83.3	24.4
		2015	140.7	−0.3	3.5	13.4	115.8	210.4	183.9	87.4	24.9
		平均	136.9	−0.3	3.3	14.6	114.2	217.9	185.9	85.3	24.6

（续表）

试验类别	品种名称	年份	全生育期（天）	全生育期与对照比较（天）	基本苗数（万株/亩）	有效穗数（万穗/亩）	株高（厘米）	总粒数（粒/穗）	实粒数（粒/穗）	结实率（%）	千粒重（克）
B组区域试验	嘉禾优2125（续）	2016	141.4	8.1	3.0	11.9	127.0	275.8	212.5	77.0	25.4
		2015	147.0	6.0	3.4	11.0	126.8	270.9	218.5	80.7	25.9
		平均	144.2	7.0	3.2	11.5	126.9	273.3	215.5	78.8	25.7
	深两优7248（续）	2016	131.6	−1.7	3.2	15.5	120.3	177.7	161.3	90.8	27.8
		2015	141.6	0.6	3.6	13.7	125.0	188.1	166.0	88.3	28.1
		平均	136.6	−0.6	3.4	14.6	122.6	182.9	163.6	89.5	27.9
	两优丰美	2016	129.4	−3.9	3.3	14.4	129.6	238.9	199.6	83.5	25.7
	荃优632	2016	130.5	−2.8	3.1	14.7	122.2	198.9	178.2	89.6	26.5
	钱优5168	2016	138.3	5.0	3.1	15.9	128.7	214.6	175.5	81.8	26.8
	Y两优G25	2016	132.2	−1.1	3.3	17.8	121.0	162.0	126.6	78.1	29.0
	浙两优203	2016	134.7	1.4	4.0	16.7	113.0	195.5	154.6	79.1	27.8
	两优培九（CK）	2016	133.3	0.0	3.3	16.3	123.3	193.9	157.4	81.2	26.6
		2015	141.0	0.0	3.6	13.4	124.0	204.7	168.1	82.1	26.4
		平均	137.2	0.0	3.4	14.8	123.7	199.3	162.8	81.7	26.4

表4 2015—2016年浙江省单季籼型杂交稻区域试验参试品种主要病虫害抗性鉴定结果表

试验类别	品种名称	年份	稻瘟病								白叶枯病			褐飞虱	
			叶瘟		穗瘟		穗瘟损失率		综合指数	抗性评价	平均级	最高级	抗性评价	分级	抗性评价
			平均级	最高级	平均级	最高级	平均级	最高级							
A组区域试验	嘉优中科13-1（续）	2016	2.7	3	6.3	7	3.0	3	3.8	中抗	6.1	7	感	7	中感
		2015	1.7	3	4.3	5	1.7	3	2.7	中抗	5.8	7	感	9	感
		平均	2.2	3	5.3	6	2.4	3	3.3		6.0	7		8	
	嘉禾优1号（续）	2016	3.0	4	5.7	7	3.0	3	3.9	中抗	5.0	5	中感	9	感
		2015	1.5	3	3.0	5	1.0	1	2.0	抗	6.3	7	感	9	感
		平均	2.3	4	4.4	6	2.0	2	3.0		5.7	6		9	
	甬优5550（续）	2016	1.5	2	3.0	5	2.0	3	2.3	中抗	4.6	5	中感	9	感
		2015	1.5	3	4.0	5	1.0	1	2.3	中抗	5.0	5	中感	7	中感
		平均	1.5	3	3.5	5	1.5	2	2.3		4.8	5		8	
	V两优1219（续）	2016	1.3	2	7.0	7	3.0	3	3.8	中抗	5.0	5	中感	9	感
		2015	1.0	2	3.0	5	1.7	3	2.1	中抗	5.0	5	中感	9	感
		平均	1.2	2	5.0	6	2.4	3	3.0		5.0	5		9	
	龙两优42	2016	2.3	3	9.0	9	6.0	7	6.0	中感	4.8	5	中感	9	感
	深两优7217	2016	3.8	6	7.7	9	4.3	5	5.6	中感	5.7	7	感	9	感
	两优4391	2016	1.0	2	8.3	9	5.0	5	5.1	中感	5.0	5	中感	7	中感
	浙两优30	2016	1.8	3	9.0	9	5.0	5	5.5	中感	4.8	5	中感	9	感

（续表）

试验类别	品种名称	年份	稻瘟病								白叶枯病			褐飞虱	
			叶瘟		穗瘟		穗瘟损失率		综合指数	抗性评价	平均级	最高级	抗性评价	分级	抗性评价
			平均级	最高级	平均级	最高级	平均级	最高级							
A组区域试验	荃优 113	2016	0.6	2	8.3	9	4.3	5	4.8	中感	7.7	9	高感	9	感
	浙两优 86	2016	4.7	6	9.0	9	6.3	9	6.9	感	5.0	5	中感	9	感
	中浙优 H7	2016	2.2	4	8.3	9	5.0	7	5.6	中感	5.8	7	感	9	感
	两优培九（CK）	2016	0.8	1	7.0	7	3.0	3	3.5	中抗	4.8	5	中感	9	感
		2015	0.8	2	5.0	5	1.0	1	2.3	中抗	4.8	5	中感	9	感
		平均	0.8	2	6.0	6	2.0	2	2.9		4.8	5		9	
B组区域试验	隆两优 3206（续）	2016	3.0	4	4.3	7	1.7	3	2.9	中抗	5.8	7	感	9	感
		2015	1.7	2	3.7	5	1.0	1	1.9	抗	6.1	7	感	9	感
		平均	2.4	3	4.0	6	1.4	2	2.4		6.0	7		9	
	钱优 3514（续）	2016	2.3	4	5.7	7	1.7	3	3.3	中抗	6.1	7	感	9	感
		2015	2.8	6	6.3	7	2.3	3	4.3	中感	6.6	7	感	9	感
		平均	2.6	5	6.0	7	2.0	3	3.8		6.4	7		9	
	华浙优 1671（续）	2016	0.8	2	8.0	9	4.0	5	4.5	中感	7.9	9	高感	9	感
		2015	3.7	5	7.0	9	3.0	3	4.5	中感	8.5	9	高感	9	感
		平均	2.3	4	7.5	9	3.5	4	4.5		8.2	9		9	
	泰两优 217（续）	2016	1.2	3	6.0	7	3.0	5	3.8	中抗	4.7	5	中感	9	感
		2015	2.5	5	1.0	1	1.0	1	2.0	抗	4.5	5	中感	9	感
		平均	1.9	4	3.5	4	2.0	3	2.9		4.6	5		9	
	嘉禾优 2125（续）	2016	3.3	5	2.0	3	1.0	1	2.3	中抗	4.6	5	中感	7	中感
		2015	3.0	4	1.0	1	1.0	1	1.8	抗	6.2	7	感	9	感
		平均	3.2	5	1.5	2	1.0	1	2.1		5.4	6		8	
	深两优 7248（续）	2016	0.7	2	6.0	7	3.0	3	3.5	中抗	5.0	5	中感	9	感
		2015	1.7	4	3.0	5	1.0	1	2.3	中抗	6.3	7	感	9	感
		平均	1.2	3	4.5	6	2.0	2	2.9		5.7	6		9	
	两优丰美	2016	0.5	1	9.0	9	5.0	5	5.0	中感	5.9	7	感	7	中感
	荃优 632	2016	0.8	2	7.0	9	3.7	5	4.1	中感	5.4	7	感	9	感
	钱优 5168	2016	2.2	5	5.7	7	2.3	3	3.8	中抗	5.4	7	感	9	感
	Y 两优 G25	2016	0.6	2	8.0	9	3.0	3	4.0	中抗	2.6	3	中抗	9	感
	浙两优 203	2016	0.7	1	7.7	9	3.7	5	4.0	中抗	5.0	5	中感	9	感
	两优培九（CK）	2016	1.0	2	5.7	7	2.3	3	3.1	中抗	5.0	5	中感	9	感
		2015	0.8	2	5.0	5	1.0	1	2.3	中抗	4.2	5	中感	9	感
		平均	0.9	2	5.4	6	1.7	2	2.7		4.6	5		9	

表 5　2015—2016 年浙江省单季籼型杂交稻区域试验参试品种稻米品质表

试验类别	品种名称	年份	糙米率（%）	精米率（%）	整精米率（%）	粒长（毫米）	长宽比	垩白粒率（%）	垩白度（%）	透明度（级）	碱消值（级）	胶稠度（毫米）	直链淀粉含量（%）	蛋白质含量（%）	等级
A 组区域试验	嘉优中科 13-1（续）	2016	82.2	74.3	60.8	7.2	3.1	16	1.8	1	7.0	74	15.6	7.1	二等
		2015	81.8	73.9	60.8	6.3	2.6	19	3.1	2	5.2	76	14.7	6.9	三等
		平均	82.0	74.1	60.8	6.8	2.9	18	2.5	2	6.1	75	15.2	7.0	
	嘉禾优 1 号（续）	2016	80.3	72.9	64.7	6.3	2.7	14	1.8	2	5.3	74	13.6	7.6	三等
		2015	81.2	73.7	66.2	6.2	2.7	19	3.7	2	5.7	76	13.9	7.1	三等
		平均	80.8	73.3	65.5	6.3	2.7	17	2.8	2	5.5	75	13.8	7.4	
	甬优 5550（续）	2016	81.7	74.3	66.6	5.8	2.3	17	1.6	1	7.0	77	14.6	7.9	二等
		2015	81.8	74.1	68.0	5.7	2.2	12	1.3	1	7.0	72	15.5	8.7	二等
		平均	81.8	74.2	67.3	5.8	2.3	15	1.5	1	7.0	75	15.1	8.3	
	V 两优 1219（续）	2016	81.0	71.6	62.4	6.7	3.0	11	1.3	2	4.8	76	14.9	7.5	普通
		2015	81.4	72.2	60.9	6.6	3.0	16	3.2	2	5.6	80	16.0	7.6	三等
		平均	81.2	71.9	61.7	6.7	3.0	14	2.3	2	5.2	78	15.5	7.6	
	龙两优 42	2016	81.9	72.7	52.2	7.1	3.1	32	4.2	2	5.8	74	25.1	7.9	普通
	深两优 7217	2016	81.5	72.2	59.3	6.8	3.1	16	1.0	2	6.8	79	15.9	7.9	二等
	两优 4391	2016	81.9	73.7	64.3	7.0	3.0	26	3.3	2	7.0	83	16.2	7.9	三等
	浙两优 30	2016	81.6	72.7	54.3	7.1	3.2	15	1.3	2	3.1	84	14.4	7.8	普通
	荃优 113	2016	81.2	71.9	57.0	7.1	3.1	12	1.3	2	6.9	77	16.0	7.6	二等
	浙两优 86	2016	82.2	73.7	53.2	7.0	2.9	32	3.5	2	5.2	81	16.0	7.7	三等
	中浙优 H7	2016	82.2	74.1	56.9	6.8	3.0	17	2.2	2	5.7	84	13.9	8.1	三等
	两优培九（CK）	2016	81.8	72.9	52.0	6.8	3.1	39	4.6	2	6.2	86	22.1	8.3	普通
		2015	82.1	72.8	55.5	6.6	3.0	17	1.9	2	6.3	85	22.3	8.8	普通
		平均	82.0	72.9	53.8	6.7	3.1	28	3.3	2	6.3	86	22.2	8.6	
B 组区域试验	隆两优 3206（续）	2016	80.8	71.8	62.0	6.6	3.0	13	1.4	2	3.1	86	15.5	7.9	普通
		2015	80.3	72.5	58.2	6.6	2.9	21	3.8	2	4.0	84	15.3	7.7	普通
		平均	80.6	72.2	60.1	6.6	3.0	17	2.6	2	3.6	85	15.4	7.8	
	钱优 3514（续）	2016	82.2	73.2	59.3	6.4	2.9	13	2.0	2	4.9	84	16.0	8.0	普通
		2015	81.9	72.9	60.5	6.4	2.7	32	4.0	2	5.9	86	16.9	7.5	三等
		平均	82.1	73.1	59.9	6.4	2.8	23	3.0	2	5.4	85	16.5	7.8	
	华浙优 1671（续）	2016	82.1	73.1	62.9	6.5	3.0	8	0.8	2	5.3	84	14.9	7.9	三等
		2015	82.6	74.4	62.8	6.5	2.8	27	4.9	2	5.6	88	15.6	7.7	三等
		平均	82.4	73.8	62.9	6.5	2.9	18	2.9	2	5.5	86	15.3	7.8	
	泰两优 217（续）	2016	80.9	71.8	58.7	6.7	3.2	13	1.4	2	5.2	83	14.3	7.7	三等
		2015	81.3	71.8	60.4	6.5	3.1	17	3.3	2	4.4	87	14.6	7.8	普通
		平均	81.1	71.8	59.6	6.6	3.2	15	2.4	2	4.8	85	14.5	7.8	

（续表）

试验类别	品种名称	年份	糙米率（%）	精米率（%）	整精米率（%）	粒长（毫米）	长宽比	垩白粒率（%）	垩白度（%）	透明度（级）	碱消值（级）	胶稠度（毫米）	直链淀粉含量（%）	蛋白质含量（%）	等级
B组区域试验	嘉禾优2125（续）	2016	79.1	70.3	63.0	6.4	2.8	6	0.6	2	6.0	80	14.4	7.8	二等
		2015	79.8	71.9	65.2	6.2	2.6	11	1.0	2	6.5	76	15.8	7.7	二等
		平均	79.5	71.1	64.1	6.3	2.7	9	0.8	2	6.3	78	15.1	7.8	
	深两优7248（续）	2016	80.5	71.6	55.3	7.1	3.2	7	0.5	1	6.2	80	15.2	8.2	二等
		2015	81.0	72.8	55.0	6.9	3.0	23	2.2	2	6.8	80	16.1	8.4	二等
		平均	80.8	72.2	55.2	7.0	3.1	15	1.4	2	6.5	80	15.7	8.3	
	两优丰美	2016	81.5	72.7	57.1	6.7	3.2	39	5.4	2	7.0	66	25.5	7.9	普通
	荃优632	2016	80.9	71.6	63.6	6.5	3.0	17	2.2	2	7.0	80	15.0	8.2	二等
	钱优5168	2016	81.2	72.5	61.5	6.9	3.1	10	1.0	2	5.2	86	15.4	8.0	三等
	Y两优G25	2016	82.6	73.5	54.7	7.3	3.2	40	5.1	2	6.7	82	15.6	7.8	普通
	浙两优203	2016	82.1	73.2	56.2	6.8	3.0	26	3.4	2	6.3	86	22.2	7.9	普通
	两优培九（CK）	2016	82.0	72.8	56.6	6.9	3.1	23	2.3	2	6.1	88	22.5	8.9	普通
		2015	81.9	72.5	55.7	6.8	3.0	31	5.9	2	6.5	83	21.6	8.6	普通
		平均	82.0	72.7	56.2	6.9	3.1	27	4.1	2	6.3	86	22.1	8.8	

表6　2016年浙江省单季籼型杂交稻区域试验参试品种各试点杂株率表

单位：%

试验类别	品种名称	平均	黄岩	建德	开化	丽水	浦江	衢州	台州	温农科	诸国家	遂昌县
A组区域试验	嘉优中科13-1（续）	0.1	0.7	0.0	0.0	0.0	0.0	0.0	0.0	0.0	0.0	0.0
	嘉禾优1号（续）	0.0	0.1	0.0	0.0	0.0	0.0	0.0	0.0	0.0	0.0	0.0
	甬优5550（续）	0.2	0.0	0.0	0.0	0.8	0.0	0.0	0.0	0.0	0.0	0.0
	V两优1219（续）	0.2	0.1	0.4	0.0	1.2	0.0	0.0	0.0	0.0	0.0	0.0
	龙两优42	0.4	2.0	0.4	0.0	0.0	0.0	0.1	0.0	0.0	1.6	0.0
	深两优7217	0.2	0.7	0.0	0.0	0.0	0.0	0.0	0.0	0.8	0.0	0.0
	两优4391	0.0	0.3	0.0	0.0	0.0	0.0	0.0	0.0	0.0	0.0	0.0
	浙两优30	0.6	0.8	0.0	0.0	0.4	0.0	0.0	2.6	1.2	0.6	0.0
	荃优113	0.7	0.8	0.0	0.0	0.0	0.0	0.0	0.0	0.0	0.6	5.6
	浙两优86	0.2	0.7	0.4	0.0	0.0	0.0	0.1	0.0	0.8	0.0	0.0
	中浙优H7	0.0	0.0	0.0	0.0	0.0	0.0	0.0	0.0	0.0	0.0	0.0
	两优培九（CK）	0.6	1.8	2.9	0.0	0.0	0.0	0.0	0.0	0.0	0.0	0.0
B组区域试验	隆两优3206（续）	0.0	0.1	0.0	0.0	0.0	0.0	0.0	0.0	0.0	0.0	0.0
	钱优3514（续）	0.6	1.1	1.2	0.0	0.8	0.0	0.2	0.0	1.6	0.6	0.0
	华浙优1671（续）	0.0	0.4	0.0	0.0	0.0	0.0	0.0	0.0	0.0	0.0	0.0
	泰两优217（续）	0.2	0.1	1.6	0.0	0.0	0.0	0.0	0.0	0.0	0.3	0.0
	嘉禾优2125（续）	0.0	0.0	0.0	0.0	0.0	0.0	0.0	0.0	0.0	0.0	0.0

（续表）

试验类别	品种名称	平均	黄岩	建德	开化	丽水	浦江	衢州	台州	温农科	诸国家	遂昌县
B组区域试验	深两优7248（续）	0.1	0.1	0.0	0.0	0.0	0.0	0.0	0.0	0.8	0.0	0.0
	两优丰美	0.1	0.4	0.0	0.0	0.4	0.0	0.0	0.0	0.0	0.3	0.0
	荃优632	0.3	0.5	0.0	0.0	0.4	0.0	0.0	0.0	1.2	0.6	0.0
	钱优5168	0.7	1.2	0.4	0.0	1.2	0.0	0.2	2.9	0.0	1.0	0.0
	Y两优G25	0.6	0.5	0.4	0.0	0.4	0.0	0.5	4.4	0.0	0.0	0.0
	浙两优203	0.4	0.8	0.0	0.0	1.2	0.0	0.0	0.0	0.0	1.9	/
	两优培九（CK）	0.4	1.4	2.9	0.0	0.0	0.0	0.0	0.0	0.0	0.0	0.0

表7　2016年浙江省单季籼型杂交稻区域试验和生产试验参试品种各试点产量对照表

单位：千克/亩

试验类别	品种名称	平均	黄岩	建德	开化	丽水	临安	浦江	衢州	台州	温农科	新昌	诸国家	遂昌县	可得丰种业
A组区域试验	嘉优中科13-1（续）	633.8	551.9	603.2	660.2	608.3	/	650.8	678.0	702.5	557.0	/	744.8	581.0	/
	嘉禾优1号（续）	672.1	624.1	693.8	694.5	586.7	/	689.2	687.8	707.7	642.0	/	723.7	671.4	/
	甬优5550(续)	643.5	653.5	657.7	632.7	546.7	/	669.2	710.3	668.8	666.7	/	621.3	607.9	/
	V两优1219（续）	647.4	567.8	637.8	684.0	577.5	/	655.0	692.3	692.7	665.2	/	720.7	581.0	/
	龙两优42	600.4	504.9	659.5	665.7	516.7	/	628.3	561.7	640.7	578.0	/	679.2	569.8	/
	深两优7217	597.0	464.8	624.7	667.5	575.0	/	612.5	561.0	628.2	568.0	/	667.2	601.6	/
	两优4391	626.9	560.6	652.3	655.3	563.3	/	661.7	636.7	650.0	641.7	/	673.8	573.0	/
	浙两优30	620.7	540.0	659.0	651.8	550.0	/	653.3	537.7	690.3	640.3	/	708.7	576.2	/
	荃优113	563.8	510.8	621.3	680.7	531.7	/	432.5	523.8	665.3	575.3	/	638.2	458.7	/
	浙两优86	613.2	528.3	586.3	691.0	585.8	/	607.5	614.7	644.0	640.2	/	676.8	557.1	/
	中浙优H7	631.7	529.1	673.2	663.0	608.3	/	643.3	650.3	669.0	575.7	/	684.2	620.6	/
	两优培九(CK)	585.5	518.3	638.7	652.2	495.7	/	601.7	527.8	629.8	599.3	/	626.3	565.1	/
A组生产试验	臻优H30	574.1	/	685.9	655.5	574.4	574.0	593.1	495.3	/	482.6	628.0	641.8	/	410.4
	甬优5550	602.1	/	567.3	624.3	603.3	650.8	693.4	661.3	/	604.0	568.2	574.6	/	474.1
	嘉禾优2125	667.8	/	648.8	660.6	651.6	689.0	730.9	721.2	/	631.3	672.6	642.7	/	629.5
	华浙优1671	589.8	/	625.3	629.5	596.4	533.4	582.3	624.4	/	552.3	586.5	675.8	/	492.0
	两优培九(CK)	550.7	/	614.5	570.7	500.9	528.6	561.4	515.7	/	554.7	563.0	575.5	/	521.9
B组区域试验	隆两优3206（续）	648.0	640.0	678.8	706.7	615.0	/	625.8	551.3	707.3	680.8	/	670.7	603.2	/
	钱优3514(续)	641.0	637.6	666.2	642.2	529.2	/	600.8	646.8	709.8	681.0	/	715.0	581.0	/

（续表）

试验类别	品种名称	平均	黄岩	建德	开化	丽水	临安	浦江	衢州	台州	温农科	新昌	诸国家	遂昌县	可得丰种业
B组区域试验	华浙优 1671（续）	643.0	575.9	628.8	647.2	596.7	/	604.2	675.0	660.5	697.5	/	712.7	631.8	/
	泰两优 217（续）	641.2	513.3	611.3	661.7	597.5	/	658.3	673.2	655.7	707.0	/	711.7	622.2	/
	嘉禾优 2125（续）	687.5	680.2	729.3	610.7	575.8	/	696.7	782.8	679.0	721.5	/	707.0	692.1	/
	深两优 7248（续）	571.4	562.5	553.2	653.5	464.2	/	554.7	584.5	589.5	634.5	/	601.5	515.9	/
	两优丰美	630.8	563.8	599.0	673.2	648.3	/	665.8	521.7	686.7	658.2	/	661.2	630.2	/
	荃优 632	597.1	590.0	612.2	645.8	475.0	/	573.3	639.8	608.7	638.2	/	624.2	563.5	/
	钱优 5168	627.7	565.9	668.2	644.7	519.2	/	630.8	636.8	687.8	679.0	/	641.3	603.2	/
	Y 两优 G25	571.3	442.1	560.8	532.3	554.2	/	630.8	510.8	598.5	611.8	/	711.7	560.3	/
	浙两优 203	619.4	511.9	634.7	660.8	557.5	/	606.7	625.0	657.8	624.8	/	706.5	607.9	/
	两优培九（CK）	579.3	520.8	603.2	603.0	511.7	/	616.7	530.3	612.2	616.8	608.7	569.8	579.3	/
B组生产试验	中浙优 157	616.4	/	618.6	695.0	568.9	581.6	685.4	597.5	/	602.0	559.7	639.4	/	/
	91 优 16	593.1	/	695.8	647.1	618.1	501.0	574.2	632.8	/	408.4	613.3	647.0	/	/
	深两优 332	622.3	/	741.8	676.1	563.8	550.6	618.2	563.4	/	621.2	632.7	632.7	/	/
	两优培九（CK）	571.8	/	619.6	639.6	513.6	528.6	606.4	515.7	/	586.4	555.5	580.9	/	/

表 8　2016 年浙江省单季籼型杂交稻区域试验参试品种各试点抗倒性表

试验类别	品种名称	黄岩	建德	开化	丽水	浦江	衢州	台州	温农科	诸国家	遂昌县	综合评价
A组区域试验	嘉优中科 13-1（续）	中	差	好	好	差	中	中	差	中	差	中
	嘉禾优 1 号（续）	好	差	好	好	差	好	好	中	好	好	好
	甬优 5550（续）	好	好	好	好	好	好	好	好	好	好	好
	V 两优 1219（续）	好	好	好	好	好	好	好	好	好	好	好
	龙两优 42	差	好	好	好	中	好	好	中	好	好	好
	深两优 7217	差	好	好	好	好	好	好	好	好	好	好
	两优 4391	好	好	好	好	好	好	好	好	好	好	好
	浙两优 30	好	好	好	好	好	好	好	好	好	/	好
	荃优 113	差	好	好	好	中	好	中	好	好	好	好
	浙两优 86	差	好	好	好	好	好	中	好	好	好	好
	中浙优 H7	好	好	好	好	好	好	中	好	好	好	好
	两优培九（CK）	好	好	好	好	好	好	中	好	好	好	好
B组区域试验	隆两优 3206（续）	好	好	好	好	好	好	好	好	好	好	好
	钱优 3514（续）	好	好	好	好	中	好	好	好	好	好	好

（续表）

试验类别	品种名称	黄岩	建德	开化	丽水	浦江	衢州	台州	温农科	诸国家	遂昌县	综合评价
B组区域试验	华浙优 1671（续）	好	好	好	好	好	好	好	好	好	好	好
	泰两优 217（续）	好	好	好	好	好	好	好	好	好	好	好
	嘉禾优 2125（续）	好	中	好	好	好	好	好	好	好	好	好
	深两优 7248（续）	好	好	好	好	中	好	好	好	好	好	好
	两优丰美	差	好	好	好	好	好	好	中	好	好	好
	荃优 632	好	好	好	好	好	好	好	好	好	好	好
	钱优 5168	好	好	好	好	好	好	好	差	好	好	好
	Y 两优 G25	好	好	好	好	好	好	好	好	中	好	好
	浙两优 203	好	好	好	好	好	好	好	好	好	/	好
	两优培九（CK）	好	好	好	好	好	好	好	好	好	好	好

表 9　2016 年浙江省单季籼型杂交稻区域试验参试品种田间抗性表

试验类别	品种名称	叶瘟	穗颈瘟	白叶枯病	稻曲病	综合评价
A组区域试验	嘉优中科 13-1（续）	无	无	无	无	无
	嘉禾优 1 号（续）	无	无	无	无	无
	甬优 5550（续）	无	无	无	无	无
	V 两优 1219（续）	无	无	无	无	无
	龙两优 42	无	无	无	无	无
	深两优 7217	无	无	无	无	无
	两优 4391	无	无	无	无	无
	浙两优 30	无	无	无	无	无
	荃优 113	无	无	无	无	无
	浙两优 86	无	无	无	无	无
	中浙优 H7	无	无	无	无	无
	两优培九（CK）	无	无	无	无	无
B组区域试验	隆两优 3206（续）	无	无	无	无	无
	钱优 3514（续）	无	无	无	无	无
	华浙优 1671（续）	无	无	无	无	无
	泰两优 217（续）	无	无	无	无	无
	嘉禾优 2125（续）	无	无	无	无	无
	深两优 7248（续）	无	无	无	无	无
	两优丰美	无	无	无	无	无
	荃优 632	无	无	无	无	无
	钱优 5168	无	无	无	无	无
	Y 两优 G25	无	无	无	无	无
	浙两优 203	无	无	无	无	无
	两优培九（CK）	无	无	无	无	无

2016年浙江省单季常规晚粳稻区域试验和生产试验总结

浙江省种子管理总站

一、试验概况

2016年，浙江省单季晚粳区域试验参试品种为11个（不包括对照，下同），其中8个新参试品种，3个续试品种。生产试验品种有4个（含引种1个）。区域试验的形式随机区组排列，小区面积为0.02亩，重复3次。生产试验采用大区对比法，不设重复。试验四周设保护行，同组所有试验品种同期播种和移栽，其他田间管理与当地大田生产一致，试验田及时防治病虫害，试验观察记载按照《浙江省水稻区域试验和生产试验技术操作规程（试行）》执行。

区域试验和生产试验分别由湖州市农业科学研究院、嘉兴市农业科学研究院、浙江省农业科学院、长兴县种子管理站、嘉善县种子管理站、宁波市农业科学研究院、诸暨国家级区试站、嵊州市农业科学研究所和舟山市农业科学研究院这9个单位承担。稻米品质分析和主要病虫害抗性鉴定任务分别由农业部稻米及制品质量监督检验测试中心（杭州）和浙江省农业科学院植物保护与微生物研究所承担。

二、试验结果

1. 产量：据区域试验各试点的产量结果汇总，比对照秀水134增产的续试品种有2个，为HZ13-25和ZH13-106。比对照秀水134增产的新参试品种有5个，其中增产3.0%以上的有4个，分别为嘉禾236、HZ14-49、春江157和嘉禾239，嘉禾236、HZ14-49、春江157增产达显著水平；其余品种均比对照减产，中粳5号减产达显著水平。生产试验4个品种均比对照秀水134增产。

2. 生育期：区域试验续试品种的生育期变幅为162.3～164.4天，均比对照秀水134的生育期长。新参试品种生育期变幅为154.3～162.6天，比对照长的品种有2个，其中中粳5号生育期偏长，比对照长4.6天；比对照短的品种有6个，其中中粳6号、嘉禾236生育期偏短，分别比对照短3.7天和3.3天。

3. 品质：区域试验续试品种中，ZH13-106为一等优质米（部颁），优于对照秀水134；HZ13-25、丙13-07为三等优质米（部颁），略差于对照。新参试品种中，HZ14-49为二等优质米（部颁），与对照秀水134相仿；中粳6号、嘉禾236为普通米（部颁），差于对照；其余均为三等优质米（部颁），略差于对照。引种品种秀水121为二等优质米（部颁），与对照秀水134相仿。

三、品种简评

（一）区域试验

1. HZ13-25（续）：系湖州市农业科学研究院选育而成的单季常规晚粳稻新品种，该组合第二年参试。2015年试验平均亩产为624.4千克，比对照秀水134增产5.3%，达显著水平；2016年试验平均亩产为630.5千克，比对照秀水134增产3.8%，未达显著水平；两年省区域试验平均亩产为627.5千克，比对照秀水134增产4.6%。两年平均全生育期为164.4天，比对照秀水134长2.8天。该组合每亩有效穗数为20.2万穗，株高99.3厘米，每穗总粒数为138.7粒，每穗实粒数为125.2粒，结实率为90.3%，千粒重为25.3克。经浙江省农业科学院植物保护与微生物研究所2015—2016年抗性鉴定，平均叶瘟1.1级，穗瘟3级，穗瘟损失率2级，综合指数为2.1；白叶枯病3.9级；褐飞虱8级。经农业部稻米及制品质量监督检测中心（杭州）2015—2016年检测，平均整精米率为70.2%，长宽比为1.8，垩白粒率为29.5%，垩白度为3.3%，透明度为1级，胶稠度为62毫米，直链淀粉含量为15.5%，米质各项指标综合评价为食用稻品种品质三等（部颁）。

该组合产量较高，生育期适中，中抗稻瘟病，中感白叶枯病，感褐飞虱，米质略差于对照秀水134。建议下一年度进入生产试验。

2. ZH13-106（续）：系浙江省农业科学院选育而成的单季常规晚粳稻新品种，该组合第二年参试。2015年试验平均亩产为618.4千克，比对照秀水134增产4.3%，未达显著水平；2016年试验平均亩产为615.6千克，比对照秀水134增产1.4%，未达显著水平；两年省区域试验平均亩产为617.0千克，比对照秀水134增产2.8%。两年平均全生育期为162.5天，比对照秀水134长0.9天。该组合每亩有效穗数为18.7万穗，株高98.7厘米，每穗总粒数为139.1粒，每穗实粒数为124.6粒，结实率为89.6%，千粒重为26.0克。经浙江省农业科学院植物保护与微生物研究所2015—2016年抗性鉴定，平均叶瘟2.4级，穗瘟5级，穗瘟损失率2级，综合指数为3.6；白叶枯病4.4级；褐飞虱9级。经农业部稻米及制品质量监督检测中心（杭州）2015—2016年检测，平均整精米率为67.8%，长宽比为1.7，白度为2，阴糯米率为1%，胶稠度为100毫米，直链淀粉含量为1.5%，米质各项指标综合评价为食用稻品种品质一等（部颁）。

该组合产量一般，生育期适中，中感稻瘟病，中感白叶枯病，感褐飞虱，米质优于对照秀水134。建议下一年度进入生产试验。

3. 丙13-07（续）：系嘉兴市农业科学研究院选育而成的单季常规晚粳稻新品种，该组合第二年参试。2015年试验平均亩产为618.4千克，比对照秀水134增产4.3%，未达显著水平；2016年试验平均亩产为601.5千克，比对照秀水134减产1.0%，未达显著水平；两年省区域试验平均亩产为610.0千克，比对照秀水134增产1.7%。全生育期为162.3天，比对照秀水134长0.7天。该组合每亩有效穗数为20.4万穗，株高95.6厘米，每穗总粒数为131.6粒，每穗实粒数为115.8粒，结实率为88.0%，千粒重为26.3克。经浙江省农业科学院植物保护与微生物研究所2015—2016年抗性鉴定，平均叶瘟2.0级，穗瘟5级，穗瘟损失率1级，综合指数为2.8；白叶枯病3.5级；褐飞虱9级。经农业部稻米及制品质量监督检测中心（杭州）2015—2016年检测，平均整精米率为68%，长宽比为1.8，垩白粒率为25.5%，垩白度为3.3%，透明度为2级，胶稠度为66毫米，直链淀粉含量为15.7%，米质各项指标综合评价为食用稻品种品质三等（部颁）。

该组合产量一般，生育期适中，中抗稻瘟病，中感白叶枯病，感褐飞虱，米质略差于对照秀水134。建议下一年度终止试验。

4. 嘉禾236：系浙江可得丰种业有限公司选育而成的单季常规晚粳稻新品种，该组合第一年参试。2016年试验平均亩产为651.1千克，比对照秀水134增产7.2%，达显著水平。全生育期为154.7天，比对照秀水134短3.3天。该组合每亩有效穗数为19.2万穗，株高104.8厘米，每穗总粒数为133.8粒，每穗实粒数为112.5粒，结实率为84.1%，千粒重为29.3克。经浙江省农业科学院植物保护与微生物研究所2016年抗性鉴定，平均叶瘟1.6级，穗瘟8级，穗瘟损失率4级，综合指数为4.8；白叶枯病4.6级；褐飞虱9级。经农业部稻米及制品质量监督检测中心（杭州）2016年检测，平均整精米率为53.7%，长宽比为2.9，垩白粒率为18%，垩白度为2.1%，透明度为1级，胶稠度为78毫米，直链淀粉含量为16%，米质各项指标综合评价为食用稻品种品质普通（部颁）。

该组合产量高，生育期偏短，中感稻瘟病，中感白叶枯病，感褐飞虱，米质差于对照秀水134。建议下一年度继续试验。

5. HZ14-49：系湖州市农业科学研究院选育而成的单季常规晚粳稻新品种，该组合第一年参试。2016

年试验平均亩产为645.8千克，比对照秀水134增产6.3%，达显著水平。全生育期为156.4天，比对照秀水134短1.6天。该组合每亩有效穗数为20.5万穗，株高99.8厘米，每穗总粒数为134.7粒，每穗实粒数为121.7粒，结实率为90.4%，千粒重为26.4克。经浙江省农业科学院植物保护与微生物研究所2016年抗性鉴定，平均叶瘟2.5级，穗瘟6级，穗瘟损失率4级，综合指数为4.3；白叶枯病3.4级；褐飞虱9级。经农业部稻米及制品质量监督检测中心（杭州）2016年检测，平均整精米率为68.8%，长宽比为1.8，垩白粒率为13%，垩白度为1.1%，透明度为1级，胶稠度为75毫米，直链淀粉含量为15.5%，米质各项指标综合评价为食用稻品种品质二等（部颁）。

该组合产量高，生育期适中，中感稻瘟病，中感白叶枯病，感褐飞虱，米质类似于对照秀水134。建议下一年度继续试验。

6. 春江157：系中国水稻研究所选育而成的单季常规晚粳稻新品种，该组合第一年参试。2016年试验平均亩产为642.4千克，比对照秀水134增产5.8%，达显著水平。全生育期为157天，比对照秀水134短1.0天。该组合每亩有效穗数为18.7万穗，株高97.7厘米，每穗总粒数为145.8粒，每穗实粒数为124.3粒，结实率为85.3%，千粒重为27.6克。经浙江省农业科学院植物保护与微生物研究所2016年抗性鉴定，平均叶瘟0.8级，穗瘟5级，穗瘟损失率2级，综合指数为2.9；白叶枯病4.8级；褐飞虱9级。经农业部稻米及制品质量监督检测中心（杭州）2016年检测，平均整精米率为72.7%，长宽比为1.6，垩白粒率为31%，垩白度为3.2%，透明度为1级，胶稠度为68毫米，直链淀粉含量为16%，米质各项指标综合评价为食用稻品种品质三等（部颁）。

该组合产量高，生育期适中，中抗稻瘟病，中感白叶枯病，感褐飞虱，米质略差于对照秀水134。建议下一年度继续试验。

7. 嘉禾239：系绍兴市舜达种业有限公司选育而成的单季常规晚粳稻新品种，该组合第一年参试。2016年试验平均亩产为634.5千克，比对照秀水134增产4.5%，未达显著水平。全生育期为157.4天，比对照秀水134短0.6天。该组合每亩有效穗数为17.4万穗，株高94.9厘米，每穗总粒数为163.0粒，每穗实粒数为139.5粒，结实率为85.6%，千粒重为27.9克。经浙江省农业科学院植物保护与微生物研究所2016年抗性鉴定，平均叶瘟0.5级，穗瘟6级，穗瘟损失率3级，综合指数为3.3；白叶枯病4.8级；褐飞虱9级。经农业部稻米及制品质量监督检测中心（杭州）2016年检测，平均整精米率为69.5%，长宽比为2.0，垩白粒率为16%，垩白度为1.4%，透明度为1级，胶稠度为61毫米，直链淀粉含量为15.1%，米质各项指标综合评价为食用稻品种品质三等（部颁）。

该组合产量较高，生育期适中，中抗稻瘟病，中感白叶枯病，感褐飞虱，米质略差于对照秀水134。建议下一年度继续试验。

8. ZH14-63：系浙江省农业科学院选育而成的单季常规晚粳稻新品种，该组合第一年参试。2016年试验平均亩产为621.1千克，比对照秀水134增产2.3%，未达显著水平。全生育期为157.1天，比对照秀水134短0.9天。该组合每亩有效穗数为18.5万穗，株高99.3厘米，每穗总粒数为160.5粒，每穗实粒数为142.8粒，结实率为89.0%，千粒重为24.5克。经浙江省农业科学院植物保护与微生物研究所2016年抗性鉴定，平均叶瘟3.3级，穗瘟6级，穗瘟损失率2级，综合指数为3.8；白叶枯病4.6级；褐飞虱9级。经农业部稻米及制品质量监督检测中心（杭州）2016年检测，平均整精米率为71.7%，长宽比为1.7，垩白粒率为21%，垩白度为2.8%，透明度为1级，胶稠度为65毫米，直链淀粉含量为15.1%，米质各项指标综合评价为食用稻品种品质三等（部颁）。

该组合产量一般，生育期适中，中抗稻瘟病，中感白叶枯病，感褐飞虱，米质略差于对照秀水134。建议下一年度终止试验。

9. 丙14-10：系嘉兴市农业科学研究院选育而成的单季常规晚粳稻新品种，该组合第一年参试。2016年试验平均亩产为586.4千克，比对照秀水134减产3.4%，未达显著水平。全生育期为159.3天，比对照秀水134长1.3天。该组合每亩有效穗数为20.4万穗，株高94.4厘米，每穗总粒数为132.7粒，每穗实粒数为 115.7 粒，结实率为 87.2%，千粒重为 26.9 克。经浙江省农业科学院植物保护与微生物研究所 2016 年抗性鉴定，平均叶瘟 0.7 级，穗瘟 7 级，穗瘟损失率 4 级，综合指数为 4.0；白叶枯病 2.6 级；褐飞虱 9 级。经农业部稻米及制品质量监督检测中心（杭州）2016 年检测，平均整精米率为 67.9%，长宽比为 1.8，垩白粒率为 26%，垩白度为 2.8%，透明度为 1 级，胶稠度为 69 毫米，直链淀粉含量为 14.5%，米质各项指标综合评价为食用稻品种品质三等（部颁）。

该组合产量偏低，生育期适中，中抗稻瘟病，中抗白叶枯病，感褐飞虱，米质略差于对照秀水 134。建议下一年度终止试验。

10. 中粳 6 号：系中国水稻研究所选育而成的单季常规晚粳稻新品种，该组合第一年参试。2016 年试验平均亩产为 575.0 千克，比对照秀水 134 减产 5.3%，未达显著水平。全生育期为 154.3 天，比对照秀水 134 短 3.7 天。该组合每亩有效穗数为 19.8 万穗，株高 104.8 厘米，每穗总粒数为 117.8 粒，每穗实粒数为 106.7 粒，结实率为 90.6%，千粒重为 27.6 克。经浙江省农业科学院植物保护与微生物研究所 2016 年抗性鉴定，平均叶瘟 2.8 级，穗瘟 7 级，穗瘟损失率 4 级，综合指数为 4.8；白叶枯病 4.6 级；褐飞虱 9 级。经农业部稻米及制品质量监督检测中心（杭州）2016 年检测，平均整精米率为 62.4%，长宽比为 2.6，垩白粒率为 6%，垩白度为 0.4%，透明度为 1 级，胶稠度为 64 毫米，直链淀粉含量为 15.8%，米质各项指标综合评价为食用稻品种品质普通（部颁）。

该组合产量低，生育期偏短，中感稻瘟病，中感白叶枯病，感褐飞虱，米质差于对照秀水 134。建议下一年度终止试验。

11. 中粳 5 号：系浙江勿忘农种业股份有限公司、中国水稻研究所选育而成的单季常规晚粳稻新品种，该组合第一年参试。2016 年试验平均亩产为 571.4 千克，比对照秀水 134 减产 5.9%，达显著水平。全生育期为 162.6 天，比对照秀水 134 长 4.6 天。该组合每亩有效穗数为 20.1 万穗，株高 97.8 厘米，每穗总粒数为 133.9 粒，每穗实粒数为 121.5 粒，结实率为 90.7%，千粒重为 24.2 克。经浙江省农业科学院植物保护与微生物研究所 2016 年抗性鉴定，平均叶瘟 5.2 级，穗瘟 9 级，穗瘟损失率 6 级，综合指数为 7.0；白叶枯病 5.9 级；褐飞虱 9 级。经农业部稻米及制品质量监督检测中心（杭州）2016 年检测，平均整精米率为 72.1%，长宽比为 1.9，垩白粒率为 7%，垩白度为 0.6%，透明度为 1 级，胶稠度为 67 毫米，直链淀粉含量为 16.4%，米质各项指标综合评价为食用稻品种品质三等（部颁）。

该组合产量低，生育期偏长，感稻瘟病，感白叶枯病，感褐飞虱，米质略差于对照秀水 134。建议下一年度终止试验。

（二）生产试验

1. 丙 12-14：系嘉兴市农业科学研究院选育而成的单季常规晚粳稻新品种。本年度生产试验平均亩产为 638.4 千克，比对照秀水 134 增产 4.9%。

该组合已于 2016 年通过浙江省品审会水稻专业组的考察审查，并推荐浙江省品审会审定。

2. 浙辐粳 83：系浙江省农业科学院选育而成的单季常规晚粳稻新品种。本年度生产试验平均亩产为 637.8 千克，比对照秀水 134 增产 4.8%。

该组合已于 2016 年通过浙江省品审会水稻专业组的考察审查，并推荐浙江省品审会审定。

3. 中嘉 8 号：系中国水稻研究所选育而成的单季常规晚粳稻新品种。本年度生产试验平均亩产为 628.7 千克，比对照秀水 134 增产 3.3%。

该组合已于 2016 年通过浙江省品审会水稻专业组的考察审查，并推荐浙江省品审会审定。

4. 秀水 121：系嘉兴市农业科学研究院选育而成的单季常规晚粳稻新品种。本年度生产试验平均亩产为 614.2 千克，比对照秀水 134 增产 0.9%。

该组合已于 2016 年通过浙江省品审会水稻专业组的考察审查，并推荐浙江省品审会审定。

相关结果见表 1～表 9。

表1 2016年浙江省单季常规晚粳稻区域试验和生产试验参试品种及申请（供种）单位表

试验类别	品种名称	亲本	申请（供种）单位	备注
区域试验	HZ13-25（续）	ZH0672/秀水09/浙粳88	湖州市农业科学研究院	续试
	丙13-07（续）	秀水123//丙05110/镇631	嘉兴市农业科学研究院	
	ZH13-106(续）	嘉0487/绍糯-446//浙粳88	浙江省农业科学院	
	丙14-10	秀水123//丙051102/镇631	嘉兴市农业科学研究院	新参试
	ZH14-63	ZH10-93/（秀水09/嘉05-116（BPH）	浙江省农业科学院	
	HZ14-49	HZ10-9/秀水09//ZH11-29	湖州市农业科学研究院	
	中粳6号	嘉禾218/ZH556（嘉花1号/春江06）	中国水稻研究所	
	中粳5号	春江06/ZH551	浙江勿忘农种业股份有限公司、中国水稻研究所	
	春江157	秀水09/春江糯6号	中国水稻研究所	
	嘉禾239	秀水134//嘉禾 212/嘉粳3976	绍兴市舜达种业有限公司	
	嘉禾236	嘉禾218/嘉粳3694//2106/嘉粳3684	浙江可得丰种业有限公司	
	秀水134（CK）	丙95-59//测212/RH///丙03-123	浙江省种子管理总站	
生产试验	中嘉8号	ZH559/嘉禾218	中国水稻研究所	
	丙12-14	丙95-59//测212/RH///丙03-123	嘉兴市农业科学研究院	
	浙辐粳83	丙0209/嘉05-36	浙江省农业科学院	
	秀水121	秀水134//秀水134/GT6	嘉兴市农业科学研究院	
	秀水134（CK）	丙95-59//测212/RH///丙03-123	浙江省种子管理总站	

表2 2015—2016年浙江省单季常规晚粳稻区域试验和生产试验参试品种产量表

试验类别	品种名称	2016年							2015年			两年平均	
		小区产量（千克）	亩产（千克）	亩产与对照比较（%）	亩产与组平均比较（%）	差异显著性检验			亩产（千克）	亩产与对照比较（%）	差异显著性	亩产（千克）	亩产与对照比较（%）
						0.05	0.01	差异显著性					
区域试验	嘉禾236	13.023	651.1	7.2	5.8	a	A	*	/	/	/	/	/
	HZ14-49	12.917	645.8	6.3	5.0	ab	AB	*	/	/	/	/	/
	春江157	12.849	642.4	5.8	4.4	ab	AB	*	/	/	/	/	/
	嘉禾239	12.690	634.5	4.5	3.1	abc	AB	/	/	/	/	/	/
	HZ13-25（续）	12.610	630.5	3.8	2.5	abc	ABC	/	624.4	5.3	*	627.5	4.6
	ZH14-63	12.422	621.1	2.3	1.0	abcd	ABC	/	/	/	/	/	/
	ZH13-106（续）	12.313	615.6	1.4	0.1	bcd	ABCD	/	618.4	4.3	/	617.0	2.8
	秀水134（CK）	12.146	607.3	0.0	−1.3	cde	ABCD	/	592.7	0	/	600.0	0.0
	丙13-07（续）	12.030	601.5	−1.0	−2.2	cdef	BCD	/	618.4	4.3	/	610.0	1.7
	丙14-10	11.729	586.4	−3.4	−4.7	def	CD	/	/	/	/	/	/

（续表）

试验类别	品种名称	2016年							2015年			两年平均	
		小区产量（千克）	亩产（千克）	亩产与对照比较（%）	亩产与组平均比较(%)	差异显著性检验			亩产（千克）	亩产与对照比较（%）	差异显著性	亩产（千克）	亩产与对照比较（%）
						0.05	0.01	差异显著性					
区域试验	中粳6号	11.500	575.0	−5.3	−6.5	ef	D	/	/	/	/	/	/
	中粳5号	11.427	571.4	−5.9	/	f	D	/	/	/	/	/	/
	平均	/	615.2	/	/	/	/	/	/	/	/	/	/
生产试验	中嘉8号	/	628.7	3.3	/	/	/	/	/	/	/	/	/
	丙12-14	/	638.4	4.9	/	/	/	/	/	/	/	/	/
	浙辐粳83	/	637.8	4.8	/	/	/	/	/	/	/	/	/
	秀水121	/	614.2	0.9	/	/	/	/	/	/	/	/	/
	秀水134（CK）	/	608.6	0.0	/	/	/	/	/	/	/	/	/

注：　*表示差异达显著水平。

表3　2015—2016年浙江省单季常规晚粳稻区域试验参试品种经济性状表

品种名称	年份	全生育期（天）	全生育期与对照比较（天）	基本苗数（万株/亩）	有效穗数（万穗/亩）	株高（厘米）	总粒数（粒/穗）	实粒数（粒/穗）	结实率（%）	千粒重（克）
HZ13-25（续）	2016	160.6	2.6	5.6	20.2	100.3	145.8	129.5	88.8	24.9
	2015	168.2	3.1	6.9	20.1	98.2	131.6	120.9	91.9	25.7
	平均	164.4	2.8	6.3	20.2	99.3	138.7	125.2	90.3	25.3
丙13-07（续）	2016	159.9	1.9	5.8	19.9	98.4	141.6	120.8	85.3	26.3
	2015	164.8	−0.3	6.4	20.9	92.7	121.6	110.8	91.1	26.2
	平均	162.3	0.7	6.1	20.4	95.6	131.6	115.8	88.0	26.3
ZH13-106（续）	2016	158.3	0.3	5.3	18.5	103.6	135.4	122.2	90.3	26.0
	2015	166.8	1.7	6.7	18.9	93.8	142.8	127.1	89.0	26.0
	平均	162.5	0.9	6.0	18.7	98.7	139.1	124.6	89.6	26.0
丙14-10	2016	159.3	1.3	5.6	20.4	94.4	132.7	115.7	87.2	26.9
ZH14-63	2016	157.1	−0.9	5.5	18.5	99.3	160.5	142.8	89.0	24.5
HZ14-49	2016	156.4	−1.6	5.5	20.5	99.8	134.7	121.7	90.4	26.4
中粳6号	2016	154.3	−3.7	5.8	19.8	104.8	117.8	106.7	90.6	27.6
中粳5号	2016	162.6	4.6	5.7	20.1	97.8	133.9	121.5	90.7	24.2
春江157	2016	157.0	−1.0	5.9	18.7	97.7	145.8	124.3	85.3	27.6
嘉禾239	2016	157.4	−0.6	6.1	17.4	94.9	163.0	139.5	85.6	27.9
嘉禾236	2016	154.7	−3.3	5.7	19.2	104.8	133.8	112.5	84.1	29.3
秀水134（CK）	2016	158.0	0.0	5.7	18.9	97.7	141.2	127.0	90.0	26.1
	2015	165.1	0.0	6.5	19.7	95.0	129.0	120.4	93.3	26.0
	平均	161.6	0.0	6.1	19.3	96.3	135.1	123.7	91.6	26.0

表4 2015—2016年浙江省单季常规晚粳稻区域试验参试品种主要病虫害抗性鉴定结果表

品种名称	年份	稻瘟病								白叶枯病			褐飞虱	
		叶瘟		穗瘟		穗瘟损失率		综合指数	抗性评价	平均级	最高级	抗性评价	分级	抗性评价
		平均级	最高级	平均级	最高级	平均级	最高级							
HZ13-25（续）	2016	1.0	2	3	3	1	1	1.8	抗	4.8	5	中感	7	中感
	2015	1.2	2	3	5	2	3	2.3	中抗	3.0	3	中抗	9	感
	平均	1.1	2	3	4	2	2	2.1		3.9	4		8	
丙13-07（续）	2016	2.7	5	4	5	1	1	2.7	中抗	4.3	5	中感	9	感
	2015	1.2	4	5	5	1	1	2.8	中抗	2.7	3	中抗	9	感
	平均	2.0	5	5	5	1	1	2.8		3.5	4		9	
ZH13-106（续）	2016	2.3	4	5	5	1	1	2.8	中抗	4.6	5	中感	9	感
	2015	2.5	6	5	7	3	5	4.3	中感	4.1	5	中感	9	感
	平均	2.4	5	5	6	2	3	3.6		4.4	5		9	
丙14-10	2016	0.7	1	7	7	4	5	4.0	中抗	2.6	3	中抗	9	感
ZH14-63	2016	3.3	5	6	9	2	3	3.8	中抗	4.6	5	中感	9	感
HZ14-49	2016	2.5	3	6	7	4	5	4.3	中感	3.4	5	中感	9	感
中粳6号	2016	2.8	4	7	9	4	5	4.8	中感	4.6	5	中感	9	感
中粳5号	2016	5.2	7	9	9	6	7	7.0	感	5.9	7	感	9	感
春江157	2016	0.8	2	5	7	2	3	2.9	中抗	4.8	5	中感	9	感
嘉禾239	2016	0.5	1	6	7	3	3	3.3	中抗	4.8	5	中感	9	感
嘉禾236	2016	1.6	3	8	9	4	5	4.8	中感	4.6	5	中感	9	感
秀水121*	2016	0.3	2	5	5	1	1	2.3	中抗	1.7	3	中抗	7	中感
秀水134（CK）	2016	3.7	5	5	7	2	3	3.5	中抗	3.4	5	中感	9	感
	2015	4.5	8	5	7	2	3	4.8	中感	2.3	3	中抗	7	中感
	平均	4.1	7	5	7	2	3	4.2		2.9	4		8	

注：*为引种试验品种。

表5 2015—2016年浙江省单季常规晚粳稻区域试验和生产试验参试品种稻米品质表

品种名称	年份	糙米率（%）	精米率（%）	整精米率（%）	粒长（毫米）	长宽比	垩白粒率（%）	垩白度（%）	透明度（级）	碱消值（级）	胶稠度（毫米）	直链淀粉含量（%）	蛋白质含量（%）	等级
HZ13-25（续）	2016	83.8	74.2	68.9	4.9	1.8	30	2.8	1	7	64	15.8	9.3	三等
	2015	83.9	74.4	71.5	5.0	1.8	29	3.8	1	7	60	15.2	7.3	三等
	平均	83.9	74.3	70.2	5.0	1.8	30	3.3	1	7	62	15.5	8.3	
丙13-07（续）	2016	83.1	73.7	66.6	4.9	1.8	18	1.8	2	7	67	15.0	9.9	三等
	2015	83.3	73.9	69.4	5.0	1.7	33	4.7	2	7	65	16.3	8.3	三等
	平均	83.2	73.8	68.0	5.0	1.8	26	3.3	2	7	66	15.7	9.1	

（续表）

品种名称	年份	糙米率（%）	精米率（%）	整精米率（%）	粒长（毫米）	长宽比	垩白粒率（%）	垩白度（%）	透明度（级）	碱消值（级）	胶稠度（毫米）	直链淀粉含量（%）	蛋白质含量（%）	等级
ZH13-106（续）	2016	83.2	73.5	71.0	4.7	1.7	白度1	阴糯米率2	/	7	100	1.5	9.3	一等
	2015	82.1	72.3	64.5	4.8	1.6	白度3	阴糯米率0	/	7	100	1.5	8.3	普通
	平均	82.7	72.9	67.8	4.8	1.7	白度2	阴糯米率1	/	7	100	1.5	8.8	
丙14-10	2016	83.1	73.6	67.9	4.9	1.8	26	2.8	1	7	69	14.5	9.2	三等
ZH14-63	2016	83.6	74.0	71.7	4.7	1.7	21	2.8	1	7	65	15.1	9.2	三等
HZ14-49	2016	83.9	74.4	68.8	4.9	1.8	13	1.1	1	7	75	15.5	9.3	二等
中粳6号	2016	81.4	72.5	62.4	6.6	2.6	6	0.4	1	7	64	15.8	10.3	普通
中粳5号	2016	84.5	75.0	72.1	5.1	1.9	7	0.6	1	7	67	16.4	10.4	三等
春江157	2016	84.2	74.8	72.7	4.9	1.6	31	3.2	1	7	68	16.0	9.2	三等
嘉禾239	2016	83.6	74.5	69.5	5.5	2.0	16	1.4	1	7	61	15.1	9.6	三等
嘉禾236	2016	84.3	75.1	53.7	6.9	2.9	18	2.1	1	7	78	16.0	9.1	普通
秀水134（CK）	2016	82.8	73.2	71.6	5.0	1.8	25	2.0	1	7	70	15.3	9.3	二等
	2015	82.5	73.0	70.6	4.9	1.7	28	2.9	2	7	68	16.1	8.2	三等
	平均	82.7	73.1	71.1	5.0	1.8	27	2.5	2	7	69	15.7	8.8	
秀水121（生产试验）	2016	83.6	74.4	72.4	5.0	1.8	19	1.8	1	7	77	15.8	9.8	二等
秀水134（生产试验）	2016	82.8	73.4	71.0	5.0	1.8	16	1.3	1	7	72	15.5	9.1	二等

表6　2016年浙江省单季常规晚粳稻区域试验参试品种各试点杂株率表

单位：%

品种名称	平均	湖州	嘉善	嘉兴	宁波	嵊州所	省农科	舟山	诸国家
HZ13-25（续）	2.9	0.0	18.8	0.0	0.8	3.1	0.0	0.0	0.3
丙13-07（续）	0.0	0.0	0.0	0.0	0.0	0.0	0.0	0.0	0.0
ZH13-106（续）	0.0	0.0	0.0	0.0	0.0	0.3	0.0	0.0	0.0
丙14-10	0.0	0.0	0.0	0.0	0.0	0.3	0.0	0.0	0.0
ZH14-63	0.1	0.0	0.5	0.0	0.0	0.3	0.0	0.0	0.0
HZ14-49	0.1	0.0	0.0	0.0	0.0	0.6	0.0	0.0	0.3
中粳6号	0.1	0.0	0.0	0.0	0.0	0.6	0.0	0.0	0.0
中粳5号	0.1	0.0	0.0	0.0	0.0	0.9	0.0	0.0	0.0
春江157	0.0	0.0	0.0	0.0	0.0	0.3	0.0	0.0	0.0
嘉禾239	0.0	0.0	0.0	0.0	0.0	0.0	0.0	0.0	0.0
嘉禾236	0.1	0.0	0.0	0.0	0.8	0.0	0.0	0.0	0.0
秀水134（CK）	0.1	0.0	0.0	0.0	0.0	0.0	0.0	0.0	0.5

表7　2016年浙江省单季常规晚粳稻区域试验和生产试验参试品种各试点产量对照表

单位：千克/亩

试验类别	品种名称	平均	湖州	嘉善	嘉兴	宁波	嵊州所	长兴	省农科	舟山	诸国家
区域试验	HZ13-25（续）	630.5	722.5	683.3	671.9	500.7	612.3	547.7	628.3	607.4	700.3
	丙13-07（续）	601.5	689.3	678.3	669.8	502.0	536.3	557.0	615.8	566.5	598.5
	ZH13-106（续）	615.6	718.7	701.7	700.7	416.8	556.7	557.0	618.3	584.2	686.7
	丙14-10	586.4	594.7	716.7	657.2	497.3	518.3	559.3	588.3	533.7	612.2
	ZH14-63	621.1	733.8	613.3	706.7	518.3	571.0	556.5	630.8	559.5	699.8
	HZ14-49	645.8	734.8	595.0	670.9	524.7	613.0	625.5	639.2	610.4	799.0
	中粳6号	575.0	592.2	653.3	576.1	483.8	550.0	519.5	584.2	546.9	669.2
	中粳5号	571.3	640.3	718.3	615.4	422.5	569.3	505.0	572.5	504.0	594.7
	春江157	642.4	750.8	725.0	700.7	498.5	615.7	581.5	587.5	610.7	711.5
	嘉禾239	634.5	708.5	686.7	701.7	503.8	609.3	592.7	563.3	638.3	706.3
	嘉禾236	651.1	691.8	628.3	775.4	512.8	612.3	652.0	590.0	609.5	787.7
	秀水134（CK）	607.3	676.3	675.0	655.4	501.3	582.0	559.0	584.2	603.0	629.5
生产试验	中嘉8号	628.7	620.4	654.1	692.9	479.1	669.0	607.2	634.6	573.3	727.3
	丙12-14	638.4	666.0	725.6	674.3	569.6	653.2	578.6	656.2	569.3	652.7
	浙辐粳83	637.8	660.8	713.0	693.3	548.1	642.8	606.2	664.6	606.2	605.5
	秀水121	614.2	595.4	700.5	650.2	543.6	601.2	569.2	655.8	499.1	712.7
	秀水134（CK）	608.6	607.4	661.7	626.7	545.9	598.5	573.4	627.4	524.0	712.7

表8　2016年浙江省单季常规晚粳稻区域试验参试品种各试点抗倒性表

品种名称	湖州	嘉善	嘉兴	宁波	嵊州所	省农科	舟山	诸国家	综合评价
HZ13-25（续）	好	好	好	好	好	好	好	好	好
丙13-07（续）	好	好	好	好	好	好	好	好	好
ZH13-106（续）	好	好	好	好	好	好	好	好	好
丙14-10	好	好	好	好	好	好	好	好	好
ZH14-63	好	好	好	好	好	好	好	好	好
HZ14-49	好	好	好	好	好	好	好	好	好
中粳6号	好	好	好	好	好	好	好	好	好
中粳5号	好	好	好	好	好	好	好	好	好
春江157	好	好	好	好	好	好	好	好	好
嘉禾239	好	好	好	好	好	好	好	好	好
嘉禾236	好	中	中	好	好	好	好	好	好
秀水134（CK）	好	中	好	好	好	好	好	好	好

表9　2016年浙江省单季常规晚粳稻区域试验参试品种田间抗性表

品种名称	叶瘟	穗颈瘟	白叶枯病	稻曲病	综合评价
HZ13-25（续）	无	无	无	无	无
丙 13-07（续）	无	无	无	无	无
ZH13-106（续）	无	无	无	无	无
丙 14-10	无	无	无	无	无
ZH14-63	无	无	无	无	无
HZ14-49	无	无	无	无	无
中粳 6 号	无	无	无	无	无
中粳 5 号	无	无	无	无	无
春江 157	无	无	无	无	无
嘉禾 239	无	无	无	无	无
嘉禾 236	无	无	无	无	无
秀水 134（CK）	无	无	无	无	无

2016年浙江省连作晚粳稻区域试验和生产试验总结

浙江省种子管理总站

一、试验概况

2016年，浙江省连作晚粳稻区域试验参试品种（组合）共11个（不包括对照，下同），其中8个新参试品种（组合），3个续试品种（组合）。区域试验采用随机区组排列的形式，小区面积为0.02亩，重复3次。试验四周设保护行，同组所有参试品种同期播种、移栽，其他田间管理与当地大田生产一致，试验田及时防治病虫害，试验观察记载按照《浙江省水稻区域试验和生产试验技术操作规程（试行）》执行。

区域试验分别由中国水稻研究所、湖州市农业科学研究院、嘉兴市农业科学研究院、浙江省农业科学院作物与核技术利用研究所、嘉善县种子管理站、宁波市农业科学研究院、嵊州市农业科学研究所、台州市农业科学研究院、金华市种子管理站和上虞舜达种子研究所这10个单位承担。其中，由于受天气影响，上虞舜达种子研究所和嵊州市农业科学研究所的试验结果有较大误差，故做报废处理。生产试验分别由湖州市农业科学研究院、嘉兴市农业科学研究院、浙江省农业科学院作物与核技术利用研究所、嘉善县种子管理站、宁波市农业科学研究院、嵊州市农业科学研究所、台州市农业科学研究院、金华市种子管理站、诸暨市种子管理站和上虞舜达种子研究所这10个单位承担。其中，由于受天气影响，诸暨市种子管理站和嵊州市农业科学研究所的试验结果有较大误差，故做报废处理。稻米品质分析和主要病虫害抗性鉴定任务分别由农业部稻米及制品质量监督检验测试中心（杭州）和浙江省农业科学院植物保护与微生物研究所承担。

二、试验结果

1. 产量：据区域试验各试点的产量结果汇总，续试品种（组合）均比对照宁81增产，其中，以甬优1540增产幅度最大，比对照宁81增产27.7%，达极显著水平；新参试品种（组合）均比对照宁81增产，其中增产3.0%以上的有6个，均达极显著水平。生产试验3个品种（组合）均比对照秀水519增产。

2. 生育期：区域试验续试品种（组合）生育期变幅为143.0～144.7天，均比对照宁81短；新参试品种（组合）生育期变幅为139.4～145.6天，比对照宁81长的品种（组合）有3个，比对照宁81短的品种（组合）有5个。

3. 品质：区域试验续试品种（组合）米质均优于对照宁81，其中，丙13-202为二等优质米（部颁），ZH13-96、甬优1540为三等优质米（部颁）。新参试品种（组合）中，甬优25为二等优质米（部颁），R152、ZH14-28、ZH1565、甬优24为三等优质米（部颁），均优于对照宁81；其余品种（组合）为普通米（部颁），与对照宁81相仿。

三、品种简评

（一）区域试验

1. 甬优1540（续）：系宁波市种子有限公司选育而成的连作晚粳稻新组合，该组合第二年参试。

2015 年试验平均亩产为 664.1 千克，比对照宁 81 增产 15.5%，达极显著水平；2016 年试验平均亩产为 705.7 千克，比对照宁 81 增产 27.7%，达极显著水平；两年省区域试验平均亩产为 684.9 千克，比对照宁 81 增产 21.4%。两年平均全生育期为 144.7 天，比对照宁 81 短 0.5 天。该组合每亩有效穗数为 17.1 万穗，株高 99.9 厘米，每穗总粒数为 223.5 粒，每穗实粒数为 180.9 粒，结实率为 80.9%，千粒重为 23.2 克。经浙江省农业科学院植物保护与微生物研究所 2015—2016 年抗性鉴定，平均叶瘟 2.5 级，穗瘟 8 级，穗瘟损失率 4 级，综合指数为 4.9；白叶枯病 5.0 级；褐飞虱 9 级。经农业部稻米及制品质量监督检测中心（杭州）2015—2016 年检测，平均整精米率为 66.4%，长宽比为 2.2，垩白粒率为 28%，垩白度为 3.8%，透明度为 1.5 级，胶稠度为 68.5 毫米，直链淀粉含量为 16.2%，米质各项指标综合评价为食用稻品种品质三等（部颁）。

该组合产量高，生育期适中，中感稻瘟病，中感白叶枯病，感褐飞虱，米质优于对照宁 81。推荐浙江省品审会审定。

2. ZH13-96（续）：系浙江省农业科学院选育而成的连作晚粳稻新品种，该品种第二年参试。2015 年试验平均亩产为 591.0 千克，比对照宁 81 增产 0.7%，未达显著水平；2016 年试验平均亩产为 589.7 千克，比对照宁 81 增产 6.7%，未达显著水平；两年省区域试验平均亩产为 590.3 千克，比对照宁 81 增产 3.6%。两年平均全生育期为 143.1 天，比对照宁 81 短 1.7 天。该组合每亩有效穗数为 20.8 万穗，株高 88.1 厘米，每穗总粒数为 127.2 粒，每穗实粒数为 112.4 粒，结实率为 88.4%，千粒重为 25.9 克。经浙江省农业科学院植物保护与微生物研究所 2015—2016 年抗性鉴定，平均叶瘟 1.8 级，穗瘟 5 级，穗瘟损失率 2 级，综合指数为 2.8；白叶枯病 4.6 级；褐飞虱 8 级。经农业部稻米及制品质量监督检测中心（杭州）2015—2016 年检测，平均整精米率为 69.3%，长宽比为 1.8，垩白粒率为 57%，垩白度为 5.5%，透明度为 2.5 级，胶稠度为 65 毫米，直链淀粉含量为 16%，米质各项指标综合评价为食用稻品种品质三等（部颁）。

该品种产量较高，生育期适中，中抗稻瘟病，中感白叶枯病，感褐飞虱，米质优于对照宁 81。建议下一年度进入生产试验。

3. 丙 13-202（续）：系嘉兴市农业科学研究院选育而成的连作晚粳稻新品种，该品种第二年参试。2015 年试验平均亩产为 584.6 千克，比对照宁 81 减产 0.3%，未达显著水平；2016 年试验平均亩产为 577.2 千克，比对照宁 81 增产 4.4%，未达显著水平；两年省区域试验平均亩产为 580.9 千克，比对照宁 81 增产 2.0%。两年平均全生育期为 143.0 天，比对照宁 81 短 1.8 天。该组合每亩有效穗数为 20.4 万穗，株高 85.6 厘米，每穗总粒数为 133.8 粒，每穗实粒数为 114.0 粒，结实率为 85.2%，千粒重为 26.3 克。经浙江省农业科学院植物保护与微生物研究所 2015—2016 年抗性鉴定，平均叶瘟 2.8 级，穗瘟 5 级，穗瘟损失率 3 级，综合指数为 3.7；白叶枯病 4.8 级；褐飞虱 8 级。经农业部稻米及制品质量监督检测中心（杭州）2015—2016 年检测，平均整精米率为 70.4%，长宽比为 1.7，垩白粒率为 37.5%，垩白度为 3.6%，透明度为 1.5 级，胶稠度为 70 毫米，直链淀粉含量为 16.3%，米质各项指标综合评价为食用稻品种品质二等（部颁）。

该品种产量一般，生育期适中，中感稻瘟病，中感白叶枯病，感褐飞虱，米质优于对照宁 81。建议下一年度进入生产试验。

4. 长优 508：系杭州众诚农业科技有限公司选育而成的连作晚粳稻新组合，该组合第一年参试。2016 年试验平均亩产为 664.2 千克，比对照宁 81 增产 20.2%，达极显著水平。全生育期为 139.4 天，比对照宁 81 短 3.0 天。该组合每亩有效穗数为 19.3 万穗，株高 110.9 厘米，每穗总粒数为 203.2 粒，每穗实粒数为 160.7 粒，结实率为 79.1%，千粒重为 23.8 克。经浙江省农业科学院植物保护与微生物研究所 2016 年抗性鉴定，平均叶瘟 1.5 级，穗瘟 9 级，穗瘟损失率 5 级，综合指数为 5.3；白叶枯病 5.7 级；褐飞虱 9 级。经农业部稻米及制品质量监督检测中心（杭州）2016 年检测，平均整精米率为 63.3%，长宽比为 2.9，垩白粒率为 15%，垩白度为 1.8%，透明度为 2 级，胶稠度为 82 毫米，直链淀粉含量为 14.6%，米质各项指标综合评价为食用稻品种品质普通（部颁）。

该组合产量高，生育期适中，中感稻瘟病，感白叶枯病，感褐飞虱，米质类似于对照宁81。建议下一年度终止试验。

5. 甬优24：系宁波市种子有限公司选育而成的连作晚粳稻新组合，该组合第一年参试。2016年试验平均亩产为664.2千克，比对照宁81增产20.2%，达极显著水平。全生育期为144.3天，比对照宁81长1.9天。该组合每亩有效穗数为16.2万穗，株高104.0厘米，每穗总粒数为248.4粒，每穗实粒数为200.0粒，结实率为80.5%，千粒重为23.0克。经浙江省农业科学院植物保护与微生物研究所2016年抗性鉴定，平均叶瘟1.4级，穗瘟8级，穗瘟损失率5级，综合指数为5.0；白叶枯病4.6级；褐飞虱9级。经农业部稻米及制品质量监督检测中心（杭州）2016年检测，平均整精米率为64.2%，长宽比为2.3，垩白粒率为23%，垩白度为3.5%，透明度为2级，胶稠度为76毫米，直链淀粉含量为15.6%，米质各项指标综合评价为食用稻品种品质三等（部颁）。

该组合产量高，生育期适中，中感稻瘟病，中感白叶枯病，感褐飞虱，米质优于对照宁81。建议下一年度继续试验。

6. 甬优25：系宁波市种子有限公司选育而成的连作晚粳稻新组合，该组合第一年参试。2016年试验平均亩产为656.7千克，比对照宁81增产18.8%，达极显著水平。全生育期为145.6天，比对照宁81长3.2天。该组合每亩有效穗数为14.8万穗，株高102.0厘米，每穗总粒数为215.3粒，每穗实粒数为169.4粒，结实率为78.7%，千粒重为25.2克。经浙江省农业科学院植物保护与微生物研究所2016年抗性鉴定，平均叶瘟1.7级，穗瘟8级，穗瘟损失率3级，综合指数为4.0；白叶枯病5.0级；褐飞虱9级。经农业部稻米及制品质量监督检测中心（杭州）2016年检测，平均整精米率为69.6%，长宽比为2.3，垩白粒率为12%，垩白度为1.7%，透明度为1级，胶稠度为76毫米，直链淀粉含量为15.5%，米质各项指标综合评价为食用稻品种品质二等（部颁）。

该组合产量高，生育期适中，中抗稻瘟病，中感白叶枯病，感褐飞虱，米质优于对照宁81。建议下一年度继续试验。

7. 长优1512：系浙江科诚种业股份有限公司选育而成的连作晚粳稻新组合，该组合第一年参试。2016年试验平均亩产为640.1千克，比对照宁81增产15.8%，达极显著水平。全生育期为141.6天，比对照宁81短0.8天。该组合每亩有效穗数为16.2万穗，株高107.1厘米，每穗总粒数为290.0粒，每穗实粒数为193.0粒，结实率为66.6%，千粒重为21.2克。经浙江省农业科学院植物保护与微生物研究所2016年抗性鉴定，平均叶瘟1.6级，穗瘟8级，穗瘟损失率5级，综合指数为5.3；白叶枯病5.0级；褐飞虱9级。经农业部稻米及制品质量监督检测中心（杭州）2016年检测，平均整精米率为65.3%，长宽比为2.7，垩白粒率为24%，垩白度为3.3%，透明度为2级，胶稠度为76毫米，直链淀粉含量为14.5%，米质各项指标综合评价为食用稻品种品质普通（部颁）。

该组合产量高，生育期适中，中感稻瘟病，中感白叶枯病，感褐飞虱，米质类似于对照宁81。建议下一年度终止试验。

8. 春优98205：系浙江可得丰种业有限公司选育而成的连作晚粳稻新组合，该组合第一年参试。2016年试验平均亩产为614.7千克，比对照宁81增产11.2%，达极显著水平。全生育期为143.7天，比对照宁81长1.3天。该组合每亩有效穗数为15.2万穗，株高101.6厘米，每穗总粒数为288.1粒，每穗实粒数为205.9粒，结实率为71.5%，千粒重为24.0克。经农业部稻米及制品质量监督检测中心（杭州）2016年检测，平均整精米率为70.4%，长宽比为2.1，垩白粒率为32%，垩白度为4.1%，透明度为2级，胶稠度为74毫米，直链淀粉含量为13.9%，米质各项指标综合评价为食用稻品种品质普通（部颁）。

该组合产量高，生育期适中，米质类似于对照宁81。建议下一年度终止试验。

9. R152：系浙江省农业科学院选育而成的连作晚粳稻新品种，该品种第一年参试。2016年试验平均亩产为610.1千克，比对照宁81增产10.4%，达极显著水平。全生育期为139.4天，比对照宁81短

3.0 天。该组合每亩有效穗数为 23.1 万穗，株高 87.7 厘米，每穗总粒数为 124.5 粒，每穗实粒数为 102.6 粒，结实率为 82.4%，千粒重为 26.6 克。经浙江省农业科学院植物保护与微生物研究所 2016 年抗性鉴定，平均叶瘟 1.6 级，穗瘟 5 级，穗瘟损失率 3 级，综合指数为 3.5；白叶枯病 4.5 级；褐飞虱 9 级。经农业部稻米及制品质量监督检测中心（杭州）2016 年检测，平均整精米率为 68.4%，长宽比为 1.8，垩白粒率为 34%，垩白度为 3.4%，透明度为 1 级，胶稠度为 76 毫米，直链淀粉含量为 16.6%，米质各项指标综合评价为食用稻品种品质三等（部颁）。

该品种产量高，生育期适中，中抗稻瘟病，中感白叶枯病，感褐飞虱，米质优于对照宁 81。建议下一年度继续试验。

10. ZH14-28：系浙江省农业科学院选育而成的连作晚粳稻新品种，该品种第一年参试。2016 年试验平均亩产为 554.8 千克，比对照宁 81 增产 0.4%，未达显著水平。全生育期为 142.2 天，比对照宁 81 短 0.2 天。该组合每亩有效穗数为 23.1 万穗，株高 81.6 厘米，每穗总粒数为 121.2 粒，每穗实粒数为 102.7 粒，结实率为 84.8%，千粒重为 24.6 克。经浙江省农业科学院植物保护与微生物研究所 2016 年抗性鉴定，平均叶瘟 3.3 级，穗瘟 3 级，穗瘟损失率 1 级，综合指数为 2.5；白叶枯病 3.5 级；褐飞虱 9 级。经农业部稻米及制品质量监督检测中心（杭州）2016 年检测，平均整精米率为 70.7%，长宽比为 1.8，垩白粒率为 16%，垩白度为 2.4%，透明度为 1 级，胶稠度为 68 毫米，直链淀粉含量为 15.9%，米质各项指标综合评价为食用稻品种品质三等（部颁）。

该品种产量一般，生育期适中，中抗稻瘟病，中感白叶枯病，感褐飞虱，米质优于对照宁 81。建议下一年度继续试验。

11. ZH1565：系浙江省农业科学院作物与核技术利用研究所选育而成的连作晚粳稻新品种，该品种第一年参试。2016 年试验平均亩产为 535.4 千克，比对照宁 81 减产 3.2%，未达显著水平。全生育期为 140.9 天，比对照宁 81 短 1.5 天。该组合每亩有效穗数为 20.4 万穗，株高 86.4 厘米，每穗总粒数为 148.4 粒，每穗实粒数为 130.0 粒，结实率为 87.6%，千粒重为 25.3 克。经浙江省农业科学院植物保护与微生物研究所 2016 年抗性鉴定，平均叶瘟 3.8 级，穗瘟 3 级，穗瘟损失率 2 级，综合指数为 3.3；白叶枯病 2.2 级；褐飞虱 9 级。经农业部稻米及制品质量监督检测中心（杭州）2016 年检测，平均整精米率为 71.8%，长宽比为 1.8，垩白粒率为 28%，垩白度为 2.6%，透明度为 2 级，胶稠度为 69 毫米，直链淀粉含量为 15.4%，米质各项指标综合评价为食用稻品种品质三等（部颁）。

该品种产量偏低，生育期适中，中抗稻瘟病，中抗白叶枯病，感褐飞虱，米质优于对照宁 81。建议下一年度终止试验。

（二）生产试验

1. 甬优 1540：系宁波市种子有限公司选育而成的连作晚粳稻新组合。本年度生产试验平均亩产为 646.3 千克，比对照宁 81 增产 23.6%。

该组合已于 2016 年通过浙江省品审会水稻专业组的考察审查，并推荐浙江省品审会审定。

2. 甬优 7840：系宁波市种子有限公司选育而成的连作晚粳稻新组合。本年度生产试验平均亩产为 643.5 千克，比对照宁 81 增产 23.1%。

该组合已于 2016 年通过浙江省品审会水稻专业组的考察审查，并推荐浙江省品审会审定。

3. 丙 10544：系嘉兴市农业科学研究院选育而成的连作晚粳稻新品种。本年度生产试验平均亩产为 490.5 千克，比对照秀水 519 增产 0.1%。

该组合已于 2016 年通过浙江省品审会水稻专业组的考察审查，并推荐浙江省品审会审定。

相关结果见表 1～表 9。

表1 2016年浙江省连作晚粳稻区域试验和生产试验参试品种及申请（供种）单位表

试验类别	品种名称	亲本	申请（供种）单位	备注
区域试验	ZH13-96（续）	Y73/宁67//嘉花1号	浙江省农业科学院	续试
	丙13-202（续）	秀水123//丙05110/镇631	嘉兴市农业科学研究院	
	甬优1540（续）	甬粳15A×F7540	宁波市种子有限公司	
	R152	11秋B58（丙05-129/秀水123r）ZH09-97	浙江省农业科学院	新参试
	ZH14-28	丙10-112×ZH11-34	浙江省农业科学院	
	甬优25	甬粳78A×F5756	宁波市种子有限公司	
	ZH1565	丙10-112×ZH11-72	浙江省农业科学院作物与核技术利用研究所	
	长优1512	长粳1A×R1512	浙江科诚种业股份有限公司	
	长优508	长粳1A×R508	杭州众诚农业科技有限公司	
	甬优24	甬粳15A×F6233	宁波市种子有限公司	
	春优98205	春江98A×CH205	浙江可得丰种业有限公司	
	宁81（CK1）	甬单6号×秀水110	宁波市农业科学研究院	
生产试验	甬优1540	甬粳15A×F7540	宁波市种子有限公司	
	甬优7840	A78×09F7540	宁波市种子有限公司	
	丙10544	苏秀9号×秀水09//秀水123	嘉兴市农业科学研究院	
	宁81（CK1）	甬单6号×秀水110	宁波市农业科学研究院	
	秀水519（CK2）	苏秀9号/秀水123	嘉兴市农业科学研究院	

表2 2015—2016年浙江省连作晚粳稻区域试验参试品种产量表

品种名称	2016年							2015年			两年平均	
	小区产量（千克）	亩产（千克）	亩产与对照1比较(%)	亩产与组平均比较(%)	差异显著性检验			亩产（千克）	亩产与对照1比较(%)	差异显著性	亩产（千克）	亩产与对照1比较(%)
					0.05	0.01	差异显著性					
甬优1540（续）	14.113	705.7	27.7	15.0	a	A	**	664.1	15.5	**	684.9	21.4
长优508	13.285	664.2	20.2	8.2	b	AB	**	/	/	/	/	/
甬优24	13.284	664.2	20.2	8.2	b	AB	**	/	/	/	/	/
甬优25	13.135	656.7	18.8	7.0	b	ABC	**	/	/	/	/	/
长优1512	12.802	640.1	15.8	4.3	bc	BC	**	/	/	/	/	/
春优98205	12.293	614.7	11.2	0.1	cd	BCD	**	/	/	/	/	/
R152	12.202	610.1	10.4	7.0	cd	CD	**	/	/	/	/	/
ZH13-96（续）	11.794	589.7	6.7	3.5	de	DE	/	591.0	0.7	/	590.3	3.6
丙13-202（续）	11.543	577.2	4.4	1.3	de	DEF	/	584.6	−0.3	/	580.9	2.0
ZH14-28	11.095	554.8	0.4	−2.7	ef	EF	/	/	/	/	/	/

（续表）

品种名称	2016年							2015年			两年平均	
	小区产量（千克）	亩产（千克）	亩产与对照1比较(%)	亩产与组平均比较(%)	差异显著性检验			亩产（千克）	亩产与对照1比较(%)	差异显著性	亩产（千克）	亩产与对照1比较(%)
					0.05	0.01	差异显著性					
宁81（CK1）	11.055	552.8	0.0	−3.0	ef	EF	/	586.6（常规）	0.0	/	569.7（常规）	0.0
								575.2（杂交）	0.0	/	564.0（杂交）	0.0
ZH1565	10.708	535.4	−3.2	−6.1	f	F	/	/	/	/	/	/
平均	/	613.8（组）	/	/	/	/	/	/	/	/	/	/
	/	570.0（常规）	/	/	/	/	/	/	/	/	/	/

注： **表示差异达极显著水平。

表3 2015—2016年浙江省连作晚粳稻区域试验参试品种经济性状表

品种名称	年份	全生育期（天）	全生育期与对照1比较（天）	基本苗数（万株/亩）	有效穗数（万穗/亩）	株高（厘米）	总粒数（粒/穗）	实粒数（粒/穗）	结实率（%）	千粒重（克）
ZH13-96（续）	2016	141.3	−1.1	6.7	22.3	91.2	129.0	109.6	85.0	25.1
	2015	144.9	−2.2	7.7	19.4	85.0	125.3	115.2	92.2	26.7
	平均	143.1	−1.7	7.2	20.8	88.1	127.2	112.4	88.4	25.9
丙13-202（续）	2016	142.3	−0.1	6.8	21.6	87.6	138.5	112.2	81.0	26.3
	2015	143.7	−3.4	7.6	19.2	83.6	129.1	115.9	89.6	26.4
	平均	143.0	−1.8	7.2	20.4	85.6	133.8	114.0	85.2	26.3
甬优1540（续）	2016	143.4	1.0	4.5	16.7	101.7	230.0	190.1	82.7	22.9
	2015	145.9	−2.0	6.6	17.4	98.1	217.0	171.6	77.1	23.5
	平均	144.7	−0.5	5.5	17.1	99.9	223.5	180.9	80.9	23.2
R152	2016	139.4	−3.0	6.8	23.1	87.7	124.5	102.6	82.4	26.6
ZH14-28	2016	142.2	−0.2	6.5	23.1	81.6	121.2	102.7	84.8	24.6
甬优25	2016	145.6	3.2	4.9	14.8	102.0	215.3	169.4	78.7	25.2
ZH1565	2016	140.9	−1.5	6.4	20.4	86.4	148.4	130.0	87.6	25.3
长优1512	2016	141.6	−0.8	4.9	16.2	107.1	290.0	193.0	66.6	21.2
长优508	2016	139.4	−3.0	5.3	19.3	110.9	203.2	160.7	79.1	23.8
甬优24	2016	144.3	1.9	4.8	16.2	104.0	248.4	200.0	80.5	23.0
春优98205	2016	143.7	1.3	4.3	15.2	101.6	288.1	205.9	71.5	24.0
宁81（CK1）	2016	142.4	0.0	6.8	19.8	93.9	153.8	118.8	77.2	25.4
	2015（常规）	147.1	0.0	7.7	19.2	89.5	134.2	118.0	88.0	26.9
	2015（杂交）	147.9	0.0	6.9	19.3	90.8	128.7	113.2	87.9	26.6
	平均（常规）	144.8	0.0	7.3	19.5	91.7	144.0	118.4	82.2	26.2
	平均（杂交）	145.2	0.0	6.9	19.6	92.4	141.3	116.0	82.1	26.0

表 4　2015—2016 年浙江省连作晚粳稻区域试验参试品种主要病虫害抗性鉴定结果表

品种名称	年份	稻瘟病								白叶枯病			褐飞虱	
		叶瘟		穗瘟		穗瘟损失率		综合指数	抗性评价	平均级	最高级	抗性评价	分级	抗性评价
		平均级	最高级	平均级	最高级	平均级	最高级							
ZH13-96（续）	2016	1.8	3	4	5	1	1	2.3	中抗	4.6	5	中感	9	感
	2015	1.7	3	6	7	2	3	3.2	中抗	4.5	5	中感	7	中感
	平均	1.8	3	5	6	2	2	2.8		4.6	5		8	
丙 13-202（续）	2016	2.3	4	4	5	2	3	3.0	中抗	5.0	5	中感	9	感
	2015	3.3	5	6	7	3	3	4.3	中感	4.6	5	中感	7	中感
	平均	2.8	5	5	6	3	3	3.7		4.8	5		8	
甬优 1540（续）	2016	2.2	3	8	9	5	5	5.3	中感	5.0	5	中感	9	感
	2015	2.7	5	7	7	3	3	4.5	中感	5.0	5	中感	9	感
	平均	2.5	4	8	8	4	4	4.9		5.0	5		9	
R152	2016	1.6	3	5	5	3	3	3.5	中抗	4.5	5	中感	9	感
ZH14-28	2016	3.3	5	3	5	1	1	2.5	中抗	3.5	5	中感	9	感
甬优 25	2016	1.7	2	8	9	3	3	4.0	中抗	5.0	5	中感	9	感
ZH1565	2016	3.8	6	3	5	2	3	3.3	中抗	2.2	3	中抗	9	感
长优 1512	2016	1.6	3	8	9	5	5	5.3	中感	5.0	5	中感	9	感
长优 508	2016	1.5	2	9	9	5	5	5.3	中感	5.7	7	感	9	感
甬优 24	2016	1.4	2	8	9	5	5	5.0	中感	4.6	5	中感	9	感
宁 81（CK1）	2016	4.3	7	7	7	4	5	5.5	中感	5.8	7	感	7	中感
	2015（常规）	3.7	8	8	9	4	7	6.1	感	4.5	5	中感	7	中感
	2015（杂交）	2.7	6	8	9	6	7	6.5	感	4.5	5	中感	7	中感
	平均（常规）	4.0	8	7	8	4	6	5.8		5.2	6		7	
	平均（杂交）	3.5	7	8	8	5	6	6.0		5.2	6		7	

表 5　2015—2016 年浙江省连作晚粳稻区域试验参试品种稻米品质表

品种名称	年份	糙米率（%）	精米率（%）	整精米率（%）	粒长（毫米）	长宽比	垩白粒率（%）	垩白度（%）	透明度（级）	碱消值（级）	胶稠度（毫米）	直链淀粉含量（%）	蛋白质含量（%）	等级
ZH13-96（续）	2016	82.8	73.4	63.5	5.1	1.8	52.0	4.5	2.0	7.0	71.0	15.7	9.3	三等
	2015	85.2	77.5	75.0	5.1	1.8	62.0	6.5	3.0	7.0	59.0	16.3	8.1	普通
	平均	84.0	75.5	69.3	5.1	1.8	57.0	5.5	2.5	7.0	65.0	16.0	8.7	
丙 13-202（续）	2016	82.3	72.8	69.3	4.9	1.7	39.0	4.1	1.0	7.0	68.0	16.5	9.5	三等
	2015	84.1	74.8	71.5	4.9	1.7	36.0	3.0	2.0	7.0	72.0	16.0	8.3	二等
	平均	83.2	73.8	70.4	4.9	1.7	37.5	3.6	1.5	7.0	70.0	16.3	8.9	

（续表）

品种名称	年份	糙米率(%)	精米率(%)	整精米率(%)	粒长(毫米)	长宽比	垩白粒率(%)	垩白度(%)	透明度(级)	碱消值(级)	胶稠度(毫米)	直链淀粉含量(%)	蛋白质含量(%)	等级
甬优1540(续)	2016	82.0	72.4	64.9	5.6	2.2	31.0	3.6	1.0	7.0	73.0	15.4	8.9	三等
	2015	84.4	75.7	67.8	5.5	2.2	25.0	4.0	2.0	7.0	64.0	16.9	8.4	三等
	平均	83.2	74.1	66.4	5.6	2.2	28.0	3.8	1.5	7.0	68.5	16.2	8.7	
R152	2016	82.3	72.8	68.4	5.1	1.8	34.0	3.4	1.0	7.0	76.0	16.6	9.1	三等
ZH14-28	2016	84.1	74.6	70.7	4.9	1.8	16.0	2.4	1.0	7.0	68.0	15.9	9.9	三等
甬优25	2016	83.5	74.1	69.6	5.7	2.3	12.0	1.7	1.0	7.0	76.0	15.5	9.7	二等
ZH1565	2016	84.4	75.3	71.8	4.9	1.8	28.0	2.6	2.0	7.0	69.0	15.4	9.4	三等
长优1512	2016	81.0	71.7	65.3	6.0	2.7	24.0	3.3	2.0	5.7	76.0	14.5	9.6	普通
长优508	2016	81.6	73.3	63.3	6.3	2.9	15.0	1.8	2.0	5.0	82.0	14.6	9.9	普通
甬优24	2016	83.1	73.5	64.2	5.7	2.3	23.0	3.5	2.0	7.0	76.0	15.6	9.3	三等
春优98205	2016	82.5	73.5	70.4	5.5	2.1	32.0	4.1	2.0	4.1	74.0	13.9	10.1	普通
宁81(CK1)	2016	85.4	76.1	71.3	4.9	1.8	55.0	5.6	1.0	7.0	76.0	16.5	9.1	普通
	2015(常规)	85.5	77.9	74.4	4.9	1.7	74.0	8.7	1.0	7.0	72.0	16.6	7.8	普通
	2015(杂交)	85.8	77.5	75.1	4.9	1.7	75.0	10.0	3.0	7.0	60.0	17.0	8.1	普通
	平均(常规)	85.5	77.0	72.9	4.9	1.8	64.5	7.2	1.0	7.0	74.0	16.6	8.5	
	平均(杂交)	85.6	76.8	73.2	4.9	1.8	65.0	7.8	2.0	7.0	68.0	16.8	8.6	

表6　2016年浙江省连作晚粳稻区域试验参试品种各试点杂株率表

单位：%

品种名称	平均	湖州	嘉善	嘉兴	金华	宁波	嵊州所	台州	省农科	富阳
ZH13-96（续）	0.1	0.0	0.0	0.0	0.6	0.0	0.0	0.0	0.0	0.0
丙13-202（续）	0.1	0.0	0.0	0.0	0.8	0.0	0.0	0.0	0.0	0.0
甬优1540（续）	0.0	0.0	0.0	0.0	0.0	0.0	0.0	0.0	0.0	0.0
R152	0.2	0.0	0.0	0.0	1.1	0.0	0.3	0.0	0.0	0.0
ZH14-28	0.2	0.0	0.0	0.0	1.9	0.0	0.3	0.0	0.0	0.0
甬优25	0.0	0.0	0.0	0.0	0.0	0.0	0.0	0.0	0.0	0.0
ZH1565	0.2	0.0	0.0	0.0	2.2	0.0	0.0	0.0	0.0	0.0
长优1512	0.1	0.0	0.0	0.0	0.0	0.0	0.0	0.8	0.0	0.0
长优508	0.2	0.0	0.0	0.3	0.0	0.0	0.0	1.3	0.0	0.0
甬优24	0.7	0.0	0.0	4.0	0.0	0.0	0.3	1.7	0.0	0.0
春优98205	0.1	0.0	0.0	0.0	0.0	0.0	0.0	0.8	0.0	0.0
宁81（CK1）	0.1	0.0	0.0	0.0	0.0	0.0	0.6	0.0	0.0	0.0

表7 2016年浙江省连作晚粳稻区域试验和生产试验参试品种各试点产量对照表

单位：千克/亩

试验类别	品种名称	平均	湖州	嘉善	嘉兴	金华	宁波	台州	省农科	富阳
区域试验	ZH13-96（续）	589.7	688.5	555.2	666.3	587.7	530.5	597.7	540.8	550.9
	丙13-202（续）	577.2	632.5	588.0	677.6	528.9	559.7	553.3	503.3	574.0
	甬优1540（续）	705.7	703.7	740.3	865.4	690.0	650.8	696.3	613.3	685.4
	R152	610.1	696.2	652.3	694.4	582.9	567.0	606.2	499.2	582.6
	ZH14-28	554.8	667.8	582.3	597.4	517.0	520.8	512.8	540.0	499.8
	甬优25	656.7	720.0	701.7	812.6	588.2	565.5	630.7	568.3	666.8
	ZH1565	535.4	552.7	575.5	584.4	508.8	504.7	550.0	535.8	471.1
	长优1512	640.1	672.7	716.5	752.0	557.7	623.3	674.8	525.8	598.1
	长优508	664.2	710.2	716.0	718.9	682.6	566.2	754.2	489.2	676.8
	甬优24	664.2	712.5	752.2	781.1	629.6	577.0	694.8	528.3	638.1
	春优98205	614.7	689.2	672.0	750.6	569.1	541.5	573.3	527.5	594.2
	宁81（CK1）	552.8	593.0	619.5	603.0	531.5	548.8	517.5	509.2	499.5
生产试验	甬优1540	646.3	600.1	796.4	755.4	691.6	593.3	680.9	543.9	508.4
	甬优7840	643.5	598.4	787.1	767.5	637.3	607.9	638.5	577.1	534.1
	丙10544	490.5	366.0	617.6	623.0	570.9	547.2	528.2	402.8	267.9
	宁81（CK1）	522.8	471.4	676.4	577.9	532.7	524.7	509.6	532.9	356.8
	秀水519（CK2）	489.8	414.8	636.3	590.8	560.0	/	553.9	379.8	293.0

表8 2016年浙江省连作晚粳稻区域试验参试品种各试点抗倒性表

品种名称	湖州	嘉善	嘉兴	金华	宁波	嵊州所	台州	省农科	富阳	综合评价
ZH13-96（续）	好	好	好	好	好	好	好	好	好	好
丙13-202（续）	好	好	好	好	好	好	好	好	好	好
甬优1540（续）	好	好	好	好	好	好	中	好	好	好
R152	好	好	好	好	好	好	好	好	好	好
ZH14-28	好	好	好	好	好	好	好	好	好	好
甬优25	好	好	好	好	好	好	中	好	好	好
ZH1565	好	好	好	好	好	好	好	好	好	好
长优1512	中	中	差	中	好	好	好	好	差	中
长优508	差	好	中	差	中	好	好	好	好	中
甬优24	好	好	好	好	中	好	中	好	好	好
春优98205	中	好	好	好	中	好	差	好	好	好
宁81（CK1）	好	好	好	好	好	好	好	好	好	好

表 9　2016 年浙江省连作晚粳稻区域试验参试品种田间抗性表

品种名称	叶瘟	穗颈瘟	白叶枯病	稻曲病	综合评价
ZH13-96（续）	无	无	无	无	无
丙 13-202（续）	无	无	无	无	无
甬优 1540（续）	无	无	无	无	无
R152	无	无	无	无	无
ZH14-28	无	无	无	无	无
甬优 25	无	无	无	无	无
ZH1565	无	无	无	无	无
长优 1512	无	无	无	无	无
长优 508	无	无	无	无	无
甬优 24	无	无	无	无	无
春优 98205	无	无	无	无	无
宁 81（CK1）	无	无	无	无	无

2016年浙江省单季籼粳杂交稻籼型区域试验总结

浙江省种子管理总站

一、试验概况

2016年，浙江省单季籼粳杂交稻籼型区域试验参试组合共有11个（不包括对照，下同），均为新参试组合。区域试验采用随机区组排列的形式，小区面积为0.02亩，重复3次；试验四周设保护行，同组所有参试组合同期播种、移栽，其他田间管理与当地大田生产一致，试验田及时防治病虫害，试验观察记载按照《浙江省水稻区域试验和生产试验技术操作规程（试行）》执行。

区域试验分别由建德市种子管理站、杭州市临安区种子种苗管理站、开化县种子技术推广站、丽水市农业科学研究院、衢州市种子管理站、温州市农业科学研究院、台州市农业科学研究院、金华市种子管理、遂昌县种子管理站和温州市原种场这10个单位承担。其中，由于受天气影响，杭州市临安区种子种苗管理站的试验结果有较大误差，故做报废处理。稻米品质分析和主要病虫害抗性鉴定任务分别由农业部稻米及制品质量监督检验测试中心（杭州）和浙江省农业科学院植物保护与微生物研究所承担。

二、试验结果

1. 产量：据各试点的产量结果汇总，有5个组合比对照甬优1540增产，增产幅度均达到3%以上，其中秀优1211、嘉纳优012达显著水平，分别比对照增产6.6%和6.4%；有6个组合比对照甬优1540减产，减产幅度均达到3%以上，其中长优312产量最低，比对照减产7.9%，达显著水平。

2. 生育期：参试组合生育期变幅为134.0～144.1天，有8个组合生育期比对照长，其中中禾优7266、春优297、长两优405、秀优1211、浙粳优1478、嘉纳优012这6个组合生育期偏长，分别比对照长5.1天、4.2天、5.2天、5.1天、4.9天和5.3天；有3个组合生育期比对照短，其中甬优1526生育期偏短，比对照短4.8天。

3. 品质：中禾优7266为二等优质米（部颁），优于对照甬优1540；江浙优1513、春优297、浙粳优1478这3个组合为普通米（部颁），差于对照甬优1540；其余7个组合为三等优质米（部颁），米质与对照甬优1540相仿。

三、品种简评

1. 秀优1211：系嘉兴市农业科学研究院选育而成的单季籼粳杂交稻籼型新组合，该组合第一年参试。2016年试验平均亩产为689.0千克，比对照甬优1540增产6.6%，达显著水平。全生育期为143.9天，比对照甬优1540长5.1天。该组合每亩有效穗数为11.9万穗，株高114.4厘米，每穗总粒数为354.9粒，每穗实粒数为270.0粒，结实率为76.1%，千粒重为24.0克。经浙江省农业科学院植物保护与微生物研究所2016年抗性鉴定，平均叶瘟3.2级，穗瘟5级，穗瘟损失率3级，综合指数为4.3；白叶枯病4.8级；稻曲病穗发病率9级；褐飞虱7级。经农业部稻米及制品质量监督检测中心（杭州）2016年检测，平均整精米率为66.8%，长宽比为2.2，垩白粒率为25%，垩白度为3.6%，透明度为1级，胶稠度为68毫米，直链淀粉含量为13.6%，米质各项指标综合评价为食用稻品种品质三等（部颁）。

该组合产量高，生育期偏长，中感稻瘟病，中感白叶枯病，高感稻曲病，中感褐飞虱，米质类似于对照甬优1540。建议下一年度终止试验。

2. 嘉纳优012：系浙江歌山现代农业开发公司、嘉兴市农业科学研究院选育而成的单季籼粳杂交稻籼型新组合，该组合第一年参试。2016年试验平均亩产为687.4千克，比对照甬优1540增产6.4%，达显著水平。全生育期为144.1天，比对照甬优1540长5.3天。该组合每亩有效穗数为11.9万穗，株高128.6厘米，每穗总粒数为323.3粒，每穗实粒数为267.3粒，结实率为82.7%，千粒重为25.0克。经浙江省农业科学院植物保护与微生物研究所2016年抗性鉴定，平均叶瘟4.5级，穗瘟6级，穗瘟损失率4级，综合指数为5.0；白叶枯病4.8级；稻曲病穗发病率8级；褐飞虱9级。经农业部稻米及制品质量监督检测中心（杭州）2016年检测，平均整精米率为61.1%，长宽比为2.7，垩白粒率为13%，垩白度为2.1%，透明度为1级，胶稠度为74毫米，直链淀粉含量为14.0%，米质各项指标综合评价为食用稻品种品质三等（部颁）。

该组合产量高，生育期偏长，中感稻瘟病，中感白叶枯病，高感稻曲病，感褐飞虱，米质类似于对照甬优1540。建议下一年度继续试验。

3. 春优297：系中国水稻研究所选育而成的单季籼粳杂交稻籼型新组合，该组合第一年参试。2016年试验平均亩产为676.9千克，比对照甬优1540增产4.8%，未达显著水平。全生育期为143.0天，比对照甬优1540长4.2天。该组合每亩有效穗数为11.7万穗，株高121.2厘米，每穗总粒数为315.3粒，每穗实粒数为252.2粒，结实率为80.0%，千粒重为24.7克。经浙江省农业科学院植物保护与微生物研究所2016年抗性鉴定，平均叶瘟1.5级，穗瘟5级，穗瘟损失率1级，综合指数为2.3；白叶枯病5.0级；稻曲病穗发病率8级；褐飞虱9级。经农业部稻米及制品质量监督检测中心（杭州）2016年检测，平均整精米率为66.6%，长宽比为2.2，垩白粒率为40%，垩白度为5.5%，透明度为2级，胶稠度为78毫米，直链淀粉含量为12.6%，米质各项指标综合评价为食用稻品种品质普通（部颁）。

该组合产量较高，生育期偏长，中抗稻瘟病，中感白叶枯病，高感稻曲病，感褐飞虱，米质差于对照甬优1540。建议下一年度继续试验。

4. 长两优405：系浙江国稻高科种业有限公司选育而成的单季籼粳杂交稻籼型新组合，该组合第一年参试。2016年试验平均亩产为667.8千克，比对照甬优1540增产3.4%，未达显著水平。全生育期为144.0天，比对照甬优1540长5.2天。该组合每亩有效穗数为12.0万穗，株高127.3厘米，每穗总粒数为341.8粒，每穗实粒数为256.9粒，结实率为75.2%，千粒重为23.6克。经浙江省农业科学院植物保护与微生物研究所2016年抗性鉴定，平均叶瘟2.0级，穗瘟7级，穗瘟损失率4级，综合指数为4.5；白叶枯病5.4级；稻曲病穗发病率8级；褐飞虱7级。经农业部稻米及制品质量监督检测中心（杭州）2016年检测，平均整精米率为60.5%，长宽比为2.9，垩白粒率为8%，垩白度为1.4%，透明度为1级，胶稠度为76毫米，直链淀粉含量为13.3%，米质各项指标综合评价为食用稻品种品质三等（部颁）。

该组合产量较高，生育期偏长，中感稻瘟病，感白叶枯病，高感稻曲病，中感褐飞虱，米质类似于对照甬优1540。建议下一年度终止试验。

5. 中禾优7266：系中国水稻研究所选育而成的单季籼粳杂交稻籼型新组合，该组合第一年参试。2016年试验平均亩产为667.3千克，比对照甬优1540增产3.3%，未达显著水平。全生育期为143.9天，比对照甬优1540长5.1天。该组合每亩有效穗数为12.0万穗，株高126.0厘米，每穗总粒数为336.5粒，每穗实粒数为264.7粒，结实率为78.7%，千粒重为22.8克。经浙江省农业科学院植物保护与微生物研究所2016年抗性鉴定，平均叶瘟3.0级，穗瘟8级，穗瘟损失率4级，综合指数为5.0；白叶枯病4.8级；稻曲病穗发病率8级；褐飞虱7级。经农业部稻米及制品质量监督检测中心（杭州）2016年检测，平均整精米率为61.9%，长宽比为2.5，垩白粒率为11%，垩白度为1.8%，透明度为2级，胶稠度为78毫米，直链淀粉含量为13.1%，米质各项指标综合评价为食用稻品种品质二等（部颁）。

该组合产量较高，生育期偏长，中感稻瘟病，中感白叶枯病，高感稻曲病，中感褐飞虱，米质优于对照甬优1540。建议下一年度继续试验。

6. 甬优5526：系宁波市种子有限公司选育而成的单季籼粳杂交稻籼型新组合，该组合第一年参试。2016年试验平均亩产为621.8千克，比对照甬优1540减产3.8%，未达显著水平。全生育期为138.1天，比对照甬优1540短0.7天。该组合每亩有效穗数为11.6万穗，株高136.9厘米，每穗总粒数为307.1粒，每穗实粒数为253.1粒，结实率为82.4%，千粒重为25.1克。经浙江省农业科学院植物保护与微生物研究所2016年抗性鉴定，平均叶瘟3.7级，穗瘟9级，穗瘟损失率5级，综合指数为6.0；白叶枯病5.0级；稻曲病穗发病率4级；褐飞虱9级。经农业部稻米及制品质量监督检测中心（杭州）2016年检测，平均整精米率为66.9%，长宽比为2.4，垩白粒率为24%，垩白度为4.5%，透明度为2级，胶稠度为77毫米，直链淀粉含量为15.0%，米质各项指标综合评价为食用稻品种品质三等（部颁）

该组合产量偏低，生育期适中，中感稻瘟病，中感白叶枯病，感稻曲病，感褐飞虱，米质类似于对照甬优1540。建议下一年度终止试验。

7. 浙粳优1478：系浙江省农业科学院选育而成的单季籼粳杂交稻籼型新组合，该组合第一年参试。2016年试验平均亩产为619.0千克，比对照甬优1540减产4.2%，未达显著水平。全生育期为143.7天，比对照甬优1540长4.9天。该组合每亩有效穗数为11.3万穗，株高128.0厘米，每穗总粒数为348.5粒，每穗实粒数为272.5粒，结实率为78.2%，千粒重为25.3克。经浙江省农业科学院植物保护与微生物研究所2016年抗性鉴定，平均叶瘟1.0级，穗瘟9级，穗瘟损失率7级，综合指数为6.3；白叶枯病5.7级；稻曲病穗发病率7级；褐飞虱9级。经农业部稻米及制品质量监督检测中心（杭州）2016年检测，平均整精米率为69.7%，长宽比为2.1，垩白粒率为68%，垩白度为13.0%，透明度为2级，胶稠度为71毫米，直链淀粉含量为20.0%，米质各项指标综合评价为食用稻品种品质普通（部颁）。

该组合产量偏低，生育期偏长，感稻瘟病，感白叶枯病，感稻曲病，感褐飞虱，米质差于对照甬优1540。建议下一年度终止试验。

8. 甬优7172：系宁波市种子有限公司选育而成的单季籼粳杂交稻籼型新组合，该组合第一年参试。2016年试验平均亩产为615.9千克，比对照甬优1540减产4.7%，未达显著水平。全生育期为137.9天，比对照甬优1540短0.9天。该组合每亩有效穗数为10.9万穗，株高139.2厘米，每穗总粒数为335.7粒，每穗实粒数为287.5粒，结实率为85.6%，千粒重为23.5克。经浙江省农业科学院植物保护与微生物研究所2016年抗性鉴定，平均叶瘟4.3级，穗瘟9级，穗瘟损失率5级，综合指数为6.0；白叶枯病5.0级；稻曲病穗发病率3级；褐飞虱7级。经农业部稻米及制品质量监督检测中心（杭州）2016年检测，平均整精米率为60.2%，长宽比为2.3，垩白粒率为34%，垩白度为4.8%，透明度为2级，胶稠度为78毫米，直链淀粉含量为14.7%，米质各项指标综合评价为食用稻品种品质三等（部颁）。

该组合产量偏低，生育期适中，中感稻瘟病，中感白叶枯病，中感稻曲病，中感褐飞虱，米质类似于对照甬优1540。建议下一年度终止试验。

9. 江浙优1513：系浙江大学、嘉兴市农业科学研究院、浙江之豇种业有限责任公司选育而成的单季籼粳杂交稻籼型新组合，该组合第一年参试。2016年试验平均亩产为613.5千克，比对照甬优1540减产5.1%，未达显著水平。全生育期为141.2天，比对照甬优1540长2.4天。该组合每亩有效穗数为11.2万穗，株高122.8厘米，每穗总粒数为328.5粒，每穗实粒数为260.7粒，结实率为79.4%，千粒重为23.4克。经浙江省农业科学院植物保护与微生物研究所2016年抗性鉴定，平均叶瘟1.7级，穗瘟7级，穗瘟损失率4级，综合指数为4.3；白叶枯病4.6级；稻曲病穗发病率4级；褐飞虱5级。经农业部稻米及制品质量监督检测中心（杭州）2016年检测，平均整精米率为65.3%，长宽比为2.1，垩白粒率为24%，垩白度为4.4%，透明度为2级，胶稠度为80毫米，直链淀粉含量为13.4%，米质各项指标综合评价为食用稻品种品质普通（部颁）。

该组合产量低，生育期适中，中感稻瘟病，中感白叶枯病，中感稻曲病，中抗褐飞虱，米质差于对照甬优 1540。建议下一年度终止试验。

10. 甬优 1526：系宁波市种子有限公司选育而成的单季籼粳杂交稻籼型新组合，该组合第一年参试。2016 年试验平均亩产为 607.2 千克，比对照甬优 1540 减产 6.0%，未达显著水平。全生育期为 134.0 天，比对照甬优 1540 短 4.8 天。该组合每亩有效穗数为 12.5 万穗，株高 117.4 厘米，每穗总粒数为 338.2 粒，每穗实粒数为 297.1 粒，结实率为 87.8%，千粒重为 22.4 克。经浙江省农业科学院植物保护与微生物研究所 2016 年抗性鉴定，平均叶瘟 0.8 级，穗瘟 9 级，穗瘟损失率 5 级，综合指数为 5.0；白叶枯病 5.5 级；稻曲病穗发病率 5 级；褐飞虱 9 级。经农业部稻米及制品质量监督检测中心（杭州）2016 年检测，平均整精米率为 61.5%，长宽比为 2.5，垩白粒率为 21%，垩白度为 3.9%，透明度为 2 级，胶稠度为 74 毫米，直链淀粉含量为 14.0%，米质各项指标综合评价为食用稻品种品质三等（部颁）。

该组合产量低，生育期偏长，中感稻瘟病，感白叶枯病，感稻曲病，感褐飞虱，米质类似于对照甬优 1540。建议下一年度终止试验。

11. 长优 312：系浙江勿忘农种业股份有限公司选育而成的单季籼粳杂交稻籼型新组合，该组合第一年参试。2016 年试验平均亩产为 594.8 千克，比对照甬优 1540 减产 7.9%，达显著水平。全生育期为 139.3 天，比对照甬优 1540 长 0.5 天。该组合每亩有效穗数为 11.6 万穗，株高 121.7 厘米，每穗总粒数为 328.7 粒，每穗实粒数为 258.5 粒，结实率为 78.6%，千粒重为 22.3 克。经浙江省农业科学院植物保护与微生物研究所 2016 年抗性鉴定，平均叶瘟 2.3 级，穗瘟 9 级，穗瘟损失率 7 级，综合指数为 6.5；白叶枯病 5.0 级；稻曲病穗发病率 7 级；褐飞虱 9 级。经农业部稻米及制品质量监督检测中心（杭州）2016 年检测，平均整精米率为 65.6%，长宽比为 2.6，垩白粒率为 11%，垩白度为 2.4%，透明度为 1 级，胶稠度为 73 毫米，直链淀粉含量为 13.0%，米质各项指标综合评价为食用稻品种品质三等（部颁）。

该组合产量低，生育期适中，感稻瘟病，中感白叶枯病，高感稻曲病，感褐飞虱，米质类似于对照甬优 1540。建议下一年度终止试验。

相关结果见表 1～表 9。

表 1　2016 年浙江省单季籼粳杂交稻籼型区域试验和生产试验参试品种及申请（供种）单位表

品种名称	亲本	申请（供种）单位
甬优 7172	A71×F6872	宁波市种子有限公司
江浙优 1513	GS79×T23	浙江大学、嘉兴市农业科学研究院、浙江之豇种业有限责任公司
中禾优 7266	嘉禾 1212A×G7266	中国水稻研究所
春优 297	春江 29A×T7	中国水稻研究所
长两优 405	长粳 1A×R405	浙江国稻高科种业有限公司
甬优 1526	甬粳 15A×F4926	宁波市种子有限公司
秀优 1211	K12A×XR11	嘉兴市农业科学研究院
浙粳优 1478	浙粳 7A×浙粳恢 1478	浙江省农业科学院
甬优 5526	甬粳 55A×F6826	宁波市种子有限公司
嘉纳优 012	嘉禾 212A×NP012	浙江歌山现代农业开发公司、嘉兴市农业科学研究院
长优 312	长粳 1A×T312	浙江勿忘农种业股份有限公司
甬优 1540（CK）	甬粳 15A×F7540	宁波市种子有限公司

表2　2016年浙江省单季籼粳杂交稻籼型区域试验参试品种产量表

品种名称	小区产量（千克）	亩产（千克）	亩产与对照比较（%）	亩产与组平均比较（%）	差异显著性检验		
					0.05	0.01	差异显著性
秀优1211	13.780	689.0	6.6	7.3	a	A	*
嘉纳优012	13.746	687.3	6.4	7.0	a	A	*
春优297	13.538	676.9	4.8	5.4	ab	A	/
长两优405	13.356	667.8	3.4	4.0	ab	AB	/
中禾优7266	13.345	667.3	3.3	3.9	ab	ABC	/
甬优1540（CK）	12.921	646.1	0.0	0.6	bc	ABCD	/
甬优5526	12.437	621.9	−3.8	−3.2	cd	BCD	/
浙粳优1478	12.381	619.0	−4.2	−3.6	cd	BCD	/
甬优7172	12.317	615.9	−4.7	−4.1	cd	CD	/
江浙优1513	12.269	613.5	−5.1	−4.5	cd	D	/
甬优1526	12.144	607.2	−6.0	−5.5	cd	D	/
长优312	11.896	594.8	−7.9	−7.4	d	D	*
平均	/	642.2	/	/	/	/	/

注：＊表示差异达显著水平。

表3　2016年浙江省单季籼粳杂交稻籼型区域试验参试品种经济性状表

品种名称	全生育期（天）	全生育期与对照比较（天）	基本苗数（万株/亩）	有效穗数（万穗/亩）	株高（厘米）	总粒数（粒/穗）	实粒数（粒/穗）	结实率（%）	千粒重（克）
甬优7172	137.9	−0.9	3.0	10.9	139.2	335.7	287.5	85.6	23.5
江浙优1513	141.2	2.4	3.1	11.2	122.8	328.5	260.7	79.4	23.4
中禾优7266	143.9	5.1	2.8	12.0	126.0	336.5	264.7	78.7	22.8
春优297	143.0	4.2	2.8	11.7	121.2	315.3	252.2	80.0	24.7
长两优405	144.0	5.2	2.8	12.0	127.3	341.8	256.9	75.2	23.6
甬优1526	134.0	−4.8	2.7	12.5	117.4	338.2	297.1	87.8	22.4
秀优1211	143.9	5.1	3.0	11.9	114.4	354.9	270.0	76.1	24.0
浙粳优1478	143.7	4.9	3.0	11.3	128.0	348.5	272.5	78.2	25.3
甬优5526	138.1	−0.7	3.2	11.6	136.9	307.1	253.1	82.4	25.1
嘉纳优012	144.1	5.3	2.9	11.9	128.6	323.3	267.3	82.7	25.0
长优312	139.3	0.5	3.1	11.6	121.7	328.7	258.5	78.6	22.3
甬优1540(CK)	138.8	0.0	2.7	12.5	116.9	312.3	271.7	87.0	23.0

表4 2016年浙江省单季籼粳杂交稻籼型区域试验参试品种主要病虫害抗性鉴定结果表

品种名称	稻瘟病								白叶枯病			褐飞虱		稻曲病				
	叶瘟		穗瘟		穗瘟损失率		综合指数	抗性评价	平均级	最高级	抗性评价	分级	抗性评价	穗发病粒数		穗发病率		抗性评价
	平均级	最高级	平均级	最高级	平均级	最高级								平均级	最高级	平均级	最高级	
甬优7172	4.3	5	9	9	5	5	6.0	中感	5.0	5	中感	7	中感	3	3	3	5	中感
江浙优1513	1.7	2	7	7	4	5	4.3	中感	4.6	5	中感	5	中抗	2	3	4	5	中感
中禾优7266	3.0	4	8	9	4	5	5.0	中感	4.8	5	中感	7	中感	6	7	8	9	高感
春优297	1.5	2	5	5	1	1	2.3	中抗	5.0	5	中感	9	感	7	7	8	9	高感
长两优405	2.0	3	7	7	4	5	4.5	中感	5.4	7	感	7	中感	6	7	8	9	高感
甬优1526	0.8	1	9	9	5	5	5.0	中感	5.5	7	感	9	感	3	3	5	7	感
秀优1211	3.2	6	5	5	3	3	4.3	中感	4.8	5	中感	7	中感	8	9	9	9	高感
浙粳优1478	1.0	2	9	9	7	7	6.3	感	5.7	7	感	9	感	3	3	7	7	感
甬优5526	3.7	5	9	9	5	5	6.0	中感	5.0	5	中感	9	感	3	3	4	7	感
嘉纳优012	4.5	6	6	7	4	5	5.0	中感	4.8	5	中感	9	感	2	3	8	9	高感
长优312	2.3	3	9	9	7	7	6.5	感	5.0	5	中感	9	感	4	5	7	9	高感
甬优1540（CK）	1.3	2	8	9	5	5	5.0	中感	5.6	7	感	9	感	3	3	6	7	感

表5 2016年浙江省单季籼粳杂交稻籼型区域试验参试品种稻米品质表

品种名称	糙米率（%）	精米率（%）	整精米率（%）	粒长（毫米）	长宽比	垩白粒率（%）	垩白度（%）	透明度（级）	碱消值（级）	胶稠度（毫米）	直链淀粉含量（%）	蛋白质含量（%）	等级
甬优7172	82.0	73.1	60.2	5.6	2.3	34	4.8	2	6.9	78	14.7	10.0	三等
江浙优1513	82.5	73.2	65.3	5.2	2.1	24	4.4	2	4.8	80	13.4	10.6	普通
中禾优7266	81.4	72.5	61.9	5.8	2.5	11	1.8	2	6.2	78	13.1	10.4	二等
春优297	81.3	72.1	66.6	5.6	2.2	40	5.5	2	5.5	78	12.6	10.1	普通
长两优405	80.1	71.1	60.5	6.4	2.9	8	1.4	1	5.8	76	13.3	10.3	三等
甬优1526	82.7	73.2	61.5	5.6	2.5	21	3.9	2	7.0	74	14.0	9.8	三等
秀优1211	80.9	71.7	66.8	5.4	2.2	25	3.6	1	5.2	68	13.6	10.1	三等
浙粳优1478	83.2	74.1	69.7	5.4	2.1	68	13.0	2	6.3	71	20.0	10.3	普通
甬优5526	82.3	73.3	66.9	5.8	2.4	24	4.5	2	7.0	77	15.0	9.9	三等
嘉纳优012	80.1	71.2	61.1	6.1	2.7	13	2.1	1	5.4	74	14.0	9.8	三等
长优312	81.5	72.4	65.6	5.8	2.6	11	2.4	1	5.5	73	13.0	10.8	三等
甬优1540（CK）	82.6	73.5	63.9	5.6	2.3	15	3.4	1	7.0	76	13.9	9.9	三等

表6　2016年浙江省单季籼粳杂交稻籼型区域试验参试品种各试点杂株率表

单位：%

品种名称	平均	建德	金华	开化	丽水	衢州	台州	温农科	温原种	遂昌县
甬优7172	0.0	0.0	0.4	0.0	0.0	0.0	0.0	0.0	0.0	0.0
江浙优1513	0.1	0.0	0.0	0.0	0.0	0.0	0.8	0.0	0.0	0.0
中禾优7266	0.0	0.0	0.4	0.0	0.0	0.0	0.0	0.0	0.0	0.0
春优297	0.1	0.4	0.0	0.0	0.0	0.0	0.0	0.0	0.0	0.0
长两优405	0.1	0.0	0.0	0.0	0.0	0.2	0.4	0.0	0.0	0.0
甬优1526	0.0	0.0	0.0	0.0	0.0	0.0	0.0	0.0	0.0	0.0
秀优1211	0.1	0.0	0.0	0.0	0.8	0.1	0.0	0.0	0.0	0.0
浙粳优1478	0.0	0.0	0.0	0.0	0.0	0.0	0.0	0.0	0.0	0.0
甬优5526	0.0	0.0	0.4	0.0	0.0	0.0	0.0	0.0	0.0	0.0
嘉纳优012	0.0	0.0	0.0	0.0	0.0	0.0	0.0	0.0	0.0	0.0
长优312	0.1	0.0	0.0	0.0	0.0	0.0	0.0	0.5	0.0	0.0
甬优1540（CK）	0.0	0.0	0.0	0.0	0.0	0.0	0.0	0.0	0.0	0.0

表7　2016年浙江省单季籼粳杂交稻籼型区域试验参试品种各试点产量对照表

单位：千克/亩

品种名称	平均	建德	金华	开化	丽水	衢州	台州	温农科	温原种	遂昌县
甬优7172	615.9	663.0	569.7	699.3	595.8	589.2	745.3	590.0	400.0	690.5
江浙优1513	613.5	651.8	607.7	625.7	633.3	767.0	639.5	598.2	390.0	607.9
中禾优7266	667.3	758.8	714.4	733.8	568.3	814.8	734.8	583.7	461.7	634.9
春优297	676.9	795.7	647.4	707.8	652.5	761.8	739.3	630.2	501.7	655.6
长两优405	667.8	744.2	642.6	738.0	600.0	848.5	711.0	640.3	430.0	655.6
甬优1526	607.2	591.3	607.0	687.8	647.5	720.0	602.2	606.5	348.3	654.0
秀优1211	689.0	744.3	632.0	760.8	636.7	824.7	734.5	643.2	558.3	666.7
浙粳优1478	619.0	695.7	645.9	658.8	608.3	646.5	674.5	566.0	420.0	655.6
甬优5526	621.8	738.7	552.1	681.8	587.5	651.2	693.0	590.0	415.0	687.3
嘉纳优012	687.3	795.8	641.1	705.0	644.2	806.2	759.3	681.2	486.7	666.7
长优312	594.8	641.2	565.2	587.2	566.7	630.7	672.8	612.8	410.0	666.7
甬优1540（CK）	646.1	681.5	621.7	725.3	566.7	750.7	683.0	613.0	495.0	677.8

表 8 2016 年浙江省单季籼粳杂交稻籼型区域试验参试品种各试点抗倒性表

品种名称	建德	金华	开化	丽水	衢州	台州	温农科	温原种	遂昌县	综合评价
甬优 7172	好	中	好	好	差	差	差	差	好	中
江浙优 1513	好	好	好	好	好	中	好	差	好	好
中禾优 7266	好	好	好	好	好	好	好	好	好	好
春优 297	好	好	好	好	差	好	好	差	好	好
长两优 405	好	好	好	好	好	差	好	差	好	好
甬优 1526	好	好	好	好	好	中	好	好	好	好
秀优 1211	好	好	好	好	好	好	好	好	好	好
浙粳优 1478	好	好	好	好	好	差	中	差	好	中
甬优 5526	好	好	好	好	差	差	差	好	好	中
嘉纳优 012	好	好	好	好	中	差	好	好	好	好
长优 312	好	好	好	好	好	好	好	好	好	好
甬优 1540（CK）	好	好	好	好	好	中	好	好	好	好

表 9 2016 年浙江省单季籼粳杂交稻籼型区域试验参试品种田间抗性表

品种名称	叶瘟	穗颈瘟	白叶枯病	稻曲病	综合评价
甬优 7172	无	无	无	无	无
江浙优 1513	无	无	无	轻	无
中禾优 7266	无	无	无	轻	无
春优 297	无	无	无	轻	无
长两优 405	无	无	无	无	无
甬优 1526	无	无	无	无	无
秀优 1211	无	无	无	无	无
浙粳优 1478	无	无	无	轻	无
甬优 5526	无	无	无	无	无
嘉纳优 012	无	无	无	无	无
长优 312	无	无	无	轻	无
甬优 1540（CK）	无	无	无	无	无

2016年浙江省单季籼粳杂交稻粳型区域试验和生产试验总结

浙江省种子管理总站

一、试验概况

2016年，浙江省籼粳杂交稻粳型区域试验为2组：A组参试组合共10个（不包括对照，下同），其中8个新参试组合，2个续试组合；B组参试组合10个，其中4个新参试组合，6个续试组合。生产试验2组：A组参试组合3个；B组参试组合3个。区域试验采用随机区组排列的形式，小区面积为0.02亩，重复3次。生产试验采用大区对比法，大区面积为0.33亩。试验四周设保护行，同组所有参试组合同期播种、移栽，其他田间管理与当地大田生产一致，试验田及时防治病虫害，试验观察记载按照《浙江省水稻区域试验和生产试验技术操作规程（试行）》执行。

区域试验分别由中国水稻研究所、杭州市临安区种子种苗管理站、嘉兴市农业科学研究院、长兴县种子管理站、宁波市农业科学研究院、诸暨国家级区试站、嵊州市农业科学研究所、湖州市农业科学研究院、金华市种子管理站、浦江县良种场、诸暨市种子管理站这11个单位承担。生产试验分别由杭州市临安区种子种苗管理站、嘉兴市农业科学研究院、长兴县种子管理站、宁波市农业科学研究院、诸暨国家级区试站、嵊州市农业科学研究所、金华市种子管理站、浦江县良种场、天台县种子管理站和永康市种子管理站这10个单位承担。稻米品质分析和主要病虫害抗性鉴定任务分别由农业部稻米及制品质量监督检验测试中心（杭州）和浙江省农业科学院植物保护与微生物研究所承担。

二、试验结果

1. 产量：区域试验A组续试组合均比对照甬优9号增产，其中，长优KF2增产幅度大于3%，比对照甬优9号增产6.8%，达显著水平；新参试组合浙粳优1432、甬优7823比对照甬优1540增产，增产幅度均未达到3%以上，其余组合均比对照甬优1540减产，其中以秀优134207产量最低，比对照甬优1540减产8.9%，达极显著水平。生产试验A组3个组合均比对照甬优9号增产。区域试验B组续试组合均比对照甬优9号增产，且均比对照甬优9号增产3%以上，其中以秀优7113产量最高，比对照甬优9号增产10.7%，达极显著水平，春优2915、甬优7860、中嘉优9号、春优206达显著水平；新参试组合秀优4913、春优295比对照甬优1540增产，其中秀优4913比对照甬优1540增产4.2%，增产幅度大于3%，浙优6501、K71A×XR71分别比对照甬优1540减产10.7%和9.1%，达极显著水平。B组生产试验3个组合均比对照甬优9号增产。

2. 生育期：区域试验A组续试组合生育期变幅为160.9～163.1天，均比对照甬优9号稍短；新参试组合生育期变幅为146.3～163.8天，比对照甬优1540长的组合有6个，其中5个生育期偏长，浙粳优1432、嘉禾优7925、甬优7823、甬优7859、宁优126分别比对照甬优1540长10.0天、7.2天、6.2天、5.8天和5.7天，比对照甬优1540短的组合有2个，其中嘉优7259生育期较短，比对照甬优1540短7.5天。区域试验B组续试组合生育期变幅为159.4～164.2天，其中生育期比对照甬优9号长的组合有2个，生育期比对照甬优9号短的有4个，秀优7113生育期偏短，比对照甬优9号短3.0天；新参试组合生育期均比对照甬优 1540 长，其中浙优 6501、春优 295 生育期偏长，分别比对照甬优 1540 长 5.6 天和 5.2 天。

3. 品质：区域试验 A 组续试组合中，甬优 7861 为二等优质米（部颁），优于对照甬优 9 号，长优 KF2 为普通米（部颁），与对照甬优 9 号相仿；A 组新参试组合中，甬优 7859、甬优 7823 为二等优质米（部颁），优于对照甬优 1540，其余 6 个组合为普通米（部颁），米质差于对照甬优 1540。区域试验 B 组续试组合中，甬优 7860 为二等优质米（部颁），浙粳优 1578 为三等优质米（部颁），优于对照甬优 9 号，其余 4 个组合为普通米（部颁），与对照甬优 9 号相仿；B 组新参试组合中，秀优 4913 为三等优质米（部颁），优于对照甬优 1540，其余 3 个组合为普通米（部颁），与对照甬优 1540 相仿。

三、品种简评

（一）A 组区域试验

1. 长优 KF2（续）：系金华三才种业有限公司选育而成的单季籼粳杂交稻粳型新组合，该组合第二年参试。2015 年试验平均亩产为 686.4 千克，比对照甬优 9 号增产 15.4%，达极显著水平；2016 年试验平均亩产为 705.5 千克，比对照甬优 9 号增产 6.8%，达显著水平；两年省区域试验平均亩产为 695.9 千克，比对照甬优 9 号增产 10.8%。两年平均全生育期为 163.1 天，比对照甬优 9 号短 0.1 天。该组合每亩有效穗数为 12.7 万穗，株高 120.9 厘米，每穗总粒数为 310.9 粒，每穗实粒数为 256.2 粒，结实率为 82.4%，千粒重为 22.4 克。经浙江省农业科学院植物保护与微生物研究所 2015—2016 年抗性鉴定，平均叶瘟 1.8 级，穗瘟 6 级，穗瘟损失率 3 级，综合指数为 3.7；白叶枯病 4.4 级；稻曲病穗发病率 8 级；褐飞虱 9 级。经农业部稻米及制品质量监督检测中心（杭州）2015—2016 年检测，平均整精米率为 62.9%，长宽比为 2.6，垩白粒率为 14%，垩白度为 1.5%，透明度为 2 级，胶稠度为 68 毫米，直链淀粉含量为 15.2%，米质各项指标综合评价为食用稻品种品质普通（部颁）。

该组合产量高，生育期适中，中感稻瘟病，中感白叶枯病，高感稻曲病，感褐飞虱，米质类似于对照甬优 9 号。推荐浙江省品审会审定。

2. 甬优 7861（续）：系宁波市种子有限公司选育而成的籼粳杂交稻粳型新组合，该组合第二年参试。2015 年试验平均亩产为 661.4 千克，比对照甬优 9 号增产 11.2%，达极显著水平；2016 年试验平均亩产为 678.0 千克，比对照甬优 9 号增产 2.6%，未达显著水平；两年省区域试验平均亩产为 669.7 千克，比对照甬优 9 号增产 6.7%。两年平均全生育期为 160.9 天，比对照甬优 9 号短 2.3 天。该组合每亩有效穗数为 11.8 万穗，株高 116.2 厘米，每穗总粒数为 300.9 粒，每穗实粒数为 255.4 粒，结实率为 84.9%，千粒重为 23.5 克。经浙江省农业科学院植物保护与微生物研究所 2015—2016 年抗性鉴定，平均叶瘟 3.7 级，穗瘟 8 级，穗瘟损失率 3 级，综合指数为 5.1；白叶枯病 4.7 级；稻曲病穗发病率 6 级；褐飞虱 9 级。经农业部稻米及制品质量监督检测中心（杭州）2015—2016 年检测，平均整精米率为 66.8%，长宽比为 2.3，垩白粒率为 19%，垩白度为 2.5%，透明度为 2 级，胶稠度为 73 毫米，直链淀粉含量为 15.4%，米质各项指标综合评价为食用稻品种品质二等（部颁）。

该组合产量高，生育期适中，中感稻瘟病，中感白叶枯病，高感稻曲病，感褐飞虱，米质优于对照甬优 9 号。推荐浙江省品审会审定。

3. 浙粳优 1432：系浙江勿忘农种业股份有限公司选育而成的单季籼粳杂交稻粳型新组合，该组合第一年参试。2016 年试验平均亩产为 712.6 千克，比对照甬优 1540 增产 2.1%，未达显著水平。全生育期为 163.8 天，比对照甬优 1540 长 10.0 天。该组合每亩有效穗数为 12.8 万穗，株高 122.1 厘米，每穗总粒数为 320.3 粒，每穗实粒数为 252.6 粒，结实率为 78.9%，千粒重为 24.2 克。经浙江省农业科学院植物保护与微生物研究所 2016 年抗性鉴定，平均叶瘟 1.3 级，穗瘟 6 级，穗瘟损失率 3 级，综合指数为 3.5；白叶枯病 5.0 级；稻曲病穗发病率 8 级；褐飞虱 7 级。经农业部稻米及制品质量监督检测中心（杭州）2016年检测，平均整精米率为71.6%，长宽比为2.2，垩白粒率为22%，垩白度为4.6%，透明度为1级，胶稠度为64毫米，直链淀粉含量为14.3%，米质各项指标综合评价为食用稻品种品质普通（部颁）。

该组合产量一般，生育期较长，中抗稻瘟病，中感白叶枯病，高感稻曲病，中感褐飞虱，米质差于对照甬优1540。建议下一年度终止试验。

4. 甬优7823：系宁波市种子有限公司选育而成的单季籼粳杂交稻粳型新组合，该组合第一年参试。2016年试验平均亩产为700.8千克，比对照甬优1540增产0.4%，未达显著水平。全生育期为160.0天，比对照甬优1540长6.2天。该组合每亩有效穗数为12.1万穗，株高117.6厘米，每穗总粒数为309.0粒，每穗实粒数为253.4粒，结实率为82.0%，千粒重为24.3克。经浙江省农业科学院植物保护与微生物研究所2016年抗性鉴定，平均叶瘟3.3级，穗瘟7级，穗瘟损失率4级，综合指数为5.0；白叶枯病5.0级；稻曲病穗发病率4级；褐飞虱9级。经农业部稻米及制品质量监督检测中心（杭州）2016年检测，平均整精米率为69.5%，长宽比为2.5，垩白粒率为14%，垩白度为2.1%，透明度为2级，胶稠度为72毫米，直链淀粉含量为15.0%，米质各项指标综合评价为食用稻品种品质二等（部颁）。

该组合产量一般，生育期偏长，中感稻瘟病，中感白叶枯病，感稻曲病，感褐飞虱，米质优于对照甬优1540。建议下一年度继续试验。

5. 春优37：系中国水稻研究所选育而成的单季籼粳杂交稻粳型新组合，该组合第一年参试。2016年试验平均亩产为689.8千克，比对照甬优1540减产1.1%，未达显著水平。全生育期为154.1天，比对照甬优1540长0.3天。该组合每亩有效穗数为12.5万穗，株高116.0厘米，每穗总粒数为334.0粒，每穗实粒数为281.4粒，结实率为84.3%，千粒重为22.3克。经浙江省农业科学院植物保护与微生物研究所2016年抗性鉴定，平均叶瘟4.3级，穗瘟8级，穗瘟损失率5级，综合指数为6.0；白叶枯病5.0级；稻曲病穗发病率5级；褐飞虱9级。经农业部稻米及制品质量监督检测中心（杭州）2016年检测，平均整精米率为67.9%，长宽比为2.2，垩白粒率为41%，垩白度为11.6%，透明度为2级，胶稠度为70毫米，直链淀粉含量为14.1%，米质各项指标综合评价为食用稻品种品质普通（部颁）。

该组合产量一般，生育期适中，中感稻瘟病，中感白叶枯病，中感稻曲病，感褐飞虱，米质差于对照甬优1540。建议下一年度终止试验。

6. 甬优7859：系宁波市种子有限公司选育而成的单季籼粳杂交稻粳型新组合，该组合第一年参试。2016年试验平均亩产为685.6千克，比对照甬优1540减产1.7%，未达显著水平。全生育期为159.6天，比对照甬优1540长5.8天。该组合每亩有效穗数为13.0万穗，株高116.8厘米，每穗总粒数为306.1粒，每穗实粒数为242.4粒，结实率为79.2%，千粒重为24.0克。经浙江省农业科学院植物保护与微生物研究所2016年抗性鉴定，平均叶瘟0.7级，穗瘟7级，穗瘟损失率5级，综合指数为4.5；白叶枯病5.0级；稻曲病穗发病率5级；褐飞虱9级。经农业部稻米及制品质量监督检测中心（杭州）2016年检测，平均整精米率为67.6%，长宽比为2.4，垩白粒率为20%，垩白度为2.4%，透明度为2级，胶稠度为78毫米，直链淀粉含量为14.7%，米质各项指标综合评价为食用稻品种品质二等（部颁）。

该组合产量一般，生育期偏长，中感稻瘟病，中感白叶枯病，高感稻曲病，感褐飞虱，米质优于对照甬优1540。建议下一年度继续试验。

7. 嘉禾优7925：系嘉兴市农业科学研究院、新昌县种子有限公司选育而成的单季籼粳杂交稻粳型新组合，该组合第一参试。2016年试验平均亩产为684.8千克，比对照甬优1540减产1.9%，未达显著水平。全生育期为161.0天，比对照甬优1540长7.2天。该组合每亩有效穗数为12.2万穗，株高119.5厘米，每穗总粒数为328.6粒，每穗实粒数为261.0粒，结实率为79.4%，千粒重为22.5克。经浙江省农业科学院植物保护与微生物研究所2016年抗性鉴定，平均叶瘟5.2级，穗瘟6级，穗瘟损失率3级，综合指数为4.8；白叶枯病5.0级；稻曲病穗发病率8级；褐飞虱7级。经农业部稻米及制品质量监督检测中心（杭州）2016年检测，平均整精米率为70.5%，长宽比为2.4，垩白粒率为17%，垩白度为2.8%，透明度为2级，胶稠度为62毫米，直链淀粉含量为14.1%，米质各项指标综合评价为食用稻品种品质普通（部颁）。

该组合产量一般，生育期偏长，中感稻瘟病，中感白叶枯病，高感稻曲病，中感褐飞虱，米质差于对照甬优1540。建议下一年度终止试验。

8. 宁优126：系宁波市农业科学研究院选育而成的单季籼粳杂交稻粳型新组合，该组合第一年参试。2016年试验平均亩产为677.6千克，比对照甬优1540减产2.9%，未达显著水平。全生育期为159.5天，比对照甬优1540长5.7天。该组合每亩有效穗数为13.6万穗，株高120.8厘米，每穗总粒数为296.8粒，每穗实粒数为235.4粒，结实率为79.3%，千粒重为23.2克。经浙江省农业科学院植物保护与微生物研究所2016年抗性鉴定，平均叶瘟5.0级，穗瘟7级，穗瘟损失率3级，综合指数为4.8；白叶枯病5.6级；稻曲病穗发病率4级；褐飞虱9级。经农业部稻米及制品质量监督检测中心（杭州）2016年检测，平均整精米率为70.6%，长宽比为2.1，垩白粒率为29%，垩白度为7.6%，透明度为2级，胶稠度为66毫米，直链淀粉含量为14.9%，米质各项指标综合评价为食用稻品种品质普通（部颁）。

该组合产量一般，生育期偏长，中感稻瘟病，感白叶枯病，中感稻曲病，感褐飞虱，米质差于对照甬优1540。建议下一年度终止试验。

9. 嘉优7259：系浙江勿忘农种业股份有限公司、中国水稻研究所选育而成的单季籼粳杂交稻粳型新组合，该组合第一年参试。2016年试验平均亩产为662.6千克，比对照甬优1540减产5.0%，未达显著水平。全生育期为146.3天，比对照甬优1540短7.5天。该组合每亩有效穗数为12.3万穗，株高121.5厘米，每穗总粒数为292.8粒，每穗实粒数为239.9粒，结实率为81.9%，千粒重为26.1克。经浙江省农业科学院植物保护与微生物研究所2016年抗性鉴定，平均叶瘟1.7级，穗瘟9级，穗瘟损失率7级，综合指数为6.5；白叶枯病4.6级；稻曲病穗发病率6级；褐飞虱5级。经农业部稻米及制品质量监督检测中心（杭州）2016年检测，平均整精米率为69.2%，长宽比为2.2，垩白粒率为34%，垩白度为6.9%，透明度为2级，胶稠度为68毫米，直链淀粉含量为14.7%，米质各项指标综合评价为食用稻品种品质普通（部颁）。

该组合产量偏低，生育期较早，感稻瘟病，感白叶枯病，感稻曲病，中抗褐飞虱，米质差于对照甬优1540。建议下一年度终止试验。

10. 秀优134207：系浙江勿忘农种业股份有限公司选育而成的单季籼粳杂交稻粳型新组合，该组合第一年参试。2016年试验平均亩产为635.8千克，比对照甬优1540减产8.9%，达极显著水平。全生育期为153.4天，比对照甬优1540短0.4天。该组合每亩有效穗数为11.4万穗，株高115.8厘米，每穗总粒数为289.7粒，每穗实粒数为260.1粒，结实率为89.8%，千粒重为24.6克。经浙江省农业科学院植物保护与微生物研究所2016年抗性鉴定，平均叶瘟1.5级，穗瘟7级，穗瘟损失率4级，综合指数为4.8；白叶枯病4.6级；稻曲病穗发病率4级；褐飞虱9级。经农业部稻米及制品质量监督检测中心（杭州）2016年检测，平均整精米率为66.3%，长宽比为2.1，垩白粒率为25%，垩白度为5.5%，透明度为2级，胶稠度为73毫米，直链淀粉含量为15.7%，米质各项指标综合评价为食用稻品种品质普通（部颁）。

该组合产量低，生育期适中，中感稻瘟病，中感白叶枯病，中感稻曲病，感褐飞虱，米质差于对照甬优1540。建议下一年度终止试验。

（二）A组生产试验

1. 春优927：系中国水稻研究所选育而成的籼粳杂交稻粳型新组合。本年度生产试验平均亩产为726.9千克，比对照甬优9号增产13.0%。该组合已于2016年通过浙江省品审会水稻专业组的考察审查，并推荐浙江省品审会审定。

2. 甬优7861：系宁波市种子有限公司选育而成的籼粳杂交稻粳型新组合。本年度生产试验平均亩产为709.7千克，比对照甬优9号增产10.3%。该组合已于2016年通过浙江省品审会水稻专业组的考察审查，并推荐浙江省品审会审定。

3. 长优 KF2：系金华三才种业有限公司选育而成的单季杂交晚粳稻新组合。本年度生产试验平均亩产为 700.6 千克，比对照甬优 9 号增产 8.9%。该组合已于 2016 年通过浙江省品审会水稻专业组的考察审查，并推荐浙江省品审会审定。

（三）B 组区域试验

1. 秀优 7113（续）：系嘉兴市农业科学研究院选育而成的籼粳杂交稻粳型新组合，该组合第二年参试。2015 年试验平均亩产为 702.1 千克，比对照甬优 9 号增产 17.5%，达极显著水平；2016 年试验平均亩产为 723.3 千克，比对照甬优 9 号增产 10.7%，达极显著水平；两年省区域试验平均亩产为 712.7 千克，比对照甬优 9 号增产 13.9%。两年平均全生育期为 159.4 天，比对照甬优 9 号短 3.6 天。该组合每亩有效穗数为 11.9 万穗，株高 114.5 厘米，每穗总粒数为 313.0 粒，每穗实粒数为 255.6 粒，结实率为 81.7%，千粒重为 24.8 克。经浙江省农业科学院植物保护与微生物研究所 2015—2016 年抗性鉴定，平均叶瘟 1.3 级，穗瘟 5 级，穗瘟损失率 2 级，综合指数为 3.1；白叶枯病 4.9 级；稻曲病穗发病率 7 级；褐飞虱 7 级。经农业部稻米及制品质量监督检测中心（杭州）2015—2016 年检测，平均整精米率为 67.4%，长宽比为 2.1，垩白粒率为 39%，垩白度为 5.7%，透明度为 2 级，胶稠度为 79 毫米，直链淀粉含量为 15.3%，米质各项指标综合评价为食用稻品种品质普通（部颁）。

该组合产量高，生育期偏短，中感稻瘟病，中感白叶枯病，高感稻曲病，中感褐飞虱，米质类似于对照甬优 9 号。建议下一年度进入生产试验。

2. 春优 2915（续）：系中国水稻研究所选育而成的籼粳杂交稻粳型新组合，该组合第二年参试。2015 年试验平均亩产为 674.9 千克，比对照甬优 9 号增产 13.0%，达极显著水平；2016 年试验平均亩产为 704.8 千克，比对照甬优 9 号增产 7.8%，达显著水平；两年省区域试验平均亩产为 689.8 千克，比对照甬优 9 号增产 10.3%。两年平均全生育期为 164.1 天，比对照甬优 9 号长 1.1 天。该组合每亩有效穗数为 12.8 万穗，株高 117.4 厘米，每穗总粒数为 319.0 粒，每穗实粒数为 253.8 粒，结实率为 79.6%，千粒重为 23.2 克。经浙江省农业科学院植物保护与微生物研究所 2015—2016 年抗性鉴定，平均叶瘟 3.0 级，穗瘟 7 级，穗瘟损失率 3 级，综合指数为 4.7；白叶枯病 5.1 级；稻曲病穗发病率 8 级；褐飞虱 8 级。经农业部稻米及制品质量监督检测中心（杭州）2015—2016 年检测，平均整精米率为 66.4%，长宽比为 2.2，垩白粒率为 27%，垩白度为 4.5%，透明度为 2 级，胶稠度为 74 毫米，直链淀粉含量为 14.3%，米质各项指标综合评价为食用稻品种品质普通（部颁）。

该组合产量高，生育期适中，中感稻瘟病，中感白叶枯病，高感稻曲病，感褐飞虱，米质类似于对照甬优 9 号。建议下一年度终止试验。

3. 甬优 7860（续）：系宁波市种子有限公司选育而成的籼粳杂交稻粳型新组合，该组合第二年参试。2015 年试验平均亩产为 696.7 千克，比对照甬优 9 号增产 16.6%，达极显著水平；2016 年试验平均亩产为 702.3 千克，比对照甬优 9 号增产 7.4%，达显著水平；两年省区域试验平均亩产为 699.5 千克，比对照甬优 9 号增产 11.8%。两年平均全生育期为 161.5 天，比对照甬优 9 号短 1.5 天。该组合每亩有效穗数为 12.6 万穗，株高 119.5 厘米，每穗总粒数为 269.2 粒，每穗实粒数为 225.0 粒，结实率为 83.6%，千粒重为 26.0 克。经浙江省农业科学院植物保护与微生物研究所 2015—2016 年抗性鉴定，平均叶瘟 2.9 级，穗瘟 5 级，穗瘟损失率 3 级，综合指数为 4.1；白叶枯病 4.7 级；稻曲病穗发病率 8 级；褐飞虱 9 级。经农业部稻米及制品质量监督检测中心（杭州）2015—2016 年检测，平均整精米率为 63.8%，长宽比为 2.4，垩白粒率为 22%，垩白度为 3.2%，透明度为 2 级，胶稠度为 77 毫米，直链淀粉含量为 15.7%，米质各项指标综合评价为食用稻品种品质二等（部颁）。

该组合产量高，生育期适中，中感稻瘟病，中感白叶枯病，感稻曲病，感褐飞虱，米质优于对照甬优 9 号。推荐浙江省品审会审定。

4. 中嘉优 9 号（续）：系中国水稻研究所选育而成的籼粳杂交稻粳型新组合，该组合第二年参试。2015 年试验平均亩产为 638.9 千克，比对照甬优 9 号增产 6.9%，未达显著水平；2016 年试验平均亩产为 698.5 千克，比对照甬优 9 号增产 6.9%，达显著水平；两年省区域试验平均亩产为 668.7 千克，比对照甬优 9 号增产 6.9%。两年平均全生育期为 164.2 天，比对照甬优 9 号长 1.2 天。该组合每亩有效穗数为 11.8 万穗，株高 117.0 厘米，每穗总粒数为 311.5 粒，每穗实粒数为 248.4 粒，结实率为 79.8%，千粒重为 23.8 克。经浙江省农业科学院植物保护与微生物研究所 2015—2016 年抗性鉴定，平均叶瘟 1.7 级，穗瘟 4 级，穗瘟损失率 2 级，综合指数为 2.7；白叶枯病 3.8 级；稻曲病穗发病率 8 级；褐飞虱 6 级。经农业部稻米及制品质量监督检测中心（杭州）2015—2016 年检测，平均整精米率为 66.9%，长宽比为 2.0，垩白粒率为 26%，垩白度为 4.9%，透明度为 2 级，胶稠度为 69 毫米，直链淀粉含量为 15.1%，米质各项指标综合评价为食用稻品种品质普通（部颁）。

该组合产量高，生育期适中，中抗稻瘟病，中感白叶枯病，高感稻曲病，中感褐飞虱，米质类似于对照甬优 9 号。建议下一年度进入生产试验。

5. 春优 206（续）：系中国水稻研究所选育而成的籼粳杂交稻粳型新组合，该组合第二年参试。2015 年试验平均亩产为 680.9 千克，比对照甬优 9 号增产 14.0%，达极显著水平；2016 年试验平均亩产为 697.2 千克，比对照甬优 9 号增产 6.7%，未达显著水平；两年省区域试验平均亩产为 689.1 千克，比对照甬优 9 号增产 10.1%。两年平均全生育期为 162.2 天，比对照甬优 9 号短 0.8 天。该组合每亩有效穗数为 12.4 万穗，株高 118.1 厘米，每穗总粒数为 316.1 粒，每穗实粒数为 255.1 粒，结实率为 80.7%，千粒重为 23.3 克。经浙江省农业科学院植物保护与微生物研究所 2015—2016 年抗性鉴定，平均叶瘟 3.7 级，穗瘟 7 级，穗瘟损失率 3 级，综合指数为 4.8；白叶枯病 4.7 级；稻曲病穗发病率 9 级；褐飞虱 7 级。经农业部稻米及制品质量监督检测中心（杭州）2015—2016 年检测，平均整精米率为 67.6%，长宽比为 2.2，垩白粒率为 29%，垩白度为 4.5%，透明度为 2 级，胶稠度为 70 毫米，直链淀粉含量为 15.1%，米质各项指标综合评价为食用稻品种品质普通（部颁）。

该组合产量高，生育期适中，中感稻瘟病，中感白叶枯病，高感稻曲病，感褐飞虱，米质类似于对照甬优 9 号。建议下一年度终止试验。

6. 浙粳优 1578（续）：系浙江勿忘农种业股份有限公司、浙江省农业科学院选育而成的籼粳杂交稻粳型新组合，该组合第二年参试。2015 年试验平均亩产为 677.8 千克，比对照甬优 9 号增产 13.4%，达极显著水平；2016 年试验平均亩产为 690.5 千克，比对照甬优 9 号增产 5.6%，未达显著水平；两年省区域试验平均亩产为 684.1 千克，比对照甬优 9 号增产 9.4%。两年平均全生育期为 162.6 天，比对照甬优 9 号短 0.4 天。该组合每亩有效穗数为 12.8 万穗，株高 116.7 厘米，每穗总粒数为 312.9 粒，每穗实粒数为 245.8 粒，结实率为 78.6%，千粒重为 24.0 克。经浙江省农业科学院植物保护与微生物研究所 2015—2016 年抗性鉴定，平均叶瘟 1.4 级，穗瘟 5 级，穗瘟损失率 2 级，综合指数为 2.7；白叶枯病 4.3 级；稻曲病穗发病率 7 级；褐飞虱 9 级。经农业部稻米及制品质量监督检测中心（杭州）2015—2016 年检测，平均整精米率为 67.4%，长宽比为 2.2，垩白粒率为 24%，垩白度为 3.9%，透明度为 2 级，胶稠度为 77 毫米，直链淀粉含量为 15.6%，米质各项指标综合评价为食用稻品种品质三等（部颁）。

该组合产量高，生育期适中，中抗稻瘟病，中感白叶枯病，高感稻曲病，感褐飞虱，米质优于对照甬优 9 号。推荐浙江省品审会审定。

7. 秀优 4913：系浙江勿忘农种业股份有限公司选育而成的籼粳杂交稻粳型新组合，该组合第一年参试。2016 年试验平均亩产为 727.1 千克，比对照甬优 1540 增产 4.2%，未达显著水平。全生育期为 154.4 天，比甬优 1540 长 2.5 天。该组合每亩有效穗数为 12.4 万穗，株高 117.7 厘米，每穗总粒数为 309.8 粒，每穗实粒数为 250.8 粒，结实率为 81.0%，千粒重为 24.9 克。经浙江省农业科学院植物保护与微生物研究所 2015—2016 年抗性鉴定，平均叶瘟 3.7 级，穗瘟 9 级，穗瘟损失率 5 级，综合指数为 5.8；白叶枯病 5.4 级；稻曲病穗发病率 8 级；褐飞虱 7 级。经农业部稻米及制品质量监督检测中心（杭州）2015—2016

年检测，平均整精米率为68.0%，长宽比为2.2，垩白粒率为31%，垩白度为4.7%，透明度为2级，胶稠度为72毫米，直链淀粉含量为14.8%，米质各项指标综合评价为食用稻品种品质三等（部颁）。

该组合产量较高，生育期适中，中感稻瘟病，感白叶枯病，高感稻曲病，中感褐飞虱，米质优于对照甬优1540。建议下一年度继续试验。

8. 春优295：系中国水稻研究所选育而成的籼粳杂交稻粳型新组合，该组合第一年参试。2016年试验平均亩产为705.7千克，比对照甬优1540增产1.2%，未达显著水平。全生育期为157.1天，比甬优1540长5.2天。该组合每亩有效穗数为12.7万穗，株高113.8厘米，每穗总粒数为334.9粒，每穗实粒数为270.2粒，结实率为80.7%，千粒重为28.1克。经浙江省农业科学院植物保护与微生物研究所2015—2016年抗性鉴定，平均叶瘟3.3级，穗瘟8级，穗瘟损失率5级，综合指数为5.5；白叶枯病4.1级；稻曲病穗发病率6级；褐飞虱9级。经农业部稻米及制品质量监督检测中心（杭州）2015—2016年检测，平均整精米率为68.5%，长宽比为2.3，垩白粒率为31%，垩白度为6.9%，透明度为2级，胶稠度为71毫米，直链淀粉含量为13.6%，米质各项指标综合评价为食用稻品种品质普通（部颁）。

该组合产量一般，生育期偏长，中感稻瘟病，中感白叶枯病，高感稻曲病，感褐飞虱，米质类似于对照甬优1540。建议下一年度终止试验。

9. K71A×XR207：系嘉兴市农业科学研究院选育而成的籼粳杂交稻粳型新组合，该组合第一年参试。2016年试验平均亩产为634.2千克，比对照甬优1540减产9.1%，达极显著水平。全生育期为152.4天，比甬优1540长0.5天。该组合每亩有效穗数为12.5万穗，株高108.3厘米，每穗总粒数为266.7粒，每穗实粒数为220.3粒，结实率为82.6%，千粒重为24.6克。经浙江省农业科学院植物保护与微生物研究所2015—2016年抗性鉴定，平均叶瘟2.6级，穗瘟8级，穗瘟损失率5级，综合指数为5.4；白叶枯病5级；稻曲病穗发病率6级；褐飞虱9级。经农业部稻米及制品质量监督检测中心（杭州）2015—2016年检测，平均整精米率为62.2%，长宽比为2.0，垩白粒率为33%，垩白度为6.8%，透明度为2级，胶稠度为78毫米，直链淀粉含量为16.3%，米质各项指标综合评价为食用稻品种品质普通（部颁）。

该组合产量低，生育期适中，中感稻瘟病，中感白叶枯病，感稻曲病，感褐飞虱，米质类似于对照甬优1540。建议下一年度终止试验。

10. 浙优6501：系浙江省农业科学院选育而成的籼粳杂交稻粳型新组合，该组合第一年参试。2016年试验平均亩产为623.1千克，比对照甬优1540减产10.7%，达极显著水平。全生育期为157.5天，比甬优1540长5.6天。该组合每亩有效穗数为13.1万穗，株高113.5厘米，每穗总粒数为312.9粒，每穗实粒数为231.9粒，结实率为74.1%，千粒重为23.9克。经浙江省农业科学院植物保护与微生物研究所2015—2016年抗性鉴定，平均叶瘟1.8级，穗瘟7级，穗瘟损失率4级，综合指数为4.5；白叶枯病5级；稻曲病穗发病率5级；褐飞虱7级。经农业部稻米及制品质量监督检测中心（杭州）2015—2016年检测，平均整精米率为65.6%，长宽比为2.0，垩白粒率为38%，垩白度为5.2%，透明度为2级，胶稠度为70毫米，直链淀粉含量为14.8%，米质各项指标综合评价为食用稻品种品质普通（部颁）。

该组合产量低，生育期偏长，中感稻瘟病，中感白叶枯病，高感稻曲病，中感褐飞虱，米质类似于对照甬优1540。建议下一年度终止试验。

（四）B组生产试验

1. 甬优7860：系宁波市种子有限公司选育而成的籼粳杂交稻粳型新组合。本年度生产试验平均亩产为710.4千克，比对照甬优9号增产16.8%。该组合已于2016年通过浙江省品审会水稻专业组的考察审查，并推荐浙江省品审会审定。

2. 中嘉优6号：系中国水稻研究所选育而成的籼粳杂交稻粳型新组合。本年度生产试验平均亩产为698.0千克，比对照甬优9号增产14.7%。该组合已于2016年通过浙江省品审会水稻专业组的考察审查，并推荐浙江省品审会审定。

3．浙粳优 1578：系浙江勿忘农种业股份有限公司、浙江省农业科学院选育而成的籼粳杂交稻粳型新组合。本年度生产试验平均亩产为 689.5 千克，比对照甬优 9 号增产 13.4%。该组合已于 2016 年通过浙江省品审会水稻专业组的考察审查，并推荐浙江省品审会审定。

相关结果见表 1～表 9。

表 1　2016 年浙江省单季籼粳杂交稻粳型区域试验和生产试验参试品种及申请（供种）单位表

试验类别	品种名称	亲本	申请（供种）单位	备注
A 组区域试验	长优 KF2（续）	长粳 1A×KF2	金华三才种业有限公司	续试
	甬优 7861（续）	A78×F6861	宁波市种子有限公司	
	春优 37	春江 16A×CH37	中国水稻研究所	新参试
	甬优 7859	甬粳 78A×F4959	宁波市种子有限公司	
	宁优 126	宁 84A×籼恢 126	宁波市农业科学研究院	
	甬优 7823	甬粳 78A×F6823	宁波市种子有限公司	
	嘉禾优 7925	嘉禾 792A×NP005	嘉兴市农业科学研究院、新昌县种子有限公司	
	嘉优 7259	秀水 134A×中恢 7259	浙江勿忘农种业股份有限公司、中国水稻研究所	
	浙粳优 1432	浙粳 7A×浙粳恢 1432	浙江勿忘农种业股份有限公司	
	秀优 134207	秀水 134A×XR207	浙江勿忘农种业股份有限公司	
	甬优 9 号（CK1）	甬粳 2 号 A×K306093	宁波市种子有限公司	
	甬优 1540（CK2）	甬粳 15A×F7540	宁波市种子有限公司	
A 组生产试验	春优 927	春江 16A×C927	中国水稻研究所	
	长优 KF2	长粳 1A×KF2	金华三才种业有限公司	
	甬优 7861	A78×F6861	宁波市种子有限公司	
	甬优 9 号（CK1）	甬粳 2 号 A×K306093	宁波市种子有限公司	
B 组区域试验	中嘉优 9 号（续）	秀水 134A×中恢 7206	中国水稻研究所	续试
	秀优 7113（续）	K71A×XR13	嘉兴市农业科学研究院	
	甬优 7860（续）	A78×F6860	宁波市种子有限公司	
	春优 206（续）	春江 16A×中恢 7266	中国水稻研究所	
	浙粳优 1578（续）	浙粳 7A×浙粳恢 6022	浙江勿忘农种业股份有限公司、浙江省农业科学院	
	春优 2915（续）	春江 29A×CH15	中国水稻研究所	
	春优 295	春江 29A×T5	中国水稻研究所	新参试
	浙优 6501	浙 08A×浙恢 1501	浙江省农业科学院	
	K71A×XR207	K71A×XR207	嘉兴市农业科学研究院	
	秀优 4913	K49A×XR13	浙江勿忘农种业股份有限公司	
	甬优 9 号（CK1）	甬粳 2 号 A×K306093	宁波市种子有限公司	
	甬优 1540（CK2）	甬粳 15A×F7540	宁波市种子有限公司	
B 组生产试验	中嘉优 6 号	嘉禾 1212A×中恢 7206	中国水稻研究所	
	甬优 7860	甬粳 78A×F6860	宁波市种子有限公司	
	浙粳优 1578	浙粳 7A×浙粳恢 6022	浙江勿忘农种业股份有限公司、浙江省农业科学院	
	甬优 9 号（CK1）	甬粳 2 号 A×K306093	宁波市种子有限公司	

表 2 2015—2016 年浙江省单季籼粳杂交稻粳型区域试验和生产试验参试品种产量表

试验类别	品种名称	2016 年								2015 年			两年平均	
		小区产量（千克）	亩产（千克）	亩产与对照 1 比较（%）	亩产与对照 2 比较（%）	亩产与组平均比较（%）	差异显著性检验			亩产（千克）	亩产与对照 1 比较（%）	差异显著性	亩产（千克）	亩产与对照 1 比较（%）
							0.05	0.01	差异显著性					
A 组区域试验	浙粳优 1432	14.252	712.6	7.8	2.1	4.4	a	A	/	/	/	/	/	/
	长优 KF2（续）	14.109	705.5	6.8	1.1	3.3	a	A	*	686.4	15.4	**	695.9	10.8
	甬优 7823	14.016	700.8	6.0	0.4	2.7	ab	A	/	/	/	/	/	/
	甬优 1540（CK2）	13.957	697.8	5.6	0.0	2.2	abc	A	/	/	/	/	/	/
	春优 37	13.797	689.8	4.4	−1.1	1.1	abc	A	/	/	/	/	/	/
	甬优 7859	13.713	685.6	3.8	−1.7	0.4	abc	AB	/	/	/	/	/	/
	嘉禾优 7925	13.696	684.8	3.6	−1.9	0.3	abc	AB	/	/	/	/	/	/
	甬优 7861（续）	13.559	678.0	2.6	−2.8	−0.7	abc	AB	/	661.4	11.2	**	669.7	6.7
	宁优 126	13.552	677.6	2.5	−2.9	−0.7	abc	AB	/	/	/	/	/	/
	嘉优 7259	13.252	662.6	0.3	−5.0	−2.9	bcd	AB	/	/	/	/	/	/
	甬优 9 号（CK1）	13.216	660.8	0.0	−5.3	−3.2	cd	AB	/	595.0	0.0	/	627.9	0.0
	秀优 134207	12.717	635.8	−3.8	−8.9	−6.9	d	B	**	/	/	/	/	/
	平均	/	682.6	/	/	/	/	/	/	/	/	/	/	/
A 组生产试验	春优 927	/	726.9	13.0	/	/	/	/	/	/	/	/	/	/
	长优 KF2	/	700.6	8.9	/	/	/	/	/	/	/	/	/	/
	甬优 7861	/	709.7	10.3	/	/	/	/	/	/	/	/	/	/
	甬优 9 号（CK1）	/	643.3	0.0	/	/	/	/	/	/	/	/	/	/
B 组区域试验	秀优 4913	14.542	727.1	11.2	4.2	5.7	a	A	/	/	/	/	/	/
	秀优 7113（续）	14.465	723.3	10.7	3.7	5.1	a	A	**	702.1	17.5	**	712.7	13.9
	春优 295	14.113	705.7	8.0	1.2	2.6	a	A	/	/	/	/	/	/
	春优 2915（续）	14.096	704.8	7.8	1.0	2.4	a	AB	*	674.9	13.0	**	689.8	10.3
	甬优 7860（续）	14.046	702.3	7.4	0.7	2.1	a	AB	*	696.7	16.6	**	699.5	11.8
	中嘉优 9 号（续）	13.969	698.5	6.9	0.1	1.5	a	AB	*	638.9	6.9	/	668.7	6.9
	甬优 1540（CK2）	13.953	697.6	6.7	0.0	1.4	a	AB	*	/	/	/	/	/
	春优 206（续）	13.945	697.2	6.7	−0.1	1.3	a	AB	*	680.9	14.0	**	689.1	10.1

（续表）

试验类别	品种名称	2016年								2015年			两年平均	
		小区产量（千克）	亩产（千克）	亩产与对照1比较（%）	亩产与对照2比较（%）	亩产与组平均比较（%）	差异显著性检验 0.05	0.01	差异显著性	亩产（千克）	亩产与对照1比较（%）	差异显著性	亩产（千克）	亩产与对照1比较（%）
B组区域试验	浙粳优1578（续）	13.809	690.5	5.6	−1.0	0.3	ab	AB	/	677.8	13.4	**	684.1	9.4
	甬优9号（CK1）	13.073	653.6	0.0	−6.3	−5.0	bc	BC	*	597.5	0.0	/	625.6	0.0
	K71A×XR207	12.683	634.2	−3.0	−9.1	−7.8	c	C	**	/	/	/	/	/
	浙优6501	12.461	623.1	−4.7	−10.7	−9.5	c	C	**	/	/	/	/	/
	平均	/	688.1	/	/	/	/	/	/	/	/	/	/	/
B组生产试验	中嘉优6号	/	698.0	14.7	/	/	/	/	/	/	/	/	/	/
	甬优7860	/	710.4	16.8	/	/	/	/	/	/	/	/	/	/
	浙粳优1578	/	689.5	13.4	/	/	/	/	/	/	/	/	/	/
	甬优9号（CK1）	/	608.3	0.0	/	/	/	/	/	/	/	/	/	/

注：　**表示差异达极显著水平；*表示差异达显著水平。

表3　2015—2016年浙江省单季籼粳杂交稻粳型区域试验参试品种经济性状表

试验类别	品种名称	年份	全生育期（天）	与对照1比较（天）	与对照2比较（天）	基本苗数（万株/亩）	有效穗数（万穗/亩）	株高（厘米）	总粒数（粒/穗）	实粒数（粒/穗）	结实率（%）	千粒重（克）
A组区域试验	长优KF2（续）	2016	161.9	1.0	8.1	3.5	13.1	122.9	332.2	268.8	80.9	22.4
		2015	164.3	−1.2	/	4.4	12.3	118.9	289.5	243.5	84.1	22.5
		平均	163.1	−0.1	/	3.9	12.7	120.9	310.9	256.2	82.4	22.4
	甬优7861（续）	2016	158.8	−2.1	5.0	3.5	12.6	117.4	294.7	242.4	82.3	23.5
		2015	163.1	−2.4	/	3.7	11.0	115.1	307.0	268.4	87.4	23.6
		平均	160.9	−2.3	/	3.6	11.8	116.2	300.9	255.4	84.9	23.5
	春优37	2016	154.1	−6.8	0.3	3.5	12.5	116.0	334.0	281.4	84.3	22.3
	甬优7859	2016	159.6	−1.3	5.8	3.4	13.0	116.8	306.1	242.4	79.2	24.0
	宁优126	2016	159.5	−1.4	5.7	3.9	13.6	120.8	296.8	235.4	79.3	23.2
	甬优7823	2016	160.0	−0.9	6.2	3.6	12.1	117.6	309.0	253.4	82.0	24.3
	嘉禾优7925	2016	161.0	0.1	7.2	3.8	12.2	119.5	328.6	261.0	79.4	22.5
	嘉优7259	2016	146.3	−14.6	−7.5	3.6	12.3	121.5	292.8	239.9	81.9	26.1
	浙粳优1432	2016	163.8	2.9	10.0	3.6	12.8	122.1	320.3	252.6	78.9	24.2
	秀优134207	2016	153.4	−7.5	−0.4	3.6	11.4	115.8	289.7	260.1	89.8	24.6

（续表）

试验类别	品种名称	年份	全生育期（天）	与对照1比较（天）	与对照2比较（天）	基本苗数(万株/亩)	有效穗数(万穗/亩)	株高(厘米)	总粒数(粒/穗)	实粒数(粒/穗)	结实率（%）	千粒重（克）
A组区域试验	甬优9号(CK1)	2016	160.9	0.0	7.1	3.9	17.2	123.8	194.6	149.9	77.0	26.2
		2015	165.5	0.0	/	4.1	15.0	121.2	207.8	166.3	80.0	26.1
		平均	163.2	0.0	/	4.0	16.1	122.5	201.2	158.1	78.6	26.1
	甬优1540(CK2)	2016	153.8	−7.1	0.0	3.5	13.4	115.7	283.9	261.8	92.2	22.7
B组区域试验	中嘉优9号(续)	2016	160.9	1.5	9.0	3.8	12.1	117.8	340.7	268.3	78.7	23.5
		2015	167.6	1.0	/	4.0	11.5	116.3	282.2	228.5	81.0	23.8
		平均	164.2	1.2	/	3.9	11.8	117.0	311.5	248.4	79.8	23.8
	秀优7113(续)	2016	156.3	−3.1	4.4	3.6	12.4	115.0	322.5	252.0	78.1	24.8
		2015	162.5	−4.1	/	4.1	11.5	114.1	303.6	259.3	85.4	24.7
		平均	159.4	−3.6	/	3.9	11.9	114.5	313.0	255.6	81.7	24.8
	甬优7860(续)	2016	158.6	−0.8	6.7	3.8	13.2	120.8	267.7	218.0	81.4	25.9
		2015	164.3	−2.3	/	4.0	11.9	118.2	270.8	232.0	85.7	26.1
		平均	161.5	−1.5	/	3.9	12.6	119.5	269.2	225.0	83.6	26.0
	春优206（续）	2016	158.5	−0.9	6.6	3.6	12.8	118.8	325.6	253.1	77.7	23.2
		2015	165.9	−0.7	/	4.0	12.0	117.4	306.7	257.1	83.8	23.3
		平均	162.2	−0.8	/	3.8	12.4	118.1	316.1	255.1	80.7	23.3
	浙粳优1578(续)	2016	159.3	−0.1	7.4	3.5	13.7	117.3	332.4	248.3	74.7	24.1
		2015	165.9	−0.7	/	3.7	11.9	116.1	293.3	243.3	83.0	23.8
		平均	162.6	−0.4	/	3.6	12.8	116.7	312.9	245.8	78.6	24.0
	春优2915(续)	2016	160.8	1.4	8.9	3.6	13.3	119.0	340.4	254.0	74.6	23.0
		2015	167.4	0.8	/	4.1	12.3	115.8	297.6	253.6	85.2	23.3
		平均	164.1	1.1	/	3.8	12.8	117.4	319.0	253.8	79.6	23.2
	春优295	2016	157.1	−2.3	5.2	3.6	12.7	113.8	334.9	270.2	80.7	28.1
	浙优6501	2016	157.5	−1.9	5.6	3.4	13.1	113.5	312.9	231.9	74.1	23.9
	K71A×XR207	2016	152.4	−7.0	0.5	3.3	12.5	108.3	266.7	220.3	82.6	24.6
	秀优4913	2016	154.4	−5.0	2.5	3.5	12.4	117.7	309.8	250.8	81.0	24.9
	甬优9号(CK1)	2016	159.4	0.0	7.5	3.9	16.0	123.7	202.9	162.7	80.2	25.7
		2015	166.6	0.0	/	4.1	15.4	119.5	209.1	173.2	82.8	26.1
		平均	163.0	0.0	/	4.0	15.7	121.6	206.0	168.0	81.5	26.1
	甬优1540(CK2)	2016	151.9	−7.5	0.0	3.4	13.3	115.4	289.1	258.9	89.6	23.0

表 4　2015—2016 年浙江省单季籼粳杂交稻粳型区域试验参试品种主要病虫害抗性鉴定结果表

试验类别	品种名称	年份	稻瘟病 叶瘟 平均级	稻瘟病 叶瘟 最高级	稻瘟病 穗瘟 平均级	稻瘟病 穗瘟 最高级	稻瘟病 穗瘟损失率 平均级	稻瘟病 穗瘟损失率 最高级	稻瘟病 综合指数	稻瘟病 抗性评价	白叶枯病 平均级	白叶枯病 最高级	白叶枯病 抗性评价	褐飞虱 分级	褐飞虱 抗性评价	稻曲病 穗发病粒数 平均级	稻曲病 穗发病粒数 最高级	稻曲病 穗发病率 平均级	稻曲病 穗发病率 最高级	稻曲病 抗性评价
A 组区域试验	长优 KF2（续）	2016	3.0	5	7	7	4	5	5.0	中感	4.6	5	中感	9	感	4	5	8	9	高感
		2015	0.5	2	5	5	1	1	2.3	中抗	4.2	5	中感	9	感	6	9	8	9	高感
		平均	1.8	4	6	6	3	3	3.7		4.4	5		9		5	7	8	9	
	甬优 7861（续）	2016	3.7	5	8	9	3	3	4.8	中感	5.0	5	中感	9	感	3	5	5	7	感
		2015	3.7	7	8	9	3	5	5.3	中感	4.4	5	中感	9	感	5	9	7	9	高感
		平均	3.7	6	8	9	3	4	5.1		4.7	5		9		4	7	6	8	
	春优 37	2016	4.3	6	8	9	5	5	6.0	中感	5.0	5	中感	9	感	2	3	5	5	中感
	甬优 7859	2016	0.7	1	7	7	5	5	4.5	中感	5.0	5	中感	9	感	4	5	5	9	高感
	宁优 126	2016	5.0	6	7	7	3	3	4.8	中感	5.6	7	感	9	感	2	3	4	5	中感
	甬优 7823	2016	3.3	5	7	7	4	5	5.0	中感	5.0	5	中感	9	感	5	5	4	7	感
	嘉禾优 7925	2016	5.2	7	6	7	3	3	4.8	中感	5.0	5	中感	7	中感	6	7	8	9	高感
	嘉优 7259	2016	1.7	3	9	9	7	7	6.5	感	4.6	5	中感	5	中抗	3	3	6	7	感
	浙粳优 1432	2016	1.3	2	6	7	3	3	3.5	中抗	5.0	5	中感	7	中感	7	9	8	9	高感
	秀优 134207	2016	1.5	4	7	9	4	5	4.8	中感	4.6	5	中感	9	感	1	1	4	5	中感
	甬优 9 号（CK1）	2016	4.0	5	6	7	3	3	4.3	中感	5.0	5	中感	9	感	3	3	7	7	感
		2015	1.2	2	5	7	2	3	2.9	中抗	4.3	5	中感	9	感	3	5	5	9	高感
		平均	2.6	4	6	7	3	3	3.6		4.7	5		9		3	4	6	8	
	甬优 1540（CK2）	2016	1.5	2	7	7	5	5	4.8	中感	5.0	5	中感	9	感	3	3	5	5	中感
B 组区域试验	中嘉优 9 号（续）	2016	1.3	2	6	7	3	3	3.5	中抗	4.8	5	中感	5	中抗	8	9	9	9	高感
		2015	2.0	3	2	5	1	1	1.8	抗	2.7	3	中抗	7	中感	4	5	7	7	感
		平均	1.7	3	4	6	2	2	2.7		3.8	4		6		6	7	8	8	
	秀优 7113（续）	2016	1.0	2	7	7	3	3	3.8	中抗	5.0	5	中感	7	中感	5	5	7	7	感
		2015	1.5	4	3	5	1	1	2.3	中抗	4.8	5	中感	7	中感	4	9	7	9	高感
		平均	1.3	3	5	6	2	2	3.1		4.9	5		7		5	7	7	8	

（续表）

试验类别	品种名称	年份	稻瘟病								白叶枯病			褐飞虱		稻曲病				
			叶瘟		穗瘟		穗瘟损失率		综合指数	抗性评价	平均级	最高级	抗性评价	分级	抗性评价	穗发病粒数		穗发病率		抗性评价
			平均级	最高级	平均级	最高级	平均级	最高级								平均级	最高级	平均级	最高级	
B组区域试验	甬优7860（续）	2016	3.3	5	6	7	4	5	4.8	中感	5.0	5	中感	9	感	3	5	7	7	感
		2015	2.5	5	4	7	2	3	3.3	中抗	4.4	5	中感	9	感	5	9	8	9	高感
		平均	2.9	5	5	7	3	4	4.1		4.7	5		9		4	7	8	8	
	春优206（续）	2016	2.8	5	6	7	3	3	4.3	中感	4.8	5	中感	5	中抗	7	9	9	9	高感
		2015	4.5	7	8	9	3	3	5.3	中感	4.5	5	中感	9	感	7	9	8	9	高感
		平均	3.7	6	7	8	3	3	4.8		4.7	5		7		7	9	9	9	
	浙粳优1578（续）	2016	0.7	1	7	7	3	3	3.5	中抗	5.0	5	中感	9	感	4	5	7	9	高感
		2015	2.0	3	2	5	1	1	1.8	抗	3.5	5	中感	9	感	4	7	6	7	感
		平均	1.4	2	5	6	2	2	2.7		4.3	5		9		4	6	7	8	
	春优2915（续）	2016	2.8	5	6	7	3	3	4.3	中感	4.6	5	中感	7	中感	8	9	8	9	高感
		2015	3.2	6	8	9	3	3	5.0	中感	5.5	7	感	9	感	7	9	8	9	高感
		平均	3.0	6	7	8	3	3	4.7		5.1	6		8		8	9	8	9	
	春优295	2016	3.3	4	8	9	5	5	5.5	中感	4.1	5	中感	9	感	7	9	6	9	高感
	浙优6501	2016	1.8	3	7	7	4	5	4.5	中感	5.0	5	中感	7	中感	6	7	5	9	高感
	K71A×XR207	2016	2.6	4	8	9	5	5	5.4	中感	5.0	5	中感	9	感	3	3	6	7	感
	秀优4913	2016	3.7	4	9	9	5	5	5.8	中感	5.4	7	感	7	中感	5	5	8	9	高感
	甬优9号（CK1）	2016	2.7	5	7	7	3	3	4.5	中感	4.8	5	中感	9	感	4	5	7	7	感
		2015	2.8	4	5	7	1	1	2.8	中抗	4.6	5	中感	9	感	3	5	5	9	高感
		平均	2.8	5	6	7	2	2	3.7		4.7	5		9		4	5	6	8	
	甬优1540（CK2）	2016	2.0	3	7	7	4	5	4.5	中感	5.7	7	感	9	感	3	3	5	5	中感

表 5 2015—2016 年浙江省单季籼粳杂交稻粳型区域试验参试品种稻米品质表

试验类别	品种名称	年份	糙米率（%）	精米率（%）	整精米率（%）	粒长（毫米）	长宽比	垩白粒率（%）	垩白度（%）	透明度（级）	碱消值（级）	胶稠度（毫米）	直链淀粉含量（%）	蛋白质含量（%）	等级
A 组区域试验	长优 KF2（续）	2016	80.6	71.3	66.7	6.0	2.7	13	1.7	1	4.7	66	14.5	8.6	普通
		2015	81.5	72.1	59.1	5.9	2.5	14	1.3	2	6.1	70	15.8	8.0	普通
		平均	81.1	71.7	62.9	6.0	2.6	14	1.5	2	5.4	68	15.2	8.3	普通
	甬优 7861（续）	2016	82.9	73.5	69.6	5.6	2.3	23	2.8	1	7.0	75	14.7	8.6	二等
		2015	82.7	73.4	63.9	5.6	2.2	15	2.2	2	7.0	70	16.0	8.0	三等
		平均	82.8	73.5	66.8	5.6	2.3	19	2.5	2	7.0	73	15.4	8.3	二等
	春优 37	2016	81.8	72.7	67.9	5.2	2.2	41	11.6	2	4.7	70	14.1	8.8	普通
	甬优 7859	2016	83.0	73.4	67.6	5.8	2.4	20	2.4	2	7.0	78	14.7	8.9	二等
	宁优 126	2016	82.8	73.6	70.6	5.3	2.1	29	7.6	2	7.0	66	14.9	8.0	普通
	甬优 7823	2016	82.0	73.6	69.5	5.9	2.5	14	2.1	2	7.0	72	15.0	8.5	二等
	嘉禾优 7925	2016	79.7	72.2	70.5	5.5	2.4	17	2.8	2	5.4	62	14.1	8.6	普通
	嘉优 7259	2016	80.0	71.2	69.2	5.4	2.2	34	6.9	2	7.0	68	14.7	8.6	普通
	浙粳优 1432	2016	81.5	73.4	71.6	5.6	2.2	22	4.6	1	4.7	64	14.3	8.4	普通
	秀优 134207	2016	82.2	72.9	66.3	5.3	2.1	25	5.5	2	7.0	73	15.7	8.1	普通
	甬优 9 号（CK1）	2016	82.8	73.7	63.2	6.4	2.6	28	4.5	1	5.3	80	16.1	8.5	普通
		2015	82.2	72.5	52.7	6.3	2.5	29	4.7	2	6.7	76	16.8	7.8	普通
		平均	82.5	73.1	58.0	6.4	2.6	29	4.6	2	6.0	78	16.5	8.2	普通
	甬优 1540（CK2）	2016	82.6	73.9	69.9	5.5	2.4	23	3.9	2	6.7	68	14.9	7.9	三等
B 组区域试验	中嘉优 9 号（续）	2016	81.2	72.6	71.0	5.3	2.0	16	2.7	1	5.3	66	14.7	8.7	普通
		2015	81.2	71.9	62.7	5.3	2.0	35	7.1	2	6.2	72	15.4	8.2	普通
		平均	81.2	72.3	66.9	5.3	2.0	26	4.9	2	5.8	69	15.1	8.5	普通
	秀优 7113（续）	2016	82.0	72.7	69.5	5.4	2.1	38	6.2	1	5.2	76	14.9	8.7	普通
		2015	82.0	72.5	65.3	5.4	2.0	40	5.1	2	6.8	82	15.6	7.6	普通
		平均	82.0	72.6	67.4	5.4	2.1	39	5.7	2	6.0	79	15.3	8.2	普通

（续表）

试验类别	品种名称	年份	糙米率（%）	精米率（%）	整精米率（%）	粒长(毫米)	长宽比	垩白粒率（%）	垩白度（%）	透明度（级）	碱消值（级）	胶稠度（毫米）	直链淀粉含量（%）	蛋白质含量（%）	等级
B组区域试验	甬优7860(续)	2016	82.8	74.1	70.3	5.9	2.5	11	1.3	2	7.0	82	15.1	7.9	二等
		2015	83.3	73.5	57.3	6.0	2.3	33	5.0	2	7.0	71	16.2	7.8	普通
		平均	83.1	73.8	63.8	6.0	2.4	22	3.2	2	7.0	77	15.7	7.9	二等
	春优206（续）	2016	81.3	73.9	71.6	5.4	2.2	23	2.9	1	5.2	70	14.6	8.2	普通
		2015	81.7	72.3	63.5	5.4	2.1	35	6.0	2	6.6	70	15.6	7.8	普通
		平均	81.5	73.1	67.6	5.4	2.2	29	4.5	2	5.9	70	15.1	8.0	普通
	浙粳优1578(续)	2016	81.2	72.2	69.3	5.5	2.3	21	3.7	1	5.5	77	15.2	9.4	普通
		2015	81.8	72.5	65.5	5.5	2.1	27	4.0	2	6.3	76	16.0	7.9	三等
		平均	81.5	72.4	67.4	5.5	2.2	24	3.9	2	5.9	77	15.6	8.7	三等
	春优2915(续)	2016	81.6	72.8	68.9	5.4	2.2	19	3.3	2	5.3	74	13.7	8.0	普通
		2015	81.6	72.4	63.9	5.4	2.1	34	5.7	2	6.7	74	14.9	8.3	普通
		平均	81.6	72.6	66.4	5.4	2.2	27	4.5	2	6.0	74	14.3	8.2	普通
	春优295	2016	81.5	72.8	68.5	5.4	2.3	31	6.9	2	5.9	71	13.6	9.0	普通
	浙优6501	2016	82.6	73.4	65.6	5.3	2.0	38	5.2	2	6.2	70	14.8	8.9	普通
	K71A×XR207	2016	82.8	69.9	62.2	5.2	2.0	33	6.8	2	7.0	78	16.3	8.1	普通
	秀优4913	2016	81.6	72.5	68.0	5.5	2.2	31	4.7	2	6.4	72	14.8	8.5	三等
	甬优9号（CK1）	2016	82.6	73.3	59.2	6.4	2.7	25	3.4	1	5.7	82	16.0	8.4	普通
		2015	82.5	72.9	51.2	6.3	2.4	27	3.1	2	6.7	74	17.0	7.5	普通
		平均	82.6	73.1	55.2	6.4	2.6	26	3.3	2	6.2	78	16.5	8.0	普通
	甬优1540（CK2）	2016	82.6	73.7	69.3	5.6	2.4	26	5.6	2	7.0	79	15.0	8.3	普通

表6 2016年浙江省单季籼粳杂交稻粳型区域试验参试品种各试点杂株率表

单位：%

试验类别	品种名称	平均	湖州	金华	临安	宁波	浦江	嵊州所	富阳	诸国家	诸种站
A组区域试验	长优KF2（续）	0.2	0.0	0.0	0.0	0.0	0.0	0.0	0.7	0.0	0.0
	甬优7861（续）	0.3	0.0	0.0	0.0	0.5	0.0	0.0	0.0	0.0	2.0
	春优37	0.1	0.0	0.0	0.0	1.0	0.0	0.0	0.3	0.0	0.0
	甬优7859	0.3	0.0	0.0	0.0	1.0	0.0	0.0	0.0	0.0	2.0
	宁优126	0.6	0.5	0.7	0.0	1.0	0.0	2.3	0.7	0.0	0.7
	甬优7823	1.0	0.0	0.0	0.0	1.6	0.0	6.0	1.4	0.0	/
	嘉禾优7925	0.2	0.0	0.0	0.0	0.0	0.0	0.5	1.0	0.0	0.5
	嘉优7259	1.0	0.0	1.1	0.0	1.6	0.0	3.2	0.3	2.2	1.5
	浙粳优1432	0.3	0.8	0.0	0.0	0.5	0.0	0.0	1.0	0.3	0.7
	秀优134207	0.2	0.0	0.0	0.0	1.0	0.0	0.5	0.3	0.0	0.0
	甬优9号（CK1）	0.1	0.0	0.0	0.0	0.0	0.0	0.0	0.0	0.0	0.5
	甬优1540（CK2）	0.0	0.0	0.0	0.0	0.0	0.0	0.0	0.0	0.0	0.0
B组区域试验	中嘉优9号（续）	0.2	0.0	0.4	0.0	0.5	0.0	0.5	0.0	0.0	/
	秀优7113（续）	0.2	0.0	0.7	0.0	1.0	0.0	0.0	0.3	0.0	/
	甬优7860（续）	0.9	0.8	0.0	0.0	0.0	0.0	3.7	1.0	2.4	/
	春优206（续）	0.4	2.8	0.0	0.0	0.0	0.0	0.5	0.0	0.0	/
	浙粳优1578（续）	0.4	1.6	0.0	0.0	1.0	0.0	0.0	0.7	0.0	/
	春优2915（续）	0.1	0.0	0.0	0.0	0.5	0.0	0.5	0.0	0.0	/
	春优295	0.0	0.0	0.0	0.0	0.0	0.0	0.0	0.3	0.0	/
	浙优6501	0.9	0.0	0.4	2.3	1.0	0.0	2.3	/	1.1	/
	K71A×XR207	0.2	0.0	0.0	0.0	1.6	0.0	0.5	0.0	0.0	/
	秀优4913	0.2	0.0	0.0	0.0	0.5	0.0	0.0	1.0	0.0	/
	甬优9号（CK1）	0.0	0.0	0.0	0.0	0.0	0.0	0.0	0.0	0.0	/
	甬优1540（CK2）	0.0	0.0	0.0	0.0	0.0	0.0	0.0	0.0	0.0	/

表 7　2016 年浙江省单季籼粳杂交稻粳型区域试验和生产试验参试品种各试点产量对照表

单位：千克/亩

试验类别	品种名称	平均	富阳	湖州	嘉兴	金华	临安	宁波	浦江	嵊州所	长兴	诸国家	永康	天台县
A 组区域试验	春优 37	689.8	733.5	794.2	861.8	559.2	/	465.3	658.7	695.0	715.7	725.2	/	/
	嘉禾优 7925	684.8	707.8	734.7	757.7	698.2	/	483.0	681.7	634.3	721.5	744.5	/	/
	嘉优 7259	662.6	695.2	614.0	842.8	557.3	/	421.8	661.7	733.0	624.8	812.7	/	/
	宁优 126	677.6	726.8	738.2	746.7	606.2	/	462.8	653.3	744.3	673.7	746.5	/	/
	秀优 134207	635.8	628.0	677.7	785.3	542.8	/	445.3	598.3	621.7	598.3	825.0	/	/
	甬优 1540(CK2)	697.8	727.5	771.2	861.5	618.2	/	476.0	695.0	704.0	714.7	712.5	/	/
	甬优 7823	700.8	705.8	761.5	788.7	665.7	/	526.8	671.7	713.7	725.5	747.7	/	/
	甬优 7859	685.6	726.2	733.3	761.7	615.5	/	475.2	671.7	769.7	680.8	736.8	/	/
	甬优 7861（续）	678.0	681.5	729.2	785.3	607.8	/	439.2	698.3	713.3	684.5	762.5	/	/
	甬优 9 号（CK1）	660.8	705.0	595.5	660.8	649.7	/	485.2	647.5	765.3	681.2	757.0	/	/
	长优 KF2（续）	705.5	702.7	731.5	797.2	685.2	/	498.7	697.7	782.0	716.7	737.7	/	/
	浙粳优 1432	712.6	723.0	789.5	767.3	703.5	/	479.8	650.0	795.0	686.2	819.0	/	/
A 组生产试验	春优 927	726.9	/	/	799.5	712.3	703.4	611.3	668.0	720.0	/	760.0	784.3	783.6
	长优 KF2	700.6	/	/	737.3	737.0	678.0	533.1	581.3	760.7	/	740.0	781.7	756.1
	甬优 7861	709.7	/	/	769.2	682.0	714.6	528.2	697.9	698.4	/	720.0	794.0	783.1
	甬优 9 号（CK1）	643.3	/	/	647.7	661.6	518.8	527.3	670.9	680.4	/	685.5	659.3	738.6
B 组区域试验	K71A×XR207	634.2	673.5	674.2	785.8	515.5	586.7	448.2	685.0	609.3	594.2	769.2	/	/
	春优 206（续）	697.2	745.8	713.8	762.5	669.0	730.0	504.8	623.3	754.0	695.5	773.5	/	/
	春优 2915（续）	704.8	744.5	698.3	745.8	679.2	736.7	502.3	650.0	779.3	712.8	798.8	/	/
	春优 295	705.7	757.3	726.3	804.8	600.0	830.0	450.0	676.7	730.3	717.2	764.0	/	/
	秀优 4913	727.1	790.2	804.2	816.3	740.3	730.0	551.8	560.0	744.7	729.8	803.5	/	/
	秀优 7113（续）	723.3	739.5	764.8	804.8	726.0	738.3	514.0	676.7	735.3	733.0	800.2	/	/
	甬优 1540(CK2)	697.7	754.8	788.3	846.8	611.8	725.0	476.0	689.2	672.3	694.7	717.5	/	/
	甬优 7860（续）	702.3	742.3	810.0	704.3	626.3	750.0	460.3	721.7	714.3	708.5	785.0	/	/
	甬优 9 号（CK1）	653.7	719.3	685.8	648.0	636.5	598.3	499.8	638.3	738.7	645.7	726.0	/	/
	浙粳优 1578（续）	690.5	610.7	808.5	758.8	619.5	727.5	435.3	683.3	739.0	726.8	795.0	/	/
	浙优 6501	623.1	622.1	662.7	705.0	524.7	583.3	477.7	626.7	726.0	625.8	676.7	/	/
	中嘉优 9 号(续)	698.5	698.5	765.2	717.7	702.0	766.7	490.3	656.7	749.3	687.0	751.2	/	/
B 组生产试验	中嘉优 6 号	698.0	/	/	737.2	706.4	710.2	492.9	595.7	716.9	/	821.8	803.0	/
	甬优 7860	710.4	/	/	744.0	722.3	719.4	473.8	705.6	712.5	/	790.9	814.3	/
	浙粳优 1578	689.5	/	/	716.9	681.9	/	435.7	788.3	718.3	/	776.4	709.1	/
	甬优 9 号（CK1）	608.3	/	/	624.7	661.6	518.8	470.5	658.4	680.4	/	674.6	577.7	/

表 8　2016 年浙江省单季籼粳杂交稻粳型区域试验参试品种各试点抗倒性表

试验类别	品种名称	湖州	金华	临安	宁波	浦江	嵊州所	富阳	诸国家	诸种站	综合评价
A 组区域试验	长优 KF2（续）	中	好	/	好	中	好	好	好	好	好
	甬优 7861（续）	好	好	/	中	好	好	好	好	好	好
	春优 37	差	好	/	中	好	好	好	好	好	好
	甬优 7859	好	好	/	中	好	好	好	好	好	好
	宁优 126	好	好	/	中	好	好	好	好	好	好
	甬优 7823	好	好	/	好	好	好	好	好	/	好
	嘉禾优 7925	好	好	/	好	好	好	好	好	好	好
	嘉优 7259	好	好	/	中	好	好	好	好	好	好
	浙粳优 1432	中	好	/	中	好	好	好	好	好	好
	秀优 134207	好	好	/	中	好	好	好	好	好	好
	甬优 9 号（CK1）	好	好	/	好	好	好	好	好	好	好
	甬优 1540（CK2）	中	好	/	好	好	好	好	好	好	好
B 组区域试验	中嘉优 9 号（续）	好	好	好	好	好	好	好	好	/	好
	秀优 7113（续）	好	好	好	中	好	好	好	好	/	好
	甬优 7860（续）	好	好	好	好	好	好	好	好	/	好
	春优 206（续）	好	好	好	好	好	好	好	好	/	好
	浙粳优 1578（续）	好	好	好	中	好	好	好	好	/	好
	春优 2915（续）	好	好	好	中	好	好	好	好	/	好
	春优 295	差	好	好	中	好	好	好	好	/	好
	浙优 6501	好	好	好	中	好	好	/	好	/	好
	K71A×XR207	/	好	好	好	好	好	好	好	/	好
	秀优 4913	差	好	好	好	好	好	好	好	/	好
	甬优 9 号（CK1）	好	好	好	好	好	好	好	好	/	好
	甬优 1540（CK2）	好	好	好	好	好	好	好	好	/	好

表9 2016年浙江省单季籼粳杂交稻粳型区域试验参试品种田间抗性表

试验类别	品种名称	叶瘟	穗颈瘟	白叶枯病	稻曲病	综合评价
A组区域试验	长优KF2（续）	无	无	无	无	无
	甬优7861（续）	无	无	无	无	无
	春优37	无	无	无	无	无
	甬优7859	无	无	无	无	无
	宁优126	无	无	无	无	无
	甬优7823	无	无	无	无	无
	嘉禾优7925	无	无	无	无	无
	嘉优7259	无	无	无	无	无
	浙粳优1432	无	无	无	无	无
	秀优134207	无	无	无	无	无
	甬优9号（CK1）	无	无	无	无	无
	甬优1540（CK2）	无	无	无	无	无
B组区域试验	中嘉优9号（续）	无	无	无	无	无
	秀优7113（续）	无	无	无	无	无
	甬优7860（续）	无	无	无	无	无
	春优206（续）	无	无	无	无	无
	浙粳优1578（续）	无	无	无	无	无
	春优2915（续）	无	无	无	无	无
	春优295	无	无	无	无	无
	浙优6501	无	无	无	无	无
	K71A×XR207	无	无	无	无	无
	秀优4913	无	无	无	无	无
	甬优9号（CK1）	无	无	无	无	无
	甬优1540（CK2）	无	无	无	无	无

2016年浙江省鲜食春大豆区域试验和生产试验总结

浙江省种子管理总站

一、试验概况

2016年，浙江省鲜食春大豆区域试验参试品种（包括对照，下同）共有10个，分别为上海交通大学农学院选育的交大195，浙江省农业科学院蔬菜研究所和浙江浙农种业有限公司选育的浙农9号、浙农10号，开原市宏丰种子有限公司选育的宏秋绿宝青和宏秋8号，辽宁开原市农科种苗有限公司选育的科力源LB07、科力源8号，浙江省农业科学院作物与核技术利用研究所选育的浙鲜56064、浙鲜0925；对照品种为浙鲜豆8号。生产试验参试品种为衢州市农业科学研究院选育的衢春豆0803-5、浙江省农业科学院作物与核技术利用研究所选育的浙39002-5和上海交通大学农学院选育的交大195；对照品种为浙鲜豆8号。

区域试验采用随机区组排列的形式，小区面积为13平方米，重复3次，穴播。生产试验采用大区对比法，不设重复，大区面积为0.3～0.5亩。试验田四周设保护行，田间管理按当地习惯进行。区域试验承试单位为8个，分别为浙江省农业科学院作物与核技术利用研究所、慈溪市农业科学研究所、台州市椒江区种子管理站、嘉善县种子管理站、衢州市农业科学研究院、东阳市种子管理站、嵊州市农业科学研究所、丽水市农业科学研究院。生产试验承试单位共有7个，分别为慈溪市农业科学研究所、台州市椒江区种子管理站、嘉善县种子管理站、衢州市农业科学研究院、东阳市种子管理站、嵊州市农业科学研究所、丽水市农业科学研究院。

二、试验结果

（一）区域试验

1. 产量：根据8个试点的产量结果汇总分析，6个品种产量高于对照，3个品种比对照减产，其中，浙鲜0925产量最高，平均亩产为672.6千克，比对照增产15.9%，差异极显著；宏秋8号次之，平均亩产为647.6千克，比对照增产11.6%，差异显著；比对照显著增产的还有宏秋绿宝青和交大195；浙鲜56064、科力源LB07比对照增产，但差异不显著；其余品种均比对照减产。

2. 生育期：各参试品种生育期变幅为78.0～84.6天，其中浙农10号最短，科力源LB07最长。

3. 品质：各参试品种淀粉含量为3.1%～4.7%，其中宏秋绿宝青最低，宏秋8号最高。可溶性总糖含量为1.9%～3.1%，其中科力源8号最低，对照浙鲜豆8号最高。

4. 抗性：经南京农业大学国家大豆改良中心接种鉴定，浙农10号抗性最强，对SC15株系和SC18株系分别表现为抗病和高抗；浙农9号、宏秋绿宝青和浙鲜0925抗性较强，对SC15株系和SC18株系均表现为抗病；科力源8号和交大195抗性较弱，对SC15株系和SC18株系分别表现为感病或中感。

（二）生产试验

据7个试点生产试验产量结果汇总，衢春豆0803-5和交大195比对照增产，增幅分别为13.5%和7.8%，浙39002-5比对照减产1.7%。三个品种的生育期均比对照短，其中浙39002-5的生育期比对照短7.3天。

三、品种简评

1. 浙鲜0925：系浙江省农业科学院作物与核技术利用研究所选育。本年区域试验平均亩产为672.6千克，比对照增产15.9%，差异极显著。生育期为79.8天，比对照短4.8天。该品种为有限结荚习性，株形收敛，株高40.8厘米，主茎节数为9.5个，有效分枝数为3.1个。叶片卵圆形，白花，灰毛，青荚淡绿，弯镰形。单株有效荚数为27.4个，每荚粒数为2.0个，鲜百荚重为272.5克，鲜百粒重为77.2克。标准荚长4.6厘米，宽1.2厘米。经农业部农产品及转基因产品质量安全监督检验测试中心（杭州）检测，2016年淀粉含量为4.1%，可溶性总糖含量为2.1%。经南京农业大学接种鉴定，2016年大豆花叶病毒病SC15株系病情指数为6，为抗病；SC18株系病情指数为2，为抗病。

2. 宏秋8号：系开原市宏丰种子有限公司选育。本年区域试验平均亩产为647.6千克，比对照增产11.6%，差异显著。生育期为78.1天，比对照短6.4天。该品种为有限结荚习性，株形收敛，株高36.5厘米，主茎节数为8.5个，有效分枝数为2.5个。叶片卵圆形，白花，灰毛，青荚淡绿，弯镰形。单株有效荚数为20.9个，每荚粒数为2.0个，鲜百荚重为319.7克，鲜百粒重为85.4克。标准荚长5.6厘米，宽1.3厘米。经农业部农产品及转基因产品质量安全监督检验测试中心（杭州）检测，2016年淀粉含量为4.7%，可溶性总糖含量为2.1%。经南京农业大学接种鉴定，2016年大豆花叶病毒病SC15株系病情指数为50，为中感；SC18株系病情指数为4，为抗病。

3. 宏秋绿宝青：系开原市宏丰种子有限公司选育。本年区域试验平均亩产为629.3千克，比对照增产8.5%，差异显著。生育期为83.9天，比对照短0.6天。该品种为有限结荚习性，株形收敛，株高47.1厘米，主茎节数为10.8个，有效分枝数为2.5个。叶片卵圆形，紫花，灰毛，青荚淡绿，弯镰形。单株有效荚数为25.1个，每荚粒数为2.2个，鲜百荚重为261.1克，鲜百粒重为74.2克。标准荚长5.2厘米，宽1.3厘米。经农业部农产品及转基因产品质量安全监督检验测试中心（杭州）检测，2016年淀粉含量为3.1%，可溶性总糖含量为2.8%。经南京农业大学接种鉴定，2016年大豆花叶病毒病SC15株系病情指数为6，为抗病；SC18株系病情指数为7，为抗病。

4. 交大195（续）：系上海交通大学农学院选育。本年区域试验平均亩产为626.0千克，比对照增产7.9%，差异显著；2015年区域试验平均亩产为631.0千克，比对照增产1.0%，差异不显著；两年区域试验平均亩产为628.5千克，比对照增产4.3%。生育期两年平均为78.0天，比对照短6.0天。该品种为有限结荚习性，株形收敛，株高35.4厘米，主茎节数为8.3个，有效分枝数为2.6个。叶片卵圆形，紫花，灰毛，青荚绿色，弯镰形。单株有效荚数为21.8个，每荚粒数为2.0个，鲜百荚重为296.7克，鲜百粒重为77.0克。标准荚长5.3厘米，宽1.3厘米。经农业部农产品及转基因产品质量安全监督检验测试中心（杭州）检测，2016年淀粉含量为4.2%，可溶性总糖含量为2.4%。经南京农业大学接种鉴定，2016年大豆花叶病毒病SC15株系病情指数为50，为中感；SC18株系病情指数为63，为感病。

5. 浙鲜56064：系浙江省农业科学院作物与核技术利用研究所选育。本年区域试验平均亩产为615.2千克，比对照增产6.0%，差异不显著。生育期为78.9天，比对照短5.6天。该品种为有限结荚习性，株形收敛，株高54.8厘米，主茎节数为9.0个，有效分枝数为2.5个。叶片卵圆形，白花，灰毛，青荚淡绿，弯镰形。单株有效荚数为24.9个，每荚粒数为2.0个，鲜百荚重为281.7克，鲜百粒重为85.1克。标准荚长5.4厘米，宽1.3厘米。经农业部农产品及转基因产品质量安全监督检验测试中心（杭州）检测，2016年淀粉含量为4.0%，可溶性总糖含量为2.2%。经南京农业大学接种鉴定，2016年大豆花叶病毒病SC15株系病情指数为50，为中感；SC18株系病情指数为46，为中感。

6. 科力源LB07：系辽宁开原市农科种苗有限公司选育。本年区域试验平均亩产为597.0千克，比对照增产2.9%，差异不显著。生育期为84.6天，比对照长0.1天。该品种为亚有限结荚习性，株形收敛，株高50.6厘米，主茎节数为11.2个，有效分枝数为2.1个。叶片卵圆形，紫花，灰毛，青荚绿色，弯镰形。单株有效荚数为 23.4 个，每荚粒数为 2.1 个，鲜百荚重为 306.8 克，鲜百粒重为 81.7 克。标准荚长 5.2 厘米，宽 1.3 厘米。经农业部农产品及转基因产品质量安全监督检验测试中心（杭州）检测，2016 年淀粉含量为 3.2%，可溶性总糖含量为 2.4%。经南京农业大学接种鉴定，2016 年大豆花叶病毒病 SC15 株系病情指数为 12，为抗病；SC18 株系病情指数为 46，为中感。

7. 科力源 8 号：系辽宁开原市农科种苗有限公司选育。本年区域试验平均亩产为 553.1 千克，比对照减产 4.7%，差异不显著。生育期为 78.4 天，比对照短 6.1 天。该品种为有限结荚习性，株形收敛，株高 30.8 厘米，主茎节数为 7.8 个，有效分枝数为 2.2 个。叶片披针形，白花，灰毛，青荚绿色，弯镰形。单株有效荚数为 19.8 个，每荚粒数为 2.0 个，鲜百荚重为 339.6 克，鲜百粒重为 90.7 克。标准荚长 5.7 厘米，宽 1.3 厘米。经农业部农产品及转基因产品质量安全监督检验测试中心（杭州）检测，2016 年淀粉含量为 4.5%，可溶性总糖含量为 1.9%。经南京农业大学接种鉴定，2016 年大豆花叶病毒病 SC15 株系病情指数为 63，为感病；SC18 株系病情指数为 38，为中感。

8. 浙农 9 号：系浙江省农业科学院蔬菜研究所和浙江浙农种业有限公司选育。本年区域试验平均亩产为 550.6 千克，比对照减产 5.1%，差异不显著。生育期为 78.3 天，比对照短 6.3 天。该品种为有限结荚习性，株形收敛，株高 25.9 厘米，主茎节数为 7.6 个，有效分枝数为 2.8 个。叶片卵圆形，白花。灰毛，青荚绿色，弯镰形。单株有效荚数为 21.2 个，每荚粒数为 2.1 个，鲜百荚重为 270.2 克，鲜百粒重为 75.5 克。标准荚长 4.6 厘米，宽 1.2 厘米。经农业部农产品及转基因产品质量安全监督检验测试中心（杭州）检测，2016 年淀粉含量为 4.2%，可溶性总糖含量为 2.1%。经南京农业大学接种鉴定，2016 年大豆花叶病毒病 SC15 株系病情指数为 3，为抗病；SC18 株系病情指数为 9，为抗病。

9. 浙农 10 号：系浙江省农业科学院蔬菜研究所和浙江浙农种业有限公司选育。本年区域试验平均亩产为 515.7 千克，比对照减产 11.1%，差异极显著。生育期为 78.0 天，比对照短 6.5 天。该品种为有限结荚习性，株形收敛，株高 27.2 厘米，主茎节数为 7.6 个，有效分枝数为 2.9 个。叶片卵圆形，白花，灰毛，青荚绿色，弯镰形。单株有效荚数为 21.1 个，每荚粒数为 2.0 个，鲜百荚重为 264.4 克，鲜百粒重为 73.7 克。标准荚长 4.5 厘米，宽 1.2 厘米。经农业部农产品及转基因产品质量安全监督检验测试中心（杭州）检测，2016 年淀粉含量为 4.0%，可溶性总糖含量为 2.0%。经南京农业大学接种鉴定，2016 年大豆花叶病毒病 SC15 株系病情指数为 2，为抗病；SC18 株系病情指数为 0，为高抗。

相关结果见表 1～表 4。

表 1　2015—2016 年浙江省鲜食春大豆区域试验和生产试验参试品种产量表

试验类别	品种名称	2016 年				2015 年		两年平均		2016 年各试点亩产（千克）							
		亩产（千克）	亩产与对照比较（%）	差异显著性检验		亩产（千克）	亩产与对照比较(%)	亩产（千克）	亩产与对照比较(%)	嵊州	椒江	衢州	丽水	省农科	嘉善	慈溪	东阳
				0.05	0.01												
区域试验	浙鲜 0925	672.6	15.9	a	A	/	/	/	/	571.9	666.7	631.6	714.4	665.1	649.6	738.1	743.6
	宏秋 8 号	647.6	11.6	ab	AB	/	/	/	/	588.5	601.7	624.8	689.9	620.7	569.4	660.3	825.6
	宏秋绿宝青	629.3	8.5	b	AB	/	/	/	/	434.8	622.2	499.1	603.3	627.9	744.2	682.0	820.5
	交大 195（续）	626.0	7.9	b	AB	631.0	1.0	628.5	4.3	568.1	565.8	606.8	665.5	616.8	611.5	639.9	733.3
	浙鲜 56064	615.2	6.0	bc	B	/	/	/	/	588.1	586.3	594.9	625.8	622.7	520.0	609.7	774.4
	科力源 LB07	597.0	2.9	bc	BC	/	/	/	/	549.7	634.2	482.1	564.7	546.2	529.0	736.5	733.3
	浙鲜豆 8 号（CK）	580.2	0.0	c	BC	/	/	/	/	481.2	535.0	533.3	624.0	608.2	501.3	655.7	702.6

（续表）

试验类别	品种名称	2016年				2015年		两年平均		2016年各试点亩产（千克）							
		亩产（千克）	亩产与对照比较（%）	差异显著性检验		亩产（千克）	亩产与对照比较（%）	亩产（千克）	亩产与对照比较（%）	嵊州	椒江	衢州	丽水	省农科	嘉善	慈溪	东阳
区域试验	科力源8号	553.1	−4.7	cd	C	/	/	/	/	535.3	476.9	447.0	526.3	527.7	505.3	626.5	779.5
	浙农9号	550.6	−5.1	cd	C	/	/	/	/	256.5	487.2	475.2	614.1	581.9	617.2	608.6	764.1
	浙农10号	515.7	−11.1	d	C	/	/	/	/	297.6	342.7	482.1	540.5	545.8	596.8	540.2	779.5
生产试验	衢春豆0803-5	635.5	13.5	/	/	/	/	/	/	517.6	648.8	569.3	573.9	/	596.1	745.5	797.0
	浙39002-5	550.6	−1.7	/	/	/	/	/	/	597.5	431.7	437.8	359.0	/	669.9	604.6	753.6
	交大195	604.0	7.8	/	/	/	/	/	/	456.3	643.6	543.1	514.1	/	602.8	628.0	840.4
	浙鲜豆8号（CK）	560.1	0.0	/	/	/	/	/	/	400.0	635.9	514.5	435.1	/	657.8	604.1	673.5

表2　2015—2016年浙江省鲜食春大豆区域试验和生产试验参试品种经济性状表

试验类别	品种名称	年份	生育期（天）	生育期与对照比较（天）	株高（厘米）	主茎节数（个）	有效分枝数（个）	单株总荚数（个）	秕荚数（个）	单株有效荚数（个）	每荚粒数（个）	鲜百荚重（克）	鲜百粒重（克）	标准荚	
														长（厘米）	宽（厘米）
区域试验	交大195（续）	2015	77.9	−5.5	35.6	8.4	2.8	25.5	3.2	22.4	2.0	292.7	77.5	5.3	1.3
		2016	78.1	−6.4	35.2	8.2	2.5	23.6	2.4	21.1	2.0	300.7	76.5	5.2	1.4
		平均	78.0	−6.0	35.4	8.3	2.6	24.5	2.8	21.8	2.0	296.7	77.0	5.3	1.3
	浙农10号	2016	78.0	−6.5	27.2	7.6	2.9	23.2	2.0	21.1	2.0	264.4	73.7	4.5	1.2
	浙农9号	2016	78.3	−6.3	25.9	7.6	2.8	23.4	2.3	21.2	2.1	270.2	75.5	4.6	1.2
	宏秋绿宝青	2016	83.9	−0.6	47.1	10.8	2.5	28.0	2.5	25.1	2.2	261.1	74.2	5.2	1.3
	宏秋8号	2016	78.1	−6.4	36.5	8.5	2.5	23.4	2.6	20.9	2.0	319.7	85.4	5.6	1.3
	科力源LB07	2016	84.6	0.1	50.6	11.2	2.1	25.7	2.3	23.4	2.1	306.8	81.7	5.2	1.3
	科力源8号	2016	78.4	−6.1	30.8	7.8	2.2	21.6	1.8	19.8	2.0	339.6	90.7	5.7	1.3
	浙鲜56064	2016	78.9	−5.6	54.8	9.0	2.5	27.2	2.3	24.9	2.0	281.7	85.1	5.4	1.3
	浙鲜0925	2016	79.8	−4.8	40.8	9.5	3.1	29.9	2.6	27.4	2.0	272.5	77.2	4.6	1.2
	浙鲜豆8号（CK）	2016	84.5	0.0	39.7	9.0	3.0	26.0	2.0	24.0	2.0	316.3	88.7	6.1	1.4
生产试验	衢春0803-5	2016	80.6	−2.3	/	/	/	/	/	/	/	/	/	/	/
	浙39002-5	2016	75.6	−7.3	/	/	/	/	/	/	/	/	/	/	/
	交大195	2016	78.6	−4.3	/	/	/	/	/	/	/	/	/	/	/
	浙鲜豆8号（CK）	2016	82.9	0.0	/	/	/	/	/	/	/	/	/	/	/

表 3 2016 年浙江省鲜食春大豆区域试验和生产试验参试品种农艺性状表

试验类别	品种名称	叶形	花色	茸毛色	青荚色	荚形	结荚习性	种皮色	脐色	株形
区域试验	交大 195（续）	卵圆形	紫	灰	绿	弯镰形	有限	绿	淡褐	收敛
	浙农 10 号	卵圆形	白	灰	绿	弯镰形	有限	绿	褐	收敛
	浙农 9 号	卵圆形	白	灰	绿	弯镰形	有限	绿	淡褐	收敛
	宏秋绿宝青	卵圆形	紫	灰	淡绿	弯镰形	有限	绿	淡褐	收敛
	宏秋 8 号	卵圆形	白	灰	淡绿	弯镰形	有限	绿	黄	收敛
	科力源 LB07	卵圆形	紫	灰	绿	弯镰形	亚有限	绿	浅黄	收敛
	科力源 8 号	披针形	白	灰	绿	弯镰形	有限	绿	黄	收敛
	浙鲜 56064	卵圆形	白	灰	淡绿	弯镰形	有限	绿	褐	收敛
	浙鲜 0925	卵圆形	白	灰	淡绿	弯镰形	有限	绿	淡褐	收敛
	浙鲜豆 8 号（CK）	卵圆形	白	灰	绿	弯镰形	有限	绿	黄	收敛
生产试验	衢春 0803-5	卵圆形	白	灰	/	/	有限	/	/	/
	浙 39002-5	卵圆形	白	灰	/	/	有限	/	/	/
	交大 195	卵圆形	紫	灰	/	/	有限	/	/	/
	浙鲜豆 8 号（CK）	卵圆形	白	灰	/	/	有限	/	/	/

表 4 2015—2016 年浙江省鲜食春大豆区域试验参试品种病毒病抗性和品质表

品种名称	年份	SC15（强毒）		SC18（弱毒）		品质	
		病情指数	抗性评价	病情指数	抗性评价	淀粉含量（%）	可溶性总糖含量（%）
交大 195（续）	2016	50	中感	63	感病	4.2	2.4
	2015	63	感病	50	中感	4.6	2.4
浙农 10 号	2016	2	抗病	0	高抗	4.0	2.0
浙农 9 号	2016	3	抗病	9	抗病	4.2	2.1
宏秋绿宝青	2016	6	抗病	7	抗病	3.1	2.8
宏秋 8 号	2016	50	中感	4	抗病	4.7	2.1
科力源 LB07	2016	12	抗病	46	中感	3.2	2.4
科力源 8 号	2016	63	感病	38	中感	4.5	1.9
浙鲜 56064	2016	50	中感	46	中感	4.0	2.2
浙鲜 0925	2016	6	抗病	2	抗病	4.1	2.1
浙鲜豆 8 号（CK）	2016	17	抗病	49	中感	4.1	3.1

2016年浙江省秋大豆区域试验总结

浙江省种子管理总站

一、试验概况

2016年，浙江省秋大豆区域试验参试品种（包括对照，下同）共3个，分别为浙江省农业科学院作物与核技术利用研究所选育的浙A0843、衢州市农业科学研究院选育的衢0404-1，对照品种为浙秋豆2号。

区域试验采用随机区组设计的形式，小区面积为13平方米，重复3次，穴播。生产试验采用大区对比法，不设重复，大区面积为0.3～0.5亩。试验田四周设保护行，田间管理按当地习惯进行。区域试验承试单位为8个，分别为浙江省农业科学院作物与核技术利用研究所、慈溪市农业科学研究所、武义县种子管理站、萧山区农业科学研究所、衢州市农业科学研究院、东阳市种子管理站、嵊州市农业科学研究所、丽水市农业科学研究院。

二、试验结果

1. 产量：根据8个试点的产量结果汇总分析，两个品种均比对照浙秋豆2号增产，增幅分别为14.4%和0.1%。

2. 生育期：品种生育期变幅为102.9～104.6天，与对照比较接近。

3. 品质：衢0404-1和浙A0843的蛋白质含量分别为43.3%和43.2%。

4. 抗性：经南京农业大学国家大豆改良中心接种鉴定，衢0404-1抗性较好，对SC15和SC18株系均表现为抗病，浙A0843对SC15和SC18株系分别表现为中感和中抗。

三、品种简评

1. 浙A0843：系浙江省农业科学院作物与核技术利用研究所选育。本年区域试验平均亩产为180.5千克，比对照增产14.4%，差异极显著；2015年区域试验平均亩产为151.3千克，比对照增产23.0%；两年区域试验平均亩产为165.9千克，比对照增产18.1%。生育期两年平均为100.0天，比对照短0.7天。该品种为有限结荚习性，株形收敛，株高70.8厘米，主茎节数为13.0个，有效分枝数为2.5个。叶片卵圆形，紫花，灰毛，种皮黄色，脐色淡褐，粒扁圆形。单株有效荚数为64.7个，每荚粒数为2.1个，百粒重为28.1克，虫食粒率为0.6%，紫斑粒率为2.5%，褐斑粒率为2.5%。经农业部农产品及转基因产品质量安全监督检验测试中心（杭州）检测，两年平均蛋白质含量为43.2%，粗脂肪含量为17.3%。经南京农业大学接种鉴定，大豆花叶病毒病SC15株系病情指数为36，为中感；SC18株系病情指数为28，为中抗。

2. 衢0404-1：系衢州市农业科学研究院选育。本年区域试验平均亩产为157.9千克，比对照增产0.1%，差异不显著；2015年区域试验平均亩产为147.2千克，比对照增产19.7%，差异极显著；两年区域试验平均亩产为152.6千克，比对照增产8.7%。生育期为102.1天，比对照长1.5天。该品种为有限结荚习性，株形收敛，株高 67.0 厘米，主茎节数为 13.9 个，有效分枝数为 1.7 个。叶片卵圆形，紫花，灰毛，种皮黄色，脐色淡褐，粒扁圆形。单株有效荚数为 46.9 个，每荚粒数为 2.2 个，百粒重为 33.3 克，虫食粒率为 0.9%，紫斑粒率为 3.7%，褐斑粒率为 2.6%。经农业部农产品及转基因产品质量安全监督检验测试中心（杭州）检测，两年平均蛋白质含量为 43.4%，粗脂肪含量为 16.9%。经南京农业大学接种鉴定，大豆花叶病毒病 SC15 株系病情指数为 16，为抗病；SC18 株系病情指数为 10，为抗病。

相关结果见表 1～表 4。

表 1　2015—2016 年浙江省秋大豆区域试验参试品种产量表

品种名称	2016 年				2015 年		两年平均		2016 年各试点亩产（千克）							
	亩产（千克）	亩产与对照比较（%）	差异显著性检验		亩产（千克）	亩产与对照比较（%）	亩产（千克）	亩产与对照比较（%）	慈溪	东阳	丽水	衢州	省农科	嵊州	武义	萧山
			0.05	0.01												
浙 A0843	180.5	14.4	a	A	151.3	23.0	165.9	18.1	156.4	359.0	129.4	176.0	149.6	186.0	154.2	133.3
衢 0404-1	157.9	0.1	b	B	147.2	19.7	152.6	8.7	128.7	282.1	102.9	183.9	147.9	163.7	143.1	111.1
浙秋豆 2 号（CK）	157.8	0.0	b	B	123.0	0.0	140.4	0.0	106.8	353.8	83.5	155.9	122.2	144.5	192.7	102.6

表 2　2015—2016 年浙江省秋大豆区域试验参试品种经济性状表

品种名称	年份	生育期（天）	生育期与对照比较（天）	株高（厘米）	主茎节数（个）	结荚高度（厘米）	有效分枝数（个）	单株总荚数（个）	秕荚数（个）	单株有效荚数（个）	每荚粒数（个）	百粒重（克）	虫食粒率（%）	紫斑粒率（%）	褐斑粒率（%）
衢 0404-1	2016	104.6	0.9	69.5	14.6	17.6	1.6	34.4	2.5	31.7	2.2	29.9	0.6	2.9	1.8
	2015	99.6	2.1	64.5	13.2	15.1	1.8	65.7	3.7	62.0	2.2	36.6	1.1	4.5	3.3
	平均	102.1	1.5	67.0	13.9	16.4	1.7	50.1	3.1	46.9	2.2	33.3	0.9	3.7	2.6
浙 A0843	2016	102.9	−0.9	67.1	13.1	21.6	2.5	41.8	3.8	38.0	2.1	27.0	0.7	1.6	2.0
	2015	97.0	−0.5	74.4	12.8	25.6	2.4	102.4	11.2	91.3	2.0	29.2	0.5	3.3	3.0
	平均	100.0	−0.7	70.8	13.0	23.6	2.5	72.1	7.5	64.7	2.1	28.1	0.6	2.5	2.5
浙秋豆 2 号（CK）	2016	103.7	0.0	79.1	16.3	19.3	3.9	45.0	3.7	41.3	1.9	28.3	2.1	2.6	1.4

表 3　2016 年浙江省秋大豆区域试验参试品种农艺性状表

品种名称	叶形	花色	茸毛色	荚形	结荚习性	株形	种皮色	脐色	粒形
衢 0404-1	卵圆形	紫	灰	弯镰形	有限	收敛	黄	淡褐	扁圆形
浙 A0843	卵圆形	紫	灰	弯镰形	有限	收敛	黄	淡褐	扁圆形
浙秋豆 2 号（CK）	卵圆形	紫	灰	弯镰形	有限	收敛	黄	淡褐	扁圆形

表4　2015—2016年浙江省秋大豆区域试验参试品种病毒病抗性和品质表

品种名称	年份	SC15（强毒）		SC18（弱毒）		品质	
		病情指数	抗性评价	病情指数	抗性评价	蛋白质含量（%）	粗脂肪含量（%）
衢0404-1	2016	16	抗病	10	抗病	40.0	17.9
	2015	3	抗病	4	抗病	46.7	15.8
	平均	/	/	/	/	43.4	16.9
浙A0843	2016	36	中感	28	中抗	41.1	18.1
	2015	31	中抗	31	中抗	45.3	16.4
	平均	/	/	/	/	43.2	17.3
浙秋豆2号(CK)	2016	53	感病	46	中感	39.7	19.6

2016年浙江省鲜食秋大豆区域试验和生产试验总结

浙江省种子管理总站

一、试验概况

2016年，浙江省鲜食秋大豆区域试验参试品种（包括对照，下同）共5个，分别为衢州市农业科学研究院选育的衢鲜8号、衢鲜7号，浙江省农业科学院作物与核技术利用研究所选育的浙鲜0941、浙鲜1049，对照品种为衢鲜1号。生产试验参试品种为浙A0850、衢2005-2，对照品种为衢鲜1号。

区域试验采用随机区组排列的形式，小区面积为13平方米，重复3次，穴播。生产试验采用大区对比法，不设重复，大区面积为0.3～0.5亩。试验田四周设保护行，田间管理按当地习惯进行。区域试验承试单位有8个，分别为浙江省农业科学院作物与核技术利用研究所、慈溪市农业科学研究所、武义县种子管理站、萧山区农业科学研究所、衢州市农业科学研究院、东阳市种子管理站、嵊州市农业科学研究所、丽水市农业科学研究院。生产试验承担单位有7个，分别为慈溪市农业科学研究所、武义县种子管理站、萧山区农业科学研究所、衢州市农业科学研究院、东阳市种子管理站、嵊州市农业科学研究所、丽水市农业科学研究院。

二、试验结果

（一）区域试验

1. 产量：根据8个试点的产量结果汇总分析，衢鲜8号产量最高，平均亩产为613.7千克，比对照增产4.1%，差异极显著；其次是浙鲜0941，平均亩产为594.0千克，比对照增产 0.8%，差异不显著；其余两个品种均比对照减产。

2. 生育期：各参试品种生育期变幅为71.0～78.3天，其中衢鲜8号最长，浙鲜1049最短。

3. 品质：各参试品种淀粉含量为4.1%～4.9%，其中衢鲜1号最高，衢鲜8号最低；可溶性总糖含量为1.3%～2.2%，其中衢鲜7号最高，浙鲜0941最低。

4. 抗性：经南京农业大学国家大豆改良中心接种鉴定，浙鲜0941抗性最好，对SC18和SC15均表现为抗病；其次是浙鲜1049，对SC18和SC15均表现中抗。

（二）生产试验

生产试验参试品种浙A0850和衢2005-2均比对照增产，增产幅度分别为15.2%和 4.7%。

三、品种简评

1. 衢鲜8号：系衢州市农业科学研究院选育。本年区域试验平均亩产为613.7千克，比对照增产4.1%，差异极显著。生育期为78.3天，比对照长2.9天。该品种为有限结荚习性，株形收敛，株高81.1厘米，主茎节数为14.8个，有效分枝数为2.9个。叶片卵圆形，白花，灰毛，青荚绿色，弯镰形。单株有效荚数62.6个，每荚粒数为2.1个，鲜百荚重308.5克，鲜百粒重76.8克。标准荚长5.5厘米，宽1.3厘米。经农业部农产品及转基因产品质量安全监督检验测试中心（杭州）检测，2016年淀粉含量为4.1%，可溶性总糖含量为1.4%。经南京农业大学接种鉴定，2016年大豆花叶病毒病SC15株系病情指数为48，为中感；SC18株系病情指数为41，为中感。

2. 浙鲜0941：系浙江省农业科学院作物与核技术利用研究所选育。本年区域试验平均亩产为594.0千克，比对照增产0.8%，差异不显著。生育期为74.3天，比对照短1.1天。该品种为有限结荚习性，株形收敛，株高53.4厘米，主茎节数为11.9个，有效分枝数为2.5个。叶片卵圆形，紫花，灰毛，青荚绿色，弯镰形。单株有效荚数为71.0个，每荚粒数为2.1个，鲜百荚重304.9克，鲜百粒重76.6克。标准荚长5.7厘米，宽1.4厘米。经农业部农产品及转基因产品质量安全监督检验测试中心（杭州）检测，2016年淀粉含量为4.2%，可溶性总糖含量为1.3%。经南京农业大学接种鉴定，2016年大豆花叶病毒病SC15株系病情指数为8，为抗病；SC18株系病情指数为6，为抗病。

3. 浙鲜1049：系浙江省农业科学院作物与核技术利用研究所选育。本年区域试验平均亩产为588.6千克，比对照减产0.1%，差异不显著。生育期为71.0天，比对照短4.4天。该品种为有限结荚习性，株形收敛，株高49.2厘米，主茎节数为11.4个，有效分枝数为2.7个。叶片卵圆形，紫花，灰毛，青荚绿色，弯镰形。单株有效荚数为72.7个，每荚粒数为4.4个，鲜百荚重329.7克，鲜百粒重88.2克。标准荚长5.8厘米，宽1.4厘米。经农业部农产品及转基因产品质量安全监督检验测试中心（杭州）检测，2016年淀粉含量为4.8%，可溶性总糖含量为1.9%。经南京农业大学接种鉴定，2016年大豆花叶病毒病SC15株系病情指数为26，为中抗；SC18株系病情指数为21，为中抗。

4. 衢鲜7号：系衢州市农业科学研究院选育。本年区域试验平均亩产为586.3千克，比对照减产0.5%，差异不显著。生育期为75.6天，比对照长0.3天。该品种为有限结荚习性，株形收敛，株高65.2厘米，主茎节数为12.7个，有效分枝数为2.0个。叶片卵圆形，白花，灰毛，青荚绿色，弯镰形。单株有效荚数为75.4个，每荚粒数为2.0个，鲜百荚重306.0克，鲜百粒重81.6克。标准荚长5.3厘米，宽1.3厘米。经农业部农产品及转基因产品质量安全监督检验测试中心（杭州）检测，2016年淀粉含量为4.3%，可溶性总糖含量为2.2%。经南京农业大学接种鉴定，2016年大豆花叶病毒病SC15株系病情指数为38，为中感；SC18株系病情指数为34，为中抗。

相关结果见表1～表4。

表1　2016年浙江省鲜食秋大豆区域试验和生产试验参试品种产量表

试验类别	品种名称	亩产（千克）	亩产与对照比较（%）	差异显著性检验		各试点亩产（千克）							
				0.05	0.01	慈溪	东阳	丽水	衢州	省农科	嵊州	武义	萧山
区域试验	衢鲜8号	613.7	4.1	a	A	528.2	671.8	602.9	707.6	486.0	693.3	605.9	613.7
	浙鲜0941	594.0	0.8	b	B	646.2	589.7	475.5	719.7	533.8	590.2	533.3	663.3
	衢鲜1号（CK）	589.4	0.0	b	B	586.3	635.9	527.1	673.4	475.0	659.3	592.6	565.8
	浙鲜1049	588.6	−0.1	b	B	735.9	620.5	482.4	737.5	526.7	428.3	632.6	545.3
	衢鲜7号	586.3	−0.5	b	B	555.6	656.4	512.7	748.0	504.6	648.5	568.9	495.7
生产试验	浙A0850	663.7	15.2	/	/	806.1	707.4	670.2	735.0	/	619.6	424.5	683.1
	衢2005-2	603.0	4.7	/	/	514.1	603.8	655.4	775.6	/	641.2	508.4	522.8
	衢鲜1号（CK）	575.9	0.0	/	/	520.2	622.0	532.8	689.1	/	590.6	493.7	582.9

表 2　2016 年浙江省鲜食秋大豆区域试验和生产试验参试品种经济性状表

试验类别	品种名称	生育期（天）	生育期与对照比较（天）	株高（厘米）	主茎节数（个）	有效分枝数（个）	单株总荚数（个）	秕荚数（个）	单株有效荚数（个）	每荚粒数（个）	鲜百荚重（克）	鲜百粒重（克）	标准荚		口感
													长（厘米）	宽（厘米）	
区域试验	衢鲜 8 号	78.3	2.9	81.1	14.8	2.9	88.1	25.5	62.6	2.1	308.5	76.8	5.5	1.3	鲜脆
	衢鲜 7 号	75.6	0.3	65.2	12.7	2.0	82.8	7.3	75.4	2.0	306.0	81.6	5.3	1.3	甜糯
	浙鲜 0941	74.3	−1.1	53.4	11.9	2.5	85.2	14.2	71.0	2.1	304.9	76.6	5.7	1.4	甜糯
	浙鲜 1049	71.0	−4.4	49.2	11.4	2.7	79.2	6.5	72.7	4.4	329.7	88.2	5.8	1.4	鲜脆
	衢鲜 1 号（CK）	75.4	0.0	63.2	12.6	2.0	76.7	8.8	67.9	2.1	295.0	78.3	5.3	1.3	甜糯
生产试验	浙 A0850	70	−7.1	/	/	/	/	/	/	/	/	/	/	/	/
	衢 2005-2	79.1	2.0	/	/	/	/	/	/	/	/	/	/	/	/
	衢鲜 1 号（CK）	77.1	0.0	/	/	/	/	/	/	/	/	/	/	/	/

表 3　2016 年浙江省鲜食秋大豆区域试验和生产试验参试品种农艺性状表

试验类别	品种名称	株形	结荚习性	叶形	花色	茸毛色	青荚色	荚形
区域试验	衢鲜 8 号	收敛	有限	卵圆形	白	灰	绿	弯镰形
	衢鲜 7 号	收敛	有限	卵圆形	白	灰	绿	弯镰形
	浙鲜 0941	收敛	有限	卵圆形	紫	灰	绿	弯镰形
	浙鲜 1049	收敛	有限	卵圆形	紫	灰	绿	弯镰形
	衢鲜 1 号（CK）	收敛	有限	卵圆形	白	灰	深绿	弯镰形
生产试验	浙 A0850	/	有限	卵圆形	紫	灰	/	/
	衢 2005-2	/	有限	卵圆形	紫	灰	/	/
	衢鲜 1 号（CK）	/	有限	卵圆形	白	灰	/	/

表 4　2016 年浙江省鲜食秋大豆区域试验参试品种病毒病抗性和品质表

品种名称	SC15（强毒）		SC18（弱毒）		品质	
	病情指数	抗性评价	病情指数	抗性评价	淀粉含量（%）	可溶性总糖含量（%）
衢鲜 8 号	48	中感	41	中感	4.1	1.4
衢鲜 7 号	38	中感	34	中抗	4.3	2.2
浙鲜 0941	8	抗病	6	抗病	4.2	1.3
浙鲜 1049	26	中抗	21	中抗	4.8	1.9
衢鲜 1 号（CK）	43	中感	47	中感	4.9	1.6

2016年浙江省普通玉米区域试验和生产试验总结

浙江省种子管理总站

一、试验概况

区域试验和生产试验参试品种见表1。区域试验采用随机区组设计的形式，小区面积为20平方米，重复3次，四周设保护行。生产试验采用大区对比法，不设重复，大区面积为0.3～0.5亩，四周设保护行。所有参试品种同期播种、移栽，其他田间管理按当地习惯进行，及时防治病虫害，观察记载项目和标准按试验方案及《浙江省玉米区域试验和生产试验技术操作规程（试行）》进行。

区域试验和生产试验分别由浙江省东阳玉米研究所、宁海县种子有限公司、杭州市临安区种子种苗管理站、仙居县种子管理站、江山市种子管理站、淳安县种子管理站和嵊州市农业科学研究所这7个单位承担。其中，由于江山试点雨水多导致试验数据报废，临安试点有的品种缺少，所以这两个试点的区域试验结果未予汇总。品质由农业部稻米及其制品质量监督检验测试中心检测，检测样品由东阳玉米研究所提供，抗性鉴定工作由东阳玉米研究所承担。

二、试验结果

（一）区域试验

1. 产量：据5个试点的产量结果汇总分析，参试品种中，亩产最高的是WK199，达563.2千克，比对照郑单958增产23.5%，达极显著水平；其次是NK718，为521.0千克，比对照增产14.3%，达极显著水平；第三是梦玉908，为512.8千克，比对照增产12.5%，达显著水平；第四是浙单14，为510.0千克，比对照郑单958增产11.9%，达显著水平；另外比对照增产的还有鲁单818、钱玉1502和浙单13；其余品种均比对照减产。

2. 生育期：生育期变幅为100.8～104.2天，其中对照品种郑单958最短，浙单14最长。

3. 品质：经农业部稻米及其制品质量监督检验测试中心检测，参试品种的蛋白质含量变幅为7.1%～10.0%，其中浙单14最高，钱玉5038最低；赖氨酸（水解）含量为223～271毫克/100克，其中浙单14最高，梦玉908最低；脂肪含量变幅为3.1%～4.0%，以浙单14和NK718最高，钱玉5038最低；淀粉含量变幅为60.70%～66.74%，NK718最高，浙单14最低。

4. 抗性：经东阳玉米研究所抗病虫接种鉴定，对玉米小斑病WK199表现为高抗，NK718和钱玉1502表现为中抗，其余参试品种均为抗。对玉米大斑病均表现为抗。对玉米茎腐病均表现为高抗。对纹枯病，梦玉908、WK199、浙单14和佳玉1号表现为中抗，鲁单818表现为高感，其余参试品种均表现为感。

（二）生产试验

据6个试点的产量结果汇总分析，京农科921平均亩产为476.9千克，比对照郑单958增产4.1%；科单168平均亩产为464.3千克，比对照郑单958增产1.4%。

三、品种简评

（一）区域试验

1. 梦玉 908（续）：系浙江农科种业有限公司申报的普通玉米杂交组合。区域试验 2016 年平均亩产为 512.8 千克，比对照郑单 958 增产 12.5%，达显著水平；2015 年平均亩产为 527.4 千克，比对照郑单 958 增产 14.7%，达极显著水平；两年平均亩产为 520.1 千克，比对照郑单 958 增产 13.6%。该组合生育期为 102.7 天，比对照郑单 958 长 1.9 天。株形紧凑，株高 233.0 厘米，穗位高 79.6 厘米，空秆率为 0.8%，倒伏率为 0.3%，倒折率为 0.0%。果穗圆筒形，籽粒黄色，半马齿形，轴白色，穗长 17.5 厘米，穗粗 4.8 厘米，轴粗 2.9 厘米，秃尖长 0.6 厘米，穗行数为 13.9 行，行粒数为 37.6 粒，千粒重为 300.4 克。品质经农业部稻米及其制品质量监督检验测试中心检测，蛋白质含量为 8.2%，脂肪含量为 3.4%，淀粉含量为 65.55%，赖氨酸（水解）含量为 223 毫克/100 克。该品种抗大、小斑病，高抗茎腐病，中抗纹枯病。

该品种产量较高，抗性较好。经专业组讨论，建议下一年度进入生产试验。

2. WK199（续）：系金华三才种业有限公司选育的普通玉米杂交组合。区域试验 2016 年平均亩产为 563.2 千克，比对照郑单 958 增产 23.5%，达极显著水平；2015 年平均亩产为 497.2 千克，比对照郑单 958 增产 8.2%，达显著水平；两年平均亩产为 530.2 千克，比对照郑单 958 增产 15.9%。该组合生育期为 103.2 天，比对照郑单 958 长 2.4 天。株形紧凑，株高 241.0 厘米，穗位高 97.2 厘米，空秆率为 0.6%，倒伏率为 2.4%，倒折率为 6.2%。果穗圆筒形，籽粒黄色，马齿形，轴白色，穗长 18.3 厘米，穗粗 5.0 厘米，轴粗 3.0 厘米，秃尖长 0.4 厘米，穗行数为 15.6 行，行粒数为 36.3 粒，千粒重为 317.9 克。品质经农业部稻米及其制品质量监督检验测试中心检测，蛋白质含量为 7.9%，脂肪含量为 3.2%，淀粉含量为 65.2%，赖氨酸（水解）含量为 235 毫克/100 克。该品种抗大斑病，高抗小斑病和茎腐病，中抗纹枯病。

该品种产量高，但倒伏倒折率较高。经专业组讨论，建议终止试验。

3. 鲁单 818：系浙江农科种业有限公司申报的普通玉米杂交组合。本年区域试验平均亩产为 502.4 千克，比对照郑单 958 增产 10.2%，达显著水平。该组合生育期为 103.0 天，比对照郑单 958 长 2.2 天。株形半紧凑，株高 235.6 厘米，穗位高 83.1 厘米，空秆率为 0.9%，倒伏率为 0.5%，倒折率为 0.0%。果穗圆筒形，籽粒黄色，马齿形，轴红色，穗长 18.9 厘米，穗粗 4.8 厘米，轴粗 3.0 厘米，秃尖长 0.7 厘米，穗行数为 14.6 行，行粒数为 35.4 粒，千粒重为 323.6 克。品质经农业部稻米及其制品质量监督检验测试中心检测，蛋白质含量为 8.6%，脂肪含量为 3.4%，淀粉含量为 65.33%，赖氨酸（水解）含量为 242 毫克/100 克。该品种抗大斑病和小斑病，高抗茎腐病，高感纹枯病。

该品种产量较高。经专业组讨论，建议下一年度继续区域试验。

4. NK718：系浙江农科种业有限公司申报的普通玉米杂交组合。本年区域试验平均亩产为 521.0 千克，比对照郑单 958 增产 14.3%，达极显著水平。该组合生育期为 103.0 天，比对照郑单 958 长 2.2 天。株形半紧凑，株高 248.2 厘米，穗位高 85.3 厘米，空秆率为 0.4%，倒伏率为 2.6%，倒折率为 0.3%。果穗圆筒形，籽粒黄色，马齿形，轴白色，穗长 17.2 厘米，穗粗 5.0 厘米，轴粗 3.0 厘米，秃尖长 1.5 厘米，穗行数为 15.7 行，行粒数为 33.6 粒，千粒重为 319.8 克。品质经农业部稻米及其制品质量监督检验测试中心检测，蛋白质含量为 8.1%，脂肪含量为 4.0%，淀粉含量为 66.74%，赖氨酸（水解）含量为 228 毫克/100 克。该品种抗大斑病，中抗小斑病，高抗茎腐病，感纹枯病。

该品种产量高。经专业组讨论，建议下一年度继续区域试验。

5. 浙单 13：系浙江省东阳玉米研究所选育的普通玉米杂交组合。本年区域试验平均亩产为 493.6 千克，比对照郑单 958 增产 8.2%，未达显著水平。该组合生育期为 103.2 天，比对照郑单 958 长 2.4

天。株形半紧凑，株高221.1厘米，穗位高71.4厘米，空秆率为1.0%，倒伏率为0.2%，倒折率为0.0%。果穗圆筒形，籽粒黄色，半马齿形，轴粉红色，穗长18.7厘米，穗粗4.9厘米，轴粗3.2厘米，秃尖长0.8厘米，穗行数为14.7行，行粒数为33.9粒，千粒重为328.9克。品质经农业部稻米及其制品质量监督检验测试中心检测，蛋白质含量为8.2%，脂肪含量为3.2%，淀粉含量为65.59%，赖氨酸（水解）含量为228毫克/100克。该品种抗大斑病和小斑病，高抗茎腐病，感纹枯病。

该品种产量较高。经专业组讨论，建议下一年度继续区域试验。

6. 浙单14：系浙江省东阳玉米研究所选育的普通玉米杂交组合。本年区域试验平均亩产为510.0千克，比对照郑单958增产11.9%，达显著水平。该组合生育期为104.2天，比对照郑单958长3.4天。株形半紧凑，株高268.7厘米，穗位高102.5厘米，空秆率为1.2%，倒伏率为3.6%，倒折率为0.0%。果穗圆筒形，籽粒黄色，马齿形，轴白色，穗长16.8厘米，穗粗5.3厘米，轴粗3.3厘米，秃尖长2.4厘米，穗行数为17.7行，行粒数为32.4粒，千粒重为282.9克。品质经农业部稻米及其制品质量监督检验测试中心检测，蛋白质含量为10.0%，脂肪含量为4.0%，淀粉含量为60.70%，赖氨酸（水解）含量为271毫克/100克。该品种抗大斑病和小斑病，高抗茎腐病，中抗纹枯病。

该品种产量较高。经专业组讨论，建议下一年度继续区域试验。

7. 佳玉1号：系浙江之豇种业有限责任公司、浙江大学农学院选育的普通玉米杂交组合。本年区域试验平均亩产为408.0千克，比对照郑单958减产10.5%，达显著水平。该组合生育期为103.3天，比对照郑单958长2.5天。株形半紧凑，株高231.7厘米，穗位高90.5厘米，空秆率为0.2%，倒伏率为0.0%，倒折率为0.0%。果穗圆筒形，籽粒黄色，半马齿形，轴白色，穗长16.5厘米，穗粗4.7厘米，轴粗3.0厘米，秃尖长1.7厘米，穗行数为15.7行，行粒数为31.3粒，千粒重为298.7克。品质经农业部稻米及其制品质量监督检验测试中心检测，蛋白质含量为9.6%，脂肪含量为3.6%，淀粉含量为61.86%，赖氨酸（水解）含量为230毫克/100克。该品种抗大斑病和小斑病，高抗茎腐病，中抗纹枯病。

该品种产量较低。经专业组讨论，建议终止试验。

8. 钱玉1502：系浙江勿忘农种业股份有限公司选育的普通玉米杂交组合。本年区域试验平均亩产为494.6千克，比对照郑单958增产8.5%，未达显著水平。该组合生育期为103.7天，比对照郑单958长2.9天。株形紧凑，株高250.2厘米，穗位高93.3厘米，空秆率为0.9%，倒伏率为0.7%，倒折率为0.3%。果穗圆筒形，籽粒黄色，半马齿形，轴红色，穗长17.5厘米，穗粗4.7厘米，轴粗3.0厘米，秃尖长1.0厘米，穗行数为16.1行，行粒数为37.6粒，千粒重为270.6克。品质经农业部稻米及其制品质量监督检验测试中心检测，蛋白质含量为9.2%，脂肪含量为3.4%，淀粉含量为64.99%，赖氨酸（水解）含量为224毫克/100克。该品种抗大斑病，中抗小斑病，高抗茎腐病，感纹枯病。

该品种产量较高。经专业组讨论，建议下一年度继续区域试验。

9. 钱玉5038：系浙江勿忘农种业股份有限公司选育的普通玉米杂交组合。本年区域试验平均亩产为453.0千克，比对照郑单958减产0.7%，未达显著水平。该组合生育期为102.5天，比对照郑单958长1.7天。株形半紧凑，株高237.2厘米，穗位高86.7厘米，空秆率为0.5%，倒伏率为1.9%，倒折率为0.0%。果穗圆筒形，籽粒黄色，半马齿形，轴红色，穗长18.7厘米，穗粗5厘米，轴粗3.2厘米，秃尖长2.8厘米，穗行数为15.8行，行粒数为30.7粒，千粒重为322.0克。品质经农业部稻米及其制品质量监督检验测试中心检测，蛋白质含量为7.1%，脂肪含量为3.1%，淀粉含量为65.85%，赖氨酸（水解）含量为226毫克/100克。该品种抗大斑病和小斑病，高抗茎腐病，感纹枯病。

该品种产量比对照小。经专业组讨论，建议终止试验。

（二）生产试验

1. 京农科 921：系合肥丰乐种业股份有限公司选育的普通玉米杂交组合。本年区域试验平均亩产为476.9 千克，比对照郑单 958 增产 4.1%。该组合生育期为 106.2 天，比对照郑单 958 长 3.5 天。株形半紧凑，株高 238.8 厘米，穗位高 79.4 厘米，空秆率为 0.0%，倒伏率为 0.0%，倒折率为 0.0%。果穗圆筒形，籽粒黄色，马齿形，轴白色，穗长 18.3 厘米，穗粗 5.1 厘米，轴粗 3.2 厘米，秃尖长 2.1 厘米，穗行数为 15.5 行，行粒数为 33.3 粒，千粒重为 311.9 克。品质经农业部稻米及其制品质量监督检验测试中心检测，蛋白质含量为 8.4%，脂肪含量为 3.5%，淀粉含量为 62.47%，赖氨酸（水解）含量为 274 毫克/100 克。

该品种完成试验，建议报审。

2. 科单 168：系浙江农科种业有限公司选育的普通玉米杂交组合。本年区域试验平均亩产为 464.3 千克，比对照郑单 958 增产 1.4%。该组合生育期为 107.2 天，比对照郑单 958 长 4.5 天。株形半紧凑，株高 235.6 厘米，穗位高 88.7 厘米，空秆率为 0.0%，倒伏率为 0.3%，倒折率为 0.0%。果穗圆筒形，籽粒黄色，半马齿形，轴红色，穗长 19.6 厘米，穗粗 4.7 厘米，轴粗 3.0 厘米，秃尖长 1.7 厘米，穗行数为 15.5 行，行粒数为 38.0 粒，千粒重为 262.1 克。品质经农业部稻米及其制品质量监督检验测试中心检测，蛋白质含量为 8.1%，脂肪含量为 3.8%，淀粉含量为 65.81%，赖氨酸（水解）含量为 242 毫克/100 克。该品种抗大斑病，抗小斑病，高抗茎腐病，中抗纹枯病。

该品种完成试验，建议报审。

相关结果见表 1～表 6。

表 1　2016 年浙江省普通玉米区域试验和生产试验参试品种及申请（供种）单位表

试验类别	品种名称	申报（供种）单位	备注
区域试验	梦玉 908（续）	浙江农科种业有限公司	续试
	WK199（续）	金华三才种业有限公司	
	鲁单 818	浙江农科种业有限公司	新参试
	NK718	浙江农科种业有限公司	
	浙单 13	浙江省东阳玉米研究所	
	浙单 14	浙江省东阳玉米研究所	
	佳玉 1 号	浙江之豇种业有限责任公司、浙江大学农学院	
	钱玉 1502	浙江勿忘农种业股份有限公司	
	钱玉 5038	浙江勿忘农种业股份有限公司	
	郑单 958（CK）	杭州市良种引进公司	
生产试验	京农科 921	合肥丰乐种业股份有限公司	
	科单 168	浙江农科种业有限公司	
	郑单 958	杭州市良种引进公司	

表2　2016年浙江省普通玉米区域试验和生产试验参试品种产量表

试验类别	品种名称	亩产（千克）	亩产与对照比较（%）	差异显著性检验		各试点亩产（千克）					
				0.05	0.01	淳安	临安	嵊州	宁海	东阳	仙居
区域试验	WK199（续）	563.2	23.5	a	A	662.4	/	624.5	421.4	613.0	494.9
	NK718	521.0	14.3	b	AB	526.9	/	535.6	439.6	689.9	413.0
	梦玉908（续）	512.8	12.5	b	BC	508.5	/	532.2	442.1	658.6	422.4
	浙单14	510.0	11.9	b	BCD	543.4	/	473.4	472.9	596.9	463.7
	鲁单818	502.4	10.2	b	BCD	507.1	/	537.8	446.8	643.3	376.8
	钱玉1502	494.6	8.5	bc	BCD	490.0	/	493.4	357.8	675.7	456.1
	浙单13	493.6	8.2	bc	BCD	499.4	/	500.0	451.7	563.6	453.1
	郑单958（CK）	457.8	0.4	c	CD	494.9	/	457.8	397.8	564.8	373.7
	钱玉5038	453.0	−0.7	c	D	463.2	/	458.9	396.4	548.4	398.0
	佳玉1号	408.0	−10.5	d	E	403.2	/	378.9	374.6	482.3	400.8
生产试验	京农科921	476.9	4.1	/	/	515.4	404.4	466.7	391.3	645.0	438.4
	科单168	464.3	1.4	/	/	550.7	428.8	395.6	427.9	525.1	457.9
	郑单958（CK）	457.9	0.0	/	/	512.7	388.4	470.0	388.0	611.1	377.4

表3　2016年浙江省普通玉米区域试验和生产试验参试品种生育期和植株性状表

试验类别	品种名称	生育期（天）	株高（厘米）	穗位高（厘米）	株形	空秆率（%）	倒伏率（%）	倒折率（%）
区域试验	梦玉908（续）	102.7	233.0	79.6	紧凑	0.8	0.3	0.0
	WK199（续）	103.2	241.0	97.2	紧凑	0.6	2.4	6.2
	鲁单818	103.0	235.6	83.1	半紧凑	0.9	0.5	0.0
	NK718	103.0	248.2	85.3	半紧凑	0.4	2.6	0.3
	浙单13	103.2	221.1	71.4	半紧凑	1.0	0.2	0.0
	浙单14	104.2	268.7	102.5	半紧凑	1.2	3.6	0.0
	佳玉1号	103.3	231.7	90.5	半紧凑	0.2	0.0	0.0
	钱玉1502	103.7	250.2	93.3	紧凑	0.9	0.7	0.3
	钱玉5038	102.5	237.2	86.7	半紧凑	0.5	1.9	0.0
	郑单958（CK）	100.8	212.8	77.6	紧凑	0.3	0.0	0.0
生产试验	京农科921	106.2	238.8	79.4	半紧凑	0.0	0.0	0.0
	科单168	107.2	235.6	88.7	半紧凑	0.0	0.3	0.0
	郑单958（CK）	102.7	196.0	70.2	紧凑	0.0	0.3	0.0

表 4　2016 年浙江省普通玉米区域试验和生产试验参试品种果穗性状表

试验类别	品种名称	穗长（厘米）	穗粗（厘米）	轴粗（厘米）	秃尖长（厘米）	穗形	穗行数（行）	行粒数（粒）	轴色	粒形	粒色	千粒重（克）
区域试验	梦玉 908（续）	17.5	4.8	2.9	0.6	圆筒形	13.9	37.6	白	半马齿形	黄	300.4
	WK199（续）	18.3	5.0	3.0	0.4	圆筒形	15.6	36.3	白	马齿形	黄	317.9
	鲁单 818	18.9	4.8	3.0	0.7	圆筒形	14.6	35.4	红	马齿形	黄	323.6
	NK718	17.2	5.0	3.0	1.5	圆筒形	15.7	33.6	白	马齿形	黄	319.8
	浙单 13	18.7	4.9	3.2	0.8	圆筒形	14.7	33.9	粉红	半马齿形	黄	328.9
	浙单 14	16.8	5.3	3.3	2.4	圆筒形	17.7	32.4	白	马齿形	黄	282.9
	佳玉 1 号	16.5	4.7	3.0	1.7	圆筒形	15.7	31.3	白	半马齿形	黄	298.7
	钱玉 1502	17.5	4.7	3.0	1.0	圆筒形	16.1	37.6	红	半马齿形	黄	270.6
	钱玉 5038	18.7	5.0	3.2	2.8	圆筒形	15.8	30.7	红	半马齿形	黄	322.0
	郑单 958（CK）	39.2	4.7	2.8	1.1	圆筒形	15.0	34.1	白	半马齿形	黄	280.9
生产试验	京农科 921	18.3	5.1	3.2	2.1	圆筒形	15.5	33.3	白	马齿形	黄	311.9
	科单 168	19.6	4.7	3.0	1.7	圆筒形	15.5	38.0	红	半马齿形	黄	262.1
	郑单 958（CK）	17.1	4.7	2.9	0.8	圆筒形	14.4	37.7	白	半马齿形	黄	276.8

表 5　2016 年浙江省普通玉米区域试验和生产试验参试品种品质表

试验类别	品种名称	蛋白质含量（%）	脂肪含量（%）	淀粉含量（%）	赖氨酸（水解）含量（毫克/100 克）
区域试验	梦玉 908（续）	8.2	3.4	65.55	223
	WK199（续）	7.9	3.2	65.20	235
	鲁单 818	8.6	3.4	65.33	242
	NK718	8.1	4.0	66.74	228
	浙单 13	8.2	3.2	65.59	228
	浙单 14	10.0	4.0	60.70	271
	佳玉 1 号	9.6	3.6	61.86	230
	钱玉 1502	9.2	3.4	64.99	224
	钱玉 5038	7.1	3.1	65.85	226
	郑单 958（CK）	7.3	3.8	65.55	227
生产试验	京农科 921	8.4	3.5	62.47	274
	科单 168	8.1	3.8	65.81	242
	郑单 958（CK）	7.3	3.8	64.05	242

表6 2016年浙江省普通玉米区域试验参试品种病虫害抗性鉴定结果表

品种名称	大斑病		小斑病		茎腐病		纹枯病	
	病级	抗性评价	病级	抗性评价	病株率（%）	抗性评价	病情指数	抗性评价
梦玉908（续）	3级	R	3级	R	0.00	HR	58.33	MR
WK199（续）	3级	R	1级	HR	0.00	HR	57.45	MR
鲁单818	3级	R	3级	R	0.00	HR	85.33	HS
NK718	3级	R	5级	MR	0.00	HR	67.35	S
浙单13	3级	R	3级	R	0.00	HR	78.87	S
浙单14	3级	R	3级	R	0.00	HR	53.33	MR
佳玉1号	3级	R	3级	R	2.17	HR	56.52	MR
钱玉1502	3级	R	5级	MR	0.00	HR	75.25	S
钱玉5038	3级	R	3级	R	0.00	HR	72.22	S
郑单958（CK）	3级	R	3级	R	0.00	HR	67.38	S
科单168	3级	R	3级	R	0.00	HR	56.00	MR

注：抗性分级为9级制。1级：HR表示高抗；3级：R表示抗；5级：MR表示中抗；7级：S表示感；9级：HS表示高感。

2016年浙江省甜玉米区域试验和生产试验总结

浙江省种子管理总站

一、试验概况

区域试验和生产试验参试品种见表1。区域试验采用随机区组设计的形式，小区面积为20平方米，重复3次，四周设保护行。生产试验采用大区对比法，不设重复，大区面积为0.3～0.5亩，四周设保护行。所有参试品种同期播种、移栽，其他田间管理按当地习惯进行，及时防治病虫害，观察记载项目和标准按试验方案及《浙江省玉米区域试验和生产试验技术操作规程（试行）》进行。

区域试验承试有单位8个，分别为浙江省农业科学院蔬菜所、东阳玉米研究所、淳安县种子技术推广站、仙居县种子管理站、江山市种子管理站、宁海县种子有限公司、温州市农业科学研究院和嵊州市农业科学研究所。生产试验除淳安试点不承担外，其余试点均承担，另增加嘉善县种子管理站承担的试点。其中，由于江山试点雨水多，故其区域试验和生产试验数据报废。品质品尝由我站组织有关专家在省农业科学院作物与核技术利用研究所进行，品质分析由农业部农产品质量监督检验测试中心（杭州）进行，检测样品由省农业科学院作物与核技术利用研究所提供，抗性鉴定工作由东阳玉米研究所承担。

二、试验结果

（一）区域试验

1. 产量：据7个试点的产量结果汇总分析，产量以科甜15最高，平均鲜穗亩产为1120.4千克，比对照超甜4号增产38.8%，达极显著水平；其次是金珍甜一号，平均鲜穗亩产为1036.0千克，比对照增产28.4%，达极显著水平；浙甜15居第三位，平均鲜穗亩产为992.8千克，比对照增产23.0%，达极显著水平。除翠甜2号和雪甜7401比对照超甜4号减产外，其余参试品种均比对照增产。

2. 生育期：生育期变幅为78.9～86.0天，其中雪甜7401最短，金珍甜一号最长。

3. 品质：经农业部农产品质量监督检验测试中心（杭州）检测，可溶性总糖含量变幅为21.7%～42.0%，以雪甜7401最高，超甜4号最低；品质品尝综合评分为83.1～88.7分，其中雪甜7401最高，浙甜15最低。

4. 抗性：经东阳玉米研究所鉴定，对小斑病除BM800、雪甜7401和翠甜2号表现为高感外，其余参试品种均表现为抗或中抗；对大斑病表现为抗的是蜜脆68、浙甜15、浙甜16和浙甜17，其余品种均表现为中抗；对纹枯病除蜜脆68、科甜15、浙甜16和对照表现为中抗外，其余品种均表现为感或高感；对茎腐病除雪甜7401、美玉甜007和翠甜2号表现为中抗和金珍甜一号表现为抗外，其余品种均表现为高抗。

（二）生产试验

经7个试点的汇总，浙甜1301平均鲜穗亩产为1002.7千克，比对照超甜4号增产23.3%；浦甜1号平均鲜穗亩产为953.1千克，比对照增产17.2%；金珍甜一号平均鲜穗亩产为1059.9千克，比对照增产 30.4%；BM800 平均鲜穗亩产为 898.9 千克，比对照增产 10.6%；蜜脆 68 平均鲜穗亩产为 923.6 千克，比对照超甜 4 号增产 13.6%。

三、品种简评

（一）区域试验

1. 金珍甜一号（续）：系浙江可得丰种业有限公司选育的甜玉米杂交组合。本年区域试验平均亩产为 1036 千克，比对照超甜 4 号增产 28.4%，达极显著水平；2015 年区域试验平均亩产为 1036.9 千克，比对照增产 20.5%，达极显著水平；两年平均亩产为 1036.5 千克，比对照超甜 4 号增产 24.5%。该组合生育期为 86.0 天，比对照超甜 4 号长 4.6 天。株高 214 厘米，穗位高 75.1 厘米，双穗率为 1.1%，空秆率为 2.0%，倒伏率为 3.0%，倒折率为 0.0%。穗长 20.5 厘米，穗粗 5.0 厘米，秃尖长 5.0 厘米，穗行数为 14.1 行，行粒数为 33.7 粒，单穗重为 255.6 克，净穗率为 65.9%，鲜千粒重为 375.9 克，出籽率为 62.0%。可溶性总糖含量为 29.4%，感官品质、蒸煮品质综合评分为 85.6 分，比对照高 0.6 分。该品种中抗小斑病和中抗大斑病，感纹枯病，抗茎腐病。

该品种建议报审。

2. BM800（续）：系吉林省保民种业有限公司选育的甜玉米杂交组合。本年区域试验平均亩产为 882.6 千克，比对照超甜 4 号增产 9.3%，达极显著水平；2015 年区域试验平均亩产为 906.7 千克，比对照超甜 4 号增产 5.4%，未达显著水平；两年平均亩产为 894.7 千克，比对照超甜 4 号增产 7.4%。该组合生育期为 81.9 天，比对照超甜 4 号长 0.5 天。株高 216.4 厘米，穗位高 67.4 厘米，双穗率为 1.5%，空秆率为 3.2%，倒伏率为 2.6%，倒折率为 0.0%。穗长 19.6 厘米，穗粗 5.2 厘米，秃尖长 1.8 厘米，穗行数为 16.8 行，行粒数为 38.3 粒，单穗重为 277.4 克，净穗率为 74.9%，鲜千粒重为 328.0 克，出籽率为 67.6%。可溶性总糖含量为 30.7%，感官品质、蒸煮品质综合评分为 86.8 分，比对照超甜 4 号高 1.8 分。该品种高感小斑病，中抗大斑病，感纹枯病，高抗茎腐病。

该品种建议报审。

3. 蜜脆 68（续）：系湖北省农业科学院粮食作物研究所选育的甜玉米杂交组合。本年区域试验平均亩产为 930.7 千克，比对照超甜 4 号增产 15.3%，达极显著水平；2015 年区域试验平均亩产为 893.1 千克，比对照超甜 4 号增产 3.6%，未达显著水平；两年平均亩产为 911.9 千克，比对照超甜 4 号增产 9.4%。该组合生育期为 84.4 天，比对照超甜 4 号长 3.0 天。株高 226.3 厘米，穗位高 94.5 厘米，双穗率为 2.7%，空秆率为 0.8%，倒伏率为 1.0%，倒折率为 1.0%。穗长 17.7 厘米，穗粗 4.6 厘米，秃尖长 0.8 厘米，穗行数为 13.9 行，行粒数为 37.9 粒，单穗重为 226.1 克，净穗率为 73.0%，鲜千粒重为 332.1 克，出籽率为 70.3%。可溶性总糖含量为 29.2%，感官品质、蒸煮品质综合评分为 85.7 分，比对照高 0.7 分。该品种中抗小斑病，抗大斑病，中抗纹枯病，高抗茎腐病。

该品种建议报审。

4. 科甜 15：系浙江农科种业有限公司、浙江省农业科学院作物与核技术利用研究所选育的甜玉米杂交组合。本年区域试验平均亩产为 1120.4 千克，比对照超甜 4 号增产 38.8%，达极显著水平。该组合生育期为 85 天，比对照超甜 4 号长 3.6 天。株高 263.9 厘米，穗位高 93.1 厘米，双穗率为 0.5%，空秆率为 1.1%，倒伏率为 8.0%，倒折率为 0.0%。穗长 21.4 厘米，穗粗 5.5 厘米，秃尖长 3.5 厘米，穗行数为 14.1 行，行粒数为 38.5 粒，单穗重为 314.2 克，净穗率为 69.9%，鲜千粒重为 409.1 克，出籽率为 67.2%。可溶性总糖含量为 32.0%，感官品质、蒸煮品质综合评分为 85.6 分，比对照超甜 4 号高 0.6 分。该品种抗小斑病，中抗大斑病，中抗纹枯病，高抗茎腐病。

该品种产量高，品质较优。经专业组讨论，建议下一年度区域试验与生产试验同步进行。

5. 雪甜 7401：系福州金苗种业有限公司选育的甜玉米杂交组合。本年区域试验平均亩产为 601.6

千克，比对照超甜 4 号减产 25.5%，达极显著水平。该组合生育期为 78.9 天，比对照超甜 4 号短 2.5 天。株高 151.5 厘米，穗位高 25.2 厘米，双穗率为 0.3%，空秆率为 3.1%，倒伏率为 0.0%，倒折率为 0.2%。穗长 17.9 厘米，穗粗 4.6 厘米，秃尖长 3.4 厘米，穗行数为 15.6 行，行粒数为 29.1 粒，单穗重为 179.7 克，净穗率为 80.2%，鲜千粒重为 308.6 克，出籽率为 65.5%。可溶性总糖含量为 42.0%，感官品质、蒸煮品质综合评分为 88.7 分，比对照超甜 4 号高 3.7 分。该品种高感小斑病，中抗大斑病，高感纹枯病，中抗茎腐病。

该品种品质优，抗纹枯病较差。经专业组讨论，建议下一年度区域试验与生产试验同步进行。

6. 浙甜 15：系浙江省东阳玉米研究所选育的甜玉米杂交组合。本年区域试验平均亩产为 992.8 千克，比对照超甜 4 号增产 23.0%，达极显著水平。该组合生育期为 85.4 天，比对照超甜 4 号长 4 天。株高 212.3 厘米，穗位高 70.0 厘米，双穗率为 1.2%，空秆率为 2.7%，倒伏率为 0.0%，倒折率为 0.0%。穗长 21.2 厘米，穗粗 4.9 厘米，秃尖长 2.8 厘米，穗行数为 17.0 行，行粒数为 39.2 粒，单穗重为 261.4 克，净穗率为 67.2%，鲜千粒重为 282.1 克，出籽率为 64.7%。可溶性总糖含量为 22.9%，感官品质、蒸煮品质综合评分为 83.1 分，比对照超甜 4 号低 1.9 分。该品种中抗小斑病，抗大斑病，感纹枯病，高抗茎腐病。

该品种产量高，品质较差。经专业组讨论，建议终止试验。

7. 浙甜 16：系浙江省东阳玉米研究所选育的甜玉米杂交组合。本年区域试验平均亩产为 957.8 千克，比对照超甜 4 号增产 18.7%，达极显著水平。该组合生育期为 83.3 天，比对照超甜 4 号长 1.9 天。株高 230.4 厘米，穗位高 77.5 厘米，双穗率为 0.7%，空秆率为 1.1%，倒伏率为 2.2%，倒折率为 0.0%。穗长 20.2 厘米，穗粗 4.9 厘米，秃尖长 2.5 厘米，穗行数为 15.3 行，行粒数为 35.4 粒，单穗重为 262.6 克，净穗率为 74.9%，鲜千粒重为 368.5 克，出籽率为 71.9%。可溶性总糖含量为 31.6%，感官品质、蒸煮品质综合评分为 86.1 分，比对照超甜 4 号高 1.1 分。该品种抗小斑病和大斑病，中抗纹枯病，高抗茎腐病。

该品种产量高，品质较优。经专业组讨论，建议下一年度区域试验与生产试验同步进行。

8. 浙甜 17：系浙江省东阳玉米研究所选育的甜玉米杂交组合。本年区域试验平均亩产为 931.9 千克，比对照超甜 4 号增产 15.5%，达极显著水平。该组合生育期为 81.9 天，比对照超甜 4 号长 0.5 天。株高 224.3 厘米，穗位高 65.1 厘米，双穗率为 0.2%，空秆率为 2.3%，倒伏率为 0.0%，倒折率为 0.0%。穗长 20 厘米，穗粗 4.9 厘米，秃尖长 2.0 厘米，穗行数为 14.5 行，行粒数为 34.9 粒，单穗重为 236.8 克，净穗率为 72.8%，鲜千粒重为 337.8 克，出籽率为 72.6%。可溶性总糖含量为 23.9%，感官品质、蒸煮品质综合评分为 87.4 分，比对照超甜 4 号高 2.4 分。该品种中抗小斑病，抗大斑病，感纹枯病，高抗茎腐病。

该品种产量高，品质优。经专业组讨论，建议下一年度区域试验与生产试验同步进行。

9. 美玉甜 007：系海南绿川种苗有限公司选育的甜玉米杂交组合。本年区域试验平均亩产为 967 千克，比对照超甜 4 号增产 19.8%，达极显著水平。该组合生育期为 84.7 天，比对照超甜 4 号长 3.3 天。株高 199.4 厘米，穗位高 80.6 厘米，双穗率为 1.7%，空秆率为 1.9%，倒伏率为 2.0%，倒折率为 0.0%。穗长 19.5 厘米，穗粗 5.1 厘米，秃尖长 1.9 厘米，穗行数为 16.8 行，行粒数为 38.3 粒，单穗重为 231.8 克，净穗率为 78.7%，鲜千粒重为 333.3 克，出籽率为 73.0%。可溶性总糖含量为 22.7%，感官品质、蒸煮品质综合评分为 84.1 分，比对照超甜 4 号低 0.9 分。该品种抗小斑病，中抗大斑病，感纹枯病，中抗茎腐病。

该品种产量高，品质与对照相仿。经专业组讨论，建议下一年度区域试验与生产试验同步进行。

10. 翠甜 2 号：系浙江之豇种业有限责任公司、浙江大学农学院选育的甜玉米杂交组合。本年区域试验平均亩产为 774 千克，比对照超甜 4 号减产 4.1%，未达显著水平。该组合生育期为 82.0 天，比对照超甜 4 号长 0.6 天。株高 188.5 厘米，穗位高 62.8 厘米，双穗率为 1.2%，空秆率为 1.6%，倒伏率为

8.0%，倒折率为0.0%。穗长17.4厘米，穗粗5.0厘米，秃尖长1.0厘米，穗行数为15.9行，行粒数为37.3粒，单穗重为222.5克，净穗率为78.3%，鲜千粒重为291.3克，出籽率为71.3%。可溶性总糖含量为32.1%，感官品质、蒸煮品质综合评分为87.0分，比对照超甜4号高2分。该品种高感小斑病，中抗大斑病，感纹枯病，中抗茎腐病。

该品种品质优。经专业组讨论，建议下一年度区域试验与生产试验同步进行。

（二）生产试验

1. 浙甜1301：系浙江省东阳玉米研究所选育成的甜玉米杂交组合。本年区域试验平均鲜穗亩产为1002.7千克，比对照超甜4号增产23.3%。该品种生育期为83.8天，比对超甜4号长2.6天。株高223.2厘米，穗位高69.5厘米，双穗率为0.0%，空秆率为2.2%，倒伏率为0.0%，倒折率为0.0%。穗长19.8厘米，穗粗5.2厘米，秃尖长2.1厘米，穗行数为17行，行粒数为39.2粒，单穗重为277.9克，净穗率为79.3%，鲜千粒重为345.7克，出籽率为72.1%。

该品种完成试验，建议报审。

2. 浦甜1号：系浦江县天作玉米研究所选育成的甜玉米杂交组合。本年区域试验平均鲜穗亩产为953.1千克，比对照超甜4号增产17.2%。品种生育期为83.7天，比对超甜4号长2.5天。株高214.2厘米，穗位高71.2厘米，双穗率为0.0%，空秆率为2.2%，倒伏率为20.0%，倒折率为0.0%。穗长18.9厘米，穗粗5.0厘米，秃尖长1.9厘米，穗行数为14.8行，行粒数为35.0粒，单穗重为247.9克，净穗率为75.7%，鲜千粒重为357.1克，出籽率为73.5%。

该品种完成试验，建议报审。

3. 金珍甜一号：系浙江可得丰种业有限公司选育成的甜玉米杂交组合。本年区域试验平均鲜穗亩产为1059.9千克，比对照超甜4号增产30.4%。品种生育期为85.3天，比对照超甜4号长4.1天。株高209.5厘米，穗位高72.8厘米，双穗率为2.3%，空秆率为1.8%，倒伏率为0.0%，倒折率为0.0%。穗长21.5厘米，穗粗5.4厘米，秃尖长4.1厘米，穗行数为14.4行，行粒数为38.7粒，单穗重为283.7克，净穗率为70.4%，鲜千粒重为373.3克，出籽率为65.1%。

该品种完成试验，建议报审。

4. BM800：系吉林省保民种业有限公司选育成的甜玉米杂交组合。本年区域试验平均鲜穗亩产为898.9千克，比对照超甜4号增产10.6%。品种生育期为82.8天，比对超甜4号长1.6天。株高204厘米，穗位高61.7厘米，双穗率为2.3%，空秆率为2.2%，倒伏率为6.1%，倒折率为1.1%。穗长18.2厘米，穗粗5.3厘米，秃尖长2.5厘米，穗行数为17行，行粒数为36.4粒，单穗重为245.4克，净穗率为76.8%，鲜千粒重为306.4克，出籽率为71.1%。

该品种完成试验，建议报审。

5. 蜜脆68：系湖北省农业科学院粮食作物研究所选育成的甜玉米杂交组合。本年区域试验平均鲜穗亩产为923.6千克，比对照超甜4号增产13.6%。品种生育期为84.2天，比对超甜4号长3天。株高219.4厘米，穗位高93.1厘米，双穗率为5.7%，空秆率为1.3%，倒伏率为1.0%，倒折率为0.0%。穗长18厘米，穗粗4.7厘米，秃尖长0.4厘米，穗行数为14.1行，行粒数为38.8粒，单穗重为232.7克，净穗率为72.8%，鲜千粒重为325.8克，出籽率为72.7%。

该品种完成试验，建议报审。

相关结果见表1～表6。

表 1　2016 年浙江省甜玉米区域试验和生产试验参试品种及申请（供种）单位表

试验类别	品种名称	申报（供种）单位	备注
区域试验	金珍甜一号（续）	浙江可得丰种业有限公司	续试
	BM800（续）	吉林省保民种业有限公司	
	蜜脆 68（续）	湖北省农业科学院粮食作物研究所	
	科甜 15	浙江农科种业有限公司、浙江省农业科学院作物与核技术利用研究所	新参试
	雪甜 7401	福州金苗种业有限公司	
	浙甜 15	浙江省东阳玉米研究所	
	浙甜 16	浙江省东阳玉米研究所	
	浙甜 17	浙江省东阳玉米研究所	
	美玉甜 007	海南绿川种苗有限公司	
	翠甜 2 号	浙江之豇种业有限责任公司、浙江大学农学院	
	超甜 4 号（CK）	浙江省东阳玉米研究所	
生产试验	浙甜 1301	浙江省东阳玉米研究所	
	浦甜 1 号	浦江县天作玉米研究所	
	金珍甜一号	浙江可得丰种业有限公司	
	BM800	吉林省保民种业有限公司	
	蜜脆 68	湖北省农业科学院粮食作物研究所	
	超甜 4 号（CK）	浙江省东阳玉米研究所	

表 2　2016 年浙江省甜玉米区域试验和生产试验参试品种产量表

试验类别	品种名称	亩产（千克）	亩产与对照比较（%）	差异显著性检验		各试点亩产（千克）							
				0.05	0.01	省农科	温州	淳安	嵊州	东阳	宁海	仙居	嘉善
区域试验	科甜 15	1120.4	38.8	a	A	857.8	962.6	1255.6	1343.4	1228.8	908.4	1286.0	/
	金珍甜一号(续)	1036.0	28.4	b	B	693.4	940.6	1262.3	1255.6	1098.1	828.0	1174.3	/
	浙甜 15	992.8	23.0	bc	BCD	666.7	677.1	1218.9	1210.1	1215.7	887.0	1073.9	/
	美玉甜 007	967.0	19.8	c	BCD	702.3	699.3	1174.5	1154.5	1054.5	837.4	1146.5	/
	浙甜 16	957.8	18.7	c	CDE	711.1	747.0	1073.4	1154.5	1102.5	813.8	1102.1	/
	浙甜 17	931.9	15.5	cd	DE	706.7	613.3	1104.5	1195.6	1167.8	732.6	1002.9	/
	蜜脆 68（续）	930.7	15.3	cd	DE	604.5	664.4	1076.7	1160.1	1106.8	758.1	1144.1	/
	BM800（续）	882.6	9.3	d	E	684.5	623.3	981.2	1120.1	967.4	896.7	904.8	/
	超甜 4 号（CK）	807.1	0.0	e	F	604.5	540.2	938.9	1012.3	949.9	738.0	866.0	/
	翠甜 2 号	774.0	−4.1	e	F	582.3	516.2	866.7	924.5	923.8	745.6	859.2	/
	雪甜 7401	601.6	−25.5	f	G	471.1	306.5	740.0	784.5	762.6	575.0	571.4	/
生产试验	浙甜 1301	1002.7	23.3	/	/	718.6	1037.1	/	1159.6	873.1	866.4	1275.3	1089.0
	浦甜 1 号	953.1	17.2	/	/	570.7	994.0	/	1107.8	853.7	841.7	1093.2	1210.3
	金珍甜一号	1059.9	30.4	/	/	652.2	976.4	/	1295.6	938.9	889.4	1350.1	1316.7
	BM800	898.9	10.6	/	/	571.6	839.7	/	1024.3	838.0	850.4	980.2	1188.0
	蜜脆 68	923.6	13.6	/	/	658.7	677.8	/	1144.5	904.2	818.4	1215.9	1046.0
	超甜 4 号（CK）	813.0	0.0	/	/	481.5	769.1	/	1012.1	819.7	814.0	873.0	921.7

表3　2016年浙江省甜玉米区域试验和生产试验参试品种生育期和植株性状表

试验类别	品种名称	生育期（天）	株高（厘米）	穗位高（厘米）	双穗率（%）	空秆率（%）	倒伏率（%）	倒折率（%）
区域试验	金珍甜一号（续）	86.0	214.0	75.1	1.1	2.0	3.0	0.0
	BM800（续）	81.9	216.4	67.4	1.5	3.2	2.6	0.0
	蜜脆68（续）	84.4	226.3	94.5	2.7	0.8	1.0	1.0
	科甜15	85.0	263.9	93.1	0.5	1.1	8.0	0.0
	雪甜7401	78.9	151.5	25.2	0.3	3.1	0.0	0.2
	浙甜15	85.4	212.3	70.0	1.2	2.7	0.0	0.0
	浙甜16	83.3	230.4	77.5	0.7	1.1	2.2	0.0
	浙甜17	81.9	224.3	65.1	0.2	2.3	0.0	0.0
	美玉甜007	84.7	199.4	80.6	1.7	1.9	2.0	0.0
	翠甜2号	82.0	188.5	62.8	1.2	1.6	8.0	0.0
	超甜4号（CK）	81.4	191.8	60.9	3.0	3.0	4.0	0.2
生产试验	浙甜1301	83.8	223.2	69.5	0.0	2.2	0.0	0.0
	浦甜1号	83.7	214.2	71.2	0.0	2.2	20.0	0.0
	金珍甜一号	85.3	209.5	72.8	2.3	1.8	0.0	0.0
	BM800	82.8	204.0	61.7	2.3	2.2	6.1	1.1
	蜜脆68	84.2	219.4	93.1	5.7	1.3	1.0	0.0
	超甜4号（CK）	81.2	188.0	57.5	2.6	2.2	5.7	0.0

表4　2016年浙江省甜玉米区域试验和生产试验参试品种果穗性状表

试验类别	品种名称	穗长（厘米）	穗粗（厘米）	秃尖长（厘米）	穗行数（行）	行粒数（粒）	单穗重（克）	净穗率（%）	千粒重（克）	出籽率（%）
区域试验	金珍甜一号(续)	20.5	5.0	5.0	14.1	33.7	255.6	65.9	375.9	62.0
	BM800（续）	19.6	5.2	1.8	16.8	38.3	277.4	74.9	328.0	67.6
	蜜脆68（续）	17.7	4.6	0.8	13.9	37.9	226.1	73.0	332.1	70.3
	科甜15	21.4	5.5	3.5	14.1	38.5	314.2	69.9	409.1	67.2
	雪甜7401	17.9	4.6	3.4	15.6	29.1	179.7	80.2	308.6	65.5
	浙甜15	21.2	4.9	2.8	17.0	39.2	261.4	67.2	282.1	64.7
	浙甜16	20.2	4.9	2.5	15.3	35.4	262.6	74.9	368.5	71.9
	浙甜17	20.0	4.9	2.0	14.5	34.9	236.8	72.8	337.8	72.6
	美玉甜007	19.5	5.1	1.9	16.8	38.3	231.8	78.7	333.3	73.0
	翠甜2号	17.4	5.0	1.0	15.9	37.3	222.5	78.3	291.3	71.3
	超甜4号（CK）	19.5	4.8	1.8	13.7	37.8	228.3	77.6	336.6	70.9
生产试验	浙甜1301	19.8	5.2	2.1	17.0	39.2	277.9	79.3	345.7	72.1
	浦甜1号	18.9	5.0	1.9	14.8	35.0	247.9	75.7	357.1	73.5
	金珍甜一号	21.5	5.4	4.1	14.4	38.7	283.7	70.4	373.3	65.1
	BM800	18.2	5.3	2.5	17.0	36.4	245.4	76.8	306.4	71.1
	蜜脆68	18.0	4.7	0.4	14.1	38.8	232.7	72.8	325.8	72.7
	超甜4号（CK）	19.7	4.8	1.8	14.2	38.8	240.1	76.4	329.4	71.6

表 5　2016 年浙江省甜玉米区域试验参试品种品质表

品种名称	感官品质	蒸煮品质						蒸煮评分	总评分	可溶性总糖含量（%）
		气味	色泽	风味	甜度	柔嫩性	皮薄厚			
金珍甜一号（续）	26.07	6.07	6.06	8.29	15.64	8.46	15.01	59.53	85.6	29.4
BM800（续）	26.79	6.10	6.01	8.24	15.64	8.60	15.43	60.03	86.8	30.7
蜜脆 68（续）	27.21	6.00	5.93	8.06	15.07	8.24	15.14	58.44	85.7	29.2
科甜 15	26.00	6.00	5.83	8.57	15.21	8.53	15.46	59.60	85.6	32.0
雪甜 7401	26.07	6.07	6.21	8.90	16.33	8.84	16.30	62.66	88.7	42.0
浙甜 15	25.43	6.00	5.90	8.10	14.83	8.10	14.71	57.64	83.1	22.9
浙甜 16	27.29	6.00	5.89	8.29	14.97	8.53	15.17	58.84	86.1	31.6
浙甜 17	27.29	6.00	6.07	8.67	15.39	8.59	15.41	60.13	87.4	23.9
美玉甜 007	26.29	6.00	5.79	8.14	14.71	8.20	14.93	57.77	84.1	22.7
翠甜 2 号	26.64	6.00	6.13	8.56	15.53	8.73	15.40	60.34	87.0	32.1
超甜 4 号 CK	26.00	6.00	6.00	8.50	15.00	8.50	15.00	59.00	85.0	21.7

表 6　2016 年浙江省甜玉米区域试验参试品种病虫害抗性鉴定结果表

品种名称	小斑病		大斑病		纹枯病		茎腐病	
	病级	抗性评价	病级	抗性评价	病情指数	抗性评价	发病率（%）	抗性评价
金珍甜一号（续）	5 级	MR	5 级	MR	78.23	S	5.88	R
BM800（续）	9 级	HS	5 级	MR	65.50	S	0.00	HR
蜜脆 68（续）	5 级	MR	3 级	R	56.57	MR	0.00	HR
科甜 15	3 级	R	5 级	MR	49.88	MR	0.00	HR
雪甜 7401	9 级	HS	5 级	MR	95.56	HS	17.50	MR
浙甜 15	5 级	MR	3 级	R	76.00	S	0.00	HR
浙甜 16	3 级	R	3 级	R	56.19	MR	2.70	HR
浙甜 17	5 级	MR	3 级	R	78.66	S	4.44	HR
美玉甜 007	3 级	R	5 级	MR	62.27	S	10.64	MR
翠甜 2 号	9 级	HS	5 级	MR	63.46	S	20.93	MR
超甜 4 号（CK）	7 级	S	5 级	MR	60.00	MR	2.50	HR

抗性分级为 9 级制。1 级：HR 表示高抗；3 级：R 表示抗；5 级：MR 表示中抗；7 级：S 表示感；9 级：HS 表示高感。

2016年浙江省糯玉米区域试验和生产试验总结

浙江省种子管理总站

一、试验概况

区域试验和生产试验参试品种见表1。区域试验采用随机区组设计的形式，小区面积为20平方米，重复3次，四周设保护行。生产试验采用大区对比法，不设重复，大区面积为0.3～0.5亩，四周设保护行。所有参试品种同期播种、移栽，其他田间管理按当地习惯进行，及时防治病虫害，观察记载项目和标准按试验方案及《浙江省玉米区域试验和生产试验技术操作规程（试行）》进行。

区域试验承试单位为8个，分别为东阳玉米研究所、淳安县种子技术推广站、宁海县种子有限公司、嘉善县种子管理站、浙江省农业科学院作物与核技术利用研究所、江山市种子管理站、仙居县种子管理站和嵊州市农业科学研究所。生产试验由温州农业科学研究院、浙江省农业科学院、东阳玉米研究所、嘉善县种子管理站、宁海县种子有限公司、江山市种子管理站、仙居县种子管理站和嵊州市农业科学研究所。其中，由于江山点移栽后雨水较多，僵苗严重，所以其区域试验和生产试验数据报废。品质品尝由我站组织有关专家在省农业科学院作物与核技术利用研究所进行。品质分析由农业部稻米及其制品质量监督检验测试中心检测，样品由浙江省农业科学院作物与核技术利用研究所提供。抗性鉴定工作由东阳玉米研究所承担。

二、试验结果

（一）区域试验

1. 产量： 据7个试点的产量结果汇总分析，参试品种除糯玉2012-5比对照美玉8号减产外，其余品种均比对照美玉8号增产，其中科甜糯8号产量最高，平均鲜穗亩产为1032.8千克，比对照美玉8号增产25.6%，达极显著水平；天糯828次之，平均鲜穗亩产为1008.5千克，比对照美玉8号增产22.6%，达极显著水平；浙糯1302第三，平均鲜穗亩产为978.4千克，比对照美玉8号增产19.0%，达极显著水平；增产幅度达极显著水平的还有浙糯玉16，平均鲜穗亩产为964.1千克，比对照美玉8号增产17.2%。

2. 生育期：生育期变幅为79.3～86.3天，其中科糯3号最短，浙糯玉16最长。

3. 品质：所有参试品种品质品尝综合评分为84.5～87.5分，其中浙糯玉16的得分最高，科甜糯8号得分最低。

4. 抗性：经东阳玉米研究所鉴定，除对照外，对小斑病表现为抗的有天糯828和科甜糯8号，表现为中抗的有浙糯1302、京科糯609和浙糯玉16，其余品种为感或高感。除对照外，对大斑病除科糯3号、浙彩糯A98和甜糯1501表现为中抗外，其余品种均表现为抗。除对照外，对纹枯病表现为中抗的有绿玉糯2号、浙彩糯A98和浙糯玉16，其余品种表现为感或高感。除对照外，对茎腐病表现为中抗的有浙糯 1302、科糯 3 号、甜糯 1501 和糯玉 2012-5，其余品种均表现为高抗。

（二）生产试验

生产试验据 7 个试点汇总。天糯 828 产量最高，平均鲜穗亩产为 1007.5 千克，比对照美玉 8 号增产 25.6%；其次是新甜糯 88 和钱江糯 3 号，平均鲜穗亩产分别为 927.2 千克和 919.2 千克，分别比对照美玉 8 号增产 15.6%和 14.6%；浙糯 1302 平均鲜穗亩产为 902.7 千克，比对照美玉 8 号增产 12.6%；绿玉糯 2 号和浙糯 1202 分别比对照美玉 8 号增产 5.5%和 3.7%。

三、品种简评

（一）区域试验

1. 天糯 828（续）：系杭州良种引进公司选育的糯玉米杂交组合。本年区域试验平均亩产为 1008.5 千克，比对照美玉 8 号增产 22.6%，达极显著水平，比对照浙糯玉 5 号增产 16.1%，达极显著水平；2015 年区域试验平均亩产为 913.4 千克，比对照美玉 8 号增产 29.7%，达极显著水平；两年平均亩产为 960.9 千克，比对照美玉 8 号增产 25.9%。生产试验平均鲜穗亩产为 1007.5 千克，比对照美玉 8 号增产 25.6%。该组合生育期为 82.5 天，比对照美玉 8 号短 1.7 天。株高 207.8 厘米，穗位高 67.2 厘米，双穗率为 7.0%，空秆率为 1.3%，倒伏率为 0.9%，倒折率为 0.9%。穗长 19.3 厘米，穗粗 5.4 厘米，秃尖长 3.7 厘米，穗行数为 15.9 行，行粒数为 32.4 粒，单穗重 287.1 克，净穗率为 80.1%，鲜千粒重为 382.1 克，出籽率为 64.0%。直链淀粉含量为 2.6%，感官品质、蒸煮品质综合评分为 84.8 分，与对照相仿。该品种抗小斑病和大斑病，感纹枯病，高抗茎腐病。

该品种完成试验，建议报审。

2. 浙糯 1302（续）：系浙江省东阳玉米研究所选育的糯玉米杂交组合。本年区域试验平均亩产为 978.4 千克，比对照美玉 8 号增产 19.0%，达极显著水平，比对照浙糯玉 5 号增产 12.6%，达极显著水平；2015 年区域试验平均亩产为 857.0 千克，比对照美玉 8 号增产 21.7%，达极显著水平；两年平均亩产为 917.7 千克，比对照美玉 8 号增产 21.0%。生产试验平均鲜穗亩产为 902.7 千克，比对照美玉 8 号增产 12.6。该组合生育期为 82.0 天，比对照美玉 8 号短 2.2 天。株高 223.7 厘米，穗位高 84.0 厘米，双穗率为 14.7%，空秆率为 0.6%，倒伏率为 0.0%，倒折率为 1.8%。穗长 21.5 厘米，穗粗 4.8 厘米，秃尖长 1.5 厘米，穗行数为 14.4 行，行粒数为 38.8 粒，单穗重 267 克，净穗率为 80.6%，鲜千粒重为 317.7 克，出籽率为 63.3%。直链淀粉含量为 2.2%，感官品质、蒸煮品质综合评分为 86.5 分，比对照美玉 8 号高 1.5 分。该品种中抗小斑病，抗大斑病，感纹枯病，中抗茎腐病。

该品种完成试验，建议报审。

3. 绿玉糯 2 号（续）：系大绿种苗科技有限公司选育的糯玉米杂交组合。本年区域试验平均亩产为 867.6 千克，比对照美玉 8 号增产 5.5%，未达显著水平，比对照浙糯玉 5 号减产 0.1%，未达显著水平；2015 年区域试验平均亩产为 791.3 千克，比对照美玉 8 号增产 12.4%，达极显著水平；两年平均亩产为 829.5 千克，比对照美玉 8 号增产 8.9%。生产试验平均鲜穗亩产为 846.5 千克，比对照美玉 8 号增产 5.5%。该组合生育期为 84.2 天，和对照美玉 8 号相同。株高 227.7 厘米，穗位高为 95.3 厘米，双穗率为 14.0%，空秆率为 1.0%，倒伏率为 0.0%，倒折率为 0.0%。穗长 19.0 厘米，穗粗 4.9 厘米，秃尖长 0.8 厘米，穗行数为 13.8 行，行粒数为 39.2 粒，单穗重为 236.2 克，净穗率为 73.6%，鲜千粒重为 328.6 克，出籽率为 72.7%。直链淀粉含量为 2.2%，感官品质、蒸煮品质综合评分为 85.8 分，比对照美玉 8 号高 0.8 分。该品种感小斑病，抗大斑病，中抗纹枯病，高抗茎腐病。

该品种完成试验，建议报审。

4. 科糯 3 号：系浙江农科种业有限公司、浙江省农业科学院作物与核技术利用研究所选育的糯玉米杂交组合。本年区域试验平均亩产为859.4千克，比对照美玉8号增产4.5%，未达显著水平，比对照浙糯玉5号减产1.1%，未达显著水平。该组合生育期为79.3天，比对照美玉8号短4.9天。株高192.7厘米，穗位高56.3厘米，双穗率为4.6%，空秆率为1.2%，倒伏率为0.3%，倒折率为0.0%。穗长20.9厘米，穗粗4.7厘米，秃尖长1.9厘米，穗行数为12.7行，行粒数为39.3粒，单穗重为240.7克，净穗率为76.4%，鲜千粒重为332.3克，出籽率为62.9%。直链淀粉含量为2.4%，感官品质、蒸煮品质综合评分为84.6分，比对照美玉8号低0.4分。该品种感小斑病，中抗大斑病，高感纹枯病，中抗茎腐病。

该品种产量比对照小，品质一般。经专业组讨论，建议终止试验。

5. 科甜糯8号：系浙江可得丰种业有限公司选育的糯玉米杂交组合。本年区域试验平均亩产为1032.8千克，比对照美玉8号增产25.6%，达极显著水平，比对照浙糯玉5号增产18.9%，达极显著水平。该组合生育期为83.3天，比对照美玉8号短0.9天。株高227.2厘米，穗位高83.7厘米，双穗率为7.8%，空秆率为1.2%，倒伏率为1.1%，倒折率为0.0%。穗长20.6厘米，穗粗5.1厘米，秃尖长0.7厘米，穗行数为13.4行，行粒数为39.9粒，单穗重为280.8克，净穗率为75.4%，鲜千粒重为380.8克，出籽率为67.6%。直链淀粉含量为2.3%，感官品质、蒸煮品质综合评分为84.5分，比对照美玉8号低0.5分。该品种抗小斑病，抗大斑病，感纹枯病，高抗茎腐病。

该品种产量高，品质与对照相仿。经专业组讨论，建议下一年度区域试验与生产试验同步进行。

6. 京科糯609：系北京市农林科学院玉米研究中心选育的糯玉米杂交组合。本年区域试验平均亩产为840.9千克，比对照美玉8号增产2.2%，未达显著水平，比对照浙糯玉5号减产3.2%，未达显著水平。该组合生育期为83.0天，比对照美玉8号短1.2天。株高228厘米，穗位高84.3厘米，双穗率为5.0%，空秆率为1.1%，倒伏率为0.9%，倒折率为0.0%。穗长17.6厘米，穗粗5.1厘米，秃尖长2.9厘米，穗行数为14.3行，行粒数为35.2粒，单穗重为232.6克，净穗率为76.0%，鲜千粒重为328.5克，出籽率为70.1%。直链淀粉含量为1.9%，感官品质、蒸煮品质综合评分为85.6分，比对照美玉8号高0.6分。该品种中抗小斑病，抗大斑病，感纹枯病，高抗茎腐病。

该品种产量比对照小，品质略优于对照。经专业组讨论，建议终止试验。

7. 浙彩糯A98：系浙江勿忘农种业股份有限公司选育的糯玉米杂交组合。本年区域试验平均亩产为865.6千克，比对照美玉8号增产5.3%，未达显著水平，比对照浙糯玉5号减产0.4%，未达显著水平。该组合生育期为83.2天，比对照美玉8号短1.0天。株高231.2厘米，穗位高95.4厘米，双穗率为7.6%，空秆率为0.9%，倒伏率为0.0%，倒折率为0.0%。穗长18.9厘米，穗粗4.8厘米，秃尖长1.0厘米，穗行数为13.5行，行粒数为36.0粒，单穗重为217.5克，净穗率为65.9%，鲜千粒重为353.3克，出籽率为73.2%。直链淀粉含量为2.4%，感官品质、蒸煮品质综合评分为85.6分，比对照美玉8号高0.6分。该品种高感小斑病，中抗大斑病，中抗纹枯病，高抗茎腐病。

该品种产量比对照略小。经专业组讨论，建议终止试验。

8. 浙糯玉16：系浙江省东阳玉米研究所选育的糯玉米杂交组合。本年区域试验平均亩产为964.1千克，比对照美玉8号增产17.2%，达极显著水平，比对照浙糯玉5号增产11.0%，达极显著水平。该组合生育期为86.3天，比对照美玉8号长2.1天。株高259.2厘米，穗位高123.6厘米，双穗率为14.2%，空秆率为1.6%，倒伏率为3.5%，倒折率为0.0%。穗长20.5厘米，穗粗5厘米，秃尖长2.7厘米，穗行数为16.0行，行粒数为39.6粒，单穗重为273.3克，净穗率为71.1%，鲜千粒重为293.0克，出籽率为64.1%。直链淀粉含量为2.6%，感官品质、蒸煮品质综合评分为87.5分，比对照美玉8号高2.5分。该品种中抗小斑病，抗大斑病，中抗纹枯病，高抗茎腐病。

该品种产量高，品质优。经专业组讨论，建议下一年度区域试验与生产试验同步进行。

9. 甜糯1501：系浙江省农业科学院作物与核技术利用研究所选育的糯玉米杂交组合。本年区域试验平均亩产为852.9千克，比对照美玉8号增产3.7%，未达显著水平，比对照浙糯玉5号减产1.8%，未达显著水平。该组合生育期为 81.7 天，比对照美玉 8 号短 2.5 天。株高 194.2 厘米，穗位高 76.1 厘米，双穗率为 4.6%，空秆率为 2.2%，倒伏率为 0.0%，倒折率为 0.0%。穗长 19.8 厘米，穗粗 4.9 厘米，秃尖长 2.3 厘米，穗行数为 14.1 行，行粒数为 37.9 粒，单穗重为 237.6 克，净穗率为 77.3%，鲜千粒重为 312.4 克，出籽率为 65.2%。直链淀粉含量为 2.2%，感官品质、蒸煮品质综合评分为 85.2 分，比对照美玉 8 号高 0.2 分。该品种感小斑病，中抗大斑病，高感纹枯病，中抗茎腐病。

该品种产量比对照小，品质略优于对照。经专业组讨论，建议终止试验。

10. 糯玉 2012-5：系浙江大学作物科学研究所、浙江之豇种业有限责任公司选育的糯玉米杂交组合。本年区域试验平均亩产为 811.6 千克，比对照美玉 8 号减产 1.3%，未达显著水平，比对照浙糯玉 5 号减产 6.6%，未达显著水平。该组合生育期为 81.3 天，比对照美玉 8 号短 2.9 天。株高 237.4 厘米，穗位高 97.7 厘米，双穗率为 4.5%，空秆率为 1.6%，倒伏率为 1.2%，倒折率为 0.0%。穗长 19.8 厘米，穗粗 4.6 厘米，秃尖长 1.1 厘米，穗行数为 14.6 行，行粒数为 35.0 粒，单穗重为 226.3 克，净穗率为 79.5%，鲜千粒重为 302.6 克，出籽率为 63.4%。直链淀粉含量为 2.3%，感官品质、蒸煮品质综合评分为 84.8 分，比对照美玉 8 号低 0.2 分。该品种高感小斑病，抗大斑病，感纹枯病，中抗茎腐病。

该品种产量比对照小，品质与对照相仿。经专业组讨论，建议终止试验。

（二）生产试验

1. 新甜糯 88：系新昌县种子有限公司选育成的糯玉米杂交组合。生产试验平均鲜穗亩产为 927.2 千克，比对照美玉 8 号增产 15.6%。品种生育期为 84.2 天，比对照美玉 8 号短 1.1 天。株高 197.7 厘米，穗位高 71.7 厘米，双穗率为 7.8%，空秆率为 2.3%，倒伏率为 0.0%，倒折率为 0.0%。穗长 20.6 厘米，穗粗 4.8 厘米，秃尖长 2.0 厘米，穗行数为 11.8 行，行粒数为 39.6 粒，单穗重为 259.1 克，净穗率为 76.6%，鲜千粒重为 377.2 克，出籽率为 69.8%。

该品种完成试验，建议报审。

2. 浙糯 1202：系浙江省东阳玉米研究所选育成的糯玉米杂交组合。生产试验平均鲜穗亩产为 831.9 千克，比对照美玉 8 号增产 3.7%。品种生育期为 81.5 天，比对照美玉 8 号短 3.8 天。株高 187.0 厘米，穗位高 65.0 厘米，双穗率为 8.0%，空秆率为 0.8%，倒伏率为 10.0%，倒折率为 0.0%。穗长 20.6 厘米，穗粗 4.9 厘米，秃尖长 5.6 厘米，穗行数为 17.1 行，行粒数为 33.0 粒，单穗重为 244.0 克，净穗率为 79.6%，鲜千粒重为 278.6 克，出籽率为 59.4%。

该品种完成试验，建议报审。

3. 钱江糯 3 号：系杭州市农业科学研究院选育成的糯玉米杂交组合。生产试验平均鲜穗亩产为 919.2 千克，比对照美玉 8 号增产 14.6%。品种生育期为 83.2 天，比对照美玉 8 号短 2.1 天。株高 172.7 厘米，穗位高 62.5 厘米，双穗率为 8.3%，空秆率为 2.0%，倒伏率为 0.0%，倒折率为 0.0%。穗长 19.6 厘米，穗粗 5.1 厘米，秃尖长 3.5 厘米，穗行数为 15.4 行，行粒数为 33.9 粒，单穗重为 263.5 克，净穗率为 79.4%，鲜千粒重为 374.3 克，出籽率为 62.4%。

该品种完成试验，建议报审。

4. 天糯 828：系杭州良种引进公司选育成的糯玉米杂交组合。生产试验平均鲜穗亩产为 1007.5 千克，比对照美玉 8 号增产 25.6%。品种生育期为 83.2 天，比对照美玉 8 号短 2.1 天。株高 191.7 厘米，穗位高 65.8 厘米，双穗率为 8.5%，空秆率为 1.8%，倒伏率为 0.0%，倒折率为 1.0%。穗长 17.3 厘米，穗粗 4.7 厘米，秃尖长 3.4 厘米，穗行数为 15.8 行，行粒数为 33.8 粒，单穗重为 281.4 克，净穗率为 77.9%，鲜千粒重为 384.4 克，出籽率为 65.4%。

该品种完成试验，建议报审。

5. 浙糯 1302：系浙江省东阳玉米研究所选育成的糯玉米杂交组合。生产试验平均鲜穗亩产为 902.7 千克，比对照美玉 8 号增产 12.6%。品种生育期为 82.8 天，比对照美玉 8 号短 2.5 天。株高 211.6 厘米，穗位高 75.2 厘米，双穗率为 15.0%，空秆率为 1.5%，倒伏率为 0.0%，倒折率为 0.0%。穗长 21.6 厘米，穗粗 4.8 厘米，秃尖长 1.2 厘米，穗行数为 14.2 行，行粒数为 41.1 粒，单穗重为 257.1 克，净穗率为 79.9%，鲜千粒重为 310.7 克，出籽率为 64.0%。

该品种完成试验，建议报审。

6. 绿玉糯 2 号：系大绿种苗科技有限公司选育成的糯玉米杂交组合。生产试验平均鲜穗亩产为 846.5 千克，比对照美玉 8 号增产 5.5%。品种生育期为 84.8 天，比对照美玉 8 号短 0.5 天。株高 184.8 厘米，穗位高 88.9 厘米，双穗率为 18.0%，空秆率为 0.8%，倒伏率为 0.0%，倒折率为 0.0%。穗长 19.5 厘米，穗粗 4.8 厘米，秃尖长 0.7 厘米，穗行数为 13.2 行，行粒数为 40.7 粒，单穗重为 229.2 克，净穗率为 73.3%，鲜千粒重为 328.8 克，出籽率为 71.5%。

该品种完成试验，建议报审。

相关结果见表 1～表 6。

表 1　2016 年浙江省糯玉米区域试验和生产试验参试品种及申请（供种）单位表

<table>
<tr><th>试验类别</th><th>品种名称</th><th>申报（供种）单位</th><th>备注</th></tr>
<tr><td rowspan="12">区域试验</td><td>天糯 828（续）</td><td>杭州良种引进公司</td><td rowspan="3">续试</td></tr>
<tr><td>浙糯 1302（续）</td><td>浙江省东阳玉米研究所</td></tr>
<tr><td>绿玉糯 2 号（续）</td><td>大绿种苗科技有限公司</td></tr>
<tr><td>科糯 3 号</td><td>浙江农科种业有限公司、浙江省农业科学院作物与核技术利用研究所</td><td rowspan="9">新参试</td></tr>
<tr><td>科甜糯 8 号</td><td>浙江可得丰种业有限公司</td></tr>
<tr><td>京科糯 609</td><td>北京市农林科学院玉米研究中心</td></tr>
<tr><td>浙彩糯 A98</td><td>浙江勿忘农种业股份有限公司</td></tr>
<tr><td>浙糯玉 16</td><td>浙江省东阳玉米研究所</td></tr>
<tr><td>甜糯 1501</td><td>浙江省农业科学院作物与核技术利用研究所</td></tr>
<tr><td>糯玉 2012-5</td><td>浙江大学作物科学研究所、浙江之豇种业有限责任公司</td></tr>
<tr><td>美玉 8 号（CK1）</td><td>海南绿川种苗有限公司</td></tr>
<tr><td>浙糯玉 5 号（CK2）</td><td>浙江省东阳玉米研究所</td></tr>
<tr><td rowspan="7">生产试验</td><td>新甜糯 88</td><td>新昌县种子有限公司</td><td rowspan="7"></td></tr>
<tr><td>浙糯 1202</td><td>浙江省东阳玉米研究所</td></tr>
<tr><td>钱江糯 3 号</td><td>杭州市农业科学研究院</td></tr>
<tr><td>天糯 828</td><td>杭州良种引进公司</td></tr>
<tr><td>浙糯 1302</td><td>浙江省东阳玉米研究所</td></tr>
<tr><td>绿玉糯 2 号</td><td>大绿种苗科技有限公司</td></tr>
<tr><td>美玉 8 号（CK）</td><td>海南绿川种苗有限公司</td></tr>
</table>

表 2　2016 年浙江省糯玉米区域试验和生产试验参试品种产量表

试验类别	品种名称	亩产（千克）	亩产与对照 1 比较（%）	亩产与对照 2 比较（%）	差异显著性检验		各试点亩产（千克）							
					0.05	0.01	淳安	嵊州	东阳	宁海	仙居	温州	省农科	嘉善
区域试验	科甜糯 8 号	1032.8	25.6	18.9	a	A	1439.0	1311.2	968.3	825.6	1075.6	/	742.3	867.8
	天糯 828（续）	1008.5	22.6	16.1	a	A	1222.3	1252.0	1041.3	908.3	939.8	/	755.6	940.0
	浙糯 1302（续）	978.4	19.0	12.6	a	A	1266.7	1088.9	1024.3	925.3	1009.2	/	720.0	814.5
	浙糯玉 16	964.1	17.2	11.0	a	A	1330.1	1156.5	767.1	872.6	1014.7	/	684.5	923.4
	浙糯玉 5 号(CK2)	868.6	5.6	0.0	b	B	1251.2	1001.9	847.2	673.9	866.3	/	711.1	728.9
	绿玉糯 2 号(续)	867.6	5.5	−0.1	b	B	1108.9	1092.6	785.6	863.6	869.3	/	568.9	784.5
	浙彩糯 A98	865.6	5.3	−0.4	b	B	1048.9	1079.7	809.5	809.7	916.7	/	475.6	918.9
	科糯 3 号	859.4	4.5	−1.1	b	B	1057.8	1050.1	900.3	881.5	707.4	/	600.0	818.9
	甜糯 1501	852.9	3.7	−1.8	b	B	1024.5	1104.7	745.0	787.6	852.7	/	591.1	864.5
	京科糯 609	840.9	2.2	−3.2	b	B	1008.9	1066.7	812.2	710.6	850.8	/	675.6	761.1
	美玉 8 号（CK1）	822.4	0.0	−5.3	b	B	1003.4	1131.6	848.3	708.3	775.0	/	551.1	738.9
	糯玉 2012-5	811.6	−1.3	−6.6	b	B	870.0	1093.8	915.0	718.4	750.5	/	595.6	737.8
生产试验	新甜糯 88	927.2	15.6	/	/	/	/	1374.5	859.2	840.3	1028.8	832.6	519.1	1035.8
	浙糯 1202	831.9	3.7	/	/	/	/	1064.8	790.9	852.4	867.8	774.7	527.4	945.4
	钱江糯 3 号	919.2	14.6	/	/	/	/	1362.1	855.4	763.7	1045.5	750.5	663.4	993.5
	天糯 828	1007.5	25.6	/	/	/	/	1436.2	992.0	868.4	1021.6	831.7	750.9	1152.0
	浙糯 1302	902.7	12.6	/	/	/	/	1199.2	937.3	859.7	1000.9	775.1	570.4	976.6
	绿玉糯 2 号	846.5	5.5	/	/	/	/	1217.6	703.0	813.8	908.1	715.3	560.0	1007.8
	美玉 8 号（CK1）	802.0	0.0	/	/	/	/	1176.0	714.6	761.7	905.8	772.1	471.4	812.5

表 3　2016 年浙江省糯玉米区域试验和生产试验参试品种生育期和植株性状表

试验类别	品种名称	生育期（天）	株高（厘米）	穗位高（厘米）	双穗率（%）	空秆率（%）	倒伏率（%）	倒折率（%）
区域试验	天糯 828（续）	82.5	207.8	67.2	7.0	1.3	0.9	0.9
	浙糯 1302（续）	82.0	223.7	84.0	14.7	0.6	0.0	1.8
	绿玉糯 2 号（续）	84.2	227.7	95.3	14.0	1.0	0.0	0.0
	科糯 3 号	79.3	192.7	56.3	4.6	1.2	0.3	0.0
	科甜糯 8 号	83.3	227.2	83.7	7.8	1.2	1.1	0.0
	京科糯 609	83.0	228.0	84.3	5.0	1.1	0.9	0.0
	浙彩糯 A98	83.2	231.2	95.4	7.6	0.9	0.0	0.0
	浙糯玉 16	86.3	259.2	123.6	14.2	1.6	3.5	0.0
	甜糯 1501	81.7	194.2	76.1	4.6	2.2	0.0	0.0
	糯玉 2012-5	81.3	237.4	97.7	4.5	1.6	1.2	0.0

（续表）

试验类别	品种名称	生育期（天）	株高（厘米）	穗位高（厘米）	双穗率（%）	空秆率（%）	倒伏率（%）	倒折率（%）
区域试验	美玉 8 号（CK1）	84.2	205.1	89.2	12.1	0.9	1.5	0.5
	浙糯玉 5 号（CK2）	80.7	213.2	71.9	5.1	1.5	0.0	0.0
生产试验	新甜糯 88	84.2	197.7	71.7	7.8	2.3	0.0	0.0
	浙糯 1202	81.5	187.0	65.0	8.0	0.8	10.0	0.0
	钱江糯 3 号	83.2	172.7	62.5	8.3	2.0	0.0	0.0
	天糯 828	83.2	191.7	65.8	8.5	1.8	0.0	1.0
	浙糯 1302	82.8	211.6	75.2	15.0	1.5	0.0	0.0
	绿玉糯 2 号	84.8	184.8	88.9	18.0	0.8	0.0	0.0
	美玉 8 号（CK1）	85.3	202.5	85.9	17.3	2.5	0.0	0.0

表 4　2016 年浙江省糯玉米区域试验和生产试验参试品种果穗性状表

试验类别	品种名称	穗长（厘米）	穗粗（厘米）	秃尖长（厘米）	穗行数（行）	行粒数（粒）	单穗重（克）	净穗率（%）	鲜千粒重（克）	出籽率（%）
区域试验	天糯 828（续）	19.3	5.4	3.7	15.9	32.4	287.1	80.1	382.1	64.0
	浙糯 1302（续）	21.5	4.8	1.5	14.4	38.8	267.0	80.6	317.7	63.3
	绿玉糯 2 号（续）	19.0	4.9	0.8	13.8	39.2	236.2	73.6	328.6	72.7
	科糯 3 号	20.9	4.7	1.9	12.7	39.3	240.7	76.4	332.3	62.9
	科甜糯 8 号	20.6	5.1	0.7	13.4	39.9	280.8	75.4	380.8	67.6
	京科糯 609	17.6	5.1	2.9	14.3	35.2	232.6	76.0	328.5	70.1
	浙彩糯 A98	18.9	4.8	1.0	13.5	36.0	217.5	65.9	353.3	73.2
	浙糯玉 16	20.5	5.0	2.7	16.0	39.6	273.3	71.1	293.0	64.1
	甜糯 1501	19.8	4.9	2.3	14.1	37.9	237.6	77.3	312.4	65.2
	糯玉 2012-5	19.8	4.6	1.1	14.6	35.0	226.3	79.5	302.6	63.4
	美玉 8 号（CK1）	17.6	4.7	0.9	14.6	36.3	205.8	76.8	291.4	69.2
	浙糯玉 5 号（CK2）	20.5	4.7	2.3	15.5	35.0	226.3	75.7	279.3	60.1
生产试验	新甜糯 88	20.6	4.8	2.0	11.8	39.6	259.1	76.6	377.2	69.8
	浙糯 1202	20.6	4.9	5.6	17.1	33.0	244.0	79.6	278.6	59.4
	钱江糯 3 号	19.6	5.1	3.5	15.4	33.9	263.5	79.4	374.3	62.4
	天糯 828	17.3	4.7	3.4	15.8	33.8	281.4	77.9	384.4	65.4
	浙糯 1302	21.6	4.8	1.2	14.2	41.1	257.1	79.9	310.7	64.0
	绿玉糯 2 号	19.5	4.8	0.7	13.2	40.7	229.2	73.3	328.8	71.5
	美玉 8 号（CK1）	19.0	4.6	1.2	14.5	36.4	209.7	76.7	270.5	67.9

表 5　2016 年浙江省糯玉米区域试验参试品种品质表

品种名称	感官品质	蒸煮品质						总评分	直链淀粉含量（%）
		气味	色泽	风味	糯性	柔嫩性	皮薄厚		
天糯 828（续）	25.36	5.93	5.93	8.69	15.64	8.50	14.76	84.8	2.6
浙糯 1302（续）	25.50	6.00	6.07	8.90	15.67	8.77	15.57	86.5	2.2
绿玉糯 2 号（续）	26.43	6.00	6.00	8.47	15.69	8.47	14.79	85.8	2.2
科糯 3 号	25.71	6.00	6.07	8.29	15.43	8.07	15.07	84.6	2.4
科甜糯 8 号	26.29	5.89	5.90	7.93	15.39	8.36	14.79	84.5	2.3
京科需 609	25.86	6.06	6.07	8.53	15.57	8.33	15.19	85.6	1.9
浙彩糯 A98	26.14	6.00	6.07	8.29	15.50	8.57	15.06	85.6	2.4
浙糯玉 16	25.71	6.10	6.50	8.61	15.93	8.69	16.00	87.5	2.6
甜糯 1501	25.36	5.80	6.11	8.60	15.51	8.51	15.33	85.2	2.2
糯玉 2012-5	25.50	6.07	6.00	8.36	15.26	8.43	15.21	84.8	2.3
美玉 8 号（CK1）	26.00	6.00	6.00	8.50	15.00	8.50	15.00	85.0	2.4
浙糯玉 5 号（CK2）	26.00	6.03	6.00	8.71	15.50	8.81	15.36	86.4	2.4

表 6　2016 年浙江省糯玉米区域试验参试品种病虫害抗性鉴定结果表

品种名称	小斑病		大斑病		纹枯病		茎腐病	
	病级	抗性评价	病级	抗性评价	病情指数	抗性评价	发病率（%）	抗性评价
天糯 828（续）	3 级	R	3 级	R	63.64	S	0.00	HR
浙糯 1302（续）	5 级	MR	3 级	R	64.54	S	10.42	MR
绿玉糯 2 号（续）	7 级	S	3 级	R	55.56	MR	4.65	HR
科糯 3 号	7 级	S	5 级	MR	90.62	HS	22.50	MR
科甜糯 8 号	3 级	R	3 级	R	66.67	S	0.00	HR
京科糯 609	5 级	MR	3 级	R	68.60	S	0.00	HR
浙彩糯 A98	9 级	HS	5 级	MR	49.35	MR	0.00	HR
浙糯玉 16	5 级	MR	3 级	R	45.19	MR	0.00	HR
甜糯 1501	7 级	S	5 级	MR	90.91	HS	15.91	MR
糯玉 2012-5	9 级	HS	3 级	R	62.79	S	27.08	MR
美玉 8 号（CK1）	5 级	MR	3 级	R	74.75	S	25.53	MR
浙糯玉 5 号（CK2）	9 级	HS	5 级	MR	94.04	HS	4.17	HR

注：抗性分级为 9 级制。1 级：HR 表示高抗；3 级：R 表示抗；5 级：MR 表示中抗；7 级：S 表示感；9 级：HS 表示高感。

2016年浙江省棉花区域试验总结

浙江省种子管理总站

一、试验概况

2016年，浙江省棉花品种区域试验参试品种共有8个（包括对照，下同），分别是慈溪市农业科学研究所、浙江大学作物科学研究所选育的慈KJH83，浙江大学农学院选育的浙大8号、浙大7号，南京农业大学棉花研究所选育的南农884、南农995、南农991，浙江大学农学院选育的浙大73-79B。区域试验采用随机区组排列的形式，重复3次，小区面积为0.03亩。试验田四周设保护行，观察和记载项目统一按《浙江省棉花品种试验技术操作规程（试行）》进行。

区域试验承试单位为7个，分别是浙江省农业科学院作物与核技术利用研究所、江山市种子管理站、慈溪市农业科学研究所、金华三才种业有限公司、三门县种子管理站、兰溪市种子技术推广站和舟山市农业科学研究所。其中，舟山试点因受台风影响严重，其试验结果未予汇总。枯萎病抗性鉴定委托萧山棉麻研究所承担，纤维品质检测委托农业部棉花品质监督检验测试中心承担。转BT抗虫性鉴定和毒蛋白检测由中国农业科学研究院生物技术研究所承担。

二、试验结果

（一）区域试验

1. 产量：据6个试点的小区产量汇总分析，慈KJH83产量居首位，平均亩产皮棉135.5千克，比对照增产12.0%，差异极显著；其次是浙大7号和南农995，亩产分别是129.8千克、129.7千克，比对照分别增产7.3%、7.2%，差异显著。南农884产量最低，比对照减产17.8%。

2. 生育期：各参试品种生育期变幅为119.7～121.7天，以慈KJH83生育期最长，南农995最短且生育期变幅较小。

3. 主要经济性状：各参试品种株高变幅为105.8～113.0厘米，其中浙大73-79B最矮，慈KJH83最高；单株铃数浙大8号和南农884最少，为41.7个，慈抗杂3号最多，为47.6个；单铃重变幅为5.3～6.0克，浙大7号最重，南农884最轻；衣分变幅为39.5%～46.4%，慈KJH83最高，南农884最低；籽指变幅为10.5～11.3克，南农991和南农995最低，南农884最高；霜前花率变幅为84.9%～87.3%，南农991最低，慈抗杂3号最高。

4. 纤维品质：据农业部棉花品质检验测试中心测定，上半部纤维平均长度变幅为26.9～31.3毫米，其中慈抗杂3号最高，浙大73-79B最低；整齐度指数为84.9%～86.3%，其中浙大8号最低，慈抗杂3号和浙大7号最高；断裂比强度为32.1～36.9cN/tex，南农884最高，南农995和浙大73-79B最低；马克隆值变幅为4.6～5.5，南农884最低，浙大73-79B最高。

5. 抗性：据萧山棉麻研究所2016年人工接种枯萎病抗性鉴定结果，综合病情指数变幅为13.92～29.38。其中，南农995抗性最好，慈抗杂3号抗性最差。

（二）生产试验

根据6个试验点结果分析，生产试验品种中棉1279亩产皮棉105.3千克，比对照增产3.7%。

三、品种简评

1. 慈KJH83：系慈溪市农业科学研究所、浙江大学作物科学研究所选育的转基因杂交棉。2016年省区域试验平均亩产皮棉135.5千克，比对照慈抗杂3号增产12.0%，达极显著水平。生育期为121.7天，比对照慈抗杂3号长0.3天。株高113.0厘米，单株有效铃数为43.6个，单铃重为5.8克，衣分为46.4%，籽指为11.0克，霜前花率为86.6%，僵瓣率为8.8%。据农业部棉花品质检验测试中心测定，上半部纤维平均长度为29.8毫米，断裂比强度为33.0cN/tex，马克隆值为5.1，纺纱均匀指数为151.7。据萧山棉麻研究所2016年人工接种枯萎病抗性鉴定结果，枯萎病综合病情指数为26.86，表现为感病。经中国农业科学院生物技术研究所转基因抗虫性鉴定，是转基因抗虫棉。

2. 浙大8号：系浙江大学农学院选育的转基因杂交棉。2016年省区域试验平均亩产皮棉121.0千克，比对照慈抗杂3号增产0.0%，差异不显著。生育期为119.9天，比对照慈抗杂3号短1.5天。株高111.8厘米，单株有效铃数为41.7个，单铃重为5.9克，衣分为43.7%，籽指为10.8克，霜前花率为86.6%，僵瓣率为8.3%。据农业部棉花品质检验测试中心测定，上半部纤维平均长度为30.1毫米，断裂比强度为32.2cN/tex，马克隆值为5.0，纺纱均匀指数为148.0。据萧山棉麻研究所2016年人工接种枯萎病抗性鉴定结果，枯萎病综合病情指数为16.87，表现为耐病。经中国农业科学院生物技术研究所转基因抗虫性鉴定，非转基因抗虫棉。

3. 浙大7号：系浙江大学农学院选育的转基因杂交棉。2016年省区域试验平均亩产皮棉129.8千克，比对照慈抗杂3号增产7.3%，达极显著水平。生育期为120.0天，比对照慈抗杂3号短1.4天。株高111.6厘米，单株有效铃数为43.9个，单铃重为6.0克，衣分为43.8%，籽指为10.9克，霜前花率为86.8%，僵瓣率为8.1%。据农业部棉花品质检验测试中心测定，上半部纤维平均长度为29.3毫米，断裂比强度为33.7cN/tex，马克隆值为5.2，纺纱均匀指数为155.7。据萧山棉麻研究所2016年人工接种枯萎病抗性鉴定结果，枯萎病综合病情指数为16.33，表现为耐病。经中国农业科学院生物技术研究所转基因抗虫性鉴定，非转基因抗虫棉。

4. 南农884：系南京农业大学棉花研究所选育的转基因杂交棉（棕色棉）。2016年省区域试验平均亩产皮棉99.5千克，比对照慈抗杂3号减产17.8%，达极显著水平。生育期为120.7天，比对照慈抗杂3号短0.7天。株高107.4厘米，单株有效铃数为41.7个，单铃重为5.3克，衣分为39.5%，籽指为11.3克，霜前花率为85%，僵瓣率为11.2%。据农业部棉花品质检验测试中心测定，上半部纤维平均长度为31.0毫米，断裂比强度为36.9cN/tex，马克隆值为4.6，纺纱均匀指数为157.8。据萧山棉麻研究所2016年人工接种枯萎病抗性鉴定结果，枯萎病综合病情指数为20.08，表现为感病。经中国农业科学院生物技术研究所转基因抗虫性鉴定，非转基因抗虫棉。

5. 南农995：系南京农业大学棉花研究所选育的转基因杂交棉。2016年省区域试验平均亩产皮棉129.7千克，比对照慈抗杂3号增产7.2%，达极显著水平。生育期为119.7天，比对照慈抗杂3号短1.7天。株高107.7厘米，单株有效铃数为44.0个，单铃重为5.6克，衣分为44.4%，籽指为10.5克，霜前花率为87.2%，僵瓣率为9.6%。据农业部棉花品质检验测试中心测定，上半部纤维平均长度为29.5毫米，断裂比强度为32.1cN/tex，马克隆值为5.2，纺纱均匀指数为147.5。据萧山棉麻研究所2016年人工接种枯萎病抗性鉴定结果，枯萎病综合病情指数为13.92，表现为耐病。经中国农业科学院生物技术研究所转基因抗虫性鉴定，是转基因抗虫棉。

6. 南农991：系南京农业大学棉花研究所选育的转基因常规棉。2016年省区域试验平均亩产皮棉121.8千克，比对照慈抗杂3号增产0.7%，差异不显著。生育期为121.0天，比对照慈抗杂3号短0.4

天。株高107.4厘米，单株有效铃数为44.9个，单铃重为5.4克，衣分为43.9%，籽指为10.5克，霜前花率为84.9%，僵瓣率为11.7%。据农业部棉花品质检验测试中心测定，上半部纤维平均长度为29.1毫米，断裂比强度为32.2cN/tex，马克隆值为5.2，纺纱均匀指数为144.2。据萧山棉麻研究所2016年人工接种枯萎病抗性鉴定结果，枯萎病综合病情指数为18.53，表现为耐病。经中国农业科学院生物技术研究所转基因抗虫性鉴定，是转基因抗虫棉。

7. 浙大73-79B：系浙江大学农学院选育的常规棉。2016年省区域试验平均亩产皮棉120.0千克，比对照慈抗杂3号减产0.8%，差异不显著。生育期为120.6天，比对照慈抗杂3号短0.8天。株高105.8厘米，单株有效铃数为43.1个，单铃重为5.4克，衣分为42.5%，籽指为10.8克，霜前花率为86.4%，僵瓣率为10.9%。据农业部棉花品质检验测试中心测定，上半部纤维平均长度为26.9毫米，断裂比强度为32.1cN/tex，马克隆值为5.5，纺纱均匀指数为138.5。据萧山棉麻研究所2016年人工接种枯萎病抗性鉴定结果，枯萎病综合病情指数为16.09，表现为耐病。经中国农业科学院生物技术研究所转基因抗虫性鉴定，是转基因抗虫棉。

相关结果见表1～表6。

表1 2016年浙江省棉花区域试验和生产试验参试品种及申请（供种）单位表

试验类别	类型	品种名称	申请（供种）单位
区域试验	转基因杂交棉	慈KJH83	慈溪市农业科学研究所、浙江大学作物科学研究所
	转基因杂交棉	浙大8号	浙江大学农学院
	转基因杂交棉	浙大7号	浙江大学农学院
	转基因杂交棉（棕色棉）	南农884	南京农业大学棉花研究所
	转基因杂交棉	南农995	南京农业大学棉花研究所
	转基因常规棉	南农991	南京农业大学棉花研究所
	常规棉	浙大73-79B	浙江大学农学院
	转基因杂交棉	慈抗杂3号（CK）	慈溪市农业科学研究所
生产试验	转基因杂交棉	中棉1279	中国农业科学院棉花研究所
	转基因杂交棉	慈抗杂3号（CK）	慈溪市农业科学研究所

表2 2016年浙江省棉花品种区域试验和生产试验参试品种产量表

试验类别	品种名称	亩产（千克）	亩产与对照比较（%）	差异显著性检验		各试点亩产（千克）						
				0.05	0.01	慈溪	江山	金华	兰溪	三门	省农科	舟山
区域试验	慈KJH83	135.5	12.0	a	A	205.5	165.7	147.8	97.8	105.5	90.6	/
	浙大7号	129.8	7.3	b	A	177.0	153.8	142.8	111.0	111.4	83.0	/
	南农995	129.7	7.2	b	B	169.2	155.0	142.8	113.1	111.4	86.4	/
	南农991	121.8	0.7	c	C	176.7	145.6	126.7	106.0	99.0	77.0	/
	慈抗杂3号（CK）	121.0	0.0	c	C	172.4	148.8	121.9	93.3	105.5	84.3	/
	浙大8号	121.0	0.0	c	C	167.8	146.3	124.6	103.8	98.9	84.7	/
	浙大73-79B	120.0	−0.8	c	C	177.0	144.5	128.6	99.0	93.8	77.0	/
	南农884	99.5	−17.8	d	D	140.2	120.5	104.8	69.3	84.2	78.0	/
生产试验	中棉1279	105.3	3.7	/	/	66.3	138.7	88.0	135.4	111.7	/	91.6
	慈抗杂3号（CK）	101.5	0.0	/	/	69.7	135.5	72.7	139.6	116.5	/	75.2

表3 2016年浙江省棉花品种区域试验和生产试验参试品种经济性状表

试验类别	品种名称	生育期（天）	生育期与对照比较（天）	株高（厘米）	第一果枝节位（节）	单株铃数（个）	单株果枝数（台）	单铃重（克）	籽指（克）	衣分（%）	僵瓣率（%）	霜前花率（%）
区域试验	慈KJH83	121.7	0.3	113.0	5.5	43.6	15.7	5.8	11.0	46.4	8.8	86.6
	慈抗杂3号（CK）	121.4	0.0	108.6	5.5	47.6	15.8	5.4	10.6	41.5	9.4	87.3
	南农884	120.7	−0.7	107.4	5.8	41.7	15.3	5.3	11.3	39.5	11.2	85.0
	南农991	121.0	−0.4	107.4	5.4	44.9	15.4	5.4	10.5	43.9	11.7	84.9
	南农995	119.7	−1.7	107.7	5.7	44.0	16.2	5.6	10.5	44.4	9.6	87.2
	浙大73-79B	120.6	−0.8	105.8	5.3	43.1	15.3	5.4	10.8	42.5	10.9	86.4
	浙大7号	120.0	−1.4	111.6	5.7	43.9	15.2	6.0	10.9	43.8	8.1	86.8
	浙大8号	119.9	−1.5	111.8	5.7	41.7	15.1	5.9	10.8	43.7	8.3	86.6
生产试验	中棉1279	120.8	0.8	137.1	7.1	44.1	15.7	/	/	45.2	/	/
	慈抗杂3号（CK）	120.0	0.0	119.5	6.7	45.9	16.3	/	/	39.6	/	/

表4 2016年浙江省棉花区域试验和生产试验参试品种品质表

试验类别	品种名称	上半部纤维平均长度（毫米）	整齐度指数（%）	断裂比强度（cN/tex）	马克隆值	伸长率（%）	反射率（%）	黄度	纺纱均匀指数
区域试验	慈KJH83	29.8	85.6	33.0	5.1	7.0	77.1	7.2	151.7
	南农884	31.0	85.0	36.9	4.6	5.1	59.1	13.3	157.8
	南农991	29.1	85.0	32.2	5.2	6.4	76.6	7.8	144.2
	南农995	29.5	85.5	32.1	5.2	5.8	77.2	7.6	147.5
	浙大73-79B	26.9	85.2	32.1	5.5	6.4	77.4	7.6	138.5
	浙大7号	29.3	86.3	33.7	5.2	6.1	77.7	7.1	155.7
	浙大8号	30.1	84.9	32.2	5.0	6.0	77.5	7.4	148.0
	慈抗杂3号(CK)	31.3	86.3	34.1	5.1	5.8	77.8	7.1	162.0
生产试验	中棉1279	30.1	86.4	35.5	5.2	5.9	78.2	7.1	163.3
	慈抗杂3号	31.3	86.9	36.6	5.3	5.5	77.2	7.1	169.7

表5 2016年浙江省棉花区域试验参试品种BT抗虫株检测鉴定结果表

品种名称	检测株数（株）	抗虫株数（株）	抗虫株率（%）
浙大73-79B	50	45	90%
南农884	50	33	66%
南农991	50	50	100%
南农995	50	50	100%
浙大7号	50	36	72%
浙大8号	50	23	46%
慈抗杂3号（CK）	50	50	100%
慈KJH83	50	50	100%

表6　2016年浙江省棉花区域试验参试品种枯萎病人工接种抗性鉴定结果表

品种名称	蕾铃期		综合评价
	发病率（%）	病情指数	
慈 KJH83	74.64	26.86	感病
浙大 8 号	52.01	16.87	耐病
浙大 7 号	50.46	16.33	耐病
南农 884	58.18	20.08	感病
南农 995	43.37	13.92	耐病
南农 991	55.59	18.53	耐病
浙大 73-79B	49.58	16.09	耐病
慈抗杂 3 号（CK）	75.14	29.38	感病

注：抗性评定标准：综合病情指数 0 为免疫（I）；综合病情指数 0～5.0 为高抗（HR）；综合病情指数 5.1～10.0 为抗病（R）；综合病情指数 10.1～20.0 为耐病（T）；综合病情指数 20.1 以上为感病（S）。各期病情指数权重：苗期病情指数权重为 0.2，蕾期为 0.5，劈秆期为 0.3。

2016年浙江省小麦区域试验和生产试验总结

浙江省种子管理总站

一、试验概况

2016年，浙江省小麦品种区域试验参试品种共有12个（包括对照，下同），其中续试品种3个。生产试验参试品种2个。区域试验采用随机区组排列的形式，各区组品种排列不能与试验方案中的品种顺序相同，重复3次；小区为长方形，长宽比为 2∶1～3∶1，小区面积为13.3平方米。生产试验采用大区随机排列的形式，不设重复，大区面积为333平方米。试验田要求肥力均匀一致。试验设计、试验的主要农艺措施和观察记载等均参照《浙江省大小麦区域试验和生产试验技术操作规程》执行。赤霉病抗性委托浙江省农业科学院植物保护与微生物研究所鉴定。品质分析委托农业部谷物及制品质量监督检验测试中心（哈尔滨）检测。

2016年，浙江省小麦品种区域试验承担单位共有9个，最终试验结果采用的分别是浙江省农业科学院作物与核技术利用研究所、湖州市农业科学研究院、天台县种子管理站、绍兴市舜达种业有限公司、杭州市萧山区农业科学研究所和嘉兴市农业科学研究院的数据。其中，浙江勿忘农种业股份有限公司试点因田间管理不到位，导致区域试验整组产量偏低，故其区域试验数据做报废处理；海盐县种子管理站和杭州市临安区种子种苗管理站因被水淹，故其区域试验数据报废。

二、品种简评

（一）区域试验

1. NJ1018（续）：系江苏金运农业科技发展有限公司选育的小麦新品种，该品种第二年参试。2016年试验平均亩产为253. 8千克，比对照扬麦158增产4.4%，未达显著水平；2015年区域试验平均亩产为338.7千克，比对照扬麦158增产9.4%，达显著水平；两年平均亩产为296.2千克，比对照扬麦158增产7.2%。两年区域试验平均全生育期为169.53天，比对照扬麦20长0.88天；平均株高84.88厘米。每亩有效穗数为24.16万穗，成穗率为53.39%，穗长8.33厘米，每穗实粒数为34.16粒，千粒重为44.21克。经田间和实验室观察该品种田间整齐度好，抗倒性好，穗长方形，壳为白色，长芒，粒色粉，籽粒饱满。经浙江省农业科学院植物保护与微生物研究所2015—2016年抗性鉴定：赤霉病平均反应2.24级，表现为中抗赤霉病。经农业部谷物及制品质量监督检验测试中心（哈尔滨）2016年品质分析测定，容重为764克/升，粗蛋白干基含量为12.24%，湿面筋含量为22.6%，Zenely沉淀值为31.5毫升，吸水量为55.5毫升/100克，稳定时间为2.1分钟，最大拉伸阻力418E.U，延伸性为122毫米，拉伸面积为64.6平方厘米。

该品种符合审定标准，建议下一年度进入生产试验。

2. 扬12-145（续）：系江苏里下河地区农业科学研究所选育的小麦新品种，该品种第二年参试。2016年试验平均亩产为252.5千克，比对照扬麦158增产3.8%，未达显著水平；2015年区域试验平均亩产为331.2千克，比对照扬麦158增产7.0%，未达显著水平；两年平均亩产为291.9千克，比对照扬麦 158 增产 5.6%。两年区域试验平均全生育期为 169.69 天，比对照扬麦 20 长 1.04 天；平均株高 76.73 厘米。每亩有效穗数为 25.51 万穗，成穗率为 50.62%，穗长 8.38 厘米，每穗实粒数为 39.42 粒，千粒重为 35.68 克。经田间和实验室观察该品种田间整齐度好，抗倒性好，穗长方形，壳为白色，长芒，粒色粉，籽粒饱满。经浙江省农业科学院植物保护与微生物研究所 2015—2016 年抗性鉴定：赤霉病平均反应 3.31 级，表现为感赤霉病。经农业部谷物及制品质量监督检验测试中心（哈尔滨）2016 年品质分析测定，容重 750 克/升，粗蛋白干基含量为 12.29%，湿面筋含量为 20.5%，Zenely 沉淀值为 25.2 毫升，吸水量为 52.7 毫升/100 克，稳定时间为 1.4 分钟，最大拉伸阻力为 400E.U，延伸性为 90 毫米，拉伸面积为 46.0 平方厘米。

该品种赤霉病抗性不符合审定标准，建议终止试验。

3. 扬 12-25（续）：系江苏里下河地区农业科学研究所选育的小麦新品种，该品种第二年参试。2016 年试验平均亩产为 271.9 千克，比对照扬麦 158 增产 11.8%，达极显著水平；2015 年区域试验平均亩产为 348.2 千克，比对照扬麦 158 增产 12.5%，达极显著水平。两年平均亩产为 310.1 千克，比对照扬麦 158 增产 12.2%。两年区域试验平均全生育期为 167.95 天，比对照扬麦 20 短 0.70 天；平均株高为 76.36 厘米。每亩有效穗数为 26.28 万穗，成穗率为 55.60%，穗长 7.62 厘米，每穗实粒数为 35.43 粒，千粒重为 40.15 克。经田间和实验室观察该品种田间整齐度好，抗倒性好，穗棍棒形，壳为白色，长芒，粒色粉，籽粒饱满。经浙江省农业科学院植物保护与微生物研究所 2015—2016 年抗性鉴定：赤霉病平均反应 3.01 级，表现为中感赤霉病。经农业部谷物及制品质量监督检验测试中心（哈尔滨）2016 年品质分析测定，容重为 780 克/升，粗蛋白干基含量为 12.04%，湿面筋含量为 19.9%，Zenely 沉淀值为 29 毫升，吸水量为 53.8 毫升/100 克，稳定时间为 2.1 分钟，最大拉伸阻力为 550E.U，延伸性为 82 毫米，拉伸面积为 59.4 平方厘米。

该品种符合审定标准，建议下一年度进入生产试验。

4. 南农 15Y19：系南京农业大学农学院选育的小麦新品种，该品种第一年参试。2016 年试验平均亩产为 227.8 千克，比对照扬麦 20 减产 7.8%，达极显著水平。该品种平均全生育期为 162.17 天，比对照扬麦 20 短 0.50 天；平均株高 76.92 厘米。每亩有效穗数为 25.06 万穗，成穗率为 54.24%，穗长 7.75 厘米，每穗实粒数为 27.84 粒，千粒重为 37.94 克。经田间和实验室观察该品种田间整齐度好，抗倒性中等，穗长方形，壳为白色，长芒，粒色红，籽粒饱满度中等。经浙江省农业科学院植物保护与微生物研究所 2016 年抗性鉴定：赤霉病平均反应 3.68 级，表现为感赤霉病。经农业部谷物及制品质量监督检验测试中心（哈尔滨）2016 年品质分析测定，容重为 750 克/升，粗蛋白干基含量为 12.29%，湿面筋含量为 21.1%，Zenely 沉淀值为 28.5 毫升，吸水量为 53.9 毫升/100 克，稳定时间为 1.3 分钟，最大拉伸阻力为 570E.U，延伸性为 70 毫米，拉伸面积为 54.3 平方厘米。

该品种产量和赤霉病抗性不符合审定标准，建议下一年度终止试验。

5. 浙麦 1307：系浙江省农业科学院作物与核技术利用研究所选育的小麦新品种，该品种第一年参试。2016 年试验平均亩产为 226.6 千克，比对照扬麦 20 减产 8.3%，达极显著水平。该品种平均全生育期为 162.00 天，比对照扬麦 20 短 0.67 天；平均株高为 77.39 厘米。每亩有效穗数为 26.28 万穗，成穗率为 60.04%，穗长 7.81 厘米，每穗实粒数为 32.20 粒，千粒重为 34.94 克。经田间和实验室观察该品种田间整齐度好，抗倒性好，穗长方形，壳为白色，长芒，粒色粉，籽粒饱满度中等。经浙江省农业科学院植物保护与微生物研究所 2016 年抗性鉴定：赤霉病平均反应 3.78 级，表现为感赤霉病。经农业部谷物及制品质量监督检验测试中心（哈尔滨）2016 年品质分析测定，容重为 752 克/升，粗蛋白干基含量为 13.2%，湿面筋含量为 19.9%，Zenely 沉淀值为 31.0 毫升，吸水量为 56.2 毫升/100 克，稳定时间为 1.4 分钟，最大拉伸阻力为 405E.U，延伸性为 69 毫米，拉伸面积为 38.8 平方厘米。

该品种产量和赤霉病抗性不符合审定标准，建议下一年度终止试验。

6. 华麦 2152：系华中农业大学选育的小麦新品种，该品种第一年参试。2016 年试验平均亩产为 242.1 千克，比对照扬麦 20 减产 2.0%，达显著水平。该品种平均全生育期为 159.17 天，比对照扬麦 20 短 3.50 天；平均株高为 83.09 厘米。每亩有效穗数为 23.04 万穗，成穗率为 55.14%，穗长为 9.67 厘米，每穗实粒数为 33.77 粒，千粒重为 37.85 克。经田间和实验室观察该品种田间整齐度好，抗倒性好，穗圆锥形，壳为白色，长芒，粒色白，籽粒饱满度中等。经浙江省农业科学院植物保护与微生物研究所 2016 年抗性鉴定：赤霉病平均反应 3.38 级，表现为中感赤霉病。经农业部谷物及制品质量监督检验测试中心（哈尔滨）2016 年品质分析测定，容重为 735 克/升，粗蛋白干基含量为 14.12%，湿面筋含量为 25.8%，Zenely 沉淀值为 25.2 毫升，吸水量为 50.8 毫升/100 克，稳定时间为 3.4 分钟，最大拉伸阻力为 412E.U，延伸性为 96 毫米，拉伸面积为 53.6 平方厘米。

该品种产量符合审定标准（生育期短 3.50 天），但容重略低于审定标准，建议下一年度继续参试。

7. 金运麦 3 号：系江苏金运农业科技发展有限公司选育的小麦新品种，该品种第一年参试。2016 年试验平均亩产为 255.7 千克，比对照扬麦 20 增产 3.5%，未达显著水平。该品种平均全生育期为 163.00 天，比对照扬麦 20 长 0.33 天；平均株高为 83.14 厘米。每亩有效穗数为 25.04 万穗，成穗率为 60.55%，穗长为 8.87 厘米，每穗实粒数为 34.10 粒，千粒重为 39.57 克。经田间和实验室观察该品种田间整齐度好，抗倒性好，穗长方形，壳为白色，长芒，粒色红，籽粒饱满。经浙江省农业科学院植物保护与微生物研究所 2016 年抗性鉴定：赤霉病平均反应 3.13 级，表现为中感赤霉病。经农业部谷物及制品质量监督检验测试中心（哈尔滨）2016 年品质分析测定，容重为 760 克/升，粗蛋白干基含量为 12.82%，湿面筋含量为 22.5%，Zenely 沉淀值为 30.0 毫升，吸水量为 62.5 毫升/100 克，稳定时间为 1.8 分钟，最大拉伸阻力为 360E.U，延伸性为 110 毫米，拉伸面积为 51.0 平方厘米。

该品种产量符合续试条件，建议下一年度继续参试。

8. 襄麦 78：系湖北省襄阳市农业科学院选育的小麦新品种，该品种第一年参试。2016 年试验平均亩产为 227.7 千克，比对照扬麦 20 减产 7.8%，达极显著水平。该品种平均全生育期为 163.83 天，比对照扬麦 20 长 1.16 天；平均株高为 80.34 厘米。每亩有效穗数为 27.12 万穗，成穗率为 54.99%，穗长为 8.4 厘米，每穗实粒数为 27.41 粒，千粒重为 38.05 克。经田间和实验室观察该品种田间整齐度好，抗倒性中等，穗圆锥形，壳为白色，长芒，粒色红，籽粒饱满。经浙江省农业科学院植物保护与微生物研究所 2016 年抗性鉴定：赤霉病平均反应 2.43 级，表现为中抗赤霉病。经农业部谷物及制品质量监督检验测试中心（哈尔滨）2016 年品质分析测定，容重为 755 克/升，粗蛋白干基含量为 14.49%，湿面筋含量为 27.5%，Zenely 沉淀值为 27.2 毫升，吸水量为 54.7 毫升/100 克，稳定时间为 2.5 分钟，最大拉伸阻力为 390E.U，延伸性为 116 毫米，拉伸面积为 56.4 平方厘米。

该品种产量不符合审定标准，建议下一年度终止试验。

9. 温麦 13-2：系温州市农业科学研究院选育的小麦新品种，该品种第一年参试。2016 年试验平均亩产为 196.4 千克，比对照扬麦 20 减产 20.5%，达极显著水平。该品种平均全生育期为 162.83 天，比对照扬麦 20 长 0.16 天；平均株高为 77.34 厘米。每亩有效穗数为 25.04 万穗，成穗率为 56.18%，穗长为 10.04 厘米，每穗实粒数为 36.42 粒，千粒重为 34.15 克。经田间和实验室观察该品种田间整齐度好，抗倒性中等，穗圆锥形，壳为白色，长芒，粒色红，籽粒饱满度差。经浙江省农业科学院植物保护与微生物研究所 2016 年抗性鉴定：赤霉病平均反应 3.28 级，表现为中感赤霉病。经农业部谷物及制品质量监督检验测试中心（哈尔滨）2016 年品质分析测定，容重为 728 克/升，粗蛋白干基含量为 13.05%，湿面筋含量为 19.8%，Zenely 沉淀值为 30.5 毫升，吸水量为 55.6 毫升/100 克，稳定时间为 1.4 分钟，最大拉伸阻力为 378E.U，延伸性为 91 毫米，拉伸面积为 41.5 平方厘米。

该品种产量不符合审定标准，建议下一年度终止试验。

10. 扬麦 13-154：系江苏里下河地区农业科学研究所选育的小麦新品种，该品种第一年参试。2016

年试验平均亩产为238.5千克，比对照扬麦20减产3.4%，达极显著水平。该品种平均全生育期为163.50天，比对照扬麦20长0.83天；平均株高为72.52厘米。每亩有效穗数为27.58万穗，成穗率为63.51%，穗长为7.01厘米，每穗实粒数为29.70粒，千粒重为37.24克。经田间和实验室观察该品种田间整齐度好，抗倒性好，穗棍棒形，壳为白色，长芒，粒色红，籽粒饱满。经浙江省农业科学院植物保护与微生物研究所2016年抗性鉴定：赤霉病平均反应3.68级，表现为感赤霉病。经农业部谷物及制品质量监督检验测试中心（哈尔滨）2016年品质分析测定，容重为753克/升，粗蛋白干基含量为13.24%，湿面筋含量为21.5%，Zenely沉淀值为27.2毫升，吸水量为56.7毫升/100克，稳定时间为1.0分钟，最大拉伸阻力为180E.U，延伸性为96毫米，拉伸面积为20.5平方厘米。

该品种产量和赤霉病抗性不符合审定标准，建议下一年度终止试验。

（二）生产试验

1. 扬09品1：系江苏金土地种业有限公司选育的小麦新品种。本生产试验平均亩产为250.2千克，比对照扬麦158增产11.9%。

该品种推荐审定。

2. 嘉0604：系嘉兴市农业科学研究院选育的小麦新品种。本生产试验平均亩产为226.1千克，比对照扬麦158增产1.1%。

该品种推荐审定。

相关结果见表1～表9。

表1　2016年浙江省小麦区域试验和生产试验参试品种及申请（供种）单位表

试验类别	品种名称	亲本	申请（供种）单位	备注
区域试验	NJ1018（续）	扬麦16/宁麦14	江苏金运农业科技发展有限公司	续试
	扬12-145（续）	扬麦18/09纹1009	江苏里下河地区农业科学研究所	
	扬12-25（续）	宁0087/（扬18/扬15）	江苏里下河地区农业科学研究所	
	南农15Y19	南农9918/郑9023	南京农业大学农学院	新参试
	浙麦1307	杨麦158/郑麦9203	浙江省农业科学院作物与核技术利用研究所	
	华麦2152	（鄂恩1号/川农麦1号）/（华9515/川农6280）	华中农业大学	
	金运麦3号	扬麦158/宁麦14	江苏金运农业科技发展有限公司	
	襄麦78	郑麦9023/南农02	湖北省襄阳市农业科学院	
	温麦13-2	扬93-63/扬96-152	温州市农业科学研究院	
	扬13-154	镇麦8号//扬麦17/扬麦15	江苏里下河地区农业科学研究所	
	扬麦158（CK1）	扬麦4号/S1472//506	江苏里下河地区农业科学研究所	
	扬麦20（CK2）	扬9/扬10	江苏里下河地区农业科学研究所	
生产试验	扬09品1	扬麦16/扬辐93-11	江苏金土地种业有限公司	
	嘉0604	嘉77-3/嘉78-6	嘉兴市农业科学研究院	
	扬麦158（CK1）	扬麦4号/S1472//506	江苏里下河地区农业科学研究所	

表 2　2015—2016 年浙江省小麦区域试验和生产试验参试品种产量表

试验类别	品种名称	2016 年						2015 年				两年平均	
		小区产量（千克）	亩产（千克）	亩产与对照 1 比较（%）	亩产与对照 2 比较（%）	差异显著性检验		亩产（千克）	亩产与对照 1 比较（%）	差异显著性检验		亩产（千克）	亩产与对照 1 比较（%）
						0.05	0.01			0.05	0.01		
区域试验	扬 12-25（续）	5.48	271.9	11.8	/	a	A	348.2	12.5	/	**	310.1	12.2
	金运麦 3 号	5.14	255.7	/	3.5	b	B	/	/	/	/	/	/
	NJ1018（续）	5.11	253.8	4.4	/	b	B	338.7	9.4	*	/	296.2	7.2
	扬 12-145（续）	5.08	252.5	3.8	/	bc	B	331.2	7.0	/	/	291.9	5.6
	扬麦 20（CK2）	4.98	247.0	/	0.0	bcd	BC	/	/	/	/	/	/
	扬麦 158（CK1）	4.90	243.2	0.0	/	cd	BC	309.6	/	/	/	276.4	/
	华麦 2152	4.88	242.1	/	−2.0	d	BC	/	/	/	/	/	/
	扬 13-154	4.81	238.5	/	−3.4	d	CD	/	/	/	/	/	/
	南农 15Y19	4.59	227.8	/	−7.8	e	D	/	/	/	/	/	/
	襄麦 78	4.59	227.7	/	−7.8	e	D	/	/	/	/	/	/
	浙麦 1307	4.56	226.6	/	−8.3	e	D	/	/	/	/	/	/
	温麦 13-2	3.97	196.4	/	−20.5	f	E	/	/	/	/	/	/
生产试验	扬 09 品 1	123.35	250.2	11.9	/	/	/	/	/	/	/	/	/
	嘉 0604	113.08	226.1	1.1	/	/	/	/	/	/	/	/	/
	扬麦 15（CK1）	111.88	223.6	0.0	/	/	/	/	/	/	/	/	/

注：**表示差异达极显著水平；*表示差异达显著水平。

表 3　2015—2016 年浙江省小麦区域试验参试品种经济性状表

品种名称	年份	全生育期（天）	全生育期与对照 2 比较（天）	基本苗数（万株/亩）	最高苗数（万株/亩）	有效穗数（万穗/亩）	成穗率（%）	株高（厘米）	穗长（厘米）	实粒数（粒/穗）	千粒重（克）
NJ1018（续）	2015	175.40	0.60	14.10	44.60	22.70	50.90	85.00	8.70	36.70	47.20
	2016	163.67	1.17	16.26	45.85	25.62	55.87	84.76	7.96	31.61	41.22
	平均	169.53	0.88	15.18	45.23	24.16	53.39	84.88	8.33	34.16	44.21
扬 12-145（续）	2015	176.20	1.40	19.00	56.00	24.80	44.30	77.60	8.40	43.80	37.10
	2016	163.17	0.67	16.76	46.04	26.21	56.93	75.85	8.35	35.04	34.25
	平均	169.69	1.04	17.88	51.02	25.51	50.62	76.73	8.38	39.42	35.68
扬 12-25（续）	2015	174.40	−0.4	16.60	48.20	24.30	50.50	78.30	8.00	39.70	42.10
	2016	161.50	−1.00	18.11	46.54	28.25	60.70	74.41	7.23	31.16	38.19
	平均	167.95	−0.70	17.36	47.37	26.28	55.60	76.36	7.62	35.43	40.15
扬麦 158（CK1）	2015	174.80	0.00	14.80	47.30	23.70	50.20	88.60	8.90	41.30	41.10
	2016	162.50	0.00	16.81	46.37	28.17	60.76	83.74	8.01	32.08	36.90
	平均	168.65	0.00	15.81	46.84	25.94	55.48	86.17	8.46	36.69	39.00

（续表）

品种名称	年份	全生育期（天）	全生育期与对照2比较（天）	基本苗数（万株/亩）	最高苗数（万株/亩）	有效穗数（万穗/亩）	成穗率（%）	株高（厘米）	穗长（厘米）	实粒数（粒/穗）	千粒重（克）
南农 15Y19	2016	162.17	−0.50	16.75	46.20	25.06	54.24	76.92	7.75	27.84	37.94
浙麦 1307	2016	162.00	−0.67	17.27	43.77	26.28	60.04	77.39	7.81	32.20	34.94
华麦 2152	2016	159.17	−3.50	16.17	41.78	23.04	55.14	83.09	9.67	33.77	37.85
金运麦 3 号	2016	163.00	0.33	13.87	41.36	25.04	60.55	83.14	8.87	34.10	39.57
襄麦 78	2016	163.83	1.16	17.51	49.62	27.12	54.99	80.34	8.40	27.41	38.05
温麦 13-2	2016	162.83	0.16	14.79	44.56	25.04	56.18	77.34	10.04	36.42	34.15
扬 13-154	2016	163.50	0.83	16.30	43.43	27.58	63.51	72.52	7.01	29.70	37.24
扬麦 20（CK2）	2016	162.67	0.00	18.11	44.55	26.61	59.73	76.63	7.94	31.28	35.98

表 4　2015—2016 年浙江省小麦区域试验参试品种农艺性状表

品种名称	年份	整齐度	抗倒性	穗形	壳色	芒	粒色	籽粒饱满度	粒质
NJ1018（续）	2015	中	中	长方形	白	长芒	红	较饱满	硬质
	2016	好	好	长方形	白	长芒	粉	饱满	半硬质
	平均	好	好	长方形	白	长芒	粉	饱满	半硬质
扬 12-145（续）	2015	好	中	长方形	白	长芒	红	较饱满	硬质
	2016	好	好	长方形	白	长芒	粉	饱满	半硬质
	平均	好	好	长方形	白	长芒	粉	饱满	半硬质
扬 12-25（续）	2015	好	中	椭圆形	白	长芒	红	饱满	硬质
	2016	好	好	棍棒形	白	长芒	粉	饱满	粉质
	平均	好	好	棍棒形	白	长芒	粉	饱满	粉质
扬麦 158（CK1）	2015	好	中	长方形	白	长芒	红	较饱满	硬质
	2016	好	好	长方形	白	长芒	红	饱满	硬质
	平均	好	好	长方形	白	长芒	红	饱满	硬质
南农 15Y19	2016	好	好	长方形	白	长芒	红	中等	硬质
浙麦 1307	2016	好	好	长方形	白	长芒	粉	中等	半硬质
华麦 2152	2016	好	好	圆锥形	白	长芒	白	中等	粉质
金运麦 3 号	2016	好	好	长方形	白	长芒	红	饱满	硬质
襄麦 78	2016	好	中	圆锥形	白	长芒	红	饱满	硬质
温麦 13-2	2016	好	中	圆锥形	白	长芒	红	欠饱	半硬质
扬 13-154	2016	好	好	棍棒形	白	长芒	红	饱满	半硬质
扬麦 20（CK2）	2016	好	好	长方形	白	长芒	红	欠饱	硬质

注：两年差距较大的，以 2016 年的为准。

表 5　2015—2016 年浙江省小麦区域试验参试品种赤霉病抗性鉴定结果表

品种名称	年份	发病率（%）	平均反应级	抗性等级
NJ1018（续）	2015	92.5	2.45	MR
	2016	100.0	2.03	MR
	平均	96.3	2.24	MR
扬 12-145（续）	2015	92.5	3.08	MS
	2016	100.0	3.53	S
	平均	96.3	3.31	S
扬 12-25（续）	2015	97.5	2.53	MR
	2016	100.0	3.48	MS
	平均	98.8	3.01	MS
扬麦 158（CK1）	2015	95.0	2.36	MR
	2016	100.0	3.23	MS
	平均	97.5	2.80	MS
南农 15Y19	2016	100.0	3.68	S
襄麦 78	2016	100.0	2.43	MR
温麦 13-2	2016	100.0	3.28	MS
扬 13-154	2016	100.0	3.68	S
浙麦 1307	2016	100.0	3.78	S
华麦 2152	2016	100.0	3.38	MS
金运麦 3 号	2016	100.0	3.13	MS
扬麦 20（CK2）	2016	100.0	3.13	MS

注：1. 因病菌接种方式和评价标准有所改进，两年的抗性鉴定结果有所差异，考虑到年度间发病环境的影响，综合评价以抗性表现较差的一年为依据。
2. 新的分级标准。抗（R）：平均反应级＜1.7；中抗（MR）：1.7≤平均反应级＜3.0；中感（MS）：3.0≤平均反应级＜3.5；感（S）：平均反应级≥3.5。

表 6　2015—2016 年浙江省小麦区域试验参试品种品质表

品种名称	年份	容重（克/升）	粗蛋白干基含量（%）	湿面筋含量（%）	Zenely 沉淀值（毫升）	吸水量（毫升/100 克）	稳定时间（分钟）	最大拉伸阻力（E.U）	延伸性（毫米）	拉伸面积（厘米 ^{2}）
NJ1018（续）	2015	799	13.96	30.8	31.0	57.0	4.0	290	174	66.0
	2016	764	12.24	22.6	31.5	55.5	2.1	418	122	64.6
	平均	782	13.10	26.7	31.3	56.3	3.1	354	148	65.3
扬 12-145（续）	2015	802	14.36	30.5	27.2	51.9	3.9	245	177	57.6
	2016	750	12.29	20.5	25.2	52.7	1.4	400	90	46.0
	平均	776	13.33	25.5	26.2	52.3	2.7	323	134	51.8

（续表）

品种名称	年份	容重（克/升）	粗蛋白干基含量（%）	湿面筋含量（%）	Zenely 沉淀值（毫升）	吸水量（毫升/100 克）	稳定时间（分钟）	最大拉伸阻力（E.U）	延伸性（毫米）	拉伸面积（厘米^2）
扬 12-25（续）	2015	800	14.32	30.1	29.0	53.4	4.4	300	168	67.8
	2016	780	12.04	19.9	29.0	53.8	2.1	550	82	59.4
	平均	790	13.18	25.0	29.0	53.6	3.3	425	125	63.6
扬麦 158（CK1）	2015	779	14.35	30.5	41.2	57.8	6.2	375	174	88.8
	2016	756	12.57	20.6	30.8	57.7	1.2	288	118	38.4
	平均	768	13.46	25.6	36.0	57.8	3.7	332	146	63.6
南农 15Y19	2016	750	12.29	21.1	28.5	53.9	1.3	570	70	54.3
浙麦 1307	2016	752	13.20	19.9	31.0	56.2	1.4	405	69	38.8
华麦 2152	2016	735	14.12	25.8	25.2	50.8	3.4	412	96	53.6
金运麦 3 号	2016	760	12.82	22.5	30.0	62.5	1.8	360	110	51.0
襄麦 78	2016	755	14.49	27.5	27.2	54.7	2.5	390	116	56.4
温麦 13-2	2016	728	13.05	19.8	30.5	55.6	1.4	378	91	41.5
扬 13-154	2016	753	13.24	21.5	27.2	56.7	1.0	180	96	20.5
扬麦 20（CK2）	2016	752	12.24	18.2	22.0	52.1	0.8	240	74	20.6

表 7　2016 年浙江省小麦区域试验和生产试验参试品种各试点产量对照表

单位：千克/亩

试验类别	品种名称	平均	省农科	湖州	舜达	天台	勿忘农	嘉兴	萧山
区域试验	NJ1018（续）	253.8	192.0	372.4	176.6	210.9	/	278.0	292.8
	扬 12-145（续）	252.5	187.7	305.8	198.3	197.1	/	309.0	317.3
	扬 12-25（续）	271.9	178.5	347.3	223.8	220.6	/	322.5	338.8
	南农 15Y19	227.8	157.8	348.3	156.5	202. 0	/	243.0	259.5
	浙麦 1307	226.6	164.9	324.6	186.3	191.8	/	209.0	283.0
	华麦 2152	242.1	160.4	376.2	181.8	210.2	/	211.5	312.3
	金运麦 3 号	255.7	176.7	363.7	195.4	186.5	/	290.0	321.8
	襄麦 78	227.7	140.0	336.6	167.3	231.4	/	224.0	266.8
	温麦 13-2	196.4	132.5	281.9	152.0	225.1	/	137.5	249.5
	扬 13-154	238.5	162.3	364.4	143.5	206.7	/	273.5	280.6
	扬麦 158（CK1）	243.2	147.0	360.5	199.9	211.4	/	254.0	286.4
	扬麦 20（CK2）	247.0	180.0	366.9	201.8	230.7	/	213.0	289.6
生产试验	扬 09 品 1	250.2	224.5	386.6	202.9	240.9	195.9	/	/
	嘉 0604	226.1	219.2	303.4	201.4	233.6	172.6	/	/
	扬麦 158（CK）	223.6	203.9	345.8	170.7	247.0	150.6	/	/

表8 2016年浙江省小麦区域试验参试品种各试点综合评分表

品种名称	平均	省农科	湖州	舜达	天台	嘉兴	萧山
NJ1018（续）	77.67	90	90	70	70	76	70
扬12-145（续）	75.00	85	76	80	55	78	76
扬12-25（续）	78.67	75	72	90	75	80	80
南农15Y19	65.33	70	65	60	70	65	62
浙麦1307	63.67	65	60	75	55	62	65
华麦2152	70.67	70	78	75	70	59	72
金运麦3号	71.17	70	70	80	55	76	76
襄麦78	62.33	55	61	65	76	59	58
温麦13-2	61.17	60	60	60	70	59	58
扬13-154	69.33	70	81	60	60	72	73
扬麦158（CK1）	76.20	70	/	85	75	76	75
扬麦20（CK2）	77.60	80	/	85	76	70	77

注：各点的综合评分采用百分制。不适合本地种植推广：60分以下；适合本地种植，但表现一般：61～75分；非常适合本地推广种植，且田间表现出色：76～99分。

表9 2016年浙江省小麦区域试验参试品种各试点抗倒性表

品种名称	湖州	嘉兴	舜达	勿忘农	萧山农科所	天台	省农科
NJ1018（续）	好	好	好	中	好	中	中
扬12-145（续）	好	好	好	差	好	中	中
扬12-25（续）	好	好	好	差	好	中	中
南农15Y19	好	好	好	差	好	中	中
浙麦1307	好	好	好	差	好	中	中
华麦2152	中	好	好	差	好	中	中
金运麦3号	好	好	好	好	好	中	中
襄麦78	好	中	好	好	好	中	中
温麦13-2	好	中	好	差	好	中	中
扬13-154	好	好	好	差	好	中	中
扬麦158（CK1）	好	好	好	好	好	中	中
扬麦20（CK2）	好	好	好	中	好	好	中

附件

2016年小麦区域试验质量检查与品种评价

2016年5月16—17日，浙江省品审会办公室组织小麦专业组及杭、嘉、绍等市种子管理站负责人现场检查了省小麦区域试验及展示示范点，现将情况汇总如下。

1. 检查地点。浙江省农业科学院、萧山区农业科学研究所、嘉兴市农业科学研究院、浙江勿忘农种业股份有限公司、湖州市农业科学研究院和绍兴市舜达种业有限公司共6个点。

2. 区域试验质量。整体试验质量跟往年相比有较大提高，但因气候原因各试点播期偏迟，赤霉病发生严重。湖州、嘉兴和萧山三个试点整体表现较好，省农业科学院区域试验验田块地势偏低，渍害较重，建议下一年更换地块；上虞试点田块不够均匀，肥力水平偏低，建议下一年度加强肥水管理。要求各试点三个重复必须采用随机排列的形式，以保证试验质量。

3. 品种评价。

扬12-25：整体表现较好，株高中等，熟相好。

华麦2152：熟期较早。

襄麦78：熟期偏迟，总体表现不佳。

浙江省农作物品审会小麦专业组
2016年5月17日

第二部分 展示示范总结

2016年浙江省农作物新品种适应性扩展鉴定总结

诸暨市种子管理站

2016年诸暨市种子管理站承担了浙江省种子管理总站《关于布置2016年浙江省农作物新品种适应性扩展鉴定和丰产示范计划的通知》（浙种〔2016〕21号）下达的适应性扩展鉴定试验任务。试验落实在山下湖镇解放村现代农业园区。现将2016年的试验工作情况总结如下。

一、建立班子，制订计划

为了认真落实和完成水稻新品种的适应性扩展鉴定试验任务，本站认真向领导汇报，争取相关领导和部门的支持，并成立了该项目实施领导小组，明确各责任人的任务。本站还根据项目内容制订实施计划。

二、试验设计与栽培方式

本试验在力争试验地肥力和光水条件一致的前提下，把杂交晚粳和常规晚粳分区排列，布局上尽量把生育期相近的毗邻排列，提高同类的比较效应，按浙江省种子管理总站的试验面积要求落实。试验采用水育手拔秧移栽；单季稻于5月26日播种，6月17日移栽，双季稻于6月28日播种，7月24日移栽，力争把插种的稀密程度做到基本相近。田间管理措施与其他大田一致。

三、主要管理技术措施

1. 继续聘用技术辅导人员，确保“五统一”（统一品种布局、统一育供秧、统一技术规程、统一田间管理、统一机械作业技术措施）的施行。2016年我们继续聘用了从农技站退休的老农业技术人员，作为该项目的特聘技术人员，具体指导试验的技术操作过程，确保试验布局、育秧、移栽、肥水管理、病虫植保的“五统一”技术措施完全实施。

2. 培育壮苗促早发。“苗好一半稻”这是水稻种植的历史总结，为此，我们设法从培育壮苗、促早发、长大蘖、成大穗出发：一是定量稀播，扩大秧田面积。根据先前的发芽试验，每亩用种量从原来的4千克减到3～3.5千克，秧本比从过去的1∶（8～10）减到1∶6，甚至还小，使秧苗生长有足够的空间，从秧田起身就带有足够的分蘖苗，尽量减少主蘖穗的差异，促进平衡。二是插足基本苗。无论分蘖多少，常规插不少于4个谷苗，杂交全部插2个谷苗。这既减少或防止杂交退化、返祖不出头现象，又使秧苗有足够的主穗有效穗。三是早肥早发。在移栽后的第五天就用速效追肥，促秧苗分蘖早发，同时在活苗后采用铜板薄水灌溉，尽量促使光照进稻的基部，并增加土壤的透气性，诱发早出分蘖，同时配合早干田措施，使分蘖苗能成穗、成大穗。

3. 确保后期转色清秀。前几年往往在成熟期出现台风和连续阴雨，使水稻叶枯死快且诱发纹枯病、基腐病等。为防患于未然，2016年，我们在60米长的田中开凿了2条横沟和1条围沟，便于排水，确保水稻后期的青秆黄熟。

四、品种的主要经济性状和生育表现

2016 年，浙江省种子管理总站布置给本站 23 个单季晚稻品种、9 个双季晚稻品种的适应性扩展鉴定试验任务。

（一）单季晚稻品种表现

1. 杂交品种

甬优 8050：优点是生长整齐，苗期起发快，前、中期株形紧凑，叶片挺直，分蘖力强，谷色黄亮，后期转色清秀，米质、口感尚可，但逊于甬优 17、甬优 9 号和甬优 15。缺点是穗颈长软，在成熟期上部株形散，剑叶特别长，在大风天易倒伏。

甬优 7861 和甬优 7850：这两个品种在前、中期几乎难有区别，除甬优 7861 的叶色略深于甬优 7850 的外，其他几乎相似。表现为生长整齐，分蘖力较强，株形紧凑，茎秆粗壮，叶片直立，主蘖穗差异小，抽穗速度快，后期转色清秀，谷色黄亮。成熟后期甬优 7850 比甬优 7861 上部略散些，功能叶尖泛黄略显快些。

甬优 538：是种植历史比较久的 1 个品种。其因产量较高而深受农民喜欢，但近年基腐病缕有发生，在这不予赘述。

甬优 1540：是 1 个表现中规中矩的品种。其适应性强，种植性好，米质也可，既可单季种植，也可连作种植，产量也理想。前、中期生长表现与甬优 8050 基本相同，但其茎秆较甬优 8050 粗壮；后期上部仍然紧凑，叶片挺直。其虽无特别高的产量，但种植性好，抗逆性、抗倒性、抗病性都较突出，可推广种植。

中嘉优 6 号和交源优 69：这 2 个品种的形态特征有相似之处，生长整齐，株形紧凑，叶色深绿，叶片挺直，分蘖力较强，后期转色也较清秀。这 2 个品种的共同缺点是分蘖穗有包颈现象，不能完全伸长，分蘖穗结实率低，易患稻曲病。中嘉优 6 号的枝梗有轻微的开花现象；交源优 69 有谷斑，谷色不够黄亮。

嘉禾优 2125：该品种的长相与甬优 8050 有相似之处，剑叶特别长，穗大，谷粒长椭圆形，整齐度好，前、中期株形紧凑，叶片挺直，转色清秀。其缺点是后期上部较散，分蘖穗成穗率明显低，穗小，落脚穗多。

浙粳优 1578 和春优 927：这 2 个品种的长相在前、中期也相似，生长整齐，株形紧凑，叶片挺直，分蘖也强，后期转色清秀。不同的是，春优 927 分蘖穗成穗率要高于浙粳优 1578，但浙粳优 1578 比春优 927 转色清秀，春优 927 的谷色在后期上半穗带灰白色。

浙优 19 和浙优 21：与其他品种相比有着明显的表现特征，叶色深绿，叶片挺直，穗大而粗短。不同的是后期浙优 19 叶色褪淡较浙优 21 明显，谷色黄亮度较浙优 21 好。缺点是浙优 19 生育期过长，中后期的分蘖穗成穗率低。

2. 常规品种

浙粳 99、浙粳 98 和浙粳 86：是 3 个长相相似的常规晚粳品种。它们表现为生长整齐，分蘖力强，株形紧凑，叶片短直，浙粳 99 分蘖力最强且分蘖穗成穗率高。转色浙粳 86 好于浙粳 99 和浙粳 98，浙粳 99 谷斑明显，浙粳 98 有基腐病发生。

浙粳 60 和浙粳 70：这 2 个品种的长相差异很小。浙粳 60 生长不是十分整齐，穗小于浙粳 70。

嘉 58 和嘉 67：两嘉 58 由于种植多年，退化现象已十分明显，生长不够整齐。这 2 个品种的分蘖力明显逊于浙粳 99、浙粳 98 和浙粳 86。

秀水 134 和丙 1214：生长都很整齐，株形紧凑，叶片挺直，分蘖力较强。后期转色丙 1214 要好于秀水 134，秀水 134 后期谷色较灰白。丙 1214 穗大，灌浆速度快，后期在温度低、少日照的情况下部分谷粒不够充实，影响产量。

中嘉 8 号：前、中期的生长情况与后期有明显的反差：前期起发快，中期生长旺；后期衰老速度较其他品种快一些，不但叶片枯黄快，而且谷粒显灰白，干枯谷样几乎占据上半穗，粒重也明显偏小，会严重影响产量，还出现了基腐病。

浙辐 83：无论营养生长，还是生殖生长，均较旺盛，生长整齐，株形紧凑，叶片挺直，分蘖力强，后期转色清秀。但可能这个品种在成熟期对温光要求要高于其他品种，由于 2016 年后期阴雨日多，低温来得早，它受到的影响较大，其产量与其长势长相不是很相符。

（二）双季晚稻品种表现

1. 杂交品种

甬优 1640、甬优 2640、甬优 4550、甬优 4350、甬优 1540、甬优 7840：6 个甬优系列的品种作连作晚稻种植，表现最好的是甬优 1540、甬优 4350、甬优 1640、甬优 7840，其次是甬优 4550，表现最差的是甬优 2640。甬优 2640 在成熟期功能叶泛黄最快，上部穗形最散，谷壳有枯白现象，转色相对难看。甬优 1540、甬优 4550 和甬优 7840 在 2016 年后期阴雨天多、低温来得早的情况下，有这样良好的表现实属不错。

2. 常规品种

宁 81、浙粳 59 和丙 10544：宁 81 植株最高，成熟期最迟，穗最大。丙 10544 植株最矮，穗形最小，抽穗期和成熟期最早，如果在 8 月初种，其表现估计要好于宁 81 和浙粳 59。浙粳 59 的表现介于两者之间。

五、试验过程中的气象因素影响

整个试验期的气象条件在水稻生长发育和收获的全过程的前、中期较好，后期较差。秧苗期：整个秧苗期的气温最低为 17℃，最高为 30℃，均是有利于秧苗生长的温度；光照和雨量也属正常，没有异常的天气状况。本田期：6 月本地雨日是 9 天，阴天是 4 天，最低温度是 19℃，最高温度是 34℃，这样的气象条件对晚稻的前期生长极为有利，光照、雨水充足，气温适宜为晚稻的低节位分蘖创造了良好的环境条件，为群体平衡、个体强壮、缩小主蘖穗的差异打下了良好的基础。7 月至 8 月上旬历来是本地的高温季节，2016 年也是如此。最高温度达 38℃以上的高温天气有 8 天，36～38℃的有 2 天，34～36℃的有 9 天，34℃以下的有 23 天。雨日有 11 天，几乎四分之一的日子有雨，雨量分布也相对均匀。充足的光照、偏高的气温、充沛的雨水较好地促进了水稻分蘖、拔节和幼穗的早期分化，其间也没有易诱发白叶枯病的台风。这样的气象条件，为促进水稻的根系生长、减少病虫的危害创造了极好的空间环境。

2016 年几乎少见稻瘟病，没有白叶枯病发生，连纹枯病和稻曲病也极少见，即使发生，程度也较轻。虫害只见轻微的稻纵卷叶螟虫害发生。虽有高温天气，但园区有良好的灌溉条件，使水稻生长不致受到高温的影响。9 月上旬的抽穗杨花期和成熟前期，30 天中仅有一天半为雨日，其余均为晴天或多云的日子，气温为 27～35℃，非常有利于水稻抽穗杨花和授粉。但好景不长，9 月 14 日和 9 月 25 日分别来了“莫兰蒂”和“鲇鱼”2 场台风、连续 5 天的阴雨、25～30℃的气温，导致下部叶片提前早衰，给灌浆成熟期的试验带来了极大的影响。9 月 28 日起又是连续七八天的阴雨天，少光照的情况对在成熟期的晚稻的充实物的生成和积累极为不利；10 月 10 日—11 月 20 日的 40 天里，光照日不足 16 天，最高气温也只有 29℃，超过 27℃的只有 3 天，最低温度只有 7℃，低于 10℃的有 8 天。11 月 20 日至月底的收获期只有 3 个多云的日子，7 个是雨日，22 日开始气温降至 3～10℃且连续 6 天。这样的天气条件对水稻充实有弊而无利，对及时收获也造成了不小的影响。因此，2016 年的晚稻有良好的长势长相而无理想中的产量，实际产量和理论产量相差甚远。

相关结果见表 1～表 3。

表1　2016年浙江省农作物新品种适应性扩展鉴定生育状况及经济性状表（单季常规晚稻）

品种名称	播种期（月/日）	移栽期（月/日）	秧龄（天）	始穗期（月/日）	齐穗期（月/日）	成熟期（月/日）	全生育期（月/日）	基本苗数（万株/亩）	最高苗数（万株/亩）	有效穗数（万穗/亩）	成穗率（%）	株高（厘米）	穗长（厘米）	总粒数（粒/穗）	实粒数（粒/穗）	结实率（%）	千粒重（克）	实际亩产（千克）
浙粳86	5/28	6/17	21	8/30	9/2	10/20	145	5.07	33.2	22.48	67.7	93	15.1	115	104	90.4	24	501.4
浙粳99	5/26	6/17	21	8/31	9/3	10/22	147	5.51	28.2	20.21	71.6	93	15.1	135	114	84.4	24	642.4
浙粳98	5/26	6/17	21	9/2	9/5	10/25	150	4.84	31.5	21.89	69.4	101	14.9	110	91	82.7	28	512.6
浙粳60	5/26	6/17	21	8/30	9/2	10/22	147	5.65	27.8	23.10	83.0	101	16.0	116	94	81.0	26	496.7
浙粳70	5/26	6/17	21	8/30	9/2	10/22	147	5.07	30.0	20.12	67.0	101	16.9	133	109	81.9	26	501.7
秀水134	5/26	6/17	21	8/30	9/2	10/22	147	3.93	27.3	20.53	75.2	92	15.9	129	106	82.1	26	509.9
嘉58	5/26	6/17	21	9/2	9/5	10/25	150	4.09	33.6	19.49	58.0	102	14.7	126	105	83.3	26	500.7
嘉67	5/26	6/17	21	8/30	9/2	10/22	147	4.00	34.5	19.07	55.3	93	14.0	119	103	86.5	28	506.9
中嘉8号	5/26	6/17	21	8/28	8/31	10/23	148	4.35	23.6	19.05	80.7	110	20.0	124	101	81.4	29	474.8
丙1214	5/26	6/17	21	8/27	8/30	10/23	148	5.31	29.5	24.10	81.6	111	15.2	129	107	82.9	26	449.7
浙辐粳83	5/26	6/17	21	9/1	9/4	10/27	152	4.86	31.9	19.82	62.1	110	15.0	137	115	83.9	29	528.0

表 2　2016 年浙江省农作物新品种适应性扩展鉴定生育状况及经济性状表（单季杂交晚稻）

品种名称	播种期（月/日）	移栽期(月/日)	秧龄(天)	始穗期(月/日)	齐穗期(月/日)	成熟期(月/日)	全生育期(月/日)	基本苗数(万株/亩)	最高苗数(万株/亩)	有效穗数(万穗/亩)	成穗率（%）	株高(厘米)	穗长(厘米)	总粒数(粒/穗)	实粒数（粒/穗）	结实率（%）	千粒重（克）	实际亩产（千克）
甬优 8050	5/26	6/17	21	8/24	8/26	10/20	146	3.06	22.15	14.0	63.2	136	28.0	234	199	84.9	26	613.5
甬优 7861	5/26	6/17	21	8/31	9/3	10/26	152	3.54	29.87	15.4	51.5	124	22.5	338	269	83.1	25	609.5
甬优 7850	5/26	6/17	21	8/26	8/29	10/25	151	3.16	24.50	15.0	61.2	126	22.0	363	283	81.5	24	610.5
甬优 538	5/26	6/17	21	8/30	9/1	10/29	155	3.44	28.18	14.0	49.7	126	21.6	330	276	83.5	24	616.7
甬优 1540	5/26	6/17	21	8/27	8/30	10/25	151	3.09	20.33	15.5	76.2	120	25.3	291	236	81.0	24	641.3
中嘉优 6 号	5/26	6/17	21	9/3	9/6	10/26	152	2.68	23.98	14.8	61.7	123	22.1	297	233	82.6	26	566.3
嘉禾优 2125	5/26	6/17	21	9/3	9/6	10/26	152	3.08	21.78	15.0	68.8	141	25.6	374	279	80.4	25	670.4
浙粳优 1578	5/26	6/17	21	8/30	9/2	10/27	153	3.48	23.22	14.5	62.4	125	22.3	323	260	84.0	24	721.5
春优 927	5/26	6/17	21	8/27	8/31	10/25	151	4.63	27.82	14.3	51.4	129	23.7	313	249	83.2	26	666.9
浙优 21	5/26	6/17	21	9/7	9/10	11/2	158	3.87	25.90	16.1	62.2	133	18.3	309	249	80.6	24	682.6
浙优 19	5/26	6/17	21	9/9	9/13	11/2	158	3.03	24.36	15.9	63.6	132	19.9	333	267	80.1	24	702.8
交源优 69	5/26	6/17	21	9/1	9/4	10/31	157	3.98	27.12	13.5	49.8	133	20.6	334	266	79.5	25	618.2

表3 2016年浙江省农作物新品种适应性扩展鉴定生育状况及经济性状表（双季晚稻）

品种名称	播种期（月/日）	移栽期（月/日）	秧龄（天）	始穗期（月/日）	齐穗期（月/日）	成熟期（月/日）	全生育期（月/日）	基本苗数（万株/亩）	最高苗数（万株/亩）	有效穗数（万穗/亩）	成穗率（%）	株高（厘米）	穗长（厘米）	总粒数（粒/穗）	实粒数（粒/穗）	结实率（%）	千粒重（克）	实际亩产（千克）
甬优1640	6/28	7/24	26	9/8	9/11	11/12	135	4.18	21.38	14.96	70.0	95	18.4	279	190	68.1	24	498.6
甬优2640	6/28	7/24	26	9/9	9/12	11/12	135	3.61	18.90	14.73	77.9	97	22.5	219	189	86.3	25	428.4
甬优4550	6/28	7/24	26	9/7	9/10	11/12	135	3.44	21.33	14.60	68.4	103	20.3	285	200	70.1	23	471.3
甬优4350	6/28	7/24	26	9/5	9/8	11/12	135	3.81	20.91	14.27	68.2	97	19.9	392	249	63.5	24	488.3
甬优1540	6/28	7/24	26	9/11	9/14	11/12	135	3.63	20.27	15.09	74.4	96	20.8	352	281	79.8	24	498.1
甬优7840	6/28	7/24	26	9/10	9/13	11/12	135	3.59	17.27	13.42	77.7	101	19.2	311	246	79.1	24	497.9
宁81（CK）	6/28	7/24	26	9/17	9/20	11/12	141	6.20	26.71	17.93	67.1	96	15.3	163	130	80.2	24	377.7
浙粳59	6/28	7/24	26	9/18	9/21	11/12	138	6.42	32.52	19.05	58.6	92	16.1	134	106	79.1	23	388.9
丙10544	6/28	7/24	26	8/31	9/3	11/12	136	5.31	27.25	24.03	88.1	67	14.8	120	97	80.8	25	330.2

2016年苍南县早稻新品种展示示范总结

苍南县种子管理站

根据浙江省种子管理总站《关于布置2016年浙江省农作物新品种适应性扩展鉴定和丰产示范计划的通知》（浙种〔2016〕21号）的统一部署，我县承担嘉育938、金12-39、温926、陵两优0516等11个品种适应性扩展鉴定（又称展示），以及中嘉早17、温926这2个品种丰产示范（又称示范）的任务。在上级领导与专家的帮助与指导下，我们认真开展工作，达到了预期的示范效果。现将展示示范情况小结如下。

一、项目实施基本情况

1. 基地概况

新品种展示示范落实在浙江省农作物新品种展示示范基地——温州市苍南县钱库镇仙平村。粮食功能区内，地势平坦，阳光充足，道路、排灌沟渠配套完善，土壤肥力中等偏上，交通方便，承担展示示范任务的农户具有多年的水稻试验示范经验，栽培水平相对较高，在苍南范围内具有较好的示范辐射作用。除主要任务落实在省展示示范基地（仙居）外，温926、中嘉早17等还在浦亭、沪山、括山、金乡、三大庙等地进行多点示范。

2. 示范概况

2个品种的示范面积共计180亩，中嘉早17的示范面积为100亩，温926的示范面积为80亩；浦亭、沪山、括山、金乡、三大庙等展示示范基地的示范面积累计近2000亩。

3. 展示概况

展示鉴定面积为14.5亩，品种为11个：温926、株两优831、嘉育938、中冷23、嘉育89、温814、中早35、中嘉早17、中早39、甬籼975、陵两优0519。连片集中进行种植，每个品种展示面积为1～1.12亩，统一在3月20日育苗，3月30日人工移栽。

4. 田间管理概况

示范方统一采用机育机插，在3月27日播种，4月23日移栽。移栽密度为30厘米×13厘米。亩施三元复合肥（N∶P∶K=13∶6∶6）50千克、尿素5千克为底肥。间歇追肥两次：第一次为5月2日，结合中耕除草，撒施尿素10千克，促有效分蘖；第二次为5月18日，施穗肥，再撒施尿素3千克，提高结实率。

二、早稻生长期间天气情况及对早稻生长的影响

3月的天气对于早稻播种没有影响。5月，降水量明显偏多，无法正常烤田，故无法抑制无效分蘖。6月，早稻处于孕穗、抽穗期，中下旬雨水减少，有利于早稻抽穗。然而在6月13日出现了大暴雨，对部分正处抽穗的水稻生长造成影响；6月29日傍晚，雷雨大风的天气也造成部分水稻出现倒伏或倾斜的现象，从而影响后期长相及产量。7月，气温偏高，天气晴好，有利于早稻后期灌浆。但台风“尼伯特”带来的大风大雨使部分品种出现倒伏的现象。

三、实施结果

1. 示范品种产量

中嘉早 17：示范方平均亩产为 481.7 千克。其中，仙居示范方面积为 100 亩，平均亩产为 503.4 千克；沪山示范方面积为 300 亩，平均亩产为 495.3 千克；三大庙示范方面积为 250 亩，平均亩产为 483 千克；金乡示范方面积为 230 亩，平均亩产为 452 千克；浦亭示范方面积为 152 亩，平均亩产为 460 千克；括山示范方面积为 500 亩，平均亩产为 496.7 千克。

温 926：示范平均亩产为 514.75 千克。其中，仙居示范方面积为 60 亩，平均亩产为 508.5 千克；括山示范方面积为 280 亩，平均亩产为 521 千克。

2. 展示品种产量

展示品种 11 个，亩产为 442.5～548.9 千克。其中，陵两优 0516 亩产最高，达到 548.9 千克，比对照中早 39 增产 12.55%；其次是嘉育 89，亩产为 540.0 千克，比对照中早 39 增产 10.72%；亩产最低的是甬籼 975，因为品种的关系，矮缩病严重，亩产只有 442.5 千克，比对照中早 39 减产 9.27%。从综合性状看，陵两优 0516、嘉育 89 等品种田间长势良好，表现较突出。

四、展示示范成效

1. 充分发挥了新品种的展示示范效应，为今后的推广打下了基础。

2. 筛选出适宜本地种植的品种——温 926、嘉育 938、中冷 23 等；同时也明确了品种在栽培上需要注意的重点，如中冷 23 要注意控肥等。

3. 示范方通过增施有机肥、机插等技术，增产明显。

五、主要工作措施

1. 认真做好新品种引进工作，制定实施方案，落实专业技术人员蹲点负责、指导，确定工作目标，做好统一管理，实行“五统一”，做好新品种展示、试验、示范等工作。

2. 加大投入，从源头做起（如办技术培训班、送资料、送种子、送有机肥等），为丰产丰收打基础。

3. 加强指导，严把技术关，做到“三勤”（勤下乡、勤观察、勤记载）、“三到”（关键时期要技术到位、指导到位、人员到位）、 “三多”（多看、多学、多问），努力提高试验示范水平，真正发挥展示示范的辐射效应。开展培训，及时组织示范种植户集中培训，重点介绍各新品种特征特性、栽培要点。在中后期及时组织种植户、经营户等召开现场会，做好品种与技术交流工作，明确告知新品种在种植中的表现与栽培技术的注意要点。

六、对品种的综合评价

1. 示范品种

中嘉早 17：表现为田间生长旺盛，分蘖力强，茎秆粗壮，耐肥性强，叶片大、略披垂，株高适中，穗大粒多，谷粒椭圆形，粒较大，丰产潜力明显，生育期较适中。每亩有效穗数为 19.4 万穗，每穗总粒数为 156.5 粒，每穗实粒数为 126.2 粒，亩产达 587.3 千克。

温 926：表现为株形适中，分蘖力较强，叶色较深，剑叶挺直、微卷，穗大粒多，谷壳黄亮，谷粒椭圆形。7 月 5 日进行田间取样考种，每亩有效穗数为 22.63 万穗，每穗总粒数为 188.1 粒，每穗实粒数为 117.6 粒，最高亩产达 638.5 千克。

2. 展示品种

（1）表现较突出且产量较高的 7 个品种

中冷 23：该品种株形松散，茎秆粗壮，分蘖力强，易感纹枯病，抽穗整齐，群体平整，剑叶稍宽、软、易披，耐肥性中等，应该注意后期氮肥的控制，后期会早衰，熟相一般，不易落粒，谷粒圆形，耐低温，抽穗时遇低温天气会出现黑谷。每亩有效穗数为 22.178 万穗，每穗总粒数为 153.5 粒，每穗实粒数为 114.36 粒，结实率为 74.5%，千粒重为 27.2 克，实际亩产为 496.1 千克。

嘉育 938：该品种株形紧凑，植株高，茎秆粗，生育期略长，分蘖力中等，抽穗整齐，耐肥，抗倒，剑叶宽而不披，后期清秀，易落粒，谷粒圆形。每亩有效穗数为 17.734 万穗，每穗总粒数为 150.1 粒，每穗实粒数为 118.5 粒，结实率为 78.9%，千粒重为 27.1 克，实际亩产为 490.9 千克。

中早 39：该品种株形松散，茎秆粗，抗倒性好，耐寒性一般，前期生长旺盛，分蘖力强，抽穗整齐、平整，遇低温有黑谷，剑叶宽而硬，耐肥性好，后期清秀，转色好，易落粒，谷粒圆形。每亩有效穗数为 20.528 万穗，每穗总粒数为 115.1 粒，每穗实粒数为 105.1 粒，结实率为 91.3%，千粒重为 26.1 克，实际亩产为 487.7 千克。

陵两优 0516：该品种株形松散，植株矮壮，茎秆粗，分蘖力强，抽穗整齐，剑叶挺立，耐肥，抗倒，后期清秀，谷粒长圆形。每亩有效穗数为 23.363 万穗，每穗总粒数为 148.1 粒，每穗实粒数为 112.5 粒，结实率为 76.0%，千粒重为 25.8 克，实际亩产为 548.9 千克。

中嘉早 17：该品种株形松散，茎秆粗壮，分蘖力强，叶色浓绿，轻感纹枯病，剑叶挺直向上、稍宽，高肥田块会偏叶，耐肥性好，后期转色好，不易落粒，谷粒圆形。每亩有效穗数为 21.290 万穗，每穗总粒数为 139.9 粒，每穗实粒数为 103.6 粒，结实率为 74.1%，千粒重为 26.3 克，实际亩产为 483.4 千克。

甬籼 975：该品种植株矮壮，茎秆粗，抗倒性好，前期生长好，分蘖力强，较轻感纹枯病，抗性好，抽穗整齐，剑叶挺拔直上、不偏叶，后期转色好，易落粒，谷粒圆形。每亩有效穗数为 19.924 万穗，每穗总粒数为 166.6 粒，每穗实粒数为 133.8 粒，结实率为 80.4%，千粒重为 28.8 克，实际亩产为 442.5 千克。

温 926：该品种株形松散，株高适中，分蘖力强，茎秆粗，轻感纹枯病，抗低温性强，剑叶挺拔不偏，后期清秀，不易落粒，谷粒圆形。每亩有效穗数为 20.824 万穗，每穗总粒数为 131.7 粒，每穗实粒数为 101.8 粒，结实率为 77.3%，千粒重为 26.5 克，实际亩产为 501.3 千克。

（2）拟进一步试种的品种

株两优 831：该品种株形松散，分蘖力强，茎秆细，易感纹枯病，抗低温性强，剑叶挺直，耐肥，后期清秀，易落粒，谷粒长圆形。每亩有效穗数为 18.200 万穗，每穗总粒数为 139.7 粒，每穗实粒数为 102.8 粒，结实率为 73.6%，千粒重为 25.8 克，实际亩产为 509.1 千克。

嘉育 89：该品种株形松散，植株高，茎秆粗，分蘖力一般，叶色浓绿，抗纹枯病，生育期略长，抽穗整齐，耐低温性一般，抽穗时遇连续阴雨天会出现颖花退化的现象，剑叶略宽，挺而上举，耐肥性好，后期不早衰，熟相好，不易落粒，谷粒长圆形。每亩有效穗数为 20.316 万穗，每穗总粒数为 150.5 粒，每穗实粒数为 120.5 粒，结实率为 80.1%，千粒重为 26.3 克，实际亩产为 540.0 千克。

中早 35：该品种株形松散，株高适中，分蘖力中等，抗纹枯病，抽穗整齐、平整、美观，剑叶挺举向上，耐肥性中等，后期清秀，熟相好，穗头着粒稀，不易落粒，谷粒圆形。每亩有效穗数为 20.824 万穗，每穗总粒数为 123.8 粒，每穗实粒数为 97.3 粒，结实率为 78.6%，千粒重为 26.6 克，实际亩产为 488.3 千克。

（3）不建议继续种植的品种

温 814：该品种株形松散，植株矮壮，分蘖力强，易发生高节位不成穗分蘖的情况，茎秆细韧，群体平整，但杂株多，剑叶挺拔向上、略有内卷、不偏叶，耐肥性中等，易感纹枯病，后期有早衰现象，转色差，易落粒，谷粒圆形。每亩有效穗数为22.517万穗，每穗总粒数为92.0粒，每穗实粒数为73.6粒，结实率为80.0%，千粒重为26.3克，实际亩产为489.4千克。

七、明年计划

1. 继续按照上级统一部署安排品种布局，做好新品种试验示范工作。

2. 加强与科研单位的联系与沟通，结合上级部门下达的任务，加大对新品种的引进试验示范工作力度，有针对性地引进不同生育期、不同组别的新品种进行试验示范，筛选出适合本地种植的新品种。

3. 加强品种的配套栽培技术的研究与应用，提高示范成效。

相关结果见表1、表2。

表 1　2016 年浙江省农作物新品种适应性扩展鉴定结果表

品种名称	播种期（月/日）	成熟期（月/日）	全生育期（天）	面积（亩）	亩产（千克）	亩产与对照比较（%）	田间抗性	抗倒性	综合评价		
									排名	主要优点	主要缺点
陵两优 0516	3/27	7/12	107	0.57	548.9	12.55	好	好	1	株形松散，植株矮壮，茎秆粗，分蘖力强，抽穗整齐，剑叶挺立，耐肥，抗倒，后期清秀	谷粒长圆形
甬籼 975	3/27	7/8	103	0.56	442.5	−9.27	好	好	11	植株矮壮，茎秆粗，抗倒性好，前期生长势好，分蘖力强，抗性好，抽穗整齐，剑叶挺拔直上、不偏叶，后期转色好，谷粒圆形	易落粒，较轻感纹枯病
中早 39（CK）	3/27	7/11	103	0.54	487.7	0.00	中	中	9	株形松散，茎秆粗，抗倒性好，耐寒性一般，前期生长旺盛，分蘖力强，抽穗整齐、平整，剑叶宽而硬，耐肥性好，后期清秀，转色好，谷粒圆形	易落粒，苗期有恶苗病，穗期遇低温易出现黑谷
中嘉早 17	3/27	7/9	104	0.68	483.4	−0.88	中	中	10	株形松散，茎秆粗壮，分蘖力强，叶色浓绿，轻感纹枯病，剑叶挺直向上、稍宽，耐肥性好，后期转色好，不易落粒，谷粒圆形	高肥田块会偏叶
中早 35	3/27	7/15	110	0.80	488.3	0.12	中	中	8	株形松散，株高适中，分蘖力中等，抗纹枯病，抽穗整齐、平整、美观，剑叶挺举向上，耐肥性中等，后期清秀，熟相好，不易落粒，谷粒圆形	穗头着粒稀
温 814	3/27	7/10	105	0.70	489.4	0.35	差	差	7	株形松散，植株矮壮，分蘖力强，茎秆细韧，群体平整，谷粒圆形	杂株多，剑叶挺举直上、略有内卷、不偏叶，耐肥性中等，转色差，易落粒，易发生高节位不成穗分蘖的现象，易感纹枯病，后期有早衰现象
嘉育 89	3/27	7/13	108	0.52	540.0	10.72	好	好	2	株形松散，植株高，茎秆粗，叶色浓绿，抗纹枯病，抽穗整齐，耐低温性一般，抽穗时遇连续阴雨天会出现颖花退化的现象，剑叶略宽，挺而上举，耐肥性好，后期不早衰，熟相好，不易落粒	分蘖力一般，生育期略长，谷粒长圆形
中冷 23	3/27	7/12	107	0.68	496.1	1.72	好	好	5	株形松散，茎秆粗壮，分蘖力强，抽穗整齐，群体平整，不易落粒，谷粒圆形，耐低温，	剑叶稍宽、软、易披，耐肥性中等，应该注意后期氮肥的控制，后期会早衰，熟相一般，抽穗时遇低温天气会出现黑，易感纹枯病谷

（续表）

品种名称	播种期（月/日）	成熟期（月/日）	全生育期（天）	面积（亩）	亩产（千克）	亩产与对照比较（%）	田间抗性	抗倒性	综合评价		
									排名	主要优点	主要缺点
嘉育 938	3/27	7/16	111	0.53	490.9	0.66	好	好	6	株形紧凑，植株高，茎秆粗，分蘖力中等，抽穗整齐，耐肥，抗倒，剑叶宽而不披，后期清秀，谷粒圆形	易落粒，生育期略长
株两优 831	3/27	7/10	105	0.58	509.1	4.39	好	好	3	株形松散，分蘖力强，茎秆细，抗低温性强，剑叶挺直，耐肥性中等，后期清秀	易落粒，易感纹枯病，谷粒长圆形
温 926	3/27	7/13	108	0.64	501.3	2.79	中	好	4	株形适中，分蘖力较强，叶色较深，剑叶挺直、微卷，穗大粒多，谷壳黄亮，谷粒椭圆形	轻感纹枯病

表 2　2016 年农作物新品种适应性扩展鉴定生育特性表

品种名称	播种期（月/日）	移栽期（月/日）	始穗期（月/日）	齐穗期（月/日）	有效穗数（万穗/亩）	总粒数（粒/穗）	实粒数（粒/穗）	结实率（%）	千粒重（克）
陵两优 0516	3/27	4/23	6/12	6/16	23.363	148.1	112.5	76.0	25.8
甬籼 975	3/27	4/23	6/9	6/13	19.924	166.6	133.9	80.4	28.8
中早 39	3/27	4/23	6/14	6/18	20.528	115.1	105.1	91.3	26.1
中嘉早 17	3/27	4/23	6/11	6/15	21.290	139.9	103.6	74.1	26.3
中早 35	3/27	4/23	6/15	6/19	20.824	123.8	97.3	78.6	26.6
温 814	3/27	4/23	6/12	6/16	22.517	92.0	73.6	80.0	26.3
嘉育 89	3/27	4/23	6/15	6/19	20.316	150.5	120.5	80.1	26.3
中冷 23	3/27	4/23	6/13	6/16	22.178	153.5	114.4	74.5	27.2
嘉育 938	3/27	4/23	6/16	6/19	17.734	150.1	118.5	78.9	27.1
株两优 831	3/27	4/23	6/12	6/15	18.200	139.7	102.8	73.6	25.8
温 926	3/27	4/23	6/14	6/17	20.824	131.7	101.8	77.3	26.5

2016年浙江省晚籼稻新品种适应性扩展鉴定总结

苍南县种子管理站

根据浙江省种子管理总站《关于布置2016年浙江省农作物新品种适应性扩展鉴定和丰产示范计划的通知》（浙种〔2016〕21号）的统一部署，我县承担了岳优9113、两优274等12个连作晚籼型杂交稻交品种扩展鉴定任务。在上级领导与专家的支持与指导下，我们克服了诸多不利因素，将各品种特征特性和增产潜力进行了充分展示挖掘，达到了预期的示范效果。现将适应性扩展鉴定情况总结如下。

一、项目实施基本情况

1. 基地概况

新品种适应性扩展鉴定工作落实在浙江省农作物新品种展示示范基地——苍南县钱库镇仙平村进行。粮食功能区内，地势平坦，阳光充足，道路、排灌沟渠配套齐全，土壤肥力中等偏上，交通方便，承担适应性扩展鉴定任务的农户具有多年的水稻试验经验，栽培水平相对较高，在苍南范围内具有较好的示范辐射作用。

2. 适应性扩展鉴定概况

适应性扩展鉴定面积为6.6亩，品种为12个：岳优9113、两优274、嘉浙优1502、甬优4550、甬优720、钱优2015、钱3优982、钱优930、钱优907、C两优817、雨两优1033、甬优8050。连片集中进行种植，每个品种种植面积为0.5～1.5亩，统一在6月28日育苗，7月22—23日人工移栽。

3. 田间管理概况

统一采用手插，在6月28日进行播种，移栽密度为26厘米×23厘米。按照展示栽培技术要求统一管理。亩施26%复合肥30千克作基肥。追肥分两次施：插秧后12天，亩施尿素7.5千克作返青分蘖肥；插秧后30天，亩施15%复合肥15千克作穗肥。水浆管理采用湿润灌溉，重点做好清沟排水工作，及时烤搁田，控制无效分蘖。病虫害防治以绿色防控为主，选用高效低毒低残留农药防控稻纵卷叶螟、稻飞虱、纹枯病等。

二、生长期间气象与栽培管理等的有利和不利因子

1. 有利因子

总体而言，中晚稻生长期间，前期属高温天气，水稻生长良好，分蘖穗比2015年有所增多。7月下旬以晴热高温天气为主，气温偏高，雨量明显偏少。8月持续晴热高温天气。

2. 不利因子

9月上旬晴雨相间，受台风“莫兰蒂”影响，9月9—16日一直阴雨，影响了水稻的抽穗扬花，特别是台风“莫兰蒂”带来的暴雨造成了严重的细条病。而9月28日的台风“鲇鱼”强度强，影响范围大，水汽足，造成了特大暴雨，使正在灌浆的晚稻无法正常灌浆，严重影响了结实率，从而影响了产量。

三、实施结果

适应性扩展鉴定品种12个，亩产为302.0～523.0千克，平均亩产为410.0千克。其中，甬优4550

亩产最高，为523.0千克，比对照岳优9113增产32.07%；其次为甬优8050，为518.6千克，比对照岳优9113增产30.96%；最低的是钱3优982，因受台风影响，白叶枯病发病率达50%以上，平均亩产只有302.0千克，比对照岳优9113减产23.74%。从综合性状来看，甬优4550、甬优8050、嘉浙优1502、甬优720、钱优930表现较较好。

四、取得的成效

1. 充分发挥了新品种适应性扩展鉴定的效应，通过及时召开现场观摩会，扩大了新品种示范的辐射作用，令种子经营户、种粮大户对新品种增加了了解，为后续推广创造了条件。

2. 明确了适应性扩展鉴定品种在我县的适应性，筛选出了甬优8050、甬优4550、甬优720、钱优907等一批高产优质、安全性好、抗性强的新品种，并将在明年进行重点推广，有助于实现粮食增产、农民增收。

五、主要工作措施

1. 为保证项目的顺利实施，以充分展示品种特征特性和挖掘高产潜力为原则，及时制定实施方案，落实专业技术人员蹲点指导，聘请农业技术人员统一管理，实行“五统一”技术，确保适应性扩展鉴定工作顺利完成。

2. 加强指导和技术培训。产前做好技术培训，邀请浙江省、温州市的专家进行现场指导，技术人员在生长关键时节进行检查指导。

3. 加强宣传。在示范方内设置3米×2米的标志牌和分品种标志牌，标明品种。在收获前，组织召开现场观摩会。邀请全县重点产粮乡镇的农技人员、种子代销点负责人、重点种粮大户到示范方参观，使他们对不同新品种的丰产优势和高产潜力有了直观认识，提高了效果。一共召开现场观摩会1次，参加人员近100人；举办技术培训班，培训农民60多人（次）；印发技术资料200多份。

4. 加大对示范方的投入工作，通过办技术培训班、送资料、送种子、送有机肥等，为丰产丰收打基础。

5. 加强指导，严把技术关。在水稻生产期间，多次到田间开展技术指导，特别是台风过后，做好排涝排渍工作，及时防治病虫害。

六、主要技术措施

1. 播前做好种子处理工作，采用25%咪鲜胺2000倍液浸种36小时，实行种子消毒。

2. 合理施肥，亩施氮肥13.5千克。施足大田底肥，亩施三元复合肥（N：P：K=26：10：15）30千克。移栽后12天内施促蘖肥，亩用尿素7.5千克，结合中耕除草。栽后1个月左右施穗肥，亩施三元复合肥（N：P：K=15：15：15）15千克。

3. 培育壮秧，适龄移栽。控制秧龄在25天以内，及时进行人工移栽。

4. 及时防治病虫害，提高防治效果。

七、对品种的综合评价

1. 甬优720：该品种株形松散，茎秆粗，分蘖力中等，抗倒性强，易感稻曲病，轻感细条病、纹枯病，抽穗平整，剑叶宽、短、挺拔、不偏，耐肥性好，后期清秀，穗头大，着粒密，籽粒圆形。9月9日始穗，9月11日齐穗。每亩有效穗数为15.70万穗，每穗总粒数为220.0粒，每穗实粒数为164.4粒，结实率为74.7%，理论亩产为645.4千克。

2. C两优817：该品种株形紧凑，植株矮壮，茎秆粗，分蘖力较强，抗倒性强，抽穗整齐，耐肥性好，轻感纹枯病，易感细条病，剑叶挺拔，后期熟相一般，籽粒长圆形。9月17日始穗，9月21日齐穗，每亩有效穗数为15.18万穗，每穗总粒数为129.4粒，每穗实粒数为90.1粒，结实率为69.6%，理论亩产为341.9千克。建议明年不再参试。

3. 钱3优982：该品种株形紧凑，茎秆粗，分蘖力强，抗倒性强，耐肥性好，轻感纹枯病，易感细条病，抽穗整齐，剑叶挺拔，后期熟相一般，穗头较小，粒尖端紫色，籽粒长圆形。9月23日始穗，9月27日齐穗。每亩有效穗数为16.28万穗，每穗总粒数为150.2粒，每穗实粒数为110.8粒，结实率为73.8%，理论亩产为450.9千克。

4. 钱优907：该品种株形松散，茎秆粗，分蘖力强，抗倒性强，耐肥性好，轻感纹枯病、细条病，抽穗整齐，但有包茎现象，穗头大，着粒密，剑叶宽、长、易偏叶，后期转色好。9月17日始穗，9月20日齐穗。每亩有效穗数为17.29万穗，每穗总粒数为191.8粒，每穗实粒数为125.9粒，结实率为65.6%，理论亩产为544.4千克。

5. 甬优8050：该品种株形松散，偏大，茎秆粗，剑叶宽大、易偏叶，分蘖力中等，抗倒性强，耐肥性中等，轻感纹枯病，易感细条病，抽穗整齐，后期青秆黄熟，穗头大，着粒密，籽粒长圆形。9月8日始穗，9月11日齐穗。每亩有效穗数为11.80万穗，每穗总粒数为200.9粒，每穗实粒数为176.5粒，结实率为87.9%，理论亩产为521.8千克。建议明年可以进一步开展试验，摸索其特征特性。

6. 钱优2015：该品种株形松散，茎秆粗，分蘖力强，有效穗多但穗小，抗倒性强，耐肥性好，轻感纹枯病，易感细条病，抽穗整齐，籽粒长圆形。9月14日始穗，9月17日齐穗。每亩有效穗数为18.07万穗，每穗总粒数为158.9粒，每穗实粒数为115.6粒，结实率为72.8%，理论亩产为522.1千克。

7. 雨两优1033：该品种株形松散，植株高大，分蘖力强，茎秆粗，抗倒性强，耐肥性好，轻感纹枯病，极易感细条病，后期熟相一般，籽粒长圆形。9月17日始穗，9月20日齐穗。每亩有效穗数为14.11万穗，每穗总粒数为182.4粒，每穗实粒数为136.6粒，结实率为74.9%，理论亩产为481.8千克。建议不再续试。

8. 岳优9113：该品种株形松散，植株矮壮，分蘖力强，有效穗多，抽穗整齐，茎秆细，抗倒性一般，台风过后出现倾斜，耐肥性好，轻感细条病、纹枯病，籽粒长圆形。9月8日始穗，9月10日齐穗。每亩有效穗数为20.57万穗，每穗总粒数为136.2粒，每穗实粒数为103.6粒，结实率为76.1%，理论亩产为532.8千克。

9. 嘉浙优1502：该品种株形松散，茎秆粗，分蘖力一般，轻感细条病，易感稻曲病，籽粒长圆形。9月6日始穗，9月9日齐穗。每亩有效穗数为12.02万穗，每穗总粒数为254.6粒，每穗实粒数为166.3粒，结实率为65.3%，理论亩产为499.5千克。

10. 甬优4550：该品种株形松散，植株矮壮，茎秆粗，分蘖力中等，抗倒性强，耐肥性好，轻感细条病，易感稻曲病，抽穗整齐，剑叶挺拔、宽大、不偏，后期清秀，穗头大，着粒密，籽粒长圆形。9月6日始穗，9月9日齐穗。每亩有效穗数为11.36万穗，每穗总粒数为292.5粒，每穗实粒数为232.8粒，结实率为79.6%，理论亩产为661.0千克。

11. 钱优930：该品种株形紧凑，茎秆粗，分蘖力中等，抗倒性强，耐肥性好，易感细条病，抽穗整齐，剑叶挺拔、不偏，后期清秀，粒尖端紫色，籽粒长圆形。9月24日始穗，9月27日齐穗。每亩有效穗数为14.93万穗，每穗总粒数为183.7粒，每穗实粒数为137.3粒，结实率为74.7%，理论亩产为512.5千克。

结合田间长势长相，以及室内相关考种数据，其甬优8050、甬优4550、甬优720、钱优907等品种田间长相清秀，产量较高。建议明年可适当扩大示范，进一步研究它们的特征特性及栽培要点。

八、明年计划

1. 继续做好新品种试验示范工作，加强新品种的栽培技术研究，提高新品种的示范成效。加强宣传培训工作，提高技术到位率，为全县粮食安全生产作出贡献。

2. 开展优质旱稻等新品种的引进与试验种植。

相关结果见表1。

表1　2016年浙江省农作物新品种适应性扩展鉴定结果表

品种名称	播种期(月/日)	成熟期(月/日)	全生育期（天）	面积（亩）	亩产（千克）	亩产与对照比较（%）	田间抗性	抗倒性	综合评价		
									排名	主要优点	主要缺点
两优274	6/28	10/30	124	0.529	421.6	6.46	好	中	6	分蘖力强，剑叶挺直向上	耐肥、抗倒性差，轻感纹枯病，易感细条病
嘉浙优1502	6/28	10/24	118	0.644	488.8	23.43	差	中	3	茎秆粗，穗头大	剑叶宽大、易偏叶，耐肥、抗倒性差，易感细条病
甬优4550	6/28	10/24	118	0.517	523.0	32.07	好	中	2	植株矮，剑叶宽大，穗头着粒密	抗倒性差，轻感细条病，易感稻曲病
甬优720	6/28	10/25	119	0.519	469.4	18.54	好	好	4	茎秆粗，抗倒性好，剑叶宽、短，后期清秀，转色好	轻感纹枯病，易感稻曲病
钱优2015	6/28	10/30	124	0.418	342.1	−13.61	中	中	10	分蘖力强，有效穗多，剑叶短、不偏叶	易感纹枯病，轻感纹枯病，后期熟相一般
钱3优982	6/28	11/5	132	0.524	302.0	−23.74	好	好	12	分蘖力强，茎秆粗，抗倒性好，轻感纹枯病，剑叶挺举	易感细条病
钱优930	6/28	11/5	132	0.475	421.7	6.49	好	好	5	分蘖力强，茎秆粗，抗倒性好，轻感纹枯病，剑叶挺拔、不偏，后期清秀	易感细条病
钱优907	6/28	10/31	125	0.679	365.1	−7.80	好	好	9	分蘖力强，茎秆粗，抗倒性好	轻感纹枯病，易感细条病，剑叶宽大、易偏叶
C两优817	6/28	11/1	126	0.478	333.4	−15.81	好	好	11	植株矮壮，抗倒性好，分蘖力强，剑叶挺拔	易感细条病，轻感纹枯病，后期易衰
甬两优1033	6/28	10/31	125	0.692	391.0	−1.26	好	好	8	植株高大，分蘖力强，抗倒性好，剑叶挺直向上	轻感纹枯病，易感细条病，后期易衰
甬优8050	6/28	10/26	120	0.532	518.6	30.96	中	好	1	植株高大，分蘖力强，耐肥、抗倒性中等，轻感纹枯病，轻感细条病	剑叶宽大、易偏叶
岳优9113（CK）	6/28	10/25	119	0.562	396.0	0.00	中	中	7	分蘖力强，植株矮壮，轻感纹枯病，轻感细条病，剑叶窄小、不偏，后期清秀	抗倒性一般

2016年浙江省水稻新品种适应性扩展鉴定和丰产示范总结

杭州市富阳区种子管理站

根据浙江省种子管理总站《关于布置2016年浙江省农作物新品种适应性扩展鉴定和丰产示范计划的通知》（浙种〔2016〕21号）的要求，杭州市富阳区互利粮油专业合作社在渔山乡渔山村认真组织实施了单季晚稻新品种适应性扩展鉴定和丰产示范工作。各项工作基本达到预期目标，展示工作为我市选择性种植适宜性品种提供了依据，示范工作为我市推广种植稳定、高产、适宜品种提供了依据。项目实施情况如下。

一、展示示范基本情况

展示示范基地设在杭州市富阳区渔山乡渔山村渔山畈。渔山畈是省级粮食生产功能区，交通便利，基地内水泥路直达田边，路渠成网，土壤肥力中等，排灌顺畅，旱涝保收。杭州市富阳区互利粮油专业合作社具有多年水稻展示示范工作经验，栽培水平高，对新品种、新技术、新知识接受能力较强。

本次水稻新品种展示示范选择展示品种20个：春优927、甬优362、甬优7850、甬优1540、甬优538、浙优19、浙优21、浙粳优1578、嘉优中科3号、宁88、秀水134、浙优粳83、浙粳60、中嘉8号、浙粳86、嘉67、浙粳99、浙粳98、丙1214、浙粳70。杂交稻展示品种于5月14日浸种，6月5日人工移植；常规稻展示品种于5月25日直播。

二、主要工作措施

1. 制订实施计划

为确保展示示范工作的顺利实施，筛选出高产、稳定的适宜品种，根据项目要求，制定实施方案，明确各时间段的主要工作措施。同时，明确以乡农业公共服务站作为技术实施指导小组，邀请区农作站、种子管理站等相关技术人员作为技术指导。落实专人负责，明确杭州市富阳区互利粮油专业合作社作为技术实施单位。

2. 加强技术培训和宣传力度，提高技术到位率

在展示示范基地设置标志牌，明确展示示范品种，采用先进的技术，起到较好的展示示范效应。并对展示示范地农民开展技术培训，灌输新品种需要适用新技术配套理念。组织农民赴示范地参观，让农民自身对新品种推广有认识体会，从而扩大新品种推广的到位率。

3. 认真做好观察记录，积累技术经验

在项目实施过程中，实施小组成员分工和职责明确，派专人蹲点记录展示示范方的苗情动态、病虫情况，为及时全方位指导生产提供科学依据，为进一步探索展示示范品种栽培技术配套积累经验。

4. 实行“五统一”技术措施

展示示范方实行统一品种布局、统一育供秧、统一技术规程、统一田间管理、统一机械作业，确保技术到位。

三、主要技术措施

1. 适时早播

杂交稻播种时间为5月14日，常规稻直播时间为5月25日。

2. 培育壮秧

选择肥力中上的田块作秧田。种子药剂浸种。播种时药剂拌种。秧田亩用种量为7.5千克，大田亩用种量为0.75千克，秧龄为15～20天，单株平均带蘖3个。秧田亩施45%复合肥30千克作底肥。秧苗二叶一心时亩施尿素4千克作断奶肥。移栽前3～4天亩施起身肥尿素5千克、氯化钾5千克。秧苗一叶一心时喷200ppm的多效唑促蘖。

3. 宽行稀植，手工移栽

行距为30～33厘米，株距为17～20厘米，亩插1.1万～1.2万丛，双本插。移栽前田土应沉淀1～2天，移栽时浅水浅种。常规稻每亩用种量为4千克。

4. 大田施肥

底肥在土壤翻耕时亩施商品有机肥200千克。栽后5天施第1次分蘖肥，亩施尿素7.5千克、氯化钾5千克。栽后12天施第2次分蘖肥，亩施尿素10千克、氯化钾7.5千克。7月18日前后，亩施促花肥45%复合肥15千克、尿素5千克。8月5日前后，亩施保花肥45%复合肥10千克。8月20日前后施粒肥，亩施45%复合肥5千克。抽穗后喷施磷酸二氢钾或“喷施宝”作根外追肥。

5. 水浆管理

栽后3天、10天分别露田2天，沉实田土，以利秧苗发根。栽后至有效分蘖够苗期（6月20日前后）灌薄水。够苗期到拔节期（6月20日—7月18日）为搁田期，先轻后重，分多次搁。幼穗分化期（7月19—31日）灌薄水和露田。孕穗期（8月1日—9月5日）田间不断水。抽穗至成熟期，间歇灌水，收割前7～10天断水。开好丰产沟，田间每隔3～5米开1条宽33厘米、深30厘米的排水沟。

6. 定期防治病虫鼠雀

防好4种病：稻瘟病、纹枯病、病毒病、稻曲病。

治好7种虫：稻蓟马、灰飞虱、白背飞虱、褐飞虱、大螟、稻纵卷叶螟、二化螟。

全生育期可分六七次防治：具体时间见杭州市富阳区病虫情报。

种子处理技术：选用25%咪鲜胺2000倍液浸种48小时（杂交系列的种子间隙浸种24小时），预防恶苗病和苗瘟，浸种后可直接催芽播种。种子催芽后到播种前每千克种子用35%丁硫克百威10克、10%吡虫啉5～10克或60%高巧5毫升（拌种后晾干6～8小时），防治稻飞虱和稻蓟马，驱避麻雀和老鼠。

7月上旬：每亩用10%吡虫啉50克、48%乐斯本100毫升，防治稻蓟马、白背飞虱、螟虫等。

7月中旬：每亩用20%康宽10毫升、50%吡蚜酮20克，防治稻纵卷叶螟、稻蓟马、白背飞虱、螟虫等。

8月上、中旬：每亩用20%康宽10毫升、50%吡蚜酮20克、24%噻呋酰胺（满穗）20毫升，防治螟虫、褐飞虱、纹枯病。

8月下旬：每亩用20%康宽10毫升、50%吡蚜酮20克或20%呋虫胺SG2 0～40克、24%噻呋酰胺（满穗）20毫升、75%戊唑醇（拿敌稳）1 0克，防治螟虫、褐飞虱、纹枯病、稻曲病。

9月上旬：同上。

9月中、下旬：每亩用20%康宽10毫升、50%吡蚜酮20克、75%戊唑醇（拿敌稳）10克，防治螟虫、褐飞虱、水稻后期病害。

7. 适时收获

10月上、中旬，待水稻基本成熟时，及时收获归仓。

四、比较分析

1. 甬优 1540：8 月 22 日—9 月 10 日抽穗，10 月 27 日成熟。每亩有效穗数为 11.7 万穗，株高 135 厘米，穗长 24 厘米，每穗总粒数为 202 粒，结实率为 97.0%，千粒重为 22.4 克，理论亩产为 662.0 千克。该品种茎秆粗壮，植株整齐，剑叶挺直，熟色清秀，穗大粒多，丰产优势明显。建议下一年续种。

2. 甬优 538：8 月 25—9 月 3 日抽穗，10 月 30 日成熟。每亩有效穗数为 10.7 万穗，株高 130 厘米，穗长 24 厘米，每穗总粒数为 320 粒，结实率为 93.9%，千粒重为 22.5 克，理论亩产为 766.7 千克。该品种株高适中，抗倒性好，熟色佳，丰产优势明显。建议示范推广。

3. 甬优 362：9 月 3—10 日抽穗，10 月 30 日成熟。每亩有效穗数为 10.2 万穗，株高 130 厘米，穗长 21 厘米，每穗总粒数为 296 粒，结实率为 95.7%，千粒重为 25.3 克，理论亩产为 725.9 千克。该品种抽穗较早，成熟早，穗层整齐，熟相好，但植株较软，易倾斜。建议继续试验。

4. 春优 927：9 月 1—5 日抽穗，10 月 27 日成熟。每亩有效穗数为 10.7 万穗，株高 145 厘米，穗长 23 厘米，每穗总粒数为 348 粒，结实率为 93.7%，千粒重为 24.2 克，理论亩产为 938.6 千克。该品种茎秆粗壮，植株整齐，剑叶挺直，熟色清秀，穗大粒多，丰产优势明显。经杭州市农业局实割测产验收，最高亩产达到 984.6 千克。建议下一年续种。

5. 浙粳优 1578：8 月 29 日—9 月 5 日抽穗，10 月 30 日成熟。每亩有效穗数为 10.0 万穗，株高 135 厘米，穗长 23 厘米，每穗总粒数为 434 粒，结实率为 79.3%，千粒重为 24.1 克，理论亩产为 849.6 千克。该品种茎秆粗壮，植株整齐，剑叶挺直，熟色清秀，穗大粒多，丰产优势明显。建议下一年续种。

其他品种见表 1、表 2。

五、品种推荐

目前，晚稻以秀水 134、甬优 12 号、春优 927 为我区主导品种。通过试验可见，在单季杂交晚稻品种展示中，甬优 1540、甬优 538、春优 927 丰产优势比较明显，适于本地区种植，可进一步示范推广。在单季常规晚稻中，嘉 67、浙粳 88 抗性好，中嘉 8 号米质优，丰产优势明显，可推荐作为优良常规晚粳稻品种。

相关结果见表 1、表 2。

表 1　2016 年浙江省农作物新品种适应性扩展鉴定生育进程及经济性状表

品种名称	播种期（月/日）	亩用种量（千克）	始穗期（月/日）	齐穗期（月/日）	成熟期（月/日）	全生育期（天）	基本苗数（万株/亩）	有效穗数（万穗/亩）	株高（厘米）	穗长（厘米）	总粒数（粒/穗）	实粒数（粒/穗）	结实率（%）	千粒重（克）
宁 88	6/8	5	9/11	9/17	11/5	151	8.3	12.3	100	16	145	139	95.9	26.5
浙粳 99	5/25	5	9/4	9/10	10/25	153	8.8	13.3	110	18	158	149	94.3	25.0
浙粳 98	5/25	5	9/10	9/16	10/25	153	8.4	14.1	110	18	130	126	96.9	26.2
浙粳 60	5/25	5	9/5	9/11	10/25	153	8.5	13.0	105	17	133	131	98.5	26.7
浙粳 70	5/25	5	9/4	9/10	10/20	148	8.8	13.7	105	16	148	145	98.0	25.2
中嘉 8 号	5/25	5	8/29	9/5	10/20	148	8.1	11.6	125	23	141	134	95.0	30.0
嘉 67	5/25	5	9/3	9/9	10/25	153	8.6	14.1	110	18	145	125	86.2	25.1
丙 1214	5/25	5	8/31	9/6	10/25	153	8.4	13.5	115	19	159	155	97.5	25.8
浙粳 86	5/25	5	9/1	9/8	10/25	153	8.4	14.3	100	16	116	111	95.7	25.5
秀水 134	5/25	5	8/30	9/7	10/25	153	8.3	11.8	90	16	136	132	97.1	26.0
甬优 362	5/14	1	9/3	9/10	10/30	168	2.3	10.2	130	21	296	283	95.6	25.3
甬优 7850	5/14	1	8/25	9/1	10/30	168	2.3	10.3	145	24	238	224	94.1	23.5
甬优 538	5/14	1	8/31	9/7	10/30	168	2.3	10.7	130	24	320	299	93.4	22.5
春优 927	5/14	1	9/1	9/6	10/27	165	2.3	10.7	145	23	348	326	93.7	24.2
浙优 21	5/14	1	9/12	9/17	11/5	174	2.3	10.2	150	25	401	367	91.5	23.3
浙优 19	5/14	1	9/7	9/13	1/5	174	2.3	10.2	155	26	359	323	90.0	24.5
嘉优中科 3 号	5/14	1	8/12	8/20	10/20	158	2.3	11.7	120	22	249	196	78.7	24.1
浙粳优 1578	5/14	1	8/29	9/5	10/30	168	2.3	10.0	135	23	434	344	79.3	24.1
甬优 1540	5/14	1	8/22	9/5	10/27	165	2.3	11.7	135	24	202	196	97.0	22.4
浙粳优 83	5/25	5	9/2	9/10	10/25	159	2.3	13.5	110	18	151	147	97.4	23.9

表 2　2016 年浙江省农作物新品种适应性扩展鉴定和丰产示范结果表

品种名称	实际种植面积（亩）	亩产（千克）	综合评价		
			评分	主要优点	主要缺点
宁 88	0.70	585	85	灌浆速度快，结实率高	轻感稻瘟病
浙粳 99	1.18	589	90	株形紧凑，株高适中，丰产性好	分蘖力不强
浙粳 98	0.93	549	82	分蘖力较强，穗大粒多，着粒较密	成穗率不高
浙粳 60	1.62	633	92	生长整齐，株形和株高适中，丰产性较好	叶较宽
浙粳 70	1.20	645	93	转色好，丰产性较好	分蘖力较弱
中嘉 8 号	1.25	600	90	穗大粒重，结实率较高，米质好	剑叶较披
嘉 67	1.53	574	88	株形紧凑，株高适中，丰产性好	无
丙 1214	0.90	632	90	长相清秀，结实率高	谷色不够清亮
浙粳 86	0.90	593	83	株形好，茎秆粗	米质一般
秀水 134	1.07	651	87	生育期适宜，抗逆性好	无
甬优 362	0.96	655	82	株高适中，株形较紧凑	分蘖力差
甬优 7850	1.07	699	90	株高适中，生育期短	分蘖力一般
甬优 538	1.00	682	90	株形适中，茎秆粗壮	生育期长
春优 927	0.86	832	95	株形好，穗粒数多	结实率有欠缺
浙优 21	0.87	720	90	株形紧凑，穗大粒多	生育期长
浙优 19	1.27	809	90	株形紧凑，穗大粒多	生育期长
嘉优中科 3 号	1.01	603	70	生育期适中	抗逆性差，结实率低
浙粳优 1578	0.94	752	88	株形适中，茎秆粗壮，丰产性好	剑叶宽
甬优 1540	1.29	745	90	株形、生育期适中，茎秆粗壮	无
浙粳优 83	1.33	641	75	长相清秀	结实率低

2016年浙江省水稻新品种适应性扩展鉴定和丰产示范总结

江山市种子种苗管理站

根据浙江省种子管理总站《关于布置2016年浙江省农作物新品种适应性扩展鉴定和丰产示范计划的通知》(浙种〔2016〕21号)的要求，我站承担了2016年浙江省农作物新品种适应性扩展鉴定和丰产示范任务。按照浙江省种子管理总站的统一部署，在各级领导、专家的关心和支持下，经过半年多的努力，中早39、温926这2个早稻品种的丰产示范和嘉育938、中冷23、株两优831等11个早稻新品种适应性扩展鉴定取得了较好的成效，达到了预期展示示范的目标。具体实施情况如下。

一、项目实施基本情况

1. 基地概况

2016年的展示示范落实在江山市长台镇华丰村。该坂位于江山市长台镇华丰村，离黄衢南高速江郎山出口2千米左右，交通非常方便，地势开阔，沟渠路配套、排灌较好，土壤肥力中上。

2. 示范概况

2个品种示范面积共计200亩。

中早39：在3月29日播种，4月15—20日开始人工移栽，6月11日开始始穗，7月15日前后开始成熟。

温926：在3月29日播种，4月15—20日开始人工移栽，6月12日开始始穗，7月16日前后开始成熟。

3. 展示概况

展示面积为11亩，品种11个：中嘉早17、温926、嘉育89、温814、中早39(CK)、中早35、中冷23、甬籼975、嘉育938、株两优831、陵两优0516。连片集中进行种植，每一品种种植面积为1亩左右，统一在3月29日育苗，4月20日人工移栽。

4. 田间管理概况

秧床准备：在3月10日前后，翻耕埋肥前7天左右，亩用41%草甘膦水剂300毫升，兑水25千克，喷洒，消灭老草。3月22日，每20平方米秧床使用100～120千克腐熟有机肥进行翻耕，耙平作畦，待播种。

种子处理：80%“402”抗菌剂1000倍液间歇浸种48小时后，沥干，用“好安威”拌种。3月29日，播种，每20平方米秧床使用壮秧营养剂1.5千克、干细土18千克，充分混拌后均匀撒施于床土表面，耙匀于2～3厘米深的土层中，然后浇透水，进行播种和覆土。在播种覆土后，每60平方米秧床使用36%丁草胺乳油10毫升，兑水5千克，均匀喷洒(要求盖土后不露籽喷施，以免产生药害)。喷后采用双层地膜覆盖，以保温、保湿。4月15日，每亩用20%氯虫苯甲酰胺悬浮剂10毫升、25%吡蚜酮可湿性粉剂20克，冲水40千克，喷洒，以减轻稻飞虱、二化螟、稻蓟马的危害，做到带药移栽。

秧田施肥：4月15日，每亩施尿素5千克作起身肥。

大田施肥：4月21日，每亩用尿素7.5千克、三元复合肥15千克、25%苄·乙可湿性粉剂30克作耙面肥，拌匀后均匀撒施。4月30日，每亩用三元复合肥20千克、尿素5千克作分蘖肥。5月21日，每亩施尿素 2.5 千克作穗肥。

大田防治情况：整季共用药四次。第一次：5 月 15—18 日，主治早稻一代二化螟，药剂为 20%氯虫苯甲酰胺悬浮剂 10 毫升/亩，每亩冲水 30 千克，喷洒。第二次：6 月 1—3 日，主治三代稻纵卷叶螟，兼治一代二化螟后峰和白背飞虱，药剂为 10%阿维氟酰胺悬浮剂 30 毫升/亩、吡蚜酮，每亩冲水 30 千克，喷洒。第三次：6 月 15 日前后（即水稻孕穗破口期），以普治白背飞虱、纹枯病为主。第四次：7 月 10 日，以主治二代二化螟、白背飞虱、纹枯病，每亩用 5.7%甲氨基阿维菌素苯甲酸盐水分散粒剂 20 克、40%毒死蜱乳油 100 毫升，冲水 40 千克，喷洒。

二、生长期间的有利和不利因子

1. 有利因子

3 月下旬，气温、日照、雨水正常，有利于早稻播种。4 月上、中旬，气温比正常年份的高，无冷空气活动，无烂秧情况出现。6 月，气温正常略高，但降水多，对早稻抽穗扬花及以后的结实率影响不大。总之，2016 年的气象情况对早稻生产较为有利，没有出现极端恶劣天气，早稻总体表现为增产。

2. 不利因子

4 月，雨水比常年偏多，日照少，秧苗不健壮，中早 39 出现了白化苗。5 月，气温正常，降水偏多，造成早稻分蘖偏少。

三、实施结果

1. 示范品种产量

示范方取得平衡高产。实行“五统一”，因此整个示范方生长整齐、均衡。7 月 15 日，衢州市种子管理站组织相关技术专家对示范方内温 926 和中早 39 进行实割测产，各测试 100 亩，温 926 和中早 39 平均亩产分别达到 592.67 千克、646.60 千克。

2. 展示品种产量

11 个展示品种的亩产为 401.8～583.6 千克，平均亩产为 513.2 千克。其中，中冷 23 的亩产最高，达到 583.6 千克，比对照中早 39 增产 5.72%；其次是中嘉早 17，亩产为 558.1 千克，比对照增产 1.11%；产量最低的是温 814，平均亩产只有 401.8 千克，比对照减产 27.21%。从综合性状来看，中冷 23、中嘉早 17、中早 39、嘉育 938、株两优 831 表现较好。

四、展示示范成效

1. 充分发挥了新品种展示示范效应。7 月 13 日，浙江省农技推广中心组织全省农业部门种子栽培专家 60 多人到现场考察观摩。7 月 14 日，衢州市种子管理站组织了衢州市各农技站和种子站站长，以及江山市各农技员、主要种粮大户、家庭农场负责人等相关人员 50 多人到现场考察观摩，达到了示范、宣传、推广的目的。

2. 明确了展示示范品种在我市的适应性。11 个新品种展示和 2 个品种示范，真实地反映了品种固有的特征特性。通过展示示范，明确了展示示范品种在我市的适应性情况。

3. 增产增效明显。通过优质高产品种等各项配套技术措施的综合运用，示范方节本增产明显：示范品种平均亩产为 619.64 千克，比全市早稻平均亩产多 198.64 千克，每亩药、肥、水等成本下降 34 元左右，每亩节本增产增效 645 元。

五、主要工作措施

1. 建立项目领导小组和实施小组。领导小组组长由江山市农业局副局长担任，成员有江山市种子管理站、江山市农技推广中心、长台镇农技站站长；实施小组组长由江山市种子管理站站长担任，成员有江山市种子管理站、江山市农技推广中心、长台镇农技站的技术人员。领导小组负责总体规划、补助资金落实、监督协调等工作。插秧、施肥、病虫害防治等主要技术，由实施小组成员蹲点指导，以确保各项技术措施落到实处。

2. 加强培训，及时沟通，提高技术到位率。根据不同的生产技术环节，将集中培训和分类指导相结合。在育秧前，举办了集中培训，分别对育秧、移栽、施肥和防病治虫等综合技术进行了培训；在阶段性的工作中，项目实施小组成员手把手地对每个农户进行田间技术指导，并督促技术措施的落实，指导的重点是旱育秧、移栽密度、配方施肥、提前烤搁田、病虫草害综合防治等技术，切实提高技术到位率。在指导过程中，坚持"两足两精准"。其中，"两足"指肥料足、药量足；"两精准"指施肥时间精准、用药时间精准。

3. 增加投入及开展高产奖励活动。为发掘品种的高产潜力，发挥配套技术的增产能力，充分调动合作社、家庭农场相关人员的积极性，若示范方亩产达到580千克，给予一定的奖励。

4. 通过广播、报纸、电视、网络等进行新品种的宣传，推广新品种配套栽培技术，扩大新品种宣传效果。

六、主要技术措施

1. 适时播种，培育壮秧。每亩大田用种量为4千克，种子必须用80%"402"药剂1000倍液间歇浸种72小时。采用旱育秧技术，3月29日播种，培育壮秧。

2. 施肥定量。每亩化肥施用量N为12千克，P 为6千克，K为9千克；每亩施紫云英或有机肥2000千克，基肥N∶蘖肥N∶穗肥N=5∶4∶1。

3. 水分定量。一是活棵分蘖期浅水间歇灌溉；二是提早搁田，当群体总茎蘖数达到预期穗数的80%时搁田，多次轻搁；三是拔节—成熟期实行湿润灌溉，幼穗分化—抽穗期以浅灌为主，齐穗—成熟期采用干干湿湿、以湿为主的策略，收获前5天断水。

4. 病虫草综合防治。根据水稻病虫草害预测预报及田间病虫害发生情况，及时做好水稻病虫害防治工作。做到适期、适量、准确用药，有效地控制水稻病虫的危害。重点做好螟虫、稻飞虱、纹枯病、稻瘟病和白叶枯病的防治。

七、对品种的综合评价

（一）示范品种

中早39：熟期适中，丰产性好。株形适中，茎秆粗壮，叶色绿色，叶姿挺直，株高89.7厘米左右，分蘖力中等，但苗期起发快，成穗率高，后期转色好，熟相清秀，青秆黄熟，抗倒能力强。抗病性好，在整个生长季节没有稻瘟病、白叶枯病发生，仅轻微发生纹枯病。要重视恶苗病的预防控制。

温926：熟期适中，丰产性较好。株高84.5厘米左右，株形适中，茎秆粗壮，分蘖力较强，成穗率较高，叶色较深，剑叶挺直、微卷，穗较大，熟相清秀，后期青秆黄熟，谷壳黄亮，颖尖无色、无芒，谷粒椭圆形，抗倒能力一般。纹枯病抗性差于中早39，整个生长季节发现有轻微穗颈瘟，未发现白叶枯病。在栽培技术上要注重增施磷钾肥，做好烤搁田，防止倒伏，重视稻瘟的预防控制。

（二）展示品种

1. 表现较好的品种

中嘉早17：株形适中。抗性好，高产稳产。感温性较明显。

中早39：抗性好，结实率高，高产稳产，容易感恶苗病，后期转色一般。

中冷 23：穗大粒多，产量高，抗倒性较差，穗大粒多，后期青秆黄熟，植株较高。可在我市稻草孵笋区域扩大示范。

嘉育 938：着粒较密，穗粒数多，产量较高。抗病性差，感稻瘟病。

株两优 831：穗大粒多，产量高，后期转色好，茎秆偏高，抗倒性中等。

2. 不适宜推广的品种

温 814：抗性较差，结实率低，与其他籼型杂交稻新品种相比优势不明显。

温 926：抗倒性较差，2015 年和 2016 年两年展示和示范都大面积倒伏。

八、明年计划

1. 继续按照省、市统一部署安排品种布局，做好新品种展示示范工作。

2. 加强品种配套高产技术的研究和应用，提高示范成效。

3. 在全市主推中早 39、中嘉早 17；在部分稻瘟病轻发乡镇适当推广中冷 23 和嘉育 938。继续试种好株两优 831；淘汰温 814、中早 35、温 926 等抗性差、易发稻瘟病的品种；逐渐缩减金早 47 的推广面积。

相关结果见表 1、表 2。

表1　2016年浙江省农作物新品种适应性扩展鉴定结果表

品种名称	播种期（月/日）	成熟期（月/日）	全生育期(天)	面积（亩）	亩产（千克）	亩产与对照比较(%)	田间抗性	抗倒性	综合评价		
									排名	主要优点	主要缺点
中嘉早17	3/29	7/17	110	1.0	558.1	1.11	好	好	1	抗性好，高产稳产	感温性较明显
温926	3/27	7/17	112	1.0	503.5	−8.79	差	差	9	穗大，后期转色好	抗性差
嘉育89	3/29	7/19	112	1.0	509.2	−7.75	中	好	7	着粒密，穗粒数多	抗病差，感稻瘟病
温814	3/29	7/18	111	1.0	401.8	−27.21	差	差	11	分蘖率较强	抗性差，结实率低
中早39（CK）	3/29	7/16	109	1.0	552.0	0.00	好	好	2	抗性好，结实率高，高产稳产	易感恶苗病，后期转色一般
中早35	3/29	7/16	109	1.0	448.2	−18.80	中	好	10	分蘖率较强，后期转色较好	穗形小，抗病差，感稻瘟病
中冷23	3/29	7/17	110	1.0	583.6	5.72	中	中	5	穗大粒多，产量高	抗性较差，
甬籼975	3/29	7/19	112	1.0	502.4	−8.99	中	好	7	茎秆较矮，抗倒性较好	抗病差，感稻瘟病
嘉育938	3/29	7/18	111	1.0	543.9	−1.47	中	好	4	着粒密，穗粒数多	抗病差，感稻瘟病
株两优831	3/29	7/19	112	1.0	537.6	−2.61	好	中	3	穗大粒多，产量高，后期转色	茎秆偏高，抗倒性中等
陵两优0516	3/29	7/17	110	1.0	505.1	−8.50	好	中	8	株形适中，后期转色好	着粒较稀，田间纯度一般

表 2　2016 年浙江省农作物新品种丰产示范结果表

农户数	品种名称	作物类型	计划面积（亩）	实施面积（亩）	中心方面积（亩）	验收亩产（千克）	当地平均亩产（千克）	亩产与当地平均比较(%)	示范方总增产（千克）	示范方增产增收（万元）	示范方节本增收（万元）	示范方总增收（万元）	订单农业情况		
													订单面积（亩）	生产数量（千克）	订单产值（万元）
1	中早 39	水稻	100	100	100	646.60	421.0	53.6	22560.0	7.35	0.37	7.72	100	40000	13.02
2	温 926	水稻	100	100	100	592.67	421.0	40.8	17167.0	5.59	0.31	5.90	100	40000	13.02
合计		水稻	200	200	200	619.64	421.0	47.2	39727.0	12.94	0.68	13.62	200	80000	26.04

印发资料（份）	技术培训		投入资金									攻关田				
	期数	人数	合计（万元）	技术培训（万元）	印发资料（万元）	种子补贴（万元）	农资补贴（万元）	展示示范牌制作（万元）	辅导员工资（万元）	考察总结（万元）	其他（万元）	面积（亩）	田块数	验收亩产（千克）	产量最高田块	
															面积（亩）	亩产（千克）
300	3	150	10.40	0.50	0.06	1.00	4.50	0.64	2.20	1.00	0.50	8.55	6	619.6	2.2	665.3

2016年浙江省水稻新品种适应性扩展鉴定和丰产示范总结

金华市种子管理站

为引导农作物品种结构调优，加强对水稻新品种的广适性和应用前景的探索，根据浙江省种子管理总站《关于布置2016年浙江省农作物新品种适应性扩展鉴定和丰产示范计划的通知》（浙种〔2016〕21号）的统一部署，我站承担甬优7850、甬优1540这2个单季杂交稻，甬优4550、钱3优982这2个连作杂交稻品种的丰产示范，以及嘉禾优2125等25个单季杂交晚稻品种的适应性扩展鉴定任务。在浙江省种子管理总站的指导下，我们克服了连续阴雨、夏季高温干旱等诸多不利因素，充分展示挖掘各品种的特征特性和增产潜力，达到了预期的示范效果。现将适应性扩展鉴定和丰产示范情况小结如下。

一、项目实施基本情况

1. 基地概况

新品种展示示范主要落实在婺城区白龙桥镇东周金华市农作物展示示范基地。该基地位于距沪昆高速兰溪出口5千米处，交通便利。该基地田畈地势开阔，阳光充足，道路、排灌沟渠配套，土壤肥力中等偏上。承担展示示范任务的农户具有多年的水稻试验示范经验，栽培水平相对较高。因此，该基地在金华市范围内具有较好的示范辐射作用。

示范任务除主要落实在婺城区白龙桥镇东周金华市农作物展示示范基地外，甬优7850、甬优1540这2个单季杂交稻，甬优4550、钱3优982这2个连作晚稻还在金西开发区汤溪镇粮食生产功能区进行了多点示范。

2. 示范概况

4个品种示范面积共计307亩。甬优7850示范面积为40亩；甬优1540示范面积为65亩；甬优4550示范面积为102亩；钱3优982示范面积为100亩。

甬优7850在5月20日播种，6月13日移栽，每亩落田苗数为3.8万株，8月24日齐穗，10月18日成熟。

甬优1540在5月21日播种，6月10日机插，每亩落田苗数为3.42万株，8月29日齐穗，10月20日成熟。

甬优4550在6月25日播种，7月23日机插，每亩落田苗数为4.24万株，9月15日齐穗，11月18日成熟。

钱3优982在6月23日播种，7月23机插，每亩落田苗数为4.54万株，9月25日齐穗，11月10日成熟。

3. 展示概况

展示面积为25亩，品种25个：嘉禾优2125、华浙优1671、中浙优157、赣优9141、甬优8050、中亿优8号、91优16、Y两优8199、深两优332、臻优H30、甬优5550、深两优884、Y两优8199、嘉优中科3号、中嘉优6号、甬优7861、春优927、长优KF2、交源优69、浙优21、浙优19、超优1000、甬优7850、两优培九（CK1）、甬优1540（CK2）。连片集中进行种植，每个品种面积为1亩，每块田安排 3 个品种。统一在 5 月 26 日育苗，6 月 20—23 日人工移栽。

4. 田间管理概况

统一采用机育机插。根据品种特性和前作收获期，单季晚稻在 5 月 20—21 日分批播种，亩用种量为 1.25 千克，移栽密度为 30 厘米×（16～20）厘米；连作晚稻在 6 月 23－25 日分批播种，亩用种量为 1.5 千克，移栽密度为 25 厘米×18 厘米。按照水稻机插栽培技术要求统一管理，机插结束后 2～3 天内做好查漏补缺工作。

施肥策略：“重施基肥，早施分蘖肥，适当增施有机肥和钾肥，特别注意后期看苗补肥。”展示方统一施肥标准：每亩施基肥复合肥（N∶P∶K=15∶15∶15）30 千克；第一次追肥移栽后 7 天亩施尿素 10 千克，同时进行化学除草；第二次每亩追施尿素 10 千克、氯化钾 10 千克，对于生育期长的籼粳杂交稻品种酌情施穗肥（N∶P∶K=15∶15∶15）、复合肥 10 千克/亩。根据病虫发生情报，防治稻纵卷叶螟、二化螟、稻飞虱，破口期防治稻曲病。重点做好籼粳杂交稻品种稻曲病防治，做到抽穗前 7～10 天、破口时各防 1 次。

二、天气对水稻生产的影响

一是苗期（6 月至 7 月中旬）气温正常，雨日、雨量偏多，有利于分蘖。二是抽穗扬花期（8 月下旬至 8 月底）高温干热，对部分单季稻品种抽穗扬花和授粉结实有负面影响，个别品种结实率明显下降；稻瘟病、稻曲病比上一年明显减轻。三是灌浆期（9 月 8—16 日）持续阴雨适温，导致早熟品种穗上发芽多；进入收获阶段后多阴雨天气，且气温异常偏高，造成成熟水稻不能及时收割。

三、实施结果

1. 示范品种产量

105 亩单季晚稻示范方实割平均亩产为 732.2 千克。其中，甬优 7850 示范 40 亩，实割平均亩产为 743.2 千克，甬优 1540 示范 65 亩，平均亩产为 725.5 千克。202 亩连作晚稻实割平均亩产为 566.5 千克。其中，钱 3 优 982 示范 100 亩，平均亩产为 562.4 千克；甬优 4550 示范 102 亩，平均亩产为 570.5 千克。

2. 展示品种产量

展示品种 25 个，亩产为 481.4～818.9 千克，平均亩产为 617.8 千克。其中，嘉禾优 2125 亩产最高，达到 818.9 千克，比对照两优培九增产 61.6%、比对照甬优 1540 增产 23.6%；其次是甬优 7861，亩产为 751.7 千克，比对照两优培九增产 48.3%；产量最低的是赣优 9141，平均亩产只有 481.4 千克，比对照两优培九减产 5.0%。从综合性状来看，嘉禾优 2125、中嘉优 6 号、甬优 7861、甬优 5550、甬优 8050、甬优 7850、春优 927 表现较好。

四、展示示范成效

1. 充分发挥了新品种展示示范 “窗口”效应。展示和示范平台为新品种推广及进一步扩大应用提供了典型现场，从而为不同区域选择适宜的种植品种提供了现实依据，成为观摩学习、看禾选种的好平台。通过组织召开新品种现场考察观摩会，扩大新品种示范方示范辐射作用，使种粮大户、种子经营户增加了对甬优 7850、甬优 1540、甬优 7861、甬优 8050、甬优 4550、钱 3 优 982 等新品种长势表现的认识，令这些品种在农民中的认可度提高，为后续推广创造了条件。

2. 明确了展示示范品种在我市的适应性。籼型杂交稻品种钱优 930、深两优 332、Y 两优 8199 熟期较早，稳产高产，综合抗性好，适于在我市较高海拔山区的散户种植或在后茬种直播油菜的低海拔田畈种植；籼粳杂交稻品种甬优 8050、甬优 1540、甬优 7850 产量、抗性表现均较理想，有利后作茬口安排；

丰产性好的籼粳杂交稻品种甬优7861、甬优5550、中嘉优6号、嘉禾优2125、春优927生育期较长，适于种粮大户种植；生育期太长的籼粳杂交稻品种浙优19、浙优21、交源优69的表现没有超越甬优12，不符合当前绿色生态要求。同时，明确了品种在栽培上需注意的重点：籼粳杂交稻应注意防治稻曲病；钱优930、Y优8199注意控制氮肥，防止倒伏；甬优1540、甬优7850要适期播种，防止穗上发芽。

3. 增产增效明显。示范方通过选用优质高产品种、机插及其他各项配套技术措施的综合运用，节本增产明显。单季晚稻示范品种平均亩产为732.2千克，比全市单季稻平均增产152.2千克，亩药、肥、水等成本下降50元左右，亩节本增产增效521.8元。连作晚稻示范品种平均亩产为566.5千克，比全市连作晚稻平均增产86.5千克，亩药、肥、水等成本下降50元左右，亩节本增产增效318.2元。

五、主要工作措施

1. 加强组织领导。建立了以分管局长为组长，市、区种子管理站站长为成员的领导小组；实施小组以金成兵为组长，全站参与，村干部和种粮大户为主要成员。实施小组承担展示工作的方案设计、面积落实、技术指导、田间记载、服务咨询数据采集、分析、总结等工作，做到分工明确，责任到人。

2. 制定实施方案。为做好新品种展示示范工作，实施小组指定2名技术人员蹲点，确保技术到位。具体落实示范方的面积、新品种的田间安排，使整个展示方集中连片；并做好“五统一“，在当地统一生产条件下观察展示品种的表现。

3. 加强技术指导和宣传工作。为扩大新品种展示示范的影响，我们通过广播、电视、报纸、农业信息网等进行新品种宣传；印发展示示范品种介绍和栽培技术要点1000余份；对示范基地农户进行技术培训特别是在几个关键时期，邀请品种授权单位和农技人员到田头进行实地技术指导；在展示示范基地的醒目位置设立标志牌、例如，在收获前一个月，每个展示品种设置一个品种标示牌，标明品种类型、品种名称，以方便群众参观。从9月25开始，我站先后组织召开了三次晚稻新品种展示现场观摩会，组织种子管理部门、乡镇农技人员、种粮大户、粮食生产专业合作社和经营户210余人到现场“看禾选种”，推荐适合本地种植的优良水稻品种。其中，与中国农业科学院深圳创新院合作专门召开了钱3优982现场观摩会，有效宣传了新品种、新技术，为加强品种管理、加速良种推广应用、进一步优化我市品种种植结构奠定了坚实的基础。

4. 实现“六统一”服务：一是统一布局和供种，连片种植；二是统一采用基质育秧；三是统一移栽及其配套栽培技术标准；四是统一防治；五是统一机械作业；六是统一田间管理。

5. 开展高产攻关和新品种高产配套技术研究。将示范与高产攻关相结合，在示范方设高产攻关田3块，研究其增产潜力，并开展关于新品种肥料、密度、播期等的试验，实现良种良法配套，为大面积推广提供技术支撑。

六、主要技术措施

1. 基质育苗、培育壮苗。应用水稻机插秧叠盘暗出苗技术，控制秧龄18～20天。连作晚稻控制在30天内。

2. 适时播种，合理密植。示范方单季晚稻在5月20—21日分批播种，亩用种量为1.25千克，移栽密度为30厘米×（16～20）厘米。连作晚稻在6月23—25日分批播种，亩用种量为1.5千克，移栽密度为25厘米×18厘米。

3. 科学肥水管理。水浆管理全期采取好气灌溉。示范方每亩施三元复合肥30千克，插秧后7～10天追施分蘖肥，每亩用惠多利牌复合肥20千克，并拌入苄嘧磺隆除草剂除草，隔10天用第二次追肥，每亩用撒可富复合肥10千克、氯化钾10千克，看田间苗势叶色酌施穗肥三元复合肥5～10千克。

4. 综合防治病虫害。新农药防治病虫害，提高防效。根据病虫发生情报，防治稻纵卷叶螟、二化螟、稻飞虱，破口期防治稻曲病。重点做好籼粳杂交品种稻曲病防治，做到抽穗前7～10天、破口时各防1次。全面推广康宽、吡蚜酮、拿敌稳等高效低毒新农药，提高防效。

七、对品种的综合评价

（一）示范品种

甬优7850：株高和生育期适中，丰产稳产，株形优，抗倒能力一般，结实率高。但要加强稻曲病防治，有穗上发芽现象，需适期播种。

甬优1540：株高生育期适中，产量高，分蘖力中等，结实率高，后期转色好，谷壳黄亮长相清秀，稻曲病轻，有穗上发芽现象。宜在我市种植。

钱3优982：生育期适中，产量高，品质优，田间长相好，抗倒性强，好种易管，需适期早播。

甬优4550：株高适中，株形较紧凑，茎秆粗壮，分蘖力中等，剑叶挺直，穗大粒多，谷粒椭圆形，丰产性好。宜在我市作连作晚稻栽培。

（二）展示品种

1. 表现突出的品种

嘉禾优2125：长势旺，剑叶长挺内卷，叶片深绿，分蘖力中等，穗大，结实率高；生育期较长，植株偏高，有芒。可在我市进一步试种。

甬优7850：株高和生育期适中，丰产稳产，株形优，抗倒能力一般，结实率高。但要加强稻曲病防治，有穗上发芽现象，需适期播种。可在我市进一步扩大试种示范。

甬优5550：长势旺，株形适中，植株较高，分蘖力中等偏弱，剑叶长、卷、挺，产量高，长相清秀，叶片中绿，穗大粒多，稻曲病轻；生育期略长。可在我市代替甬优15进一步扩大试种。

中嘉优6号：单季籼粳杂交稻（偏粳型），株高适中，分蘖力中等，后期青秆黄熟，抗倒性强，丰产性好；高感稻曲病，生育期较长。适宜作单季晚稻种植。

甬优8050：生育期适中，长相清秀，穗大粒多，结实率高，稻曲病轻。可在我市扩大示范。

甬优7861：长势繁茂，株高适中，穗大粒多，剑叶挺，叶色绿，稃尖无色，有短顶芒；有稻曲病发生，生育期略短。可在我市扩大试种。

春优927：产量高，穗大粒多，丰产潜力大；灌浆时间长，后期转色不好，谷色差。可在我市进一步扩大示范。

2. 表现较好的品种

嘉优中科3号：产量高，熟期早，植株较矮，长相清秀，丰产性好；抽穗杨花期遇高温结实低，后期有早衰现象。宜适期播种进一步探讨配套栽培技术。

深两优332：长势繁茂，株形适中，生育期适宜，剑叶内卷，多穗，穗形中等，青秆黄熟，产量较高；有短芒。可在我市进一步试种。

91优16：株形松散，分蘖力中等，剑叶斜直，叶片卷，深绿，产量较高，生育期适宜，长相清秀，穗大粒多。可在我市进一步试种。

臻优H30：生育期适宜，分蘖力强，穗多，丰产性较好；剑叶较长、不挺。

深两优884：生育期适中，长相清秀，分蘖多，成穗率高，结实率高，米质较好，适应性、抗性强，好种易管。可在我市中低肥力地区示范种植。

长优KF2：生育期偏长，植株偏高，丰产性好，后期谷壳呈暗灰色。

Y两优8199：比两优培九早熟，长势繁茂，穗大粒多，后期青秆黄熟；植株较高。

钱优930：生育期适中，株形适中，茎秆粗壮，剑叶较挺、略内卷，叶色绿，分蘖力中等，穗大，谷色黄亮，抗性好。适宜我市籼稻区种植。

华浙优 1671、中浙优 157：与中浙优 8 号相似的长相、丰产性，叶片宽厚，但生育期较短；但产量表现不突出，有待进一步试种观察。

3. 表现一般的品种

赣优 9141：早熟，产量低，抗倒性差。

中亿优 3108：后期叶披，与其他籼型杂交稻新品种相比优势不明显。

浙优 21、浙优 19、交源优 69：生育期偏长，稻曲病重，不符合现在绿色生态，农药化肥减量的要求。

八、明年计划

1. 继续按照省、市统一部署安排品种布局。籼粳杂交相对高产潜力大，且生育期相对较短的品种也已育成，且我市籼粳杂交稻生产面积已超过籼型杂交稻面积，针对金华温光条件和近年来灾害性天气较多的特点，单季籼稻品种缺乏突出品种，展示拟以籼粳杂交稻为主，示范品种计划以连作晚稻为重点，以甬优 1540、甬优 8050 等生育期适中、抗性强的品种为主，搭配甬优 2640、甬优 4550 等。单季晚稻重点推广甬优 1540、甬优 7850 等品种。

2. 加强品种配套高产技术研究和应用，提高示范成效。

3. 针对种粮大户种植加工销售优质米面积扩大的现状及粮食部门对稻谷要求，明年拟开展长粒型晚稻品种引种试验与展示。

相关结果见表 1～表 3。

表 1　2016 年浙江省农作物新品种适应性扩展鉴定经济性状表

品种名称	播种期（月/日）	移栽期（月/日）	始穗期（月/日）	齐穗期（月/日）	成熟期（月/日）	全生育期（天）	基本苗数（万株/亩）	最高苗数（万株/亩）	有效穗数（万穗/亩）	成穗率（%）	株高（厘米）	穗长（厘米）	总粒数（粒/穗）	实粒数（粒/穗）	结实率（%）	千粒重（克）
嘉禾优 2125	5/26	6/20	9/2	9/5	10/25	153	5.64	18.04	13.0	72.2	129	22.0	264.5	240.9	91.1	22.9
华浙优 1671	5/26	6/20	8/23	8/26	10/10	138	4.32	17.38	13.4	77.5	119	24.7	188.7	161.8	85.7	25.5
中浙优 157	5/26	6/20	8/25	8/28	10/8	136	4.92	21.56	15.3	71.2	121	24.5	195.5	176.5	90.3	25.9
91 优 16	5/26	6/20	8/15	8/18	10/8	136	3.84	18.37	13.9	76.0	118	22.7	253.6	214.2	84.5	27.4
深两优 332	5/26	6/20	8/31	9/3	10/13	141	3.48	26.62	18.4	69.2	106	25.9	95.8	78.3	81.7	23.3
臻优 H30	5/26	6/20	8/23	8/26	10/5	133	2.88	22.66	15.6	62.5	112	23.5	207.8	188.7	90.8	25.5
甬优 5550	5/26	6/20	8/31	9/3	10/23	151	2.52	22.00	14.0	63.6	127	27.8	281.4	268.6	95.4	24.8
中嘉优 6 号	5/26	6/20	9/2	9/5	10/22	150	5.64	19.58	14.3	73.3	116	20.8	319.5	235.5	73.7	22.7
甬优 7861	5/26	6/21	8/29	9/1	10/20	148	4.32	20.02	12.8	64.0	116	23.8	221.4	192.8	87.1	24.2
中亿优 3108	5/26	6/21	8/24	8/27	10/10	138	2.52	27.94	20.2	72.4	113	25.3	155.5	135.4	87.0	31.4
赣优 9141	5/26	6/21	8/23	8/27	10/7	135	2.76	27.50	17.8	64.7	120	24.6	171.4	146.6	85.5	32.8
钱优 930	5/26	6/21	8/28	8/31	10/15	143	3.24	28.38	17.5	61.8	115	24.8	187.5	167.0	89.1	23.1
深两优 884	5/26	6/21	8/24	8/27	10/102	138	4.56	29.20	20.7	70.9	115	22.7	141.3	128.8	91.2	27.4
两优培九（CK1）	5/26	6/21	8/24	8/27	10/10	138	5.04	28.60	18.4	64.3	117	23.4	127.4	106.3	83.4	23.2
Y 两优 8199	5/26	6/21	8/23	8/26	10/8	136	5.64	26.18	17.7	67.8	116	25.7	144.4	132.1	91.5	25.3
甬优 8050	5/26	6/21	8/24	8/28	10/18	146	2.28	19.91	15.0	75.4	108	24.5	238.7	226.1	94.7	23.9
嘉优中科 3 号	5/26	6/22	8/15	8/18	10/13	141	3.84	15.84	13.0	82.3	96	20.9	332.0	274.9	82.8	26.9
甬优 1540（CK2）	5/26	6/22	8/25	8/29	10/25	153	2.40	19.36	14.0	72.5	107	23.0	353.0	347.6	98.5	22.5
超优千号	5/26	6/22	8/25	8/28	10/13	141	2.52	19.91	15.9	79.9	98	24.0	296.4	270.9	91.4	23.4
春优 927	5/26	6/22	9/1	9/5	11/5	164	2.52	20.90	14.1	67.5	119	21.6	256.7	220.1	85.7	24.6
长优 KF2	5/26	6/22	8/30	9/4	11/2	161	3.24	21.12	14.4	68.3	115	20.7	279.2	248.0	88.9	22.7
浙优 21	5/26	6/22	9/7	9/11	11/11	170	4.32	18.92	14.4	76.2	121	19.6	288.0	219.4	76.2	22.6
浙优 19	5/26	6/22	9/8	9/12	11/12	172	4.44	18.04	13.5	75.0	119	19.6	237.7	208.6	87.8	25.7
交源优 69	5/26	6/22	9/6	9/10	11/7	166	2.28	19.80	15.2	76.8	106	19.5	255.8	206.3	80.7	24.2
甬优 7850	5/26	6/22	8/25	8/28	10/15	143	2.76	19.20	13.5	70.3	113	21.0	311.5	282.4	90.7	22.0

表 2　2016 年浙江省农作物新品种适应性扩展鉴定结果表

品种名称	播种期（月/日）	成熟期（月/日）	全生育期（天）	面积（亩）	亩产（千克）	亩产与对照1比较（%）	亩产与对照2比较（%）	田间抗性	抗倒性	综合评价		
										排名	主要优点	主要缺点
嘉禾优 2125	5/26	10/25	153	1.0	818.9	61.6	23.6	好	好	1	丰产性好，植株挺，转色好	熟期偏长
华浙优 1671	5/26	10/10	138	1.0	534.7	5.5	−19.3	好	好	21	株高适中，叶宽厚	/
中浙优 157	5/26	10/8	136	1.0	511.0	0.8	−22.8	中	中	22	叶宽	/
91 优 16	5/26	10/8	136	1.0	604.1	19.2	−8.8	中	中	10	分蘖力较强，剑叶卷长	/
深两优 332	5/26	10/13	141	1.0	606.7	19.7	−8.4	好	好	9	丰产性好，剑叶挺	/
臻优 H30	5/26	10/5	133	1.0	651.0	28.4	−1.7	好	中	7	株高适中，分蘖力强	/
甬优 5550	5/26	10/20	148	1.0	582.3	14.9	−12.1	好	好	13	繁茂性好，分蘖力强	/
中嘉优 6 号	5/26	10/22	150	1.0	699.6	38.0	5.6	好	好	5	/	/
甬优 7861	5/26	10/20	148	1.0	751.7	48.3	13.5	好	好	2	熟期早，叶片宽厚	患稻曲病，有穗上发芽
中亿优 3108	5/26	10/10	138	1.0	610.0	20.3	−7.9	好	中	11	/	抗倒性一般
赣优 9141	5/26	10/7	135	1.0	481.4	−5.0	−27.3	中	中	23	株高熟期适中	抗倒性一般
钱优 930	5/26	10/15	143	1.0	566.0	11.8	−14.5	好	好	16	穗大粒多	/
深两优 884	5/26	10/102	138	1.0	569.8	12.4	−14.0	好	好	12	株高熟期适中，丰产性好	/
两优培九（CK1）	5/26	10/10	138	1.0	506.9	0.0	−23.5	中	好	/	/	患恶苗病
Y 两优 8199	5/26	10/8	136	1.0	545.9	7.7	−17.6	中	中	17	株高适中，米质优	/
甬优 8050	5/26	10/20	148	1.0	587.3	15.9	−11.3	好	中	8	转色好，谷壳黄亮	/
嘉优中科 3 号	5/26	10/13	141	1.0	578.1	14.16	−12.7	好	中	15	熟期早	后期转色差
甬优 1540（CK2）	5/26	10/25	153	1.0	662.3	30.7	0.0	好	好	/	/	/
超优千号	5/26	10/13	141	1.0	582.2	14.9	−12.1	中	中	14	长势旺，分蘖力强，叶色深绿	/
春优 927	5/26	11/5	164	1.0	723.6	42.8	9.3	好	好	3	长势旺，茎秆粗壮，剑叶长挺，丰产性好	植株偏高，易感稻曲病
长优 KF2	5/26	11/2	161	1.0	702.5	38.59	6.1	好	好	6	丰产性好	/
浙优 21	5/26	11/11	170	1.0	594.5	17.28	−10.2	中	中	20	/	植株偏高，易感稻曲病
浙优 19	5/26	11/12	172	1.0	647.4	27.71	−2.2	好	好	19	/	植株偏高，易感稻曲病
交源优 69	5/26	11/7	166	1.0	651.0	28.42	−1.7	中	好	18	/	易感稻曲病
甬优 7850	5/26	10/15	143	1.0	675.4	33.24	2.0	好	好	4	长势旺，茎秆粗壮，剑叶长挺	/

表 3 2016 年浙江省农作物新品种丰产示范结果表

农户数	品种名称	作物类型	计划面积（亩）	实施面积（亩）	中心方面积（亩）	验收亩产（千克）	当地平均亩产（千克）	亩产与当地平均比较(%)	示范方总增产（千克）	示范方增产增收（万元）	示范方节本增收（万元）	示范方总增收（万元）	订单农业情况		
													订单面积（亩）	生产数量（千克）	订单产值（万元）
/	甬优 4550、钱 3 优 982	水稻	200	202	202	566.5	480	18.02	17473	5.417	1.010	6.427	200	112000	34.72
/	甬优 7850、甬优 1540	水稻	100	105	105	732.2	580	26.24	15981	4.954	0.525	5.479	100	76900	23.83

印发资料（份）	技术培训		投入资金									攻关田				
	期数	人数	合计（万元）	技术培训（万元）	印发资料（万元）	种子补贴（万元）	农资补贴（万元）	展示示范牌制作（万元）	辅导员工资（万元）	考察总结（万元）	其他（万元）	面积（亩）	田块数	验收亩产（千克）	产量最高田块	
															面积（亩）	亩产（千克）
300	2	130	9.44	0.50	0.10	1.84	5.00	0.10	1.00	0.50	0.40	4.460	4	566.5	1.150	610.4

2016年浙江省水稻新品种适应性扩展鉴定和丰产示范总结

景宁县种子管理站

为稳定发展粮食生产，推进育种科研成果转化，加速水稻新品种及其配套栽培技术的推广应用，根据浙江省财政厅、浙江省农业厅《关于下达2016年第二批现代农业发展专项资金的通知》（浙财农〔2016〕39号）的要求，我县承担了省级单季杂交晚稻新品种展示示范任务。为了充分展示水稻攻关育种的最新成果，我县集中展示甬优系列、中浙优系列和Y两优系列等7个品种。在省、市有关领导和专家的支持和精心指导下，我们圆满完成了展示示范任务，并取得了良好的示范带动效果。现将实施情况作如下小结。

一、项目实施基本情况

1. 基地概况

新品种展示示范落实在东坑镇马坑村和澄照乡朱坑村粮食功能区高山地区。它们分别位于离景宁县城26千米和6.5千米处，交通便利。示范田畈地势开阔，阳光充足，道路、排灌沟渠配套，土壤肥力中等偏上，海拔500米。承担展示示范任务的农户具有多年的水稻试验示范经验，栽培水平相对较高，在东坑镇马坑村和澄照乡朱坑村粮食功能区范围内具有较好的示范作用。

2. 示范概况

4个品种示范面积共计166亩。东坑镇马坑村粮食功能区示范面积为112亩：中浙优8号示范面积为57亩，甬优17示范面积为55亩。澄照乡朱坑村粮食功能区中，甬优8050示范面积为12亩，甬优1540示范面积为18亩，中浙优8号示范面积为12亩，甬优17示范面积为12亩。

中浙优8号在4月20日育苗播种，6月4日移栽，7月14日始穗，7月17日齐穗，10月5日采收。

甬优8050在4月20日育苗播种，6月4日移栽，7月15日始穗，7月19日齐穗，10月5日采收。

甬优1540在4月20日育苗播种，6月4日移栽，7月14日始穗，7月18日齐穗，10月5日采收。

甬优17在4月20日育苗播种，6月4日移栽，7月16日始穗，7月19日齐穗，10月11日采收。

3. 展示概况

展示面积为2亩。品种有7个：中浙优8号（CK）、甬优8050、甬优1540、甬优15、Y两优2号、Y两优900、深两优862，连片集中进行种植。每个品种种植面积为0.28亩左右，统一在4月20日育苗，6月4日进行人工移栽。

4. 田间管理概况

为了方便小区对比试验，统一安排播种育苗，在4月20日播种，亩用种量为1.25千克，移栽密度为30厘米×（16.5～20）厘米。按照“六统一”的原则，示范方安排专人开展苗情、虫情、肥情、灾情等监测和记载。施肥策略：“重施基肥，早施分蘖肥，适当增施有机肥和钾肥，特别注意后期看苗补肥。”在水稻抽穗破口前10～15天，根据田间水稻苗生长情况，亩施硫酸钾型复合肥10～15千克，使用硫酸钾型复合肥可防止肥料粘贴叶鞘而造成烧叶现象；抽穗20%～40%时，每亩喷施1包“喷施宝”，齐穗后喷施一两次叶面营养肥，防早衰，增粒重。根据病虫情报，及时做好病虫害防治工作，重点做好稻纵卷叶螟、稻飞虱、二化螟、稻瘟病、纹枯病、稻曲病等病虫害防治工作。基地内示范的水稻全部参加了统防统治，根据县植保站病虫预报和基地实际情况开展“一对一”防治。在水稻抽穗破口前7天和齐穗期各喷一次井冈霉素和“富硒营养剂”，既可有效防治水稻后期的纹枯病和稻曲病，又能延缓水稻功能叶衰老，实现后期青秆黄熟、谷粒饱满。

二、生长期间气象与栽培管理等的有利和不利因子

1. 有利因子

主要有三：一是苗期气温正常，雨日、雨量偏多，有利于分蘖；二是抽穗扬花期气温、雨水正常，无高温、寒潮，有利于提高结实率，稻瘟病、稻曲病比上一年明显减轻；三是灌浆结实期雨水正常，日夜温差较大，有利于粒重增加。

2. 不利因子

主要有三：一是 7 月上、中旬连续强降雨，推迟了有效搁田时间，造成无效分蘖和小穗增多；二是拔节孕穗期（7 月下旬至 8 月下旬）35℃以上高温天气有近 30 天，无明显降雨，但基地灌溉水有保障，不利影响减小；三是收割期（9 月底至 10 月）多阴雨天气，且气温偏高，造成成熟水稻不能及时收割，穗上发芽多。9 月 27 日，区试站还受到了洪涝灾害的影响，部分示范田块出现倒伏的现象。

三、实施结果

1. 示范品种产量

示范方实割平均亩产为 638.9 千克，其中，中浙优 8 号实割平均亩产为 637.4 千克，甬优 8050 实割平均亩产为 674.4 千克，甬优 1540 实割平均亩产为 681.8 千克。攻关田验收亩产为 685.2 千克，产量最高田块亩产达 702.3 千克。

2. 展示品种产量

7 个展示品种的亩产为 563.2～681.8 千克，平均亩产为 639.6 千克。其中，甬优 1540 亩产最高，达到 681.8 千克，比对照中浙优 8 号增产 7.0%；其次是甬优 8050，亩产为 674.4 千克；亩产最低的是 Y 两优 900，平均亩产只有 563.2 千克，比对照中浙优 8 号减产 11.6%。从综合性状来看，甬优 1540、甬优 8050、中浙优 8 号表现较突出。

四、展示示范成效

1. 充分发挥了新品种展示示范效应

及时组织召开全县新品种现场考察观摩会，扩大新品种示范方示范辐射作用，增强种子经营户、种粮大户对甬优 1540、甬优 8050、Y 两优 900 等新品种长势表现的认识，使农民对它们的认可度提高，为后续推广创造了条件。

2. 明确了展示示范品种在我县的适应性

根据单季晚稻新品种展示示范情况，在中浙优系列品种中，以中浙优 8 号为主导品种。该品种抗性好，产量高，品质好，耐储藏（可存放一两年）。甬优系列主要推荐甬优 1540。甬优系列品种生育期相对较短，结实率高，高产稳产，但不耐储藏（最好当年食用，第二年食用口感变差），还要注意防治稻曲病。Y 两优系列的 Y 两优 2 号和 Y 两优 900，2016 年第一年试种，Y 两优 2 号田间表现更好，产量更高，可在海拔 600 米以下地区小面积推广。

3. 增产增效明显

示范方通过采用优质高产品种和综合运用其他各项配套技术，节本增产明显。示范品种平均亩产为 638.9 千克，比全县单季稻平均亩产增加 85.7 千克，每亩药、肥、水等成本下降 50 元左右，每亩节本增产增效 563 元。

五、主要工作措施

1. 建立项目实施领导小组，加强领导

按照现代种业发展资金项目示范计划要求，成立以县农业局分管副局长为组长的农作物新品种展示示范工作领导小组，成立由县种子站、县农技站、县土肥站、当地乡镇农技站等负责人组成的技术小组和实施小组。领导小组负责组织协调和政策梳理；技术小组负责技术培训、生产指导；实施小组负责制定实施方案，安排试验。通过加强领导、明确职责、合理分工、团结协作，使工作有人分管、有人落实。

2. 狠抓技术培训和指导，提高技术到位率

根据各展示品种的特征特性，在各生产环节对农户进行培训指导。2016 年 4—9 月，共组织示范基地人员参加县、镇两级水稻强化栽培技术、“六统一”管理等培训；并在育秧、移栽、病虫害防治等关键时期，组织栽培、土肥、植保等方面的技术人员深入田间地头，对农户进行技术指导，确保各项技术及时到位。

3. 统一思想认识，加强宣传工作

在展示示范基地项目规划确定后，镇、村两级开展宣传工作，通过党员干部带头、种粮大户带动，做好项目实施农户的思想工作；同时，县、镇两级出台相应的配套扶持政策，促进展示示范项目的顺利实施。另外，在展示示范基地的醒目位置设立标志牌，通过新闻媒体进行宣传报道，以提高知名度。

六、主要技术措施

1. 开展“六统一”服务

对示范中心方，在栽培管理上做到“统一供应种子、统一品种布局、统一灌水、统一技术规程、统一测土配方、统一病虫害防治”，努力将示范方办成水平相近、均衡高产的样板方。示范方安排专人开展苗情、虫情、肥情、灾情等监测和记载。通过新品种高产展示，在项目区推广新品种、新技术，达到高产目标。

2. 全面推行水稻强化栽培技术

水稻强化栽培技术是一项高产高效新技术。其核心是采取强化技术措施，加强稻株个体生长，挖掘稻株生产潜能。主要措施：一是水育壮秧；二是施足基肥，挖沟起畦，密行密株种植；三是合理施肥，注意除草，水分管理要科学，做到“沟水浅插、薄水护苗、浅水施肥、湿润分蘖、浅水养穗、干湿交替”。

3. 实施病虫预警防控

根据病虫情报，及时做好病虫害防治工作。基地内示范的水稻全部参加了统防统治，根据县植保站病虫预报和基地实际情况开展“一对一”防治，减少盲目性，降低成本，增强防治效果。

4. 重视穗粒肥应用

在水稻抽穗破口前 10～15 天，根据田间水稻苗生长情况，亩施硫酸钾型复合肥 10～15 千克；抽穗 20%～40%时，每亩喷施 1 包“喷施宝”，齐穗后喷施一两次叶面营养肥。

七、对品种的综合评价

深两优 862：生育期适中，长相清秀，分蘖多，成穗率高，结实率高，适应性强，好管易种。可在部分山区散户中代替中浙优 8 号推广。

中浙优 8 号：生育期适中，株形挺拔整齐，剑叶挺直，叶色深绿，分蘖力较强，穗大粒多，结实率高，后期熟相好，耐肥，抗倒，丰产性较好，米质较优。中抗稻瘟病，感白叶枯病，高感褐飞虱。

甬优 8050：生育期相对较短，产量高，分蘖力较强，田间长相清秀，穗大粒多，结实率高，稻曲病轻。可在我县海拔 600 米以下地区扩大示范推广。

甬优 15：生育期适中，植株较高，株形适中，剑叶挺直，略微卷，叶色深绿，茎秆粗壮；分蘖力较

弱，穗大，着粒较密，一次枝梗多；谷色黄亮，有顶芒，谷粒椭圆形，稃尖无色。

甬优 1540：生育期相对较短，植株高度偏矮，粗硬，株形紧凑，长相清秀，稻穗较短，结实率高，高产稳产；要注意防治稻曲病。它适应性广，虫害容易防治，粗生易种，褪色快，灌浆饱，谷粒黄亮，粒形中等略偏长，高产优质，是我县今后十分值得推广的好品种。

Y 两优 2 号：生育期适中，茎秆粗壮，耐肥，抗倒，分蘖力较强；株形松散适中，叶片着生角度小，上三叶挺直，穗大；多感稻瘟病，耐高温能力强，耐低温能力强。适应性广，适合于不同地区栽培。

Y 两优 900：生育期适中，茎秆粗壮，耐肥，抗倒，分蘖力较强，抽穗期耐热性中等；高感稻瘟病，中感白叶枯病，高感褐飞虱。

八、明年计划

继续按照省、市统一部署安排品种布局，结合近年来展示示范品种的情况，加强改进品种配套高产技术研究和应用，提高示范成效。针对我县地处高山地区、温光条件和近年来灾害性天气较多的特点，示范品种计划以甬优 1540、甬优 8050 等生育期适中、抗性强的品种为主，搭配华浙优 1 号、中浙优 8 号等。面上重点推广甬优 1540 和中浙优 8 号两个品种。

相关结果见表 1、表 2。

表1　2016年浙江省农作物新品种适应性扩展鉴定结果表

品种名称	播种期（月/日）	成熟期（月/日）	全生育期（天）	面积（亩）	亩产（千克）	亩产与对照比较(%)	田间抗性	抗倒性	综合评价		
									排名	主要优点	主要缺点
Y两优900	4/20	9/17	150	0.28	563.2	−11.6	好	好	5	长势强，熟相好，穗大粒多，结实率高	植株偏高
Y优2号	4/20	9/9	142	0.28	629.9	−1.2	好	好	6	剑叶内卷，穗大	生育期略长，有芒
甬优15	4/20	9/15	148	0.28	667.8	4.8	好	好	3	产量较高，长相清秀，穗大，结实率高	生育期略长，剑叶偏长
深两优862	4/20	9/15	142	0.28	622.5	−2.3	好	好	7	稳产，生育期适宜，长相清秀	/
中浙优8号(CK)	4/20	9/17	150	0.28	637.4	0.0	好	好	4	剑叶挺直，熟相好，穗大	着粒不密
甬优8050	4/20	9/11	144	0.28	674.4	5.8	好	好	2	生育期短，穗大粒多	/
甬优1540	4/20	9/2	135	0.28	681.8	7.0	好	好	1	生育期适宜，长相清秀，穗大粒多，结实率高	移栽后起发慢

表2　2016年浙江省农作物新品种丰产示范结果表

农户数	品种名称	作物类型	计划面积（亩）	实施面积（亩）	中心方面积（亩）	验收亩产（千克）	当地平均亩产（千克）	亩产与当地平均比较(%)	示范方总增产（千克）	示范方增产增收（万元）	示范方节本增收（万元）	示范方总增收（万元）	订单农业情况		
													订单面积（亩）	生产数量（千克）	订单产值（万元）
8	中浙优8号	水稻	57	55	55	637.4	553.2	15.2	4799.4	1.20	55	35057.0	8.76	8	中浙优8号
5	甬优8050	水稻	12	12	12	674.4	553.2	21.9	1454.4	0.44	12	8092.8	2.47	5	甬优8050
4	甬优1540	水稻	18	18	18	681.8	553.2	23.2	2314.8	0.72	18	12272.4	3.80	4	甬优1540

印发资料（份）	技术培训		投入资金									攻关田				
	期数	人数	合计（万元）	技术培训（万元）	印发资料（万元）	种子补贴（万元）	农资补贴（万元）	展示示范牌制作（万元）	辅导员工资（万元）	考察总结（万元）	其他（万元）	面积（亩）	田块数	验收亩产（千克）	产量最高田块	
															面积（亩）	亩产（千克）
156	1	56	6.70	1.20	0.60	1.62	1.68	0.50	0.16	0.65	0.29	15.8	6	685.2	1.5	702.3

2016年开化县农作物新品种适应性扩展鉴定和丰产示范总结

开化县种子技术推广站

根据浙江省种子管理总站《关于布置2016年浙江省农作物新品种适应性扩展鉴定和丰产示范计划的通知》（浙种〔2016〕21号）的要求，我站承担省农作物新品种适应性扩展鉴定和丰产示范任务，通过积极认真组织实施，取得了较好的展示示范效果。现将适应性扩展鉴定和丰产示范情况小结如下。

一、项目实施基本情况

1. 项目实施基地设在省级粮食生产功能区内，展示示范面积为227.2亩（其中，示范面积为211.3亩，展示面积为15.9亩），涉及农户106户。该地处音坑乡下淤、音铿两个行政村，距县城6千米，水源清澈，无污染源，交通方便，方内农田水利设施比较完善，排灌水渠和机耕路配套，旱涝保收，土壤肥力中上均衡，往来人员多，便于观摩，对周边示范辐射效果较好。

2. 示范品种3个：钱优930（102.2亩）、甬优8050（58.7亩）、中浙优8号（50.4亩）。

3. 展示面积：15.9亩；品种13个：甬优8050、钱优1890、中浙优157、甬优1540、甬优1140、Y两优8199、钱优930、中浙优8号、91优16、长优KF2、嘉禾优2125、中嘉优6号、两优培九（CK）。

二、主要工作措施

1. 建立组织，加强领导

为了确保示范方各项工作顺利实施，加强对示范工作的领导和指导，认真制定项目实施方案，成立水稻新品种展示示范项目领导和实施小组。领导小组由县农业局分管局长任组长，以县种子技术推广站、乡农技站和实施村负责人为成员，主要负责项目实施的组织规划，协调日常工作。实施小组由县种子技术推广站成员、乡村农技人员组成，主要负责制定项目实施方案，开展技术指导、培训和具体实施等工作，做到分工明确、责任到人。

2. 加强宣传，扩大示范效果

在项目实施中，组织乡、镇有关农技人员到现场观摩考察，利用《今日开化》《开化农业》、“开化农技110”等传媒进行报道宣传，在展示示范基地设置大型标志牌，标明名称、类型和产量指标等信息，以加强展示示范效果。在示范实施中，省、市、县领导与专家多次到示范现场进行工作和技术指导。2016年9月18日，县农业局组织召开水稻新品种推广暨高产创建现场观摩会。来自全县各乡镇的农技员、种粮大户、高产创建示范方代表和相关站所负责人（共80余人）参加了观摩座谈活动。9月25日，衢州市农业局组织相关专家对新品种示范方进行产量实割验收。

3. 加强技术培训，提高技术到位率

首先对项目实施技术人员进行专业培训，对示范户开展技术培训，邀请种子、栽培、土肥、植保等专家进行品种特征特性、高产栽培、测土配方施肥、化肥减量、农药减控等技术培训，发放技术资料340多份。

4. 建立激励机制，提高示范户积极性

为了提高示范户的生产积极性，采取了多项优惠政策和措施。一是向展示示范户免费提供种子和秧苗；二是每亩免费提供商品有机肥320千克，免费并统一组织施用穗肥，每亩撒施进口三元复合肥10～15千克；三是免费提供农药（75%拿敌稳、16%井·酮·三环唑），统一组织稻曲病和穗颈瘟的防治工作；四是统一种植规格，每亩补助50元。

5. 认真做好观察记载，积累技术经验

在项目实施过程中，实施小组成员明确分工和职责，有专业技术人员蹲点，对苗情动态、病虫发生等情况进行观察记载分析，及时做好示范户技术指导工作，并为进一步探索展示示范品种栽培技术积累经验。

6. 示范方实行“六统一”技术措施

示范方实行“六统一”栽培技术措施：一是统一品种布局（根据实施方案，各品种连片种植）；二是统一供种育秧（由种子站免费提供种子，并进行统一育秧）；三是统一技术操作规程（全方统一实行水稻强化栽培模式）；四是田间管理（主要是统一移栽时间、统一水浆管理、统一施用穗肥）；五是统一病虫害防治（根据病虫情报和田间观察进行统一防治）；六是统一机械操作（机械耕作、机械收割）。

三、主要技术措施

1. 适期播种，培育壮秧

示范方通过采用统一塑盘育秧技术，移栽时秧苗素质指标达到：主茎叶龄3.5～4.0叶，苗高15～20厘米。5月16日播种，用25%咪鲜胺浸种，播种时用吡虫啉拌种，用基质和细泥盖籽。5月28日开始移栽，6月5日移栽结束。移栽前防治一次稻纵卷叶螟和纹枯病。

2. 旱耕做畦，干湿灌溉，强根健苗

示范方全面推广水稻强化栽培模式技术，创造好气强根、促蘖健苗的土壤环境。

具体操作要领是：旱耕、旱耙、旱做畦、放水验平清沟泥。具体要求：用旋耕机耕耙后，每隔3.3米开一条丰产沟，然后放水到畦面平，用四齿扒扒平畦面，畦面整平后施耙面肥，再用秧田耥将沟中淤泥推至畦面，一并将畦面耥平。为秧苗插后创造一个上糊下松、好气强根、促蘖壮苗的土壤环境。

3. 适龄移栽，适当稀植

示范方塑盘秧控制在15天以内秧龄进行移栽，移栽密度为每亩1.2万丛，行株距为8寸(1寸≈3.33厘米)×6寸。

移栽时畦面确保无水层或浅水（水层高为0.5～1厘米），并做到统一拉绳，每隔3.3米开一条丰产沟，做畦、耙平后进行移栽。

4. 合理配比，精确施肥

施肥方法：示范方采用“适施基肥，早施壮苗肥，看苗补施穗粒肥”的施肥方法。农技人员深入田间指导农户合理施肥，确保了水稻生长需要，从而达到了增产的目的。

基肥：亩施商品有机肥320千克，尿素15千克，氯化钾10千克，过磷酸钙25千克。

追肥：移栽后5～7天，亩施尿素7.5～10千克，氯化钾10千克，过磷酸钙15千克，同时结合化学除草，亩用18%乙苄防除田间杂草。

穗肥：统一施用穗肥，7月26—28日，视苗情亩施三元复合肥10～15千克，对于明显落黄的田块每亩补施尿素5～7.5千克。

5. 加强病虫草害综合防治

示范方移栽时带药下田，移栽后及时进行化学除草，本田期根据病虫预测报告，结合田间调查，重点抓好稻纵卷叶螟、稻飞虱、纹枯病、稻曲病、穗颈瘟等病虫害的防治工作。

四、项目实施结果

由于整个水稻生长期高温少雨，单季晚稻的抽穗扬花和授粉受到了影响，水稻的结实率均有所下降；由于灌浆期遇大雨且适温，部分品种穗上有发芽现象。

展示示范方于9月24日开始陆续收割。田间观察和取样考种分析如下。13个展示品种均表现出了较好的增产潜力；生育期长的品种割青现象严重，对产量影响较大。展示品种种植面积为15.9亩，平均亩产达到626.1千克。亩产为650千克的有3个品种，其中，甬优1140亩产为682.1千克，91优16亩产为653.6千克，中嘉优6号亩产为650.9千克。

9月25日，衢州市农业局组织相关专家对示范方进行产量验收。在对示范方进行整体考察评估的基础上，随机抽取高、中、低3块田进行实割验收，按国家标准稻谷折率计算产量。

新品种示范面积为211.3亩，平均亩产为684.2千克。其中，钱优930平均亩产为710.9千克，中浙优8号平均亩产为662.74千克，甬优8050平均亩产为656.0千克。

五、项目实施取得的成效

展示示范工作主要有三点：一是田间管理措施到位；二是无明显病虫害和倒伏现象；三是各品种表现差异明显。

展示示范工作基本做到了“四个本满意”。

1. 展示示范方农户满意。2016年展示示范的品种，由于品种选择得当，管理措施到位，没有明显病虫害和倒伏现象，品种田间长势长相大部分较为理想，农户均表示比较满意。

2. 周边群众满意。由于展示示范设立在公路边，过往行人较多，所以许多农民对各品种都表现出了浓厚的兴趣，纷纷驻足询问各品种的生产、供应情况，同时对新品种展示示范实施效果比较满意。这对今后良种推荐工作起到了很好的促进作用。

3. 农技人员和种粮大户满意。9月18日，全县乡镇农技人员和种粮大户共80余人参加了水稻新品种考察观摩会。参会人员一致认为水稻新品种展示示范工作实施得很好，展示示范效果明显，特别是对一些适宜性强、抗性好的品种非常感兴趣。

4. 领导、专家满意。省、市领导和专家多次前来检查指导和观摩考察，认为我县的水稻新品种展示示范工作到位，品种的长势长相不错，品种潜力表现充分，有良好的影响力。

根据整个生育期内各品种经济性状的表现，通过现场观摩评议，总结得出适宜在我县推广的品种有甬优1140、甬优1540、甬优8050、91优16、中浙优157、钱优930等。

相关结果见表1～表3。

表1　2016年浙江省农作物新品种丰产示范产量表

户主	品种	面积（亩）	产量（千克）	亩产（千克）
叶一清	钱优930	1.05	755.37	719.4
丁永忠		1.04	697.64	670.8
方春兰		1.02	755.38	740.6
小计		3.11	2208.39	710.1
合计		102.2	72654.0	710.9
吴志瑞	甬优8050	1.03	672.30	652.7
叶炳初		1.10	739.10	671.9
叶宝良		1.04	669.13	643.4
小计		3.17	2080.53	656.3
合计		58.7	38507.2	656.0
叶志明	中浙优8号	1.06	685.46	646.7
叶兆松		1.08	716.13	663.1
徐忠尧		1.04	705.61	678.5
小计		3.18	2107.20	662.6
合计		50.4	33402.1	662.7
总计		211.3	144563.3	684.2

表 2　2016 年浙江省农作物新品种丰产示范结果表

农户数	品种名称	作物类型	计划面积（亩）	实施面积（亩）	中心方面积（亩）	验收亩产（千克）	当地平均亩产（千克）	亩产与当地平均比较(%)	示范方总增产（千克）	示范方增产增收（万元）	示范方节本增收（万元）	示范方总增收（万元）	订单农业情况		
													订单面积（亩）	生产数量（千克）	订单产值（万元）
24	中浙优 8 号	水稻	50	50.4	/	622.7	550	13.2	5680.1	0.84	0.56	1.40	/	/	/
31	甬优 8050	水稻	50	58.7	/	656.0	550	19.3	6222.2	0.99	0.55	1.54	/	/	/
28	钱优 930	水稻	50	102.2	/	710.9	550	29.3	16444.0	0.87	0.52	1.39	/	/	/
83	小计	水稻	150	211.3	/	684.2	550	24.4	28346.3	2.70	1.63	4.33	/	/	/

印发资料（份）	技术培训		投入资金									攻关田				
	期数	人数	合计（万元）	技术培训（万元）	印发资料（万元）	种子补贴（万元）	农资补贴（万元）	展示示范牌制作（万元）	辅导员工资（万元）	考察总结（万元）	其他（万元）	面积（亩）	田块数	验收亩产（千克）	产量最高田块	
															面积（亩）	亩产（千克）
800	2	269	13.3	2.1	0.5	1.5	4.6	0.4	2.2	1.2	0.8	9.46	9	663.2	1.02	740.6

表 3　2016 年浙江省农作物新品种适应性扩展鉴定结果表

品种名称	播种期（月/日）	成熟期（月/日）	全生育期（天）	面积（亩）	亩产（千克）	亩产与对照比较（%）	抗倒性	综合评价	
								主要优点	主要缺点
钱优 930	5/16	9/26	133	1.1	588.9	−8.4	中	适应性好，熟期适中，分蘖力较强，穗较大，产量较高	后期偏施氮肥易倒伏
甬优 8050	5/16	9/29	136	1.4	559.2	−13.0	好	茎秆粗壮、坚韧，穗大粒多，青秆黄熟，抗倒伏，米质优	植株偏高，分蘖力偏弱，易感稻曲病
钱优 1890	5/16	9/26	133	1.4	622.6	−3.2	中	株形适中，分蘖力强，剑叶长、挺直，穗大粒多	植株较高，后期偏施氮肥易倒伏
中浙优 157	5/16	9/28	135	1.4	627.8	−2.3	好	株形紧凑，叶片挺直，抗倒性好，丰产性好，产量高	叶片较宽，后期要注意控制氮肥施用
中浙优 8 号	5/16	9/29	136	1.4	605.7	−5.8	好	株形紧凑，熟期适中，分蘖力较强，结实率高，后期转色好，产量高	植株偏高，后期偏施氮肥易倒伏
甬优 1540	5/16	9/29	136	1.1	633.2	−1.5	好	株形紧凑，长势旺盛，生育期适中，穗大，产量高	分蘖力偏弱，易感稻曲病
Y 两优 8199	5/16	9/29	136	1.1	624.9	−2.8	中	长势繁茂，分蘖力强，穗大粒多	感稻瘟病和稻飞虱，偏施氮肥易倒伏
91 优 16	5/16	9/28	135	1.4	653.6	1.7	中	株形适中，叶片较宽直，穗层整齐，抗倒性好，丰产性好，产量较高	叶片宽，后期切忌偏施氮肥
长优 KF2	5/16	10/5	142	1.1	640.4	−0.4	好	株形整齐，分蘖力强，青秆黄熟，丰产性较好	植株较高，结实率较低，偏施氮肥易倒伏
甬优 1140	5/16	10/5	142	1.1	682.1	6.1	好	株形紧凑，叶色浓绿，穗大，结实率高，青秆黄熟，丰产性好，产量高	分蘖力偏弱，着粒密，易感稻曲病
嘉禾优 2125	5/16	10/12	149	1.4	625.2	−2.8	中	分蘖力较强，株形整齐，青秆黄熟，丰产性较好	熟期偏长，植株偏高，偏施氮肥易倒伏
中嘉优 6 号	5/16	10/12	149	1.4	650.9	1.2	好	株形好，分蘖力中等，株形整齐，青秆黄熟，丰产性较好	熟期偏长，植株偏高，偏施氮肥易倒伏
两优培九（CK）	5/16	9/28	135	0.6	642.9	0.0	/	/	/
合计	/	/	/	15.9	626.1	/	/	/	/

2016年浙江省水稻新品种适应性扩展鉴定和丰产示范总结

杭州市临安区种子种苗管理站

根据浙江省种子管理总站《关于布置2016年浙江省农作物新品种适应性扩展鉴定和丰产示范计划的通知》（浙种〔2016〕21号）的要求，我市承担钱优930、甬优1540、甬优538这3个单季杂交稻品种丰产示范和嘉禾优2125等25个单季杂交晚稻品种适应性扩展鉴定任务。在上级领导与专家的支持与指导下，克服了分蘖末期连续阴雨和拔节孕穗期高温干旱等诸多不利因素，令各品种特征特性和增产潜力得到了充分展示挖掘，达到了预期的示范效果。现将适应性扩展鉴定和丰产示范情况小结如下。

一、项目实施基本情况

1. 实施基地概况

展示示范任务重点落实在国家（临安）农作物品种区试站进行。该地位距杭徽高速公路於潜出口2千米，交通便利，示范田畈地势开阔，阳光充足，道路、排灌沟渠配套，土壤肥力中等偏上，海拔83米。承担任务的农户具有多年的水稻试验示范经验，栽培水平相对较高。钱优930和甬优1540的示范任务除主要落实在区试站外，还有部分落实在邻近的、基础条件与之相仿的天目山镇九里省级粮食生产功能区内，由一名种粮大户承担。

2. 示范概况

区试站和天目山镇九里省级粮食生产功能区各安排153亩土地进行示范。区试站：钱优930面积为67亩，甬优538面积为58亩，甬优1540面积为28亩；天目山镇九里省级粮食生产功能区：钱优930面积为102亩，甬优1540面积为51亩。

钱优930在5月24日播种，6月13日机插，每亩落田苗数为4.13万株，8月27日齐穗，9月30日成熟。

甬优538在5月16日播种，6月9日机插，每亩落田苗数为2.42万株，9月6日齐穗，10月30日成熟。

甬优1540在5月22日播种，6月12日机插，每亩落田苗数为3.03万株，9月7日齐穗，10月20日成熟。

3. 展示概况

展示面积为25.46亩。品种25个：嘉禾优2125、华浙优1671、赣优9141、钱优1890、甬优8050、中亿优8号、中浙优157、91优16、Y两优8199、深两优332、臻优H30、甬优5550、深两优884、钱优911、嘉优中科3号、中嘉优6号、甬优7861、春优927、长优KF2、中浙优8号、浙粳优1578、浙优21、浙优19、两优培九（CK1）、甬优1540（CK2）。

5月22日水育苗，6月14—16日人工移栽小苗，按籼粳类型和熟期大致分类，进行连片集中展示。除甬优5550、浙粳优1578、91优16等部分品种因发芽率不好而造成秧苗不足，示范面积为0.5～0.84亩；其余品种示范面积均在1亩以上。

4. 主要栽培技术

根据示范方品种特性和前作收获期，安排好茬口，于5月16—24日分批播种，统一采用穴盘暗育秧，亩用种量为1.25千克。6月9—13日开始机插，秧龄18～20天，机插密度为30厘米×（16.5～20）厘米，统一机插技术要求与插秧后管理，2～3天内完成人工查漏补秧工作。

施肥策略："重施基肥，早施分蘖肥，适当增施有机肥和钾肥，特别注意后期看苗补肥。"在提前亩施600千克腐熟羊粪有机肥的基础上，亩施45%复合肥40千克作基肥；追肥分三次施：插秧后10天返青分蘖肥为尿素7.5千克/亩，插秧后25天拔节孕穗肥为45%复合肥20千克/亩，倒三叶露尖时花粒肥为硫酸钾型复合肥10～15千克/亩；抽穗后结合喷药叶面追施"喷施宝"两三次。

水浆管理采用"麦作式"湿润灌溉，针对2016年苗期雨水多的情况，重点做好清沟排水工作，抢晴搁田，控制无效分蘖，但直至7月22日才有效搁田。高温干旱时，每2天灌水1次，改善田间小气候。

病虫害防治以绿色防控为主，选用高效、低毒、低残留农药防控稻纵卷叶螟、稻飞虱、纹枯病等，狠抓籼粳杂交稻品种稻曲病防治，做到抽穗前7～10天、破口时各防1次。

二、气象对作物生长与栽培管理的有利与不利因子分析

1. 有利因子

主要有三：一是苗期6月至7月中旬气温正常、雨日雨量偏多，有利于分蘖；二是抽穗扬花期8月下旬至9月上旬，气温、雨水正常，无高温、寒潮，有利于提高结实率，稻瘟病、稻曲病比上一年明显减轻；三是灌浆结实期雨水正常，日夜温差较大，有利于粒重增加。

2. 不利因子

主要有三：一是7月上、中旬连续强降雨，推迟了有效搁田时间，造成无效分蘖和小穗增多；二是拔节孕穗期7月下旬至8月下旬35℃以上高温天数近30天，无明显降雨，但基地灌溉水有保障，不利影响减小；三是收割期9月底至10月进入收获阶段后多阴雨天气，且气温异常偏高，造成成熟水稻不能及时收割，穗上发芽多。9月27日区试站还受到了洪涝灾害影响，部分示范田块出现倒伏现象。

三、产量表现

1. 示范品种产量

示范方306亩实割亩产为701.6千克，攻关田24.5亩实割亩产为734.8千克。其中，钱优930平均亩产为665.0千克，甬优538平均亩产为779.8千克，甬优1540平均亩产为722.5千克。

2. 展示品种产量

25个展示品种亩产为363.0～840.6千克，平均为633.1千克。从综合性状来看，中嘉优6号、甬优7861、浙粳优1578、甬优5550、华浙优1671、91优61、深两优332、甬优8050、嘉优中科3号、Y两优8199表现较突出。15个品种亩产高于对照两优培九，仅中嘉优6号比对照甬优1540增产。中嘉优6号亩产最高，达到840.6千克，比对照两优培九增产42.2%，比对照甬优1540增产2.4%。对照甬优1540居第二位，亩产为820.6千克，比对照两优培九增产38.8%。亩产最低的是赣优9141，因南方黑条矮缩病发病率达50%以上，故平均亩产只有363.0千克，比对照两优培九减产38.6%。

四、展示示范成效

1. 发挥了"看禾选种"的平台作用。及时组织召开新品种现场考察观摩会，扩大新品种示范方示范辐射作用，增强种子经营户、种粮大户对甬优538、甬优1540、甬优7861、甬优8050、华浙优1671、钱优930等新品种长势表现的认识，使农民对它们的认可度提高，为后续推广创造了条件。

2. 明确了展示示范品种的适应性与配套技术。籼型杂交稻品种钱优930、华浙优1671、深两优332、Y两优8199熟期较早，稳产高产，综合抗性好，适合我市较高海拔山区的散户种植或在后茬种

直播油菜的低海拔田畈种植；较早熟籼粳杂交稻品种甬优 8050、甬优 1540、嘉优中科 3 号产量、抗性表现较理想；丰产性好的籼粳杂交稻品种甬优 538、甬优 7861、甬优 5550、浙粳优 1578、中嘉优 6 号、嘉禾优 2125 生育期虽略长，但不影响后作小麦的生长，适合低海拔田畈的种粮大户种植；生育期太长的籼粳杂交稻品种浙优 19、浙优 21 在我市不能充分成熟，难以发挥高产优势。同时，明确了各品种在栽培上需注意的重点：籼粳杂交稻应注意防治稻曲病；钱优 930、Y 优 8199 注意控制氮肥，防止倒伏。

3. 展示示范品种绿色安全与增产增效作用明显。示范方通过选用优质高产品种、机插及其他各项配套技术措施的综合运用，节本增产明显，示范品种平均亩产为 701.6 千克，比全市单季稻平均亩产增加 168.6 千克，亩药、肥、水等成本下降 50 元左右，亩节本增产增效 572 元。

五、主要工作措施

1. 以充分展示品种特征特性和挖掘高产潜力为原则，制定实施方案，落实专业技术人员蹲点指导，聘请技术人员统一管理，实行统一机育机插、统一灌水施肥、统一病虫害防治等多项统一服务，确保平衡高产。

2. 加强技术培训与实地指导。在产前召开示范户培训会，重点介绍新品种特征特性和因种栽培技术；在产后召开示范户座谈交流会，明确新品种在当年的表现和栽培技术应用上的得失。邀请浙江省、杭州市专家在示范方建设期间进行现场指导，技术人员在水稻生长的关键节点进行实地检查指导。

3. 结合现代农业科技示范基地建设，建好田间学校，加强宣传。在示范方内设置了 3 米×2 米标志牌和分品种标志牌，标明展示示范品种。在水稻灌浆成熟期组织了 2 次现场观摩交流会，提高展示示范效果。组织技术培训 2 期，培训人员 116 人（次），印发技术资料 232 份，重点介绍新品种特征特性和高产栽培技术，以及病虫防治、新农机具使用维护技术。

4. 加大示范方建设投入，确保良种良法配套到位。免费提供示范种子、有机肥、硫酸钾型复合肥、“喷施宝”等；优惠推广极锐吡蚜酮、稻腾、拿敌稳等高效新农药；维修改造排灌渠道、田间操作道，保障示范方用（排）水通畅、机插机收到田。

5. 面对灾害性天气的频繁发生，及时采取针对性措施。在 7 月下旬至 8 月中旬连续高温干旱时，为改善田间小气候、降低高温对孕穗期水稻的影响，采取每 2 天灌水 1 次；在 9 月 27 日洪涝灾害发生后，及时采取早熟品种抢晴收割、迟熟品种清理田间堆积物、扶正倒伏株、适当追施叶面肥等补救性措施。

六、主要技术措施

1. 合理搭配稻-麦（油菜）两熟。若后作为直播油菜，宜选择钱优 930。

2. 冬季提前撒施羊粪 600 千克/亩，确保水稻有充足的有机肥基础；防止夏收夏种农忙时漏施、缺施和施肥不匀。

3. 培育壮苗，苗床的基质与黄泥的比例为 1∶3。应用水稻机插秧叠盘暗出苗技术，控制秧龄在 18～20 天。

4. 使用新农药（机具）防治病虫害，提高防效。全面推广了稻腾、极锐吡蚜酮、拿敌稳等高效低毒新农药。全部使用机动迷雾机喷药，九里示范方还采用了无人飞机喷药。

5. 重视穗粒肥应用，倒三叶露尖时按品种不同施好花粒肥，籼粳品种亩施硫酸钾型复合肥 10 千克，粳型品种亩施 15 千克，以防止氯化钾烧叶；在破口期、齐穗期，喷施“喷施宝”2 次，增加粒重。

6. 连续高温干旱时，每 2 天灌水 1 次，改善田间小气候，降低高温对孕穗的影响。

七、对品种的综合评价

（一）示范品种

甬优 538：高产潜力大，丰产稳产，株形优，兼有籼型杂交稻的长势和粳稻的长相、熟相、米质、耐寒性、抗倒能力，结实率高。其因具有超高产潜力、适宜的株高和生育期，更迎合我市种粮大户和农户需求，但要加强稻曲病防治，可在海拔 250 米以下地区种粮大户中推广。

甬优 1540：产量高，生育期相对适中，分蘖力强，长相清秀，稻曲病轻。可在我市海拔 300 米以下地区推广。

钱优 930：生育期适中，产量高，品质优，抗稻瘟病，田间长相好，结实率高，抗倒性强，好种易管。宜在我市较高海拔区域种植或低海拔地区、后作为直播油菜时种植。

（二）展示品种

1. 特点突出的品种

甬优 8050：生育期比两优培九短，长相清秀，穗大粒多，结实率高，稻曲病轻。可在我市海拔 450 米以下地区扩大示范。

嘉优中科 3 号：产量高，熟期早，植株较矮，长相清秀，丰产性好；有细菌性基腐病。可在我市海拔 450 米以下地区扩大示范。

Y 两优 8199：比两优培九早熟，长势繁茂，穗大粒多，后期青秆黄熟；植株较高。可在我市稻草孵笋区域扩大示范。

华浙优 1671：产量较高，生育期适宜，长相清秀，穗大；叶较宽。可在我市代替中浙优 8 号扩大试种。

甬优 5550：产量高，长相清秀，穗大，无芒；生育期略长。如米质好，可在我市代替甬优 15 进一步扩大试种。

浙粳优 1578：产量高，生育期与甬优 538 相仿，穗较多且穗大，无小穗。可在我市海拔 250 米以下地区进一步扩大试种示范。

甬优 7861：与甬优 538 类似，穗更大，枝梗分散，生育期略短。可在我市海拔 300 米以下地区扩大试种。

2. 表现较好的品种

中浙优 157：具有与中浙优 8 号相似的长相、丰产性，但生育期要短 1 周左右。可在我市进一步试种。

深两优 332：产量较高，生育期适宜，剑叶内卷，穗多；有芒。可在我市进一步试种。

91 优 16：产量较高，生育期适宜，长相清秀，穗大粒多；剑叶较长。可在我市进一步试种。

臻优 H30：生育期适宜，分蘖力强，穗多；剑叶较长、不挺。可在我市进一步试种。

中嘉优 6 号：产量高，植株较矮，穗大；生育期较长，两次灌浆明显。可在我市进一步试种。

春优 927：产量高，穗大粒多，丰产潜力大；灌浆时间长，后期转色不好，谷色差。可在我市进一步试种。

嘉禾优 2125：剑叶内卷，穗大；生育期略长，有芒。可在我市进一步试种。

深两优 884：生育期适中，长相清秀，分蘖多，成穗率高，结实率高，米质较好，适应性抗性强，好种易管。可在我市西部山区散户中代替中浙优 8 号扩大示范推广。

中浙优 8 号：高产稳产，米质较好，生育期适中。是我市目前面积最大的主推品种，但推广年限已较长，应逐渐用其他品种代替。

3. 推广意义不大的品种

钱优 1890：生育期偏长，综合抗性不强，与其他籼型杂交稻新品种相比优势不明显。

钱优 911：与同类品种相比，丰产优势不明显。

赣优 9141：南方黑条矮缩病严重，2015 年有枝梗瘟。

中亿优 3108：产量不高，综合抗性不强，与其他籼型杂交稻新品种相比优势不明显。

长优 KF2：生育期偏长，植株偏高，丰产性不突出，与其他同类型品种相比优势不明显。

浙优 21、浙优 19：生育期太长，在我市不能充分成熟。

八、明年计划

1. 受自然温光条件和农作制度限制，一批新育成的增产潜力大、生育期适中、抗性强的籼粳杂交稻品种相对比较受农民欢迎。明年计划选择甬优 1540、甬优 8050 等籼粳交新品种为主要品种，搭配华浙优 1671、甬优 5550 等。同时继续加强品种配套高产技术研究和应用，提高新品种推广示范成效。

2. 开展优质水稻品种引种试验与展示。

相关结果见表 1、表 2。

表1 2016年浙江省农作物新品种适应性扩展鉴定结果表

品种名称	播种期(月/日)	成熟期(月/日)	全生育期(天)	面积(亩)	亩产(千克)	亩产与对照1比较(%)	亩产与对照2比较(%)	田间抗性	抗倒性	综合评价		
										排名	主要优点	主要缺点
Y两优8199	5/22	9/30	129	1.40	582.1	−1.6	−29.1	好	中	12	长势强，熟相好，穗大粒多，结实率高	植株偏高
嘉禾优2125	5/22	10/30	160	0.83	671.3	13.5	−18.2	好	好	13	剑叶内卷，穗大	生育期略长，有芒
华浙优1671	5/22	10/2	132	0.84	618.9	4.7	−24.6	好	好	6	产量较高，生育期适宜，长相清秀，穗大	叶较宽
中浙优157	5/22	9/28	128	0.78	579.8	−1.9	−29.3	好	好	17	生育期短	分蘖力不强
91优16	5/22	10/8	138	0.72	597.2	1.0	−27.2	好	好	7	长相清秀，穗大粒多	剑叶较长
深两优332	5/22	10/3	133	1.29	595.3	0.7	−27.5	好	好	8	生育期适宜，剑叶内卷，穗多	有芒
臻优H30	5/22	10/10	140	1.03	576.8	−2.5	−29.7	中	中	20	分蘖力强，穗多	剑叶较长、不挺
甬优5550	5/22	10/30	160	0.53	770.2	30.3	−6.1	好	好	5	产量较高，长相清秀，穗大，结实率高	生育期略长，剑叶偏长
中嘉优6号	5/22	11/3	164	1.33	840.6	42.2	2.4	好	好	2	产量高，植株较矮，穗大	生育期较长，二次灌浆明显
甬优7861	5/22	10/27	157	1.34	817.9	38.3	−0.3	好	好	3	产量高，穗大粒多，枝梗分散	/
春优927	5/22	11/5	166	1.09	797.7	34.9	−2.8	中	好	15	穗大粒多，增产潜力大	灌浆时间长，转色不好，谷色灰暗
长优KF2	5/22	11/13	174	1.15	619.6	4.8	−24.5	好	好	14	穗大粒多	生育期偏长，植株偏高
中亿优3108	5/22	10/5	135	1.08	448.1	−24.2	−45.4	中	中	22	生育期适宜，分蘖力强	产量不高，剑叶太长，长相不好
赣优9141	5/22	9/30	130	0.93	363.0	−38.6	−55.8	差	中	25	生育期短	南方黑条矮缩病重
钱优1890	5/22	10/10	140	1.27	564.6	−4.5	−31.2	中	中	21	穗多，穗大粒多	长相不清秀
浙粳优1578	5/22	10/31	161	0.50	774.0	30.9	−5.7	好	好	4	产量高，穗大粒多，无小穗	生育期略长
深两优884	5/22	10/4	134	1.13	585.1	−1.0	−28.7	好	好	10	稳产，生育期适宜，长相清秀	/
钱优911	5/22	9/24	124	1.23	558.9	−5.5	−31.9	好	好	18	生育期短，长相清秀	穗数不足，着粒稀
中浙优8号	5/22	10/7	137	1.00	555.3	−6.1	−32.3	好	好	19	剑叶挺直，熟相好，穗大	着粒不密

（续表）

品种名称	播种期(月/日)	成熟期(月/日)	全生育期(天)	面积（亩）	亩产（千克）	亩产与对照1比较（%）	亩产与对照2比较（%）	田间抗性	抗倒性	综合评价		
										排名	主要优点	主要缺点
甬优 8050	5/22	9/28	128	1.03	593.2	0.3	−27.7	好	好	9	生育期短，穗大粒多	/
嘉优中科 3 号	5/22	9/30	130	1.00	680.4	15.1	−17.1	中	好	11	产量较高，生育期短，植株较矮，穗大粒多	有细菌性基腐病
浙优 21	5/22	11/23	184	1.05	698.1	18.1	−14.9	好	好	23	穗大粒多	生育期太长，不能充分成熟
浙优 19	5/22	11/20	181	1.14	607.4	2.7	−26.0	好	好	24	穗大粒多	生育期太长，不能充分成熟
两优培九(CK1)	5/22	10/3	133	0.96	591.3	0.0	−27.9	好	好	16	长相清秀，结实率高	/
甬优 1540(CK2)	5/22	10/20	150	0.81	820.6	38.8	0.0	好	好	1	生育期适宜，长相清秀，穗大粒多，结实率高	移栽后起发慢
甬优 8050	5/22	9/28	128	1.03	593.2	0.3	−27.7	好	好	9	生育期短，穗大粒多	/

表 2　2016 年浙江省农作物新品种丰产示范结果表

农户数	品种名称	作物类型	计划面积（亩）	实施面积（亩）	中心方面积（亩）	验收亩产（千克）	当地平均亩产（千克）	亩产与当地平均比较(%)	示范方总增产（千克）	示范方增产增收（万元）	示范方节本增收（万元）	示范方总增收（万元）	订单农业情况		
													订单面积（亩）	生产数量（千克）	订单产值（万元）
8	钱优 930	水稻	100	169	67	665.0	533.0	24.8	22308	6.11	0.84	6.95	169	112385	30.79
5	甬优 538	水稻	50	58	58	779.8	533.0	46.3	14314	4.44	0.29	4.73	58	45228	14.02
4	甬优 1540	水稻	50	79	51	722.5	533.0	35.5	14970	4.64	0.25	4.89	79	57077	17.69

印发资料（份）	技术培训		投入资金									攻关田				
	期数	人数	合计（万元）	技术培训（万元）	印发资料（万元）	种子补贴（万元）	农资补贴（万元）	展示示范牌制作（万元）	辅导员工资（万元）	考察总结（万元）	其他（万元）	面积（亩）	田块数	验收亩产（千克）	产量最高田块	
															面积（亩）	亩产（千克）
232	2	116	27.35	3.50	1.20	3.60	10.00	0.55	6.00	2.50	0.00	24.5	8	734.8	8.4	802.3

2016年遂昌县水稻新品种丰产示范总结

遂昌县种子管理站

为进一步推动种业发展，加快良种推广，使良种在农业生产上充分发挥效益，根据浙江省农业厅《关于做好2016年现代农业发展专项资金现代种业发展工作的通知》（浙农专发〔2016〕37号）和浙江省种子管理总站《关于布置2016年浙江省农作物新品种适应性扩展鉴定和丰产示范计划的通知》（浙种〔2016〕21号）的要求，我们实施了农作物新品种中浙优8号丰产示范工作。在浙江省种子管理总站的统一部署和上级业务部门领导、专家的关心支持下，遂昌县种子管理站和金竹镇农业推广服务中心合作努力，中浙优8号丰产示范工作取得了较好的成效和经验，达到了预期目标。具体工作总结如下。

一、基本情况

遂昌县地处浙江西南部，常年单季稻种植面积为8.5万亩左右，其中，中浙优8号的种植面积约占65%。2016年中浙优8号示范方落实在我县重点产粮乡镇和杂交稻制种重点乡镇金竹镇金竹村坳头畈，海拔320米，交通便利，土壤为砂壤土，水利条件好，肥力中等，适宜杂交水稻种植。中浙优8号示范面积为417.66亩，其中，中心示范方面积为103亩，涉及农户24户。

示范方采取“五统一”措施，挖掘高产潜力，充分展示中浙优8号品种特性，为生产提供技术基础。

二、取得成效

103亩中心示范方经遂昌县农业局组织专家验收组实地考种测产、实割验收，平均亩产达到713千克，比当地平均亩产（589千克）增加124千克，增加21.05%，示范中心方总增产1.28万千克，总增收6.97万元。

1. 摸清品种特性

中浙优8号在金竹区域试验中表现出植株挺拔、群体整齐、分蘖力强、穗大粒多、结实率高、后期熟相好、耐肥性好、抗倒性好、丰产性好等特点。示范园区中，水稻平均株高138厘米，总叶片数为17～18片，每亩有效穗数为11.99万穗，穗长28.9厘米，每穗总粒数为270.70粒（最大的为386粒），每穗实粒数为240.11粒，结实率达到88.70%，千粒重为26克，理论亩产达到748.30千克。此外，该品种还表现出后期熟相较好的特点，后期青秆黄熟，落粒性中等。抗性方面，中浙优8号田间抗性表现为较抗纹枯病和抗倒伏，但不抗白叶枯病，且易受稻飞虱危害。综合来看，适宜在全县作为单季中晚稻种植。

2. 示范平衡发展

为使示范平衡发展，我们加强宣传和培训，提高普通农户的参与度，扩大了影响面，真正发挥了示范方品种展示、技术推广的作用。注重对品种展示示范技术人员的培训，提高农技人员的技术水平及农户的栽培水平。并注重农艺性状数据和技术资料档案的收集整理，为品种和技术的评价提供了科学的依据，为今后示范推广发挥作用奠定了良好基础。

3. 取得显著效益

通过农作物新品种示范方建设，加速了农作物品种的更新换代，使优质、高效、高产水稻新品种中浙优8号得到推广应用，提高了水稻亩产，促进了农业丰产丰收，带动群众种粮积极性。同时通过推广应用机器换人、病虫害综合防治，可进一步降低种粮成本，直接经济效益十分明显。在社会效益方面，示范方将成为当地农业科技工作开展的重要平台，是引进农作物新品种和新技术的重要载体，是农民科技培训，农业信息传播，新技术、新品种展示示范基地，社会效益十分明显。

4. 达到示范目标

一是加快了全县水稻新品种、新技术更新换代，促进了农业增产、增效和农民增收；二是搭建了水稻新品种展示平台，使新品种展示示范发挥了窗口作用，带动农户种植新优品种；三是辐射带动了我县水稻新品种、新技术更新、普及，对创新农业科技推广手段、提高农业科技成果转化率和农业科技入户率起了推动作用。

三、工作措施

1. 建立项目实施组织

浙江省农业厅《关于做好2016年现代农业发展专项资金现代种业发展工作的通知》（浙农专发〔2016〕37号）和浙江省种子管理总站《关于布置2016年浙江省农作物新品种适应性扩展鉴定和丰产示范计划的通知》（浙种〔2016〕21号）文件印发后，为保证新品种示范方的建设有序开展，成立了由遂昌县农业局、金竹镇农技中心技术骨干组成的实施小组，大家分工明确，确保示范建设工作顺利开展。根据示范方建设目标均制定了切实可行的实施方案，涉及示范方的规模、种植管理、宣传培训、观摩检查等，并有专门的督察组负责项目跟进，确保各项工作顺利完成。

2. 加强培训推广技术

为了确保示范方实现良种良法的配套，在严格实行规范种植的同时，狠抓配套技术的推广工作，通过举办技术培训班、印发技术资料、关键时期在现场田间指导等多种形式推广农业高效栽培技术、农机管理技术，大力提高示范方种植管理水平，确保示范方规范种植、技术到位、科学管理。同时组织农技人员、示范方种植人员、规模种粮户进行观摩学习，真正发挥好示范引领作用。

3. 上下联动及时沟通

根据实施方案对示范方田间布局、种子选调、种植管理、配套技术、宣传培训、现场观摩等各个环节进行统筹安排。全生育期共开展技术培训3次，培训人数为75人（次），发放技术资料48份。对示范方中使用的技术、生产管理措施等资料进行收集整理，为全面客观分析、总结、评价品种特征特性和综合配套栽培技术奠定基础。实施小组定期碰头交流，汇报交流苗情长势、存在问题，研究对策措施，部署下阶段管理工作。

4. 加强宣传带动辐射

在示范方内醒目的位置设立了标志牌，以新型农民培训和农技人员科技下乡为契机组织种粮大户现场观摩，并在各次工作例会上印发试验示范现状、品种介绍及相关技术资料，利用信息宣传扩大影响力，有效提升辐射带动能力，积极宣传、引导农民种植优新品种，鼓励农民使用新技术。

四、技术措施

1. 适时播种，培育壮秧

中浙优8号在5月8日播种，播种前晴天晒种2天，风筛选种，然后用药剂浸种8小时，浸种后洗净，在25～30℃下催芽，谷种露白破胸即可播种。播种前把芽谷在室内摊薄炼芽24小时左右，以增强芽谷播后对环境的适应性。示范园内应用湿润育秧技术培植秧苗。这是一种介于水育秧和旱育秧之间的旱播水育育秧方法。具体做法是水整地、水坐床、湿润播种，播后不保水层，三叶期后保有水层。这种育秧方式可有效调节水气矛盾，防止烂秧，播种后出苗快而且整齐，通过严格控水，可以培育壮秧，为高产奠定基础。

2. 适时移栽，早管早发

最适移栽期以秧龄指数为标准，一般中浙优8号最适移栽秧龄为5～7叶期。稻田按每亩40千克的量施足基肥，常用复合肥作为基肥。人手工插，宽行窄株，这样田间通风透光好、植株封行迟。水稻插秧后，根部的吸肥能力较弱，蒸腾作用也增加，这一时期的主要工作是保证秧苗成活，加快返青。水稻移栽后适当灌深水护苗，一周后结合第一次追速效肥，促发分蘖。

3. 肥水管理，控苗防衰

水稻返青后，应该加强营养生长，早施分蘖肥，确保分蘖数和计划亩穗数，施肥量应该逐渐增加。此时浅水灌溉，以水护苗，待分蘖数达到预期时，适度排水晒田，以促进根系和分蘖生长，控制无效分蘖，同时防止徒长而发生倒伏。拔节长穗期是水稻一生中需要养分最多、对外界环境条件最为敏感的时期，此期既是争取壮秆大穗的关键时期，也是为提高结实率、增加粒重奠定基础的时期。进入拔节孕穗期后，前期田间应保持浅水层，后期采用浅灌勤灌，干湿交替，以促进幼穗正常发育。结实期养根保叶，防止早衰，增强稻株光合能力，提高结实率和粒重，水稻抽穗前后追施粒肥，并用浅水灌溉。灌浆期采用干干湿湿、以湿为主的灌溉办法，蜡熟期用干湿交替、以干为主的灌溉方式，促进稻叶老熟，增强抗病力。中浙优8号青秆黄熟，当有85%的稻穗变黄色时，排水晒田一个星期后开始收割。

4. 以防为主，综合防治

中浙优8号抗纹枯病，中抗稻瘟病，不抗白叶枯，易受稻飞虱危害。采取综合措施防治病虫害。主要措施有通过增施有机肥、配合使用氮磷钾肥及采用抗性锻炼等栽培方法提高抗性；通过清除病源虫源残体残株、破坏病虫害越冬越夏寄主来减少病虫害的发生；尽量多的采用生物防治方法，加强对天敌，如寄生蜂、农田蜘蛛和黑肩绿盲蝽等的保护利用，选择那些不杀伤天敌的农药。密切关注病虫预测预报，以预防为主，综合防治。根据植保站每月出具的病虫情报，结合田间调查，抓住防治最适期，选择高效低毒农药进行防治。在防治稻飞虱方面，放置黏虫板和性引诱剂等环保方法的收效很好。

5. 机械换人，降本增效

中浙优8号落粒性适中，适宜机械化收割。我县广泛推广水稻机械化收割，机械收割效率高，成本低，速度快，所需劳动力少。在病虫害防治中开始使用“谷上飞”YR-GSF06型小型植保飞机。这种防控方法喷洒均匀，用药量少，劳动强度低，无安全隐患，效率高，大大节省了人力成本。

五、存在问题

1. 示范任务主要是由规模种粮户承担的，农民会因市场导向调节作物种植结构，影响了示范的连续性；试验地难以固定，且试验田各田块地力差异大，土壤培肥有困难；农户的专业素质不一，示范标准化管理措施执行不是很到位。这些都对示范质量有一定的影响。

2. 示范机制不灵活，光靠财政补助和农技干部的热情很难出成绩。此外，在示范过程中与农民的直接联系还不够，示范带动作用还需进一步加强。在组织观摩和学习培训的过程中，应考虑到当地农民群众科技素质、接受能力等实际问题。

3. 示范倾向于新品种展示，新技术引进少，农业生产技术培训相对滞后。

相关结果见表1。

表 1　2016 年浙江省农作物新品种丰产示范产量表

户主姓名	面积（亩）	移栽密度（厘米×厘米）	有效穗数（万穗/亩）	总粒数（粒/穗）	实粒数（粒/穗）	结实率（%）	千粒重（克）	理论亩产（千克）	实割干总产量（千克）	折干亩产（千克）
罗法根	1.64	26.35×26.35	11.43	276.14	248.71	90.07	26	738.86	1131.50	689.94
蓝子寿	1.23	24.00×28.73	11.60	269.33	241.42	89.63	26	728.27	845.00	686.99
吴火贤	13.74	25.58×27.14	12.93	266.63	230.19	86.33	26	773.85	9866.50	718.09
合计	16.61	/	35.96	812.10	720.32	/	/	/	11843.00	/
平均	/	25.31×27.41	11.99	270.70	240.11	88.70	26	748.30	/	713.00

2016 年天台县水稻新品种展示示范总结

天台县种子管理站

为加快优质高产水稻新品种的推广，优化水稻品种结构，促进品种合理布局，根据全国农技推广中心下达的 2016 年国家水稻新品种展示示范实施方案、浙江省种子管理总站安排的浙江省农作物新品种适应性扩展鉴定和丰产示范计划要求，我站认真实施 2016 年水稻新品种展示示范工作，在上级有关部门的指导下，经过大家的努力，任务顺利完成。现将项目实施情况介绍如下。

一、示范基地基本情况

基地坐落在平桥镇山头郜、溪边张村，面积为 1058 亩，中心示范方面积为 300 亩。示范基地交通便利，沟、渠、路配套，排灌方便，肥水条件较好。示范基地由我站承包，雇佣当地种田能手进行管理。基地每年承担浙江省小麦区域试验、国家长江中下游中籼迟熟组生产试验及浙江省新品种适应性扩展鉴定试验，并开展水稻新品种丰产示范。

示范品种：浙优 21（105 亩）、甬优 1540（112 亩）、浙优 19（10 亩）、甬优 8050（10 亩）、甬优 7850（10 亩）。

展示品种：甬优 8050、甬优 540、甬优 8050、甬优 540、嘉优中科 3 号、浙优 21、甬优 1540、嘉禾优 2125、华浙优 1671、中浙优 157、深两优 332、臻优 H30、甬优 5550、浙粳优 1578、交源优 60 等 33 个的水稻新品种。

二、主要工作措施

1. 建立组织，加强领导。根据项目要求，制定实施方案，同时成立项目领导小组和实施小组。领导小组组长由农业局分管局长担任，实施小组由县、镇、村三级农技人员组成，项目责任单位为天台县种子管理站，做到层层有人分管，保证项目顺利实施。

2. 整合资源，搞好服务。结合“肥药双控”项目，围绕目标，整合栽培、种子、植保、土肥技术力量，使各专业有机结合，提高了项目实施的整体水平。并在 2016 年 5 月与天台县繁盛粮食联合社签订机耕、机插、机收、植保 4 类作业服务协议，其中，4 项服务收费 390 元/亩，3 项服务收费 380 元/亩（集中育供秧、机插、统防统治补助归联合社）。

3. 加强宣传，充分发挥示范方的辐射作用。一是在示范方道路醒目处设立标志牌。二是组织相召开现场观摩考察会，邀请天台县农业局相关领导，组织乡镇农技干部、部分种粮大户、科技示范户、种子经营户等进行现场观摩考察，并先后迎来浙江省农业科学院、台州市种子管理站、东阳市种子管理站等组织，充分发挥示范方的辐射作用。

三、主要技术措施

根据展示示范要求，主要做好以下几条。

1. 适时播种，培育壮秧

展示采用水育秧方式，以保证秧苗个体健壮。根据生育期长短，长生育期的籼粳杂交稻组合于 5 月

16日播种，短生育期的籼稻于5月23日播种，示范组合采用塑盘育秧，采用机插方式。用使百克浸种，丁硫克百威拌种。移栽前用40%氯虫·噻虫嗪40克、50%吡蚜酮40克喷施，进行带药下田。

2. 合理密植，主攻大穗

展示品种大田移栽时间6为月11—13日。大田移栽密度为27厘米×27厘米左右，亩插丛数为0.9万丛左右。示范组合机插时间为6月6—12日，机插密度约为30厘米×25厘米。

3. 示范方肥料用量

基地内基肥：商品有机肥亩用量为700千克，尿素亩用量为17.5千克，钾肥亩用量为17.5千克，磷肥亩用量为8.5千克。

分蘖肥：移栽后7～10天施用。各展示品种于6月21日亩施尿素15千克、移栽除草剂1包。示范品种分三次施用：第一次亩施尿素7.5千克、除草剂1包，第二次亩施尿素12.5千克，第三次亩施尿素10千克，每次间隔10天左右。

穗肥：8月2日，籼粳杂交稻组合亩施复合肥20千克、钾肥7.5千克；籼稻亩施复合肥7.5千克、钾肥7.5千克。8月27号，结合病虫害防治，每亩喷施90%磷酸二氢钾100克。

4. 病虫害防治

示范方配备专门植保员进行病虫调查，严格开展病虫害防治。示范方内共开展3次用药：7月21日，亩用40%氯虫·噻虫嗪10克、32.5%阿米妙收30毫升、50%吡蚜酮20克，防治稻飞虱、稻纵卷叶螟、纹枯病等病虫害；8月26—27日，亩用稻腾40克、32.5%阿米妙收30毫升、50%吡蚜酮20克、胺泰生100克喷施，防治稻飞虱、稻纵卷叶螟、纹枯病，兼治稻曲病等。在开展防治过程中，充分利用太阳能杀虫灯、性诱剂等绿色防控设施和害虫天敌对其的自然控制作用，严格控制农药的使用次数和使用量。

5. 水浆管理

按照水稻强化栽培控水强根的要求，做到浅水护苗，强根促蘖。在秧苗返青后实行湿润灌溉，当苗数达到有效穗数时开始搁田，后期做到干干湿湿、干湿交替、活水到老。

四、气象条件影响

2016年7—8月，我县以晴好天气为主，雨量较常年偏少。基地灌溉水源充足，肥水管理到位。水稻生长均衡，稻曲病发生概率大为降低，故稻曲病病情轻。9月，受台风“莫兰蒂”和“鲇鱼”的影响，试验田部分组合出现倒伏现象，如钱优系列和Y两优8199等。10月7—8日，天台普降暴雨，倒伏现象加重。10月进入杂交籼稻黄熟期，由于天气原因，收割推迟到10月中旬。9—10月，水稻处于灌浆成熟期，由于受阴雨天气的影响，田间湿度大，穗上发芽现象普遍，且籼粳杂交稻穗上发芽要比籼稻多，如甬优538和甬优1540尤为严重，这对水稻品质影响较大。

五、主要优缺点及利用评价

由于病虫害防治到位，各展示品种没有出现大的病害或是虫害现象。杂交籼粳组合植株健壮挺拔，长相清秀，耐低温，耐肥水，功能叶寿命长，可以延迟收割。杂交籼稻普遍分蘖力比杂交籼粳组合强，前期长势更好，千粒重较大，生育期更短等。本次展示中由于受台风带来强降雨的影响，籼稻组合倒伏现象严重。

（一）展示品种

2016年夏季天气晴好，有利于水稻前期生长，进入9月后以阴雨天气为主，对水稻的灌浆有一定的影响，水稻灌浆期长，总体产量较高。但部分杂交籼稻倒伏较早，产量很低。

杂交籼稻：杂交籼稻品种共有12个，以两优培九为对照，均表现出前期起发快、分蘖力强、长势好、穗大、千粒重大、落粒性好、熟期短等优势。其中，比两优培九增产的有中浙优157、91优16、华浙优1671、深两优884、Y两优8199。其中，91优16增产幅度最大，亩产达722.2千克，比对照增加20.0%，该品种是第一次参试，表现突出，各方面的优势性状能否稳定，还要看以后几年的种植表现。两优培九、中浙优157、91优16、华浙优1671、深两优884等品种可以在本地适当种植。其他杂交籼稻均比对照两优培九减产，以钱优1890、钱优911、臻优H30减产最多，亩产不到500千克。钱优系列前期起发快，生长势强，植株高大，不耐肥，后期如遇台风容易倒伏，不适宜于沿海地区种植。

杂交籼粳组合：杂交籼粳组合共有21个，以甬优1540为对照。比对照甬优1540增产的有甬优12、甬优538、春优927、甬优7861、浙优21、交源优69、浙粳优1578，其中亩产最高的为交源优69，为803.3千克。除甬优8050和甬优5550外，各参展组合亩产都在700千克以上。籼粳杂交稻组合总体上来说田间抗性好，抗倒，后期熟色好，不易早衰。但生育期较长，对后茬作物播种造成较大的影响。2016年9—10月以阴雨天气为主，所以籼粳杂交稻组合2016年穗上发芽现象普遍，其中甬优1540和甬优538尤为严重。

（二）示范品种

示范基地内各示范组合均表现出各自的优势，如高产稳产、穗大粒多、青秆黄熟、植株长相清秀，后期功能叶寿命长、抗倒等优点。

甬优1540示范面积为112亩。5月18日播种，6月10开始移栽，采用机插。11月6日，经天台县农业局组织专家组进行实割测产验收，百亩示范方平均亩产为665千克，最高田块亩产为905.7千克。该组合在本次展示试验中，亩产达763.5千克。该组合属于籼粳杂交稻组合，株高127厘米左右，每亩有效穗数为14万穗左右，千粒重约为22克。每穗总粒数约为300粒，结实率达85%以上。甬优1540分蘖力中等偏弱，穗大粒多，产量较高，抗倒，易感稻曲病，株高适中，生育期适中，米质软，较受百姓喜欢，但受成熟期阴雨天气影响，在全县种植时出现较为严重的穗上发芽现象。

浙优21示范面积为105亩。5月13日播种，6月6开始移栽，采用机插。11月10日，天台县农业局邀请台州市农业局5位专家进行实割测产验收，百亩示范方平均亩产为651千克，最高田块亩产为941.8千克。该组合属于籼粳杂交稻组合，株高127厘米左右，每亩有效穗数为12万穗左右，千粒重约为22克。每穗总粒数为300粒以上，结实率达80%以上。浙优21分蘖力中等偏弱，穗大粒多，产量较高，易感稻曲病，株高适中，生育期特长，对下季作物播种影响很大。该组合在展示试验中亩产达769.4千克，比对照甬优1540的亩产略大，产量表现较好。示范方内，采用无人机喷施的方式进行病虫害防治。进入9月后，由于整个示范方没有进行病虫害防治，所以稻纵卷叶螟虫害较严重。由于收割作业环节时间安排难度大，浙优21收割时间延后到11月中旬，浙优21于11月初出现大面积倒伏，且出现穗上发芽现象。

浙优19示范面积为10亩。该品种长势繁茂，株形紧凑，茎秆粗壮，分蘖力中等，叶色深绿，剑叶挺直，穗大粒多，着粒紧密，生育期长。每亩有效穗数为12万穗左右，株高达140厘米，每穗总粒数为300粒以上，结实率达80%以上，千粒重约为22克。示范方平均亩产达710千克。

甬优8050示范面积为10亩。5月18号播种，6月15号开始移栽，采用机插。该品种株高适中，株形较松散，长势繁茂，分蘖力中等，剑叶较长、挺直，生育期适中。每亩有效穗数为13万穗左右，每穗总粒数约为280粒，结实率为80%左右，千粒重约为25克，示范方平均亩产为670千克，产量表现一般。

甬优7850示范面积为10亩。5月18号播种，6月15号开始移栽，采用机插。该品种长势繁茂，分蘖力中等，剑叶较长、挺直，叶色绿，株形较松散，穗大粒多。示范方每亩有效穗数约为12万穗，株高127厘米，每穗总粒数为329.9粒，结实率为90.2%，千粒重为23.6克。示范方平均亩产达700千克，产量较高。

相关结果见表1～表4。

表 1 2016 年浙江省农作物新品种适应性扩展鉴定农艺性状表

品种名称	播种期（月/日）	移栽期（月/日）	始穗期（月/日）	齐穗期（月/日）	成熟期（月/日）	移栽密度（厘米×厘米）	有效穗数（万穗/亩）	株高（厘米）	穗长（厘米）	总粒数（粒/穗）	结实率（%）	千粒重（克）
甬优 12	5/16	6/12	8/31	9/4	10/17	27×27	12.3	131.0	23.7	361.4	86.2	22.1
甬优 15	5/16	6/12	8/24	8/28	10/8	27×27	12.9	142.8	26.1	272.1	93.9	25.4
甬优 17	5/16	6/12	8/26	8/30	10/10	27×27	12.5	132.8	26.7	326.1	91.3	25.1
甬优 1540（CK2）	5/16	6/12	8/22	8/26	10/6	27×27	12.8	129.2	23.9	352.9	92.8	22.1
甬优 150	5/16	6/12	8/23	8/28	10/8	27×27	13.1	136.2	24.5	282.2	90.8	23.7
甬优 1510	5/16	6/12	8/25	8/29	10/7	27×27	12.1	137.6	26.7	322.2	88.7	24.8
甬优 538	5/16	6/12	8/26	8/29	10/9	27×27	11.8	119.2	24.0	385.7	90.1	22.0
甬优 5550	5/16	6/12	8/27	8/31	10/11	27×27	12.7	143.4	24.4	288.0	90.3	25.1
甬优 7850	5/16	6/12	8/29	9/2	10/12	27×27	12.4	126.8	22.7	329.9	90.2	23.6
甬优 362	5/16	6/12	8/30	9/3	10/14	27×27	12.1	123.0	23.1	327.4	89.8	23.0
浙优 19	5/16	6/13	9/2	9/6	10/18	27×27	11.5	142.6	21.9	307.3	92.2	22.5
长优 KF2	5/16	6/13	8/26	8/30	10/11	27×27	12.0	125.0	23.0	340.7	90.6	23.0
春优 927	5/16	6/13	8/23	8/27	10/7	27×27	12.9	127.6	21.5	319.9	88.1	23.9
甬优 9 号	5/16	6/13	8/31	9/3	10/12	27×27	13.2	128.0	25.9	267.1	93.6	26.1
甬优 7861	5/16	6/13	8/26	8/29	10/8	27×27	11.3	120.2	24.9	343.3	91.6	23.1
浙优 21	5/16	6/13	9/7	9/11	10/19	27×27	12.4	128.2	21.2	358.9	87.0	22.0
甬优 8050	5/16	6/13	8/25	8/29	10/8	27×27	13.0	109.4	25.2	285.1	79.3	25.3
交源优 69	5/16	6/13	8/30	9/3	10/14	27×27	12.9	129.0	20.5	295.6	90.8	22.0
嘉禾优 2125	5/23	6/14	8/30	9/3	10/15	27×27	12.4	130.2	26.8	309.0	93.8	24.5

（续表）

品种名称	播种期（月/日）	移栽期（月/日）	始穗期（月/日）	齐穗期（月/日）	成熟期（月/日）	移栽密度（厘米×厘米）	有效穗数（万穗/亩）	株高（厘米）	穗长（厘米）	总粒数（粒/穗）	结实率（%）	千粒重（克）
浙粳优 1578	5/16	6/13	8/31	9/3	10/14	27×27	13.4	116.0	22.8	326.0	80.2	22.2
嘉优中科 3 号	5/23	6/14	8/13	8/17	9/29	27×27	13.2	108.2	20.0	289.5	77.7	25.0
深两优 332	5/23	6/14	8/22	8/25	10/2	27×27	15.7	128.7	26.0	206.1	91.2	25.8
两优培九（CK1）	5/23	6/14	8/18	8/22	9/30	27×27	16.3	136.4	24.5	229.4	85.6	25.0
中浙优 157	5/23	6/14	8/19	8/23	10/1	27×27	15.8	135.0	25.7	213.3	91.8	26.0
91 优 16	5/23	6/14	8/14	8/17	9/25	27×27	13.3	128.2	24.4	300.9	81.1	27.5
华浙优 1671	5/23	6/14	8/18	8/21	9/30	27×27	14.2	127.4	24.4	256.0	86.4	26.5
钱优 1890	5/16	6/14	8/22	8/26	10/10	27×27	16.7	121.0	22.1	198.5	83.6	23.9
钱优 930	5/23	6/14	8/21	8/25	10/1	27×27	15.8	126.0	24.6	216.4	81.6	24.6
钱优 911	5/23	6/14	8/18	8/21	9/30	27×27	16.4	123.8	22.4	185.2	83.7	24.2
臻优 H30	5/23	6/14	8/25	8/29	10/3	27×27	16.1	124.2	22.2	184.3	90.3	26.0
中亿优 3108	5/23	6/14	8/18	8/22	9/30	27×27	17.5	131.4	25.1	180.9	80.2	27.5
深两优 884	5/23	6/14	8/21	8/25	10/2	27×27	18.0	133.4	23.7	167.0	92.3	24.5
Y 两优 8199	5/23	6/14	8/19	8/23	10/1	27×27	16.8	148.5	28.3	233.2	87.4	26.3

表 2　2016 年浙江省农作物新品种适应性扩展鉴定结果表

品种名称	全生育期（天）	株形	整齐度	抗倒性	叶瘟	穗颈瘟	白叶枯病	纹枯病	小区产量（千克）	亩产（千克）	亩产与对照1比较（%）	亩产与对照2比较（%）	田间抗性	排名	主要优缺点
甬优 12	157	紧凑	好	好	未发	未发	未发	轻	448.9	798.7	32.8	4.6	好	1/2	高产，大穗，有芽谷
甬优 15	145	适中	中	中	未发	未发	未发	轻	421.2	749.5	24.6	−1.8	好	1/13	高产，大穗，优质，部分倾斜
甬优 17	147	适中	好	中	未发	未发	未发	轻	413.8	736.3	22.4	−3.6	好	1/12	高产，大穗，剑叶较宽
甬优 1540（CK2）	143	紧凑	好	好	未发	未发	未发	轻	429.1	763.5	26.9	0.0	好	/	高产，株高，熟期适中，芽谷较多
甬优 150	145	适中	好	好	未发	未发	未发	轻	420.3	747.8	24.3	−2.1	好	1/14	整齐度好，剑叶挺，分蘖力一般
甬优 1510	144	适中	好	好	未发	未发	未发	轻	416.1	740.4	23.1	−3.0	好	1/16	茎秆粗壮，熟期适中，剑叶较宽
甬优 538	146	紧凑	好	好	未发	未发	未发	轻	429.8	764.8	27.1	0.2	好	1/6	高产，株高，熟期适中，芽谷较多
甬优 5550	148	适中	中	中	未发	未发	未发	轻	367.4	653.8	8.7	−14.4	好	1/17	整齐度好，株高偏高，落粒性差
甬优 7850	149	适中	好	好	未发	未发	未发	轻	419.3	746.1	24.0	−2.3	好	1/4	高产，株高适中，分蘖力一般，有芽谷
甬优 362	151	紧凑	好	好	未发	未发	未发	轻	402.8	716.8	19.1	−6.1	好	1/9	株高适中，分蘖力较好，整齐度好，有芽谷
浙优 19	159	紧凑	中	好	未发	未发	未发	轻	415.1	738.6	22.8	−3.3	中	1/18	穗大粒多，产量较高，起发慢，易发稻纵卷叶螟虫害，杂株率为 1%，谷色差
长优 KF2	148	紧凑	好	好	未发	未发	未发	轻	424.9	756.0	25.7	−1.0	好	1/8	整齐度好，杂株率为 1%，分蘖力一般
春优 927	144	紧凑	好	好	未发	未发	未发	轻	440.4	783.7	30.3	2.6	好	1/10	整齐度好，杂株率为 1%，易落粒
甬优 9 号	149	适中	中	好	未发	未发	未发	轻	415.1	738.7	22.8	−3.2	好	1/15	高产，优质，剑叶较宽
甬优 7861	145	适中	好	好	未发	未发	未发	轻	440.1	783.1	30.2	2.6	好	1/5	高产，熟期适中，整齐度一般，杂株率为 0.5%
浙优 21	160	紧凑	中	好	未发	未发	未发	轻	432.4	769.4	27.9	0.8	中	1/11	高产，株形紧凑，熟期偏长，叶色深绿，易发稻纵卷叶螟虫害，基腐病重
甬优 8050	145	适中	中	中	未发	未发	未发	轻	383.2	681.8	13.3	−10.7	好	1/19	熟期适中，剑叶较宽，产量一般

（续表）

品种名称	全生育期（天）	株形	整齐度	抗倒性	叶瘟	穗颈瘟	白叶枯病	纹枯病	小区产量（千克）	亩产（千克）	亩产与对照1比较（%）	亩产与对照2比较（%）	田间抗性	排名	主要优缺点
交源优 69	151	紧凑	好	好	未发	未发	未发	轻	451.5	803.3	33.5	5.2	好	1/1	高产，株形紧凑，整齐度较好，分蘖力一般
嘉禾优 2125	145	紧凑	好	好	未发	未发	未发	轻	417.1	742.2	23.4	−2.8	好	1/7	叶挺、深绿，剑叶披散
浙粳优 1578	151	适中	好	好	未发	未发	未发	轻	431.4	767.6	27.6	0.5	好	1/3	高产，茎秆粗壮，整齐度好，杂株率为 0.5%
嘉优中科 3 号	129	适中	中	好	未发	未发	未发	轻	393.8	700.8	16.5	−8.2	中	1/20	早熟，株高适中，分蘖力一般，不耐高温，结实率偏低
深两优 332	132	适中	好	中	未发	未发	未发	轻	322.5	573.9	−4.6	−24.8	好	2/6	株高适中，整齐度一般
两优培九（CK1）	130	紧凑	好	好	未发	未发	未发	轻	338.1	601.6	0.0	−21.2	好	/	高产，植株长势好，杂株率为 0.5%
中浙优 157	131	适中	好	好	未发	未发	未发	轻	341.9	608.3	1.1	−20.3	好	2/3	整齐度好，剑叶较宽
91 优 16	125	适中	好	好	未发	未发	未发	轻	405.9	722.2	20.0	−5.4	好	2/1	产量高，早熟，株高适中，杂株率为 1%
华浙优 1671	130	适中	好	好	未发	未发	未发	轻	341.2	607.2	0.9	−20.5	好	2/2	长势好，杂株率为 1%
钱优 1890	146	适中	好	差	未发	未发	未发	轻	267.0	475.0	−21.0	−37.8	中	2/11	起发快，前期长势好，约 90%倒伏
钱优 930	131	适中	好	差	未发	未发	未发	轻	298.1	530.4	−11.8	−30.5	中	2/10	起发快，前期长势好，约 40%倒伏
钱优 911	130	适中	好	差	未发	未发	未发	轻	272.3	484.6	−19.4	−36.5	中	2/9	起发快，前期长势好，约 50%倒伏
臻优 H30	133	适中	好	差	未发	未发	未发	轻	280.8	499.6	−17.0	−34.6	中	2/8	整齐度好，前期长势好，约 60%倒伏
中亿优 3108	130	适中	中	中	未发	未发	未发	轻	297.1	528.6	−12.1	−30.8	中	2/7	起发快，长势好，整齐度一般，部分倾斜
深两优 884	132	适中	好	中	未发	未发	未发	轻	382.9	681.3	13.2	−10.8	中	2/4	整齐度好，出现烂脚，有早衰现象
Y 两优 8199	131	适中	好	差	未发	未发	未发	轻	352.1	626.6	4.2	−17.9	好	2/5	起发快，前期长势好，约 40%倒伏

表 3　2016 年浙江省农作物新品种丰产示范农艺性状表

品种名称	播种期（月/日）	移栽期（月/日）	始穗期（月/日）	齐穗期（月/日）	成熟期（月/日）	移栽密度（厘米×厘米）	有效穗数（万穗/亩）	株高（厘米）	穗长（厘米）	总粒数（粒/穗）	结实率（%）	千粒重（克）
浙优 21	5/13	6/6	9/5	9/9	10/17	22×27	13.37	126.3	22.0	336.0	83.2	22
	5/13	6/6	9/5	9/9	10/17	21×27	11.71	127.0	21.8	387.9	82.5	22
	5/13	6/6	9/5	9/9	10/17	23×27	12.47	125.8	22.7	395.5	82.8	22
甬优 1540	5/18	6/10	8/23	8/27	10/7	21×27	14.69	127.6	22.4	349.5	85.7	22.1
	5/18	6/10	8/23	8/27	10/7	23×27	14.06	126.4	21.8	326.9	90.2	22.1
	5/18	6/10	8/23	8/27	10/7	21×27	14.55	127.8	22.2	335.0	90.0	22.1

表 4　2016 年浙江省农作物新品种丰产示范结果表

品种名称	作物类型	农户数	实施面积（亩）	验收亩产（千克）	亩产与当地平均比较（%）	示范方总增产（千克）	攻关田情况				
							面积（亩）	田块数	验收亩产（千克）	产量最高田块	
										面积（亩）	亩产（千克）
浙优 21	水稻	站内承包	105	651	20.0	11655	3.24	3	788.9	1.13	941.8
甬优 1540	水稻	站内承包	112	665	23.0	14000	3.3	3	876.6	0.07	905.7

2016年单季水稻新品种适应性扩展鉴定和丰产示范总结

建德市种子管理站

为推进我市单季稻品种结构优化，根据浙江省种子管理总站《关于布置 2016 年浙江省农作物新品种适应性扩展鉴定和丰产示范计划的通知》（浙种〔2016〕21 号）、杭州市种子总站《2016 年晚稻工作计划》，结合本地晚稻生产实际要求，我们组织实施了 2016 年水稻新品种适应性扩展鉴定和丰产示范工作。一年来，在省、市种子管理站的指导下，经各级农技人员的共同努力，我们较好地完成水稻新品种适应性扩展鉴定和丰产示范，取得很好的成效。现将组织实施情况总结如下。

一、项目实施基本情况

1. 基地概况

农作物新品种展示示范核心基地位于我市省级粮食生产功能区大同镇三村。该基地田块平整方正，肥力中等偏上，排灌条件良好，交通方便，适宜机械化操作，机耕、机插、机收、烘干等设备完善，主要承担每年省、市下达的水稻新品种展示示范任务。面上新增新建大同镇永盛村、李家镇诸家村、航头镇航川村和大洋镇徐店村 4 个单季稻新品种示范基地。各基地均有多年参与粮油新品种展示示范工作经验的人员，管理水平及种植水平较高，能承担农作物新品种展示示范工作。

2. 展示概况

展示面积为 22 亩，品种有 14 个：籼型杂交稻品种中浙优 8 号、隆两优华占、钱优 930、甬优 8050、两优培九（CK1）；籼粳杂交稻品种甬优 15（CK2）、甬优 150、甬优 1540、甬优 7850、甬优 538、甬优 12、春优 927、浙优 21、浙优 19。每个品种种植面积不小于 1 亩。籼型品种 5 月 23 日播种，其他品种 5 月 15 日播种，统一人工移栽。

3. 示范概况

5 个品种示范面积共计 715 亩。其中，大同镇三村示范方 190 亩：甬优 1540 示范面积为 125 亩，甬优 8050 示范面积为 10 亩，钱优 930 示范面积为 55 亩；李家镇诸家村甬优 1540 示范面积为 200 亩；大洋镇徐店村甬优 1540 示范面积为 100 亩；航头镇航川村甬优 1540 示范面积为 100 亩，钱优 930 示范面积为 55 亩；大同镇永盛村浙优 21 示范面积为 70 亩。浙优 19、甬优 8050 两品种因种子发芽率低等原因，未能完成示范任务。

二、实施结果

1. 展示品种产量

14 个展示品种亩产为 591.1～819.8 千克，以甬优 1540 的亩产最高，为 819.8 千克，浙优 21 的亩产最低，为 591.1 千克。其中，籼型杂交稻 5 个品种，亩产为 627.7～712.6 千克，甬优 8050 的亩产最高，为 712.6 千克；籼粳杂交稻 9 个品种，亩产为 591.1～819.8 千克，以甬优 1540 的亩产最高，为 819.8 千克。

2. 示范品种产量

在建德市农业局、建德市农技推广中心的组织下，分别对各示范方示范品种进行现场实割测产验收。

4个点共计525亩甬优1540示范方，平均亩产为797.1千克。其中，大同镇三村125亩甬优1540示范方随机抽取3块1亩以上田块测产，折合亩产分别为863.1千克、727.3千克和757.7千克，平均亩产为782.7千克；李家镇诸家村200亩甬优1540示范方随机抽取3块1亩以上田块测产，折合亩产分别为772.2千克、739.0千克和857.7千克，平均亩产为789.6千克；大洋镇徐店村100亩甬优1540示范方随机抽取3块1亩以上田块测产，折合亩产分别为791.5千克、836.3千克和813.8千克，平均亩产为813.9千克；航头镇航川村100亩甬优1540示范方随机抽取3块1亩以上田块测产，折合亩产分别为802.2千克、813.4千克和791.0千克，平均亩产为802.2千克。对大同镇三村3块甬优8050示范方进行测产，亩产分别为712.6千克（单季单本插）、726.0千克（单季双本插）和684.4千克（连作晚稻），平均亩产为707.7千克。对钱优930两示范方进行测产，折合亩产为615.5千克，由于该品种抗倒性一般，丰产潜力不大，未能达到指标（700千克）要求。对大同镇永盛村浙优21示范方进行测产，平均亩产为702.3千克。

三、展示示范成效

1. 展示成效

展示整体结果比较理想，基本能表现出各品种的特征特性。我站于9月26日组织当地种植大户、种子经销商等进行现场观摩。通过品种展示能看出品种的产量水平、综合抗性等性状的优劣，对明年品种推荐、新品种扩大示范等具有较好的指导意义。

2. 示范成效

完成示范的3个品种，以甬优1540表现最佳，其无论是株形、穗形、生育期、抗性，还是丰产性、稳产性，都较优秀，获得的认同度较高，所以推广面积扩大较快，2015年第一次丰产示范后，2016年种植面积从2015年的1000余亩跃升为2万余亩，在我市的种植面积居全部单季稻品种的首位。通过3年丰产示范，大家对其特征特性也有了较全面的了解，这有利于找到适合本地实际的种植技术。浙优21产量较高，但生育期较长，可作为浙优18、甬优12等的替代品种。

四、问题与建议

1. 在用肥方面，展示品种全田用肥水平基本一样，未能做到因种而施，故未能完全挖掘出展示品种的潜力。在今后新品种展示过程中，要以高产攻关标准对不同品种进行个性化管理，但同时又要避免因管理水平不同造成品种评价上的偏差。

2. 示范用种出现重大问题。其中，甬优8050种子出芽率极低，无法完成示范任务；浙优19种子供应单位将品种搞错，给示范户造成较大损失。这些问题在今后展示示范中都应该避免。

3. 集中精力搞好一个核心示范方，并将核心示范方打造成可看、可学性强的示范方。删减地理位置偏远、辐射能力一般、示范效果差的示范方，减少因人力物力分散而增加的不必要的投入。

4. 加大宣传力度，发动种植大户到核心示范方参观和学习，充分发挥示范方辐射带动功能，进一步提高示范工作的社会效益。

五、主要工作措施

1. 加强组织领导。根据品种展示示范要求，制定切实可行的实施方案，成立项目领导小组和实施小组。由建德市种子管理站站长担任领导小组组长，以种子站技术人员、相关乡镇农技员和各基地负责人为实施小组成员，种子站技术员对实施过程进行全程监督指导。

2. 完善示范基地基础设施。多渠道筹集资金，对核心示范基地进行了田间沟、渠、路改造，逐步完成排沟清淤、灌水渠道安装、观摩道路硬化、田间操作道铺设等建设，购置驱鸟器、小区收割机、展示牌等机具，提升展示示范基地形象。

3. 统一技术方案。5个示范方统一进行品种布局，根据示范方土壤肥力条件、管理水平和种植习惯，各点承担不同品种的展示示范任务，由种子管理站统一采购种子和供种。根据不同品种的特性制定栽培技术方案，各示范方同一品种采用统一的技术方案。由种子管理站指定技术人员进行现场指导和监督，确保方案落实到位。

4. 试验数据采集。田间基本数据采集由基地负责人负责，按照浙江省种子管理总站的要求填写表格，并详细做好田间管理日志。考种工作由种子管理站技术人员完成，并对采集的数据进行及时整理及总结。

5. 强化宣传与培训。通过召开现场观摩会、编发技术资料、撰写宣传报道等，向全市农民宣传新品种及其配套技术。根据示范要求，组织了2期技术培训，参训人员达110余人（次），印发技术资料500余份。

6. 召开新品种现场观摩会。9月26日，实施单位建德市种子管理站组织全市种粮大户、种子经营户和农技人员代表50余人，现场观摩了位于航川、三村、永盛和诸家4个示范方的新品种生产情况。

六、技术措施

1. 适时播种，培育壮秧

根据品种生育期长短，合理安排播种期，单季稻采用旱育秧或半旱育秧，短秧龄小苗移栽，秧龄控制在15天以内。其中，甬优1540、甬优8050（单季）和钱优930生育期较短，于5月23日播种，6月7日移栽；浙优21生育期偏长，于5月14日提早播种，6月1日移栽；甬优8050连作晚稻于6月22日播种，7月11日移栽。播种前将种子晒至干燥，用咪鲜胺水溶液浸种24～48小时，催芽至芽长超过种子长度，将芽谷在室内晾干，用吡蚜酮和丁硫克百威粉剂拌种（防苗期蚜虫、稻飞虱、鼠害、鸟害），均匀播于标准秧盘水稻育秧基质，摆放于秧板上。控制水分，保持基质湿润但不淹水。注意苗期蚜虫、稻飞虱等虫害的防治。

2. 适龄移栽，合理稀植

大田准备：移栽前10天进行大田泡田、翻耕，移栽前3天施基肥、人工耥平。基肥亩用商品碳氨和过磷酸钙各30千克、氯化钾10千克。

移栽：为保证示范田密度统一，采用人手工插秧，统一设定行株距及密度。秧苗在移栽前1天喷洒防治稻飞虱和螟虫的药剂，带药下田。小苗浅栽，栽种前田水排干，插秧后保持湿润，不灌深水，便于快速扎根。

3. 大田管理

分蘖期管理：移栽后第7天施第一次分蘖肥，亩施尿素12.5千克、氯化钾5千克。移栽后第25天施第二次分蘖肥，亩施三元复合肥25千克。在分蘖达到最高值（每丛15个分蘖）前，水浆管理以湿润为主，做到不断水，不淹水。进行1次稻飞虱、蚜虫、纹枯病等病虫害防治。分蘖达到最高值时再断水轻烤田，控制无效蘖。

花穗期管理：花分化期（拔节后期）追施一次三元复合肥25千克。孕穗期叶面喷施一两次“喷施宝”，提高粒重，延长灌浆期，达到青秆黄熟。进行1次稻曲病、纹枯病、褐飞虱、稻纵卷叶螟、二化螟等病虫害防治。

适时收割：待籽粒完全成熟后，于收割前7天排干田水，用联合收割机收割，防止割青。

七、品种简评

甬优1540：熟期适中，全生育期为150天，比甬优15短6天；株形矮壮，较紧凑；穗较大，穗总粒数为 451.1 粒；长相清秀，青秆黄熟；丰产性好，示范亩产为 797.1 千克，展示亩产为 819.8 千克，比甬优 15 增产 49.4 千克。该品种经多年试验示范，表现稳定，可作为当地单季稻主推品种。

甬优 8050：早熟，全生育期为 137 天，比两优培九短 1 天，比甬优 15 短 19 天，适于作单季或连作晚稻种植，有利于后茬冬作的栽培；展示亩产为 712.6 千克，比两优培九增产 73.9 千克，比甬优 15 减产 57.8 千克，作单季稻亩产为 719.3 千克，作连作晚稻亩产为 684.4 千克，表现出较好的丰产稳产潜力。建议对该品种进行扩大示范。

甬优 7850：熟期早，全生育期为 146 天，比甬优 15 早 10 天；长相清秀，后期转色好；丰产潜力较大，展示亩产为 695.5 千克，比甬优 15 减产 74.9 千克；米质较优。该品种有利于后茬冬作的栽培，可进一步扩大示范。

甬优 15：作为种植多年的主推品种，其生育期适中，稳产性好，在展示中表现出穗大粒多、有效穗足、丰产性好的优点，而且米质较优，仍较受广大种植户的欢迎。

甬优 538：熟期略长，全生育期为 158 天，比甬优 15 长 2 天；植株粗壮，耐肥，抗倒，青秆黄熟；穗大，丰产潜力较好，但落粒性较差，稻谷中枝梗较多。在 2016 年较恶劣的多雨水天气下，穗上易发芽，但该品种仍是一个有较大推广潜力的品种。

甬优 12：生育期长，对后茬冬作有一定的不利影响；丰产潜力较大；需肥量大；稻曲病较重。建议在无冬种条件的单季稻种植区种植，种植大户可搭配种植，以错开农时季节。

春优 927：熟期略晚，全生育期为 170 天，比甬优 15 晚 14 天，可能对后作冬油菜有一定的不利影响；丰产潜力大，展示亩产为 813.2 千克，比甬优 15 增产 42.8 千克；植株健壮，抗倒性好，长相清秀，青秆黄熟。可适当扩大示范。

相关结果见表 1～表 3。

表1　2016年浙江省农作物新品种丰产示范结果表

农户数	品种名称	作物类型	计划面积（亩）	实施面积（亩）	中心方面积（亩）	验收亩产（千克）	当地平均亩产（千克）	亩产与当地平均比较(%)	示范方总增产（千克）	示范方增产增收（万元）	示范方节本增收（万元）	示范方总增收（万元）	订单农业情况		
													订单面积（亩）	生产数量（千克）	订单产值（万元）
4	甬优1540	单季稻	50	525	125	797.1	595.0	33.97	98018.5	24.99	0.00	24.99	/	/	/
1	甬优8050	单季稻	50	10	/	719.3	595.0	20.89	1243.0	0.32	0.00	0.32	/	/	/
6	浙优21	单季稻	50	70	52	702.3	595.0	18.03	5579.6	1.42	0.00	1.42	/	/	/
2	钱优930	单季稻	50	110	/	615.5	595.0	3.45	2255.0	0.58	0.00	0.58	/	/	/

印发资料（份）	技术培训		投入资金									攻关田				
	期数	人数	合计（万元）	技术培训（万元）	印发资料（万元）	种子补贴（万元）	农资补贴（万元）	展示示范牌制作（万元）	辅导员工资（万元）	考察总结（万元）	其他（万元）	面积（亩）	田块数	验收亩产（千克）	产量最高田块	
															面积（亩）	亩产（千克）
500	2	110	18.696	0.500	0.000	2.016	0.000	0.380	1.800	0.000	14.000	/	/	/	1.826	863.1

表 2　2016 年浙江省农作物新品种适应性扩展鉴定生育进程及经济性状表

品种名称	播种期（月/日）	移栽期（月/日）	始穗期（月/日）	齐穗期（月/日）	成熟期（月/日）	全生育期（天）	基本苗数（万株/亩）	有效穗数（万穗/亩）	株高（厘米）	总粒数（粒/穗）	实粒数（粒/穗）	结实率（%）	千粒重（克）
钱优 930	5/23	6/8	8/21	8/26	10/6	136	1.1	17.6	127.0	160.6	149.2	92.9	24.5
两优培九（CK1）	5/23	6/8	8/19	8/27	10/8	138	1.1	17.1	118.5	204.5	158.5	77.5	25.6
中浙优 8 号	5/23	6/8	8/25	8/28	10/13	143	1.1	16.8	129.5	192.9	154.0	79.8	25.5
甬优 8050	5/23	6/8	8/22	8/26	10/7	137	1.1	14.7	132.8	288.5	213.5	74.0	24.7
隆两优华占	5/23	6/8	8/21	8/27	10/8	138	1.1	16.0	111.0	251.6	185.0	73.5	24.8
甬优 15（CK2）	5/15	6/2	8/23	8/28	10/18	156	1.1	13.2	134.0	243.2	213.4	87.7	28.5
甬优 150	5/15	6/2	8/24	8/28	10/18	156	1.1	12.9	129.6	248.0	203.8	82.2	24.1
甬优 1540	5/23	6/7	8/23	8/28	10/20	150	1.1	13.4	131.7	451.1	306.7	68.0	22.9
甬优 7850	5/15	6/2	8/22	8/26	10/8	146	1.1	13.0	122.2	314.8	248.0	78.8	23.6
甬优 538	5/15	5/31	8/22	8/26	10/20	158	1.1	13.2	120.2	330.5	256.0	77.5	22.6
甬优 12	5/15	5/31	9/1	9/6	11/6	175	1.1	12.8	113.2	316.6	241.5	76.3	22.6
春优 927	5/15	6/2	8/23	8/27	11/1	170	1.1	14.1	120.9	326.2	228.9	70.2	25.5
浙优 21	5/15	6/1	9/5	9/9	11/4	173	1.1	12.4	122.0	302.5	212.2	70.1	23.7
浙优 19	5/15	6/1	9/4	9/8	11/3	172	1.1	13.1	123.3	295.0	225.0	76.3	24.1

表3 2016年浙江省农作物新品种适应性扩展鉴定结果表

品种名称	实际种植面积（亩）	亩产（千克）	综合评价		
			评分	主要优点	主要缺点
钱优 930	1.2	627.7	中	/	抗倒性较差，米质一般
两优培九（CK1）	1.2	638.7	中	/	/
中浙优 8 号	1.1	650.1	中	稳产性较好	/
甬优 8050	1.2	712.6	好	熟期早，丰产潜力较大，长相清秀	/
隆两优华占	1.2	649.8	中	稳产，易管理	丰产性一般，米质中等
甬优 15（CK2）	1.6	770.4	好	稳产性好，好种，米质好	/
甬优 150	1.6	607.0	中	表现一般	/
甬优 1540	1.8	819.8	好	株形紧凑，株高适中，叶挺，熟期较早，后期转色好，好种，丰产潜力大，米质好，穗大粒多	/
甬优 7850	1.6	695.5	好	熟期早，丰产潜力较大，后期转色好	/
甬优 538	1.7	726.5	好	熟期略长，丰产潜力大，后期转色好	落粒性较差，稻谷中杂质较多
甬优 12	1.5	767.7	中	丰产潜力较大	熟期过晚，稻曲病较重，氮肥需求量大
春优 927	1.7	813.2	好	产量高，熟相好	熟期略晚，氮肥需求量大
浙优 21	1.6	591.1	差	/	熟期过晚，不整齐，稻曲病较重
浙优 19	1.6	684.3	中	/	熟期过晚，丰产潜力不大，稻曲病较重

2016年浙江省水稻新品种丰产示范总结

乐清市种子管理站

根据浙江省种子管理总站《关于下达2016年浙江省农作物新品种适应性扩展鉴定和丰产示范计划的通知》（浙种〔2016〕21号）的要求，我站承担早稻品种温926和晚稻品种甬优4550、雨两优1033这3个新品种丰产示范任务。按照浙江省种子管理总站的统一部署，在省领导和有关专家的关怀和指导下，通过实施小组和种植户的共同努力，取得了一定成效，达到了预期的示范效果。具体实施情况如下。

一、项目实施基本情况

1. 基地概况

本项目的示范方落实在乐清市虹桥镇东垟村、蒲岐镇南门村连片的粮食功能区块内，两个示范方间距1千米左右，距甬台温高速蒲岐出口仅5千米，交通十分便利。而且该基地地势开阔，阳光充足，排灌沟渠配套完善，土地平整，土壤肥力中等偏上，排灌条件好，一直是我市水稻新品种试验示范基地。基地农户具有多年的水稻试验示范经验，责任心强，栽培水平较高。该基地对周边具有较好的示范辐射效应。

2. 示范概况

示范面积为330亩。东垟村示范方（230亩）：温926的示范面积为100亩，甬优4550的示范面积为100亩，雨两优1033的示范面积为30亩；南门村示范方（100亩）：甬优4550的示范面积为100亩。

温926在3月17日播种，4月13日机插，移栽密度为30厘米×14厘米，6月16齐穗，7月11日成熟。

甬优4550（东垟村示范方）在6月26日播种，7月25日手插，移栽密度为30厘米×25厘米，9月8日齐穗，10月28日成熟。

雨两优1033在6月26日播种，7月26日手插，移栽密度为30厘米×25厘米，9月14日齐穗，11月2日成熟。

甬优4550（南门村示范方）在6月26日播种，7月25日手插，移栽密度为30厘米×22厘米，9月8日齐穗，11月1日成熟。

3. 田间管理概况

早稻在3月17日播种，亩用种量为5千克，按照水稻机插栽培要求做好机插结束后补缺工作。晚稻在6月26日播种，亩用种量为0.75千克，施足基肥，控施苗肥，补施穗肥。亩施袁氏专用肥50千克作为基肥；插秧8天后追施分蘖肥尿素7.5千克；穗肥在主茎倒二叶露尖时施，亩用尿素2.5～3.0千克。防止偏少“落黄”，偏重“贪青”。强调浅水插秧，薄露灌溉，早搁轻搁田，做到“苗到不等时，时到不等苗”，尽量控制无效分蘖，后期防止过早断水，要干干湿湿、活水到老。强调种子消毒，用咪鲜胺和氰烯菌酯浸种；移栽7天后结合施分蘖肥、除草剂（混施）；根据病虫情报，及时防治螟虫、稻飞虱；对于稻曲病、细条病和白叶枯病，采用以防为主的策略。

二、生长期间气象与栽培管理等的有利和不利因子

1. 有利因子

2016 年，在整个早稻生长期间，晴好天气较多，风调雨顺，秧苗期没有出现“倒春寒”现象；在早稻出穗扬花期间，天气比较晴朗；在早稻成熟期间，光照充足，有利于早稻生长。在晚稻生长期间，晴好天气较多，风调雨顺；在晚稻出穗扬花期间，天气比较晴朗；在灌浆期间，光照充足，有利于晚稻生长。

2. 不利因子

但 2016 年由于台风形成比较迟，次数比较多，晚稻的生长在后期受到了一定的影响，部分田块有倒伏现象发生；同时，台风期间雨水较多，给病虫害防治带来困难，也使个别田块病虫害比较严重，特别是细菌性斑点病比常年严重，对产量影响比较大。

三、实施结果

2016 年 7 月 15 日，乐清市农业局组织农技人员对温 926 示范方进行产量验收，平均亩产为 566.4 千克，其中最高田块亩产为 589.1 千克。乐清市农业局组成的水稻验收专家组，于 2016 年 11 月 11 日对甬优 4550（南门村示范方）进行产量验收，平均亩产为 597.7 千克，其中最高田块亩产为 625.1 千克。雨两优 1033 示范方平均亩产为 551.5 千克。甬优 4550（东垟村示范方）平均亩产为 568.8 千克。

四、示范成效

1. 加快推广应用

通过组织种子经营户、种粮大户对新品种示范方进行现场考察观摩，扩大对新品种的宣传，加快新品种的推广应用。

2. 增产增收

通过水稻新品种丰产示范，摸索出各个新品种的特征特性及适应性，为筛选新品种提供科学依据。有力地推动粮食增产、品质优化、农民增收，为我市粮食增产作出了贡献。

五、主要工作措施

1. 成立领导小组，确保项目顺利实施

领导小组由乐清市农业局分管局长、虹桥镇和蒲岐镇分管农业副镇长和种子技术推广站站长等人组成，以乐清市农业局分管局长为组长，负责下达任务、筹集资金、协调的部门工作等。由种子技术推广站负责制定并落实实施方案、技术培训、工作措施。具体农艺操作由乐清市鸿发农机专业合作社与为民水稻专业合作社承担。

2. 加强技术指导和宣传工作

在示范新品种种植期间，多次邀请省、市有关专家前来实地考察、指导，并落实技术人员长期蹲点进行技术指导，及时发布病虫情报，同时做好展示示范品种的观察记载。并在醒目位置设立标志牌，标志牌规格为 3.0 米×2.0 米。领导小组不定期来现场指导。

3. 实行“五统一”服务

一是统一布局和供种，并连片种植；二是统一移栽及其配套栽培技术，并开展技术培训；三是聘用专人，统一技术指导和灌溉；四是统一防治和施肥，及时提供病虫情报；五是统一落实有关政策。

4. 搞好技物服务，落实配套政策

为提高农户示范的积极性，我们采取了多项扶持政策。一是免费供种或按成本价提供种子、农药等

生产资料；二是协助示范户获得农田保险、良种补贴及农田综合补贴等政策性补助。三是落实新品种示范专项补助资金。

六、主要技术措施

1. 做好种子消毒

在浸种前晒好种子。提高药剂浸种浓度，氰烯菌酯悬浮剂2000倍液、咪鲜胺乳油1600倍液同时搭配使用；保证浸种时间，浸种时注意避光，以防止因药液光解而影响药效。

2. 适时播种，培育秧苗

根据我市的温光条件和气候特点，以及后作要求，早稻示范品种机插秧苗，播种期为3月17日，基质育秧，秧龄控制在25天左右，以叶龄不超过4.0叶为准。晚稻为手插秧苗，播种期为6月26日，秧龄控制在30天内。

3. 合理密植，防止倒伏

秧苗叶龄3.5～4.0叶、秧龄24天即起苗移栽。温926移栽密度为30厘米×14厘米，按漏插率3%计算，亩丛数为1.54万丛，每丛4.2本秧，每亩落田苗数为6.4万株。因秧苗小，要求露田插秧，插秧后灌浅水。

4. 施足基肥，控施苗肥，补施穗肥

亩施40千克水稻袁氏专用肥为基肥；在插秧后8天撒尿素5千克作苗肥（分蘖肥）；穗肥在主茎倒二叶露尖时施，亩用尿素2.5～3.0千克。

5. 水分管理，薄水浅插

栽后薄水苗；扎根后沟灌露田通气与浅水灌溉交替，促进根系与分蘖生长，在早稻抽穗阶段，灌好“养胎水”，以避免因外界气温的剧烈变化而影响稻穗发育，确保早期需水。后期保持干干湿湿、活水到老，做到养根、保叶，防止过早断水。

6. 病虫草防治

防治重点对象为纹枯病、稻曲病、二化螟、稻纵卷叶螟、灰飞虱、褐飞虱等。主要是根据病虫预报，做到适期、适量、精确用药，有效地控制病虫害的危害。

七、对品种的综合评价

温926：株高适中，分蘖力较强，有效穗较多，茎秆较粗壮，穗较大，后期转色好，丰产性好；抗倒性一般。可作为早稻品种搭配推广。

甬优4550：株高适中，株形较紧凑，茎秆粗壮，分蘖力中等，剑叶挺直，穗大粒多，生育期短。可作为连作晚稻机插品种推广。

雨两优1033：植株较高，株形较紧凑，分蘖力中等偏上，后期转色好。适宜作为连作晚稻种植。

八、明年计划

我们将根据浙江省种子管理总站的统一布置，保留好的做法和经验，克服困难，在提高技术上下功夫，努力提高示范水平。加强宣传力度，多组织农户考察，使农户能直观了解新品种特征特性、掌握栽培要点，避免推广时出现问题，造成不必要的损失。

明年计划开展中早39、温926、甬优1540等品种丰产示范，并开展相适应的高产栽培技术研究；同时组织实施中组143、中冷23等10个新品种展示示范，为乐清乃至全省的水稻生产出一份绵薄之力。

相关结果见表1。

表 1　2016 年浙江省农作物新品种丰产示范结果表

农户数	品种名称	作物类型	计划面积（亩）	实施面积（亩）	中心方面积（亩）	验收亩产（千克）	当地平均亩产（千克）	亩产与当地平均比较(%)	示范方总增产（千克）	示范方增产增收（万元）	示范方节本增收（万元）	示范方总增收（万元）	订单农业情况		
													订单面积（亩）	生产数量（千克）	订单产值（万元）
东垟片区	温 926	水稻	100.	100	100	566. 4	425. 0	33. 3	14140	4. 666	0. 3	4. 97	100	56640	186912
南门片区	甬优 4550	水稻	100	100	100	597. 7	475. 0	25. 8	12270	3. 44	0. 27	3. 71	/	/	/
东垟片区	甬优 4550	水稻	100	100	100	568. 8	475. 0	19. 8	9380	2. 63	0. 34	2. 97	/	/	/
东垟片区	甬两优 1033	水稻	30	30	30	551. 5	475. 0	16. 1	2295	0. 64	0. 00	0. 64	/	/	/

印发资料（份）	技术培训		投入资金									攻关田				
	期数	人数	合计（万元）	技术培训（万元）	印发资料（万元）	种子补贴（万元）	农资补贴（万元）	展示示范牌制作（万元）	辅导员工资（万元）	考察总结（万元）	其他（万元）	面积（亩）	田块数	验收亩产（千克）	产量最高田块	
															面积（亩）	亩产（千克）
/	1	30	8. 86	0. 50	0. 10	0. 26	2. 70	0. 50	1. 80	1. 00	2. 00	6. 0	3	566. 4	1. 29	589. 1

2016 年浙江省单季籼粳杂交稻新品种丰产示范总结

新昌县惠丰种子科学研究所

根据浙江省种子管理总站《关于布置 2016 年浙江省农作物新品种适应性扩展鉴定和丰产示范计划的通知》（浙种〔2016〕21 号）的要求，新昌县惠丰种子科学研究所承担了单季籼粳杂交稻甬优 8050 的丰产示范任务。甬优 8050 由宁波市种子有限公司利用自主育成的早熟、优质、抗病、半矮生型的滇Ⅰ型中粳型不育系 A80 和早熟早籼恢复系 F9250 选配而成，属广适性三系籼粳杂交稻，增产潜力大，米质优，抗倒性好，抗病性强。在浙江省种子管理总站领导和有关专家的关怀和指导下，通过实施小组和种植户的共同努力，我们已完成浙江省种子管理总站布置的任务。现把籼粳杂交稻甬优 8050 示范工作总结如下。

一、项目实施基本情况

1. 基地概况

本项目的示范方落实在新昌县羽林街道新中村，面积为 102 亩，由种粮大户承包经营。羽林街道新中村是新昌县的粮食生产功能区，机耕路硬化，渠系配套，肥力中等偏上，连片集中，经过园田化平整，适合机械化操作。上游分别有 1 座年可供水量为 100 万立方米的小型水库（沙山水库）和 1 座年可供水量为 4270 万立方米的中型水库（巧英水库），灌溉用水通过渠系直达示范方。农用电、生活用电放达示范方，可满足示范方的用电需要。基地农户具有多年的水稻试验示范经验，责任心强，栽培水平较高。示范方对周边具有较好的示范辐射效应，示范效果好。

2. 示范概况

甬优 8050 示范面积为 102 亩。

甬优 8050 在 5 月 16 日采用机播流水线播种，6 月 8 日移栽，8 月 17 日始穗，8 月 19 日齐穗，10 月 7 日前后成熟，全生育期为 140 天左右。

3. 田间管理概况

大田结合追肥耘田两次，防治大田杂草危害。

病虫害防治：第一次用药在 6 月 28 日，亩用 10%四氯虫酰胺 40 毫升、25%吡蚜酮 25 克、40%乐果 75 毫升，防治稻纵卷叶螟、二化螟、稻飞虱等；第二次在 7 月 19 日，亩用 40%氯虫·噻虫嗪水剂 10 毫升、10%烯啶虫胺水剂 25～30 毫升，防治稻飞虱，兼治稻纵卷叶螟、纹枯病等；7～8 天后，根据田间虫情和防治效果再补治；第四次在 8 月 20 日，用稻腾、吡蚜酮、43%戊唑醇防治稻飞虱、稻纵卷叶螟、二化螟，兼治纹枯病，预防稻曲病；第五次在 9 月 16 日，亩用 25%吡蚜酮 25～30 毫升、毒死蜱 120 毫升，防治后期褐飞虱、螟虫等虫害。

水浆管理：整田后开好丰产沟，做到水能放得进、排得掉。返青活棵后到有效分蘖期间歇灌溉，达到预定苗数的 80%时，开始排水搁田，采用多次轻搁的方法，搁到叶色转淡；孕穗期灌好保胎水；生育后期做到干干湿湿、活水到老。

二、生长期间气象与栽培管理等的有利和不利因子

1. 有利因子

中晚稻生长期间，前期属高温天气，水稻生长良好，分蘖穗数比2015年有所增长。7月下旬以晴热高温天气为主，气温偏高，雨量明显偏少。8月持续晴热高温天气。9月上旬晴雨相间，而后几次台风利多弊少，解除了干旱，但没有危害。

2. 不利因子

10月高温、高湿，部分品种，特别是甬优1540穗上发芽多，影响稻谷品质。后期虫害较重，特别是螟虫危害较重。

三、实施结果

甬优8050生育期适中，比较适合在新昌种植，再加上管理措施到位，没有明显病虫害和倒伏现象，田间长势较为理想，丰产性较好，种植农户满意。10月10日，新昌县农业局组织农技专家对示范方进行了验收，验收亩产达708.6千克，其中验收攻关田3块，最高亩产达730.2千克，平均亩产达720.1千克。

四、示范成效

甬优8050示范取得的成效有以下四点。

1. 示范方种植农户满意。由于品种选择得当，管理措施到位，所以示范品种没有明显病虫害和倒伏现象，田间长势长相较为理想，平均亩产为708.6千克，种植农户对此比较满意。

2. 周边群众满意。周边农户看到示范品种的出色长相后，对示范品种表现出了浓厚兴趣，纷纷驻足观察水稻的长势长相，询问品种的名称、供应情况。

3. 领导、专家满意。省、市领导和专家多次检查指导和观摩考察后认为我县的水稻新品种示范工作到位，品种的长势长相不错，品种潜力表现充分，有良好的影响力和示范效果。

4. 掌握了甬优8050的品种特性和栽培要点，为今后该品种在我县的推广打下了良好的基础。

五、主要工作措施

1. 加强项目领导，成立项目领导小组和实施小组。项目由新昌县种子管理站负责监督实施和领导。成立了由石益挺为组长，袁亚明、何晓汀、张月中、俞炎良为成员的项目实施小组，主要负责制定项目实施方案，项目技术指导、培训方案，示范品种的观察记载方案、考种测产方案等工作。

2. 制定实施方案。根据浙江省种子管理总站对项目的要求，以及2016年浙江省农作物新品种适应性扩展鉴定和丰产示范计划，我们通过认真研讨和分析，制定了科学严密的实施方案。方案就试验选点，品种安排，施肥、除虫，田间操作，观察记载，测产考种，技术培训，开现场会，资料收集、整理、汇总等做出了周密的布置和安排。实施小组根据实施方案，保证各项工作顺利进行。

3. 示范地点选择。示范方选择在羽林街道新中村，面积为102亩。各方面条件符合浙江省种子管理总站对示范方选点的要求。本示范方是新昌县粮食生产的重点示范方。示范方内实行“五统一”服务。

4. 加强技术培训，开展舆论宣传，提高技术到位率，扩大示范方影响力和示范辐射效果。

（1）分层次开展技术培训。一是对项目实施人员、示范方内长期农工进行技术培训，并印发甬优8050品种介绍和栽培技术资料。二是根据农时季节进行田间现场培训。按照实施方案施行育秧、施肥、灌水。根据县农业局病情情报及田间虫情进行病虫害防治。邀请宁波市种子有限公司技术人员到田间进

行技术指导。

（2）在示范方内显眼的位置放置品种示范标志牌。

（3）召开现场推广观摩会。9 月 29 日，新昌县种子管理站组织乡、镇农办技术员、种子经销户、家庭农场主、农业专业合作社人员、种粮大户、新闻工作者等参加现场推广观摩会。与会人员对该品种进行了高度评价，认为该品种生育期适中，穗大粒多，青秆黄熟，抗倒性较好，适合在我县山区、半山区作为主栽品种种植。广播、电视、报纸、农业信息网等新闻媒体对甬优 8050 进行了宣传报道，扩大了该品种的影响力。

六、主要技术措施

1. 适时播种，统一育秧。播种时间为 5 月 16 日，采用机播流水线播种。移栽前 5 天亩施 15 千克尿素作为起身肥，每次移栽前一天防好病虫，做到带药下田。

2. 适时移栽，合理密植。移栽控制在秧龄 21～23 天、叶龄 3～3.5 叶，采用手工插种，密度为 8 寸×6 寸，每亩栽插 1.25 万丛，每丛 1～2 本。

3. 合理施肥。基肥：亩施三元复合肥（N：P：K=15：15：15）35 千克；分蘖肥：亩施 15 千克尿素、10 千克氯化钾，并结合除草；穗肥：亩施尿素 5 千克。

4. 抓好水浆管理。整田后开好丰产沟，做到水能放得进、排得掉。返青活棵后到有效分蘖期间歇灌溉，当苗数达到预定苗数的 80%时，开始排水搁田，采用多次轻搁的方法，搁到叶色转淡；孕穗期灌好保胎水；生育后期做到干干湿湿、活水到老。

5. 病虫害综合防治。根据县农业局病虫情报进行统防统治，并在示范方召开一次无人机防治病虫现场观摩会。

七、对品种的综合评价

甬优 8050 为半矮生型，根系发达，作单季稻种植时表现为生育期适中（在新昌种植时，全生育期为 140 天左右，2016 年示范方播种期为 5 月 16 日，移栽期为 6 月 8 日，始穗期为 8 月 17 日，齐穗期为 8 月 19 日，成熟期为 10 月 7 日），穗大粒多。每亩有效穗数为 14.8 万穗，每穗总粒数为 215.3 粒，每穗实粒数为 193.8 粒，结实率为 90%，千粒重为 24.9 克。长粒型，口感好。2016 年种植时未发现叶瘟和穗颈瘟。有望成为我县山区和半山区的主栽品种。但该品种倒三叶阔长，叶片易披，在栽培上要注意氮、磷、钾的配合施用，控制氮肥总量，搁好田，提高抗风雨能力；该品种灌浆较慢，在山区种植前还需进一步确定其生育期及栽培技术。

八、明年计划

明年我们将根据浙江省种子管理总站的统一部署，保留好的做法和经验，克服人工不足等困难，在技术上下功夫，努力提高丰产示范水平。在搞好丰产示范的基础上，要求浙江省种子管理总站增加水稻适应性扩展鉴定试验任务。在宣传、考察方面增加工作力度，增强项目影响力。

相关结果见表 1。

表1 2016年浙江省农作物新品种丰产示范结果表

农户数	品种名称	作物类型	计划面积（亩）	实施面积（亩）	中心方面积（亩）	验收亩产（千克）	当地平均亩产（千克）	亩产与当地平均比较(%)	示范方总增产（千克）	示范方增产增收（万元）	示范方节本增收（万元）	示范方总增收（万元）	订单农业情况		
													订单面积（亩）	生产数量（千克）	订单产值（万元）
1	甬优8050	水稻	100	102	50	708.6	590	20.1	12097	4.84	0.51	5.35	102	72200	28.88

印发资料（份）	技术培训		投入资金									攻关田				
	期数	人数	合计（万元）	技术培训（万元）	印发资料（万元）	种子补贴（万元）	农资补贴（万元）	展示示范牌制作（万元）	辅导员工资（万元）	考察总结（万元）	其他（万元）	面积（亩）	田块数	验收亩产（千克）	产量最高田块	
															面积（亩）	亩产（千克）
500	1	50	12.0	1.0	0.1	1.0	4.4	1.0	3.0	1.5	0.0	4.5	3	720.1	1.5	730.2

2016年浙江省水稻新品种适应性扩展鉴定和丰产示范总结

嵊州市良种繁育场

根据浙江省种子管理总站《关于布置 2016 年浙江省农作物新品种适应性扩展鉴定和丰产示范计划的通知》（浙种〔2016〕21 号）的要求，我场承担嘉育 938、温 926、陵两优 0516 等新品种的适应性扩展鉴定，以及中早 39、温 926、中嘉早 17、株两优 831 这 4 个品种的丰产示范。在上级领导与专家的支持、指导下，我们克服了连续阴雨、夏季高温干旱等诸多不利因素，充分展示挖掘各品种特征特性和增产潜力，达到了预期的示范效果。现将适应性扩展鉴定和丰产示范情况小结如下。

一、项目实施基本情况

1. 基地概况

嵊州市良种繁育场承担了 2016 年浙江省水稻新品种展示示范的任务。项目设在嵊州市良种繁育场大田内，位于嵊长路北面 600 米处，溪水河流横贯全场，交通便捷，水源充沛，无污染源。

2. 示范概况

示范品种：中早 39（100 亩）、温 926（20 亩）、中嘉早 17（30 亩）、株两优 831（20 亩）。

示范面积：170 亩。

3. 展示概况

展示品种：嘉育 938、温 926、陵两优 0516、中冷 23、甬籼 975、温 814、嘉育 89、中早 35、株两优 831、中嘉早 17、中早 39（CK）。

展示面积：11 亩。

4. 田间管理概况

展示示范方做到全程“五统一”管理，确保稳产、高效。

（1）适期适量播种

展示示范品种均于 3 月 28 日用使百克 1500 倍液浸种，3 月 30 日进恒温箱催芽，3 月 31 日经播种流水线播种（按每个秧盘 200 克潮种子，每亩 30 个秧盘用种量），4 月 2 日移入大棚统一保护地育秧。

（2）及时移栽

根据机插秧要求，机插前三天做好插秧前的准备工作，耙田，施足基肥，灌水。于 4 月 19 日，由 2 台高速插秧机统一移栽，插种密度为 30 厘米×10 厘米，每穴插 3～5 本，确保基本苗数为 8.0 万株，每亩插种 25～26 盘，插秧后立即开始人工补苗、匀苗。

（3）大田管理

①施肥技术。基肥：于 4 月 16 日前后亩施碳酸氢铵 20 千克、过磷酸钙 20 千克。分蘖肥：5 月 4 日亩施尿素 7.5 千克、苄·丁除草剂 80 克（除稻田杂草）；5 月 12 日亩施尿素 7.5 千克。穗肥：5 月 27 日追施氯化钾 10 千克。

②病虫害管理技术。采用绿色防控与统防统治相结合的技术。5 月 25 日亩用康宽 12 毫升、吡虫啉 2 包，以防治稻纵卷叶螟、稻蓟马；7 月 2 日亩施井冈霉素 500 毫升，以防治纹枯病。

③水浆管理。做到干湿灌水、干湿交替、活水灌溉，以防后期高温追熟。

二、生长期间气象与栽培管理等的有利和不利因子

1. 有利因子

2016 年水稻生长前期气温较高，非常适合早稻的生长，水稻分蘖好，给高产攻关打下了坚实的基础；生长后期气温较高，水稻转色好，千粒重较前几年大。

2. 不利因子

五月的梅雨天气不利于早稻结实，水稻结实率受到了影响；6 月从始穗开始一直到齐穗，连续的大雨对结实率产生了很大的影响。

三、实施结果

1.示范品种产量

示范方平均亩产达到 588.6 千克，产量比较理想。最高产田种植的品种为中早 39，亩产高达 627.5 千克。

2. 展示品种产量

展示品种 11 个，亩产为 417.3～624.8 千克，平均亩产为 582.5 千克。其中，中早 39 亩产最高，达到 624.8 千克；中嘉早 17、中冷 23、嘉育 938 整体产量较高。

四、展示示范成效

1. 充分发挥了新品种展示示范效应。及时组织召开新品种现场考察观摩会，扩大新品种示范方示范辐射作用，积极组织种粮大户对新品种进行考察。中冷 23、中嘉早 17、中早 39 得到了种粮大户的认可。

2. 做好思想发动，制订实施计划。做好宣传工作：印发技术资料 300 余份；组织示范户参加技术培训 3 期，共计 159 人（次）；多次邀请省、市有关领导、专家来实地检查指导和授课。落实技术人员长期蹲点指导，以确保各项技术到田，保证早稻展示示范的有序进行。

3. 增产增效明显。示范方通过选用优质高产品种、机插及其他各项配套技术措施的综合运用，节本增产明显，示范方平均亩产为 588.4 千克，每亩增产 100 千克、增收 340 元，通过机械化操作，每亩节约人工成本 200 元，合计每亩增产增收 540 元。

五、主要工作措施

1. 以充分展示品种特征特性和挖掘高产潜力为原则，制定实施方案，落实专业技术人员蹲点指导，聘请技术人员统一管理，实行统一机育机插、统一灌水施肥、统一病虫害防治等多项统一服务，确保平衡高产。

2. 加强技术培训与实地指导。在产前召开示范户培训会，重点介绍新品种特征特性和因种栽培技术；在产后召开示范户座谈交流会，明确新品种在当年的表现和栽培技术应用上的得失。邀请省、市专家在示范方建设期间进行现场指导，技术人员在早稻生长的关键节点进行实地检查指导。

3. 结合现代农业科技示范基地建设，建好田间学校，加强宣传。在示范方内设置了 3 米×6 米标志牌和分品种标志牌，标明展示示范品种。在示范方水稻灌浆成熟期组织了 5 次现场观摩交流会，提高展示示范效果。

4. 加大示范方建设投入，确保良种良法配套到位。加大对展示示范方的基础设施投入，新建机耕路、水泥田埂路，以及进一步扩大展示示范方的面积，提高种植水平，确保展示示范的顺利实施。

六、对品种的综合评价

1. 示范品种

中早 39：高产潜力大，丰产稳产，株形适中，抗倒性好；缺点是恶苗病较重，黑谷现象较普遍，生育期适中。

温 926：产量较高，生育期相对较迟，分蘖力一般，长相清秀，叶色绿。

中嘉早 17：生育期适中，产量高，抗倒性好，但是近几年的品种性状发生了改变。

株两优 831：株形适中，高产潜力较大，长相清秀，转色好，分蘖力较强，但是得注意防治恶苗病。

2. 展示品种

嘉育 938：高产，穗很大，千粒重很大，熟相较好，但是黑穗较多，影响产量。

温 926：产量较高，生育期相对较迟，分蘖力一般，长相清秀，叶色绿。

陵两优 0516：分蘖力强，生育期较长，有效穗较多，但是有少量杂株。

中冷 23：株形较高，产量较高，长势繁茂，熟相好，转色快，但是顶部颖花有退化现象。

甬籼 975：分蘖力较强，生育期较短，株形较高大，但是有稻瘟病，以及生长后期抗倒能力稍差。

嘉育 89：穗大，着粒密，熟相好，但是分蘖力较弱。

中早 39：高产潜力大，丰产稳产，株形适中，抗倒性好，但是缺点明显，如恶苗病较重，黑谷现象较普遍，生育期适中。

中早 35：熟相好，整齐度高，长势繁茂，但是株形较松散、较高大。

株两优 831：株形适中，高产潜力较大，长相清秀，转色好，分蘖力较强，但是得注意防治恶苗病。

中嘉早 17：生育期适中，产量高，抗倒性好，但是近几年的品种性状发生了改变。

七、明年计划

1. 继续按照省、市统一部署安排品种布局，做好水稻的展示示范工作。

2. 加强品种配套高产技术研究和应用，提高示范成效。

3. 继续加大展示示范方的基础设施建设。

4. 加大宣传，扩大影响，让老百姓自己来田间挑选适合的品种。

相关结果见表 1。

表 1　2016 年浙江省农作物新品种适应性扩展鉴定结果表

品种名称	播种期（月/日）	始穗期(月/日）	齐穗期（月/日）	亩产（千克）	田间抗性	抗倒性	综合评价	
							主要优点	主要缺点
嘉育 938	3/31	6/20	6/25	503.2	好	好	高产，穗大，熟相好	黑穗较多
温 926	3/31	6/19	6/24	463.7	好	好	穗较大，株形适中，分蘖力较强	结实率较低，包茎，喜温
陵两优 0516	3/31	6/17	6/22	498.5	好	好	分蘖力强，有效穗较多	有少量杂株
中冷 23	3/31	6/19	6/24	531.2	好	好	产量高，穗大，长势繁茂，茎秆粗壮，熟相好，转色较快	分蘖力一般
甬籼 975	3/31	6/16	6/21	513.5	中	中	分蘖力强，生育期较短，茎秆粗壮	出现稻瘟病，抗倒性稍差
温 814	3/31	6/20	6/26	413.7	中	好	熟相好，抗倒性好，分蘖力强，叶色深	适应能力差，喜温，结实率差
嘉育 89	3/31	6/18	6/23	501.5	好	中	穗较大，着粒密，熟相好	分蘖力较弱
中早 35	3/31	6/20	6/25	506.5	中	中	熟相好，整齐度高，长势繁茂	株形较松散
中早 39（CK）	3/31	6/17	6/21	561.2	好	好	高产，生育期适中，穗大，结实率高，适应能力强	苗期恶苗病较重
株两优 831	3/31	6/17	6/21	510.2	中	中	熟相好，分蘖力强，生育期适中，长势繁茂	株形较松散，抗倒能力一般
中嘉早 17	3/31	6/18	6/24	524.6	中	中	生育期适中，高产，茎秆粗壮	株形较松散，整齐度稍差

2016年双季杂交晚籼稻新品种展示总结

嵊州市农业科学研究所

根据浙江省种子管理总站《关于布置2016年浙江省农作物新品种适应性扩展鉴定和丰产示范计划的通知》（浙种〔2016〕21号）的要求，我所承担嘉浙优1502等13个双季杂交晚籼稻品种适应性扩展鉴定任务，目的是展示水稻新品种的特征特性，筛选出适宜本地推广的新品种，并使展示田块成为农户学习参观的样板方。现将适应性扩展鉴定情况小结如下。

一、项目实施基本情况

1. 基本概况

嵊州地处5300℃积温线处，处于双季籼稻的种植区域内，是典型的籼粳混栽区。在本地区的种植试验对籼粳型水稻的鉴定均有较高价值。省级区试站位于浙江省嵊州市甘霖镇孔村（省级粮食功能区内），区域优势明显，自然条件优越，光、热、水、土等条件配合良好。区试点交通便利，水资源丰富，农田基础设施建设较好，距离嵊州市农业科学研究所本部不到1千米，既利于农作物品种区域试验的实施和管理，又便于参观。

2. 展示概况

展示面积为15.2亩，品种13个：嘉浙优1502、两优274、甬优720、钱优2015、甬优4550、钱3优982、钱优930、钱优907、C两优817、两优1033、甬优8050、雨两优1033、岳优9113（CK），连片集中进行种植。甬优720因发芽率不好而使秧苗不足，只种植了3分（1分≈66.67平方米）地；其他品种种植面积为1～1.5亩。统一在6月21日育苗，7月11—16日人工移栽。

3. 田间管理概况

展示品种于6月17日用3000倍使百克溶液浸种24小时，6月21日统一播种。

适龄移栽，合理密植。秧龄为22～25天，移栽密度为7.9寸×7.9寸。

稻田无水层湿润灌溉有利于杂草的生长，因此要注意防治草害，选用安全有效的除草剂，及时用药，在大田翻耕前可使用草甘膦喷施除草，插秧后要选用对小苗无伤害的苄•丁除草剂。

合理施肥，科学灌溉。秧田亩施15千克复合肥作基肥，6月30日，亩施7.5千克尿素、5千克氯化钾作断奶肥，移栽前2天，亩施7.5千克尿素作起身肥；本田亩施碳酸氢铵25千克、过磷酸钙25千克作基肥，移栽后追肥两次。7月19日，亩施尿素10千克、氯化钾10千克。7月26日，亩施尿素5千克、氯化钾5千克。

除在插秧期、孕穗期、抽穗扬花期，以及在施肥、防治病虫害等环节时保持一定浅水层外，其他时期保持土壤湿润即可，及时烤搁田，减少无效分蘖，提高成穗率；后期干湿交替，孕穗期保持一定的薄水层，严防过早断水，影响最终产量。

加强病虫害综合防治。6月29日，秧田亩施噻虫嗪5克，主要防治稻蓟马；7月9日，秧田亩施康宽10毫升、爱苗15毫升，防治螟虫、纹枯病和稻瘟病；8月6日，本田亩施井冈霉素250克、稻腾30克，防治纹枯病、螟虫；8月20日，亩施井冈霉素250克、吡蚜酮20克，防治纹枯病和稻飞虱；8月

27日，亩施井冈·烯唑醇50克、多菌灵50克、三环唑40克，防治稻曲病、稻瘟病；9月3日，亩施使百克6毫升、戊唑醇12毫升，防治稻曲病。

二、生长期间气象与栽培管理等的有利和不利因子

1. 有利因子

苗期处于6月底至7月中旬。此时气温正常，雨日、雨量偏多，有利于分蘖。抽穗扬花期为8月下旬至9月上旬。此时气温、雨水正常，无高温、寒潮，有利于提高结实率，稻瘟病、稻曲病比上一年明显减轻。灌浆结实期雨水正常，日夜温差较大，有利于增加粒重。

2. 不利因子

由于田块面积大，主要靠人力插秧，每个人的个体差异性导致种植密度无法一致，而且移栽期有先后，无法保证在同一天进行；各个品种的生育期不一致，由于统一进行追肥、灌溉、搁田、病虫害防治，所以造成个别品种的实施效果较差，抗性下降；分蘖期有连续的台风天气，不利于搁田控苗，灌浆、成熟期遇连续阴雨、少日照的天气，影响结实，造成秕谷率增加，对产量有一定的影响；进入收获阶段后多阴雨天气，且气温异常偏高，造成成熟水稻不能及时收割，穗上发芽多。

三、实施结果

展示品种13个，亩产为507.0～664.0千克。其中，甬优4550亩产最高，达到664.0千克，比对照岳优9113增产24.58%；其次是钱优907，亩产为639.0千克，比对照岳优9113增产19.89%；产量最低的是甬优720，因稻瘟病较严重，平均亩产只有507.0千克，比对照岳优9113减产4.88%。从综合性状来看，甬优4550、钱优907、甬优8050表现较突出。

四、展示成效

生产期间，多次组织农技人员、种粮大户和种子经营人员进行现场观摩考察；全生育期设置品种介绍标志牌，方便各地区专家和本地农户参观；增强种子经营户、种粮大户对甬优4550、甬优8050、钱优907等新品种长势表现的认识，提高农民对它们的认可度，为后续推广创造了有利条件。

五、主要工作措施

1. 成立领导小组、技术指导小组和实施小组。由嵊州市农业局分管局长和嵊州市农业科学研究所负责人组成领导小组；由嵊州市农业科学研究所、嵊州市农技推广中心的技术人员等组成技术指导小组；由嵊州市农业科学研究所专业人员与基地负责人组成实施小组。

2. 抓好技术培训和指导。安排工作能力强的技术骨干和种植经验丰富的基地负责人负责项目的实施，确保工作到位，提高工作绩效；定期邀请嵊州市农业科学研究所和嵊州市农技推广中心的高级农艺师对基地负责人和项目实施农技人员进行新品种高产栽培技术指导；在整个生育期加强技术指导，以确保各项工作的顺利进行。

3. 做好数据调查记载，积累技术经验。指定专业技术人员负责，做好展示基地的苗情动态、生育期、田间管理等数据调查记载工作。

4. 统一育苗，统一施肥，统一病虫预测防治。为做好双季杂交晚籼稻新品种展示工作，展示方做到“三统一”，既统一育苗，统一施肥，统一防治病虫害，既能保证秧苗的质量和整齐度，又能能体现出各品种的优劣。

5. 加强宣传，提高展示效果。在展示基地设立品种标志牌；通过报纸、电视、广播、网络等进行宣传报道，以提高关注度；组织种子经营户和种粮大户参加现场观摩，进一步明确明年水稻主导品种，有效地推进本地区种子种苗工程。与嵊州市农业局良种评选会议相结合，做好新优品种宣传和推广工作。

六、主要技术措施

1. 适当提高钾肥的比例，有利于水稻抗逆。
2. 使用新农药防治病虫害，提高防效。全面推广稻腾、吡蚜酮、爱苗等高效低毒新农药。
3. 连续高温干旱时，每 2 天灌水 1 次，改善田间小气候，降低高温对孕穗的影响。

七、对品种的综合评价

1. 特点突出的 3 个品种

甬优 4550：茎秆粗壮，穗大粒多，抗性强；分蘖力中等偏弱，作为连作稻熟期较晚。可在我市海拔 400 米以下区域扩大示范。

钱优 907：产量较高，茎秆粗壮，千粒重较大；剑叶过宽、过大，有少量稻曲病。可在我市海拔 400 米以下区域扩大试种。

甬优 8050：青秆黄熟，长相清秀，穗大粒多，结实率高，稻曲病轻。可在我市海拔 400 米以下地区扩大示范。

2. 表现较好的 6 个品种

雨两优 1033：长势较旺，分蘖力强；出芽率较低，出苗较差。可在我市进一步试种。

两优 274：茎秆粗壮，长势旺，分蘖力强；叶片较宽、较长，后期易倒伏。可在控制施肥、注意病虫害防治的情况下在我市进一步试种。

钱 3 优 982：剑叶挺拔，分蘖力强；熟期较晚，有少量稻曲病。可在我市进一步试种。

钱优 2015：熟期早，分蘖力强，穗大粒多；株形略散，有少量稻曲病。可在我市进一步试种。

嘉浙优 1502：群体整齐，熟期最早，穗大粒多；株形略散，易倒伏。可在我市进一步试种。

钱优 930：长势旺，茎秆粗壮，穗大粒多；剑叶太宽，分蘖较少，有少量稻曲病。可在我市进一步试种。

3. 推广意义不大的 3 个品种

两优 1033：生育期偏长，在我市不能充分成熟，小杂稻较多，与其他品种相比，优势不明显。

C 两优 817：熟期偏迟，出芽率低，丰产性优势不明显。

甬优 720：出芽率极低，抗性较弱，易感穗颈瘟、枝梗瘟，严重影响产量。

八、明年计划

我们将继续加强基地农业基础设施建设，进一步更新自身的农业科技知识，克服自身存在的不足，加强防灾减灾的能力，充分展现品种特征特性，筛选出适宜本地生态区推广的新优品种，继续服务“三农”（农村、农业和农民），实现农业、农村、农民增效增收。

相关结果见表 1。

表 1　2016 年浙江省农作物新品种适应性扩展鉴定结果表

品种名称	播种期（月/日）	成熟期（月/日）	全生育期（天）	面积（亩）	亩产（千克）	亩产与对照比较（%）	田间抗性	抗倒性	综合评价		
									排名	主要优点	主要缺点
嘉浙优 1502	6/21	10/18	129	1	612.0	14.82	好	中	8	群体整齐，穗大粒多，熟期早	株形略散，较易倒伏
两优 274	6/21	10/25	136	1	622.0	16.70	好	中	5	茎秆粗壮，长势旺，分蘖力强	叶片略宽、长，较易倒伏
甬优 720	6/21	10/28	139	1	507.0	−4.88	差	好	13	茎秆粗壮，穗大，着粒密	出芽率很低，易感穗颈瘟
钱优 2015	6/21	10/23	134	1	618.0	15.95	中	好	7	分蘖力强，穗较大，熟期较早	株形略散，有少量稻曲病
甬优 4550	6/21	10/30	141	1	664.0	24.58	好	好	1	茎秆粗壮，穗大粒多，抗性强	分蘖力中等偏弱，熟期较晚
钱 3 优 982	6/21	11/1	143	1	618.5	16.04	中	好	6	剑叶挺拔，分蘖力强	成熟较迟，易发稻曲病
钱优 930	6/21	10/31	142	1	602.5	13.04	中	好	9	长势旺，穗大粒多	剑叶较宽，有少量稻曲病
钱优 907	6/21	10/31	142	1	639.0	19.89	中	好	2	茎秆较粗壮，千粒重较大	剑叶太宽，有少量稻曲病
C 两优 817	6/21	10/31	142	1	596.5	11.91	好	好	11	长势旺，分蘖力较强，穗大粒多	熟期较迟，出芽率偏低
两优 1033	6/21	11/1	143	1	601.5	12.85	好	好	10	长势旺，穗大粒多，抗性强	熟期较迟，小杂稻较多
甬优 8050	6/21	10/23	134	1	620.5	16.42	好	好	3	熟期早，青秆黄熟，穗大粒多	剑叶较长，株形松散
雨两优 1033	6/21	10/28	139	1	616.5	15.67	好	好	4	长势较旺，分蘖力强	出芽率较低，出苗较差
岳优 9113（CK）	6/21	10/20	131	1	533.0	0.00	好	好	12	熟期早，分蘖较多	茎秆细，穗细小

2016年水稻新品种示范总结

龙游县五谷香种业有限公司

为加快优质高产水稻新品种在我县的推广应用，优化水稻品种结构，促进农业增效和农民增收，根据浙江省种子管理总站《关于布置2016年浙江省农作物新品种适应性扩展鉴定和丰产示范计划的通知》（浙种〔2016〕21号）的要求，我公司承担2016年水稻新品种甬优7850和甬优1540示范项目。现将项目实施情况总结如下。

一、项目实施情况

1. 基地概况

示范基地位于龙游县模环乡白马村，是我县主要粮食生产功能区之一，交通便利，水利设施完善，排灌方便，土壤肥力中等，示范基地面积为275亩，涉及农户87户，以龙游县良东种粮专业合作社为经营主体，通过流转土地，承担新品种示范任务。

2. 示范概况

示范品种为甬优7850和甬优1540，示范面积分别为130亩和145亩。甬优7850在5月19直播，甬优1540在5月17日直播。每亩用种量为1.25千克。

3. 田间管理概况

（1）早施追肥，促进秧苗分蘖。示范方在6月10日亩用复合肥（N：P：K=15：15：15）25千克作第一次追肥，第二次追肥在7月10日，每亩施尿素10千克、氯化钾7.5千克。

（2）浅水灌溉，适时搁田。在水稻分蘖期间，采用浅水灌溉，促进水稻分蘖，当每亩苗数达到18万株时，及时搁田烤田，控制无效分蘖。

（3）杂草和病虫害的防治。在水稻苗2～3叶期，每亩用稻杰40～50毫升加水30千克喷洒，有效控制田间杂草。在病虫害防治上，选好药剂，及时防治稻飞虱、螟虫、纹枯病。在水稻破口抽穗前7～10天用50%多菌灵100克、爱苗乳油20毫升、水30千克喷洒，防治稻曲病。

二、水稻生长期间气象因素

在整个晚稻生长期间，总体气温偏高，降水、日照正常。苗期气温偏高，雨日、雨量偏多，日照正常，有利于秧苗分蘖生长；拔节期、孕穗期气温、雨水、日照正常；抽穗灌浆期以晴朗天气为主，有利于晚稻扬花和灌浆；进入晚稻收割期，晴雨相间，引发穗上发芽。

三、实施效果

1. 示范产量

在龙游县农业局专家的指导下，采用良种配良法栽培技术，示范方增产明显。10月17日，由衢州市种子管理站组织专家对甬优7850百亩示范方进行实割测产验收，三块代表田平均亩产为706.1千克，最高产田亩产为716.6千克。

2. 示范品种表现

甬优 7850、甬优 1540 是宁波市农业科学研究院和宁波市种子有限公司合作培育的新品种。田间表现为生育期适中，剑叶挺，茎秆粗壮，耐肥，抗倒，后期青秆黄熟，丰产性好，抗病性强，增产潜力大，优势明显，为今后新品种推广奠定了良好的基础。

四、示范成效

为加快新品种推广，引导农户科学用种，提高良种覆盖率，在龙游县农业局的安排下，组织全县乡镇农技人员、种粮大户、种子经销商进行现场观摩考察，让他们深刻了解新品种特征特性和新品种丰产优势，让示范方成为新品种考察现场和示范样板，有助于实现粮食增产、农民增收。

五、主要工作措施

1. 领导重视，制定方案。根据浙江省种子管理总站的要求，市、县种子管理部门十分重视，组成项目实施小组，制定新品种实施方案。

2. 加强技术指导。在示范期间，多次邀请专家到示范方现场考察指导，重点介绍甬优 7850、甬优 1540 新品种特征特性及栽培技术，以及病虫害的防治要点。

3. 加大示范投入。免费提供示范种子、有机肥、多元素复合肥。维修排水渠道、机耕道路。

六、主要技术措施

1. 甬优 7850、甬优 1540 新品种产量高，适应性强，品质好，抗性强。收后可搭配种植油菜。

2. 适期播种。根据品种特性和茬口安排，在 5 月 20 日前后播种。

3. 适量稀播。为发挥甬优 7850 新品种的优势，从适量稀播着手，用种量为每亩 1.25 千克。

4. 合理施肥，配施磷钾肥。施足基肥，早期追肥。亩用复合肥 25 千克加饼肥 50 千克；单施追肥，亩施尿素 10 千克、氯化钾 7.5 千克或复合肥 50 千克；巧施穗肥 7.5 千克。

5. 做好水浆管理。苗期浅水分蘖，中期搁田烤田，控制无效分蘖，抽穗扬花期田间保持水量充足，后期干干湿湿，不能过早断水。

6. 及时防治病虫害。在破口抽穗前 7～10 天用 50%多菌灵 100 克、爱苗乳油 20 毫升、水 30 千克喷洒，防治稻曲病。

七、明年计划

明年以甬优 7850 和甬优 1540 为主要品种，扩大其示范面积；同时做好其他晚稻新品种的示范工作。开展稀播壮秧，主攻有效穗栽培技术，大力推广机插、人工抛栽、直播等节工节本集成栽培技术，提高投入与产出效益比例，彰显种粮效益。

甬优 7850 农艺性状考种数据见表 1。

表 1　甬优 7850 农艺性状表

播种期（月/日）	始穗期（月/日）	齐穗期（月/日）	有效穗数（万穗/亩）	株高（厘米）	穗长（厘米）	总粒数（粒/穗）	实粒数（粒/穗）	结实率（%）	千粒重（克）	理论亩产（千克）
5/19	8/18	8/25	13.2	117.8	22.1	271.2	238.4	87.9	23.8	749.0

2016年上虞区晚稻新品种适应性扩展鉴定与丰产示范试验总结

绍兴市舜达种业有限公司种业研究所

根据浙江省种子管理总站《关于布置2016年浙江省农作物新品种适应性扩展鉴定和丰产示范计划的通知》（浙种〔2016〕21号）的要求，我公司继续承担2016年省级晚粳稻新品种扩展鉴定试验和晚稻新品种示范任务，参加品种共有30个。其中，单季晚稻品种18个（浙辐粳83由于发芽率不好未播种），连作晚稻品种10个，丰产示范方品种2个。在省、市种子管理站的积极帮助和支持下，晚稻新品种适应性扩展鉴定工作取得了一定的成效，为推动我市晚稻新品种的推广起到了积极的作用。现将本次新品种适应性扩展鉴定与丰产示范情况总结如下。

一、基本情况

1. 展示示范概况

晚稻新品种展示示范基地位于上虞九六3期海涂，基地田块平整，土壤肥沃，基础设施完善。承担农户栽培水平高，经验丰富。展示的每个品种种植面积均在1亩以上；示范方实际播种面积有142.6亩（其中，浙粳60 86.9亩，浙粳59 55.7亩）。

2. 展示示范品种

展示的单季品种为：宁88、浙粳99、浙粳98、浙粳60、浙粳70、嘉67、中嘉8号、丙1214、浙辐粳83、秀水134（CK1）、甬优8050、甬优7850、甬优538、春优927、浙优21、浙优19、交源优69、甬优1540（CK2）。展示的连作品种为：甬优4350、甬优4550、甬优7840、甬优1540、绍粳31、浙粳59、丙10544、甬优1640、甬优2640、宁81（CK3）。

示范品种为浙粳59和浙粳60。

二、工作措施

1. 制定技术方案。实施前根据基地田块分布、形状，做好展示试验田块和示范方的规划。

2. 统一管理，专人负责。在实施过程中，做到“五统一”，并且确定专人负责田间栽培管理、病虫害防治等技术指导工作。

3. 定点调查各项数据，建立田间档案。播种后，根据项目记载要求，分期调查各品种分蘖消长情况；成熟前分别进行取样考种；成熟后进行示范方产量验收，测定各鉴定品种产量。

4. 加强宣传，发挥新品种展示示范作用。为扩大新品种展示示范的影响，自项目实施开始，在醒目位置设立标志牌；项目实施期间将基地作为开放平台，随时供农户观摩；接待、安排领导、专家到现场考察、指导，并组织召开现场观摩考察活动。

三、技术措施

1. 播种

单季晚稻品种分两批播种，分别于6月6日和6月13日播种；连作晚稻品种于6月20日播种。所有品种均采用直播栽培方式。

2. 用肥用药

根据海涂土壤缺氮，富含磷、钾的特点，整个晚稻生长期间尿素总用量为47.5千克，分4次施洒，亩折合纯氮用量为21.85千克；连作展示田共用纯氮35千克，亩折合纯氮用量为16.1千克。病虫害防治情况为：根据2016年田间实际病虫害发生情况，在整个晚稻生育期间共用药5次，以防治稻飞虱、螟虫和纹枯病等病虫害。

四、气象条件影响

2016年晚稻全生育期水热充足，日照欠缺，其中播种期和苗期气象条件正常，有利于单季晚稻播种成苗；7月下旬至8月下旬，平均气温明显偏高，降水量、降水日数明显偏少，日照时数偏多。单季晚稻长势较好，分蘖多，拔节较快，但高温天气对播种期相对较迟的双季晚稻生长有一定的影响；孕穗、抽穗期，天气阶段性改变明显，利弊天气相间，先后有三场台风，对处于抽穗扬花期的晚稻结实不利；灌浆成熟期，天气多雨寡照，导致部分品种穗上发芽，灌浆时间延长，充实度不及常年，对品质有所影响，尤其对水稻收晒影响较大。

五、试验结果

整个试验期间，得益于科学合理的管理，各品种得到了较高水平的展示与示范。示范品种浙粳59和浙粳60实测亩产都达到600千克以上，展示品种也有较高的产量水平。

六、品种简评

1. 单季晚稻

宁88：该品种在本次单季种植条件下，株高适中，株形紧凑，长相清秀，抗倒性、抗病性强，但分蘖力、穗形、结实率、千粒重和丰产性表现一般。该品种在我区已是多年的双季晚稻主栽品种，在双季晚稻条件下的适应性、丰产性和耐迟栽性表现较好，是我区较为理想的双季晚稻品种。

浙粳99：该品种植株较矮，株形紧凑，分蘖力一般，穗形一般，谷粒黄亮，结实率一般，抗倒性、抗病性强，千粒重一般，丰产性较好。适宜在我区作为单季晚稻种植。

浙粳98：该品种株高适中，株形紧凑，分蘖力较好，穗数足，结实率高，谷粒黄亮，抗倒、抗病性强，千粒重一般，丰产性好，后期转色好，熟色清秀。适宜在我区作为单季晚稻种植。

浙粳60：该品种株高适中，长相清秀，分蘖力强，穗大，谷粒黄亮，后期转色好，结实率高，抗倒、抗病性强，千粒重较大，丰产性较好。该品种丰产潜力较大，但2016年恶苗病较重，杂株多。明年可进一步扩大面积示范。

嘉67：该品种株形紧凑，株高较矮，分蘖力强，穗较小，结实率高，后期转色好，抗病性、抗倒性、丰产性较突出，丰产潜力大，米质优。适宜作为单季晚稻推广种植。

中嘉8号：该品种株高较高，茎秆粗壮，分蘖力强，穗大，结实率偏低，千粒重极大，抗病性、抗倒性、丰产性较好。此品种米质好，但2016年种植后期略显早衰。适宜作为嘉禾218的替代品种推广种植。

丙 1214：该品种株高适中，株形紧凑，剑叶挺，分蘖力强，穗形一般，着粒紧密，结实率高，后期长相清秀，转色好，抗病性、抗倒性好，千粒重大，丰产性好。此品种田间表现较好，受广大农户喜爱。建议明年加大该品种的扩大示范，为其进一步推广做好准备。

甬优 7850：该品种株形松散，株高适中，分蘖力强，穗形一般，结实率一般，后期转色好，抗倒性一般，抗病性好，千粒重一般，丰产性好。此品种高产潜力大，但是要控制后期肥料用量，以防止倒伏。建议推广此品种。

甬优 538：该品种株高适中，茎秆粗壮，叶色淡绿，穗大粒多，分蘖力较强，丰产性、抗倒性、抗病性较好，成熟期相对较早，有利后作小麦播种，高产潜力大，受广大农户喜爱。近年已是我区主栽品种。

春优 927：该品种株高较高，株形略松散，茎秆粗壮，分蘖力强，穗大，着粒紧密，结实率低，千粒重大，丰产性、抗倒性、抗病性较好，田间表现优良。明年可进一步扩大种植。

甬优 1540：该品种株高适中，茎秆粗壮，分蘖力强，结实率一般，丰产性较好，抗病性、抗倒性好，米质较优。可作为单季稻推广种植。

交源优 69：该品种株高适中，株形略松散，分蘖力强，穗形一般，叶色偏淡，结实率低，千粒重较小，抗倒、抗病性较好，丰产性差。从田间表现来看，此品种不太适宜在我区种植。

2. 连作晚稻

浙粳 59：该品种植株较矮，株形紧凑，分蘖力较好，穗形一般，后期转色好，生育期适中，丰产性一般，抗病性、抗倒性好。从田间表现来看，长相清秀，广受农户喜爱。明年可作为双季晚稻推广。

丙 10544：为早熟晚粳类品种。该品种植株偏矮，株形紧凑，后期转色好，分蘖力中等，穗数较多，穗较大，结实率较好，千粒重较大，丰产性好。该品种具有生育期短、抗性好、丰产性好、米质优等特点，有利于后茬作物提早播种，也可用作晚稻迟播品种和救灾补播品种，其应用范围较广，利用价值较大。但是由于 2016 年后期多雨，该品种穗上发芽现象明显。

甬优 4350：该品种株高适中，株形略松散，后期转色好，分蘖力强，穗较大，结实率一般，千粒重较小，丰产性一般。此品种后期倒伏严重，要控制好后期肥料用量。建议继续试验。

甬优 4550：该品种株高适中，株形略松散，穗大粒多，分蘖力一般，结实率一般，千粒重较小，丰产性较好。此品种表现一般。建议继续试验。

甬优 7840：该品种株形松散，株高适中，分蘖力强，穗形一般，结实率一般，后期转色好，抗倒性一般，抗病性好，千粒重一般，丰产性好。此品种高产潜力大，但是后期有少量穗上发芽的情况；此外，要控制后期肥料用量，以防止倒伏。建议推广此品种。

甬优 1640：该品种株高适中，株形略松散，分蘖力强，穗形一般，结实率高，千粒重一般，丰产性较好，后期转色好，抗病性、抗倒性好。此品种田间表现良好，在 2016 年后期多雨条件下穗上发芽较多。

甬优 2640：该品种株高适中，株形松散；分蘖力强，穗大，结实率较高，千粒重较大，丰产性较好，后期转色差，抗病性好，抗倒性差。此品种由于株形松散，茎秆较细，比较容易倒伏，所以要控制好后期肥料用量。

相关结果见表 1～表 3。

表 1　2016 年浙江省农作物新品种适应性扩展鉴定经济性状表（单季常规晚稻）

品种名称	播种期(月/日)	始穗期(月/日)	齐穗期(月/日)	成熟期(月/日)	全生育期（天）	基本苗数(万株/亩)	最高苗数(万株/亩)	有效穗数(万穗/亩)	株高(厘米)	穗长(厘米)	总粒数(粒/穗)	实粒数(粒/穗)	结实率（%）	千粒重（克）	理论亩产（千克）	实际亩产（千克）	排名
宁 88	6/6	9/9	9/13	10/24	141	14.13	21.20	19.73	82	13.6	125.1	109.9	87.8	23.6	511.8	520.4	9
浙粳 99	6/6	9/5	9/9	10/26	143	13.60	24.13	21.87	67.9	13.4	137.8	119.2	86.5	24.0	625.6	615.9	8
浙粳 98	6/6	9/9	9/13	10/26	143	15.87	31.60	24.27	81.9	14.2	121.1	115.3	95.2	23.9	668.7	671.1	2
浙粳 60	6/6	9/8	9/11	10/28	145	10.67	29.87	21.47	79.2	14.5	144.7	130.0	89.8	24.3	678.2	675.3	1
浙粳 70	6/6	9/8	9/11	10/27	144	7.33	19.73	27.20	74.8	12.7	116.4	105.0	90.2	22.1	631.2	625.1	7
嘉 67	6/6	9/5	9/9	10/25	142	16.80	47.20	32.00	76.2	12.9	86.5	82.4	95.3	24.6	648.7	639.6	6
中嘉 8 号	6/6	8/31	9/4	10/25	142	12.27	37.47	24.13	91.7	17.2	104.4	90.5	86.7	30.4	664.0	661.5	3
丙 1214	6/6	8/30	9/3	10/25	142	12.67	34.27	22.40	79.5	13.6	120.8	111.8	92.5	26.3	658.7	643.4	4
秀水 134（CK1）	6/6	9/5	9/10	10/23	140	13.60	36.80	21.60	85.0	14.1	135.4	120.5	89.0	25.0	650.7	640.2	5
宁 84	6/6	9/7	9/11	10/26	142	13.60	50.00	24.13	85.6	12.6	113.8	103.9	91.3	25.0	626.9	/	/

表 2　2016 年浙江省农作物新品种适应性扩展鉴定经济性状表（单季杂交晚稻）

品种名称	播种期(月/日)	始穗期(月/日)	齐穗期(月/日)	成熟期(月/日)	全生育期（天）	基本苗数(万株/亩)	最高苗数(万株/亩)	有效穗数(万穗/亩)	株高(厘米)	穗长(厘米)	总粒数(粒/穗)	实粒数(粒/穗)	结实率（%）	千粒重（克）	理论亩产（千克）	实际亩产（千克）	排名
甬优 8050	6/13	8/31	9/4	10/20	130	5.47	32.27	14.93	115.7	23.7	187.3	176.1	94.0	23.3	612.8	607.1	4
甬优 7850	6/13	8/31	9/4	10/25	135	4.40	35.47	13.20	104.2	19.8	304.1	245.8	80.8	22.2	720.3	712.6	3
甬优 538	6/13	9/4	9/8	10/26	136	4.13	30.27	12.27	104.3	20.1	341	275.2	80.7	21.6	729.2	720.6	1
春优 927	6/13	9/8	9/11	10/27	137	2.67	23.07	10.67	115.3	19.9	406.8	285.2	70.1	23.8	724.1	716.8	2
浙优 21	6/13	9/12	9/17	10/30	140	5.20	30.80	14.80	106.5	17.5	279.1	165.0	59.1	22.6	576.8	564.5	6
浙优 19	6/13	9/10	9/15	10/28	138	4.13	30.93	13.20	99.8	18.1	227.1	160.6	70.7	23.7	527.8	509.4	7
交源优 69	6/13	9/9	9/14	10/28	138	2.80	25.73	13.20	102.3	17.6	277	173.4	62.6	21.3	522.0	502.4	8
甬优1540（CK2）	6/13	9/3	9/7	10/26	136	4.80	21.87	13.60	99.0	18.7	250.4	194.5	77.7	22.2	604.5	584.4	5

表 3　2016 年浙江省农作物新品种适应性扩展鉴定经济性状表（双季晚稻）

品种名称	播种期(月/日)	始穗期(月/日)	齐穗期(月/日)	成熟期(月/日)	全生育期（天）	基本苗数(万株/亩)	最高苗数(万株/亩)	有效穗数(万穗/亩)	株高(厘米)	穗长(厘米)	总粒数(粒/穗)	实粒数(粒/穗)	结实率（%）	千粒重（克）	理论亩产（千克）	实际亩产（千克）	排名
绍粳 31	6/20	9/16	9/20	10/30	133	11.07	38.00	21.00	76.4	13.3	122.9	100.5	81.8	22.6	477.0	487.4	10
浙粳 59	6/20	9/11	9/15	10/26	129	12.40	38.67	23.00	79.2	13.8	133.5	98.8	74.0	23	522.7	503.4	9
宁 81（CK3）	6/20	9/11	9/14	10/25	128	7.33	24.27	22.1	83.0	14.5	126.9	114.3	90.1	23.2	586.0	590.5	8
丙 10544	6/20	8/25	8/29	10/17	120	15.33	34.54	27.33	72.5	14.3	108.7	94.2	86.7	23.2	597.3	601.5	7
甬优 4350	6/20	8/31	9/4	10/26	129	4.67	38.80	17.07	101.3	19.8	253.3	186.8	73.7	19.5	621.8	624.6	5
甬优 4550	6/20	9/5	9/8	10/25	128	5.20	29.87	14.40	103.3	19.8	277.6	228.0	82.1	20.0	656.6	666.8	2
甬优 7840	6/20	9/5	9/8	10/25	128	5.87	40.40	17.07	103.5	18.9	242.4	189.9	78.3	21.1	684.0	684.5	1
甬优 1540	6/20	9/6	9/9	10/26	129	6.93	34.54	15.47	96.6	17.7	237.0	182.0	76.8	21.3	599.7	604.3	6
甬优 1640	6/20	8/26	8/30	10/20	123	4.67	33.74	15.33	102.4	19.3	222.1	204.4	92.0	20.9	654.9	658.3	4
甬优 2640	6/20	8/31	9/3	10/26	129	4.93	33.87	14.00	99.3	20.3	238.6	210.0	88.0	22.3	655.6	660.4	3

2016年浙江省单季水稻新品种展示示范总结

永康市种子管理站

根据浙江省种子管理总站《关于布置2016年浙江省农作物新品种适应性扩展鉴定和丰产示范计划的通知》（浙种〔2016〕21号）的要求，结合永康市农业工作部署，我站承担了浙江省单季水稻新品种适应性扩展鉴定和丰产示范任务。在桥里、姚塘2个水稻新品种示范基地落实并实施了水稻示范6个、新品种引种展示36个、高产田8丘、新品系生产鉴定试验2个。

一、展示示范工作的具体安排、结果和实施概况

1. 工作重点

永康2016年种子工作重点为实施省级单季水稻新品种适应性扩展鉴定和丰产示范任务。具体有：

（1）单季水稻示范品种有6个：甬优1540示范面积为102亩；甬优7850 示范面积为30亩；甬优8050示范面积为20亩；嘉优中科3号 示范面积为35亩；浙优21桥里点示范面积为31亩，姚塘点示范面积为60亩；嘉优中科2号示范面积为40亩。

（2）单季水稻稻新品种展示36个，一起排列在5米宽的水泥路两边对比展示。

（3）省级晚稻新品系籼粳杂交稻A、B组生产鉴定试验2个，参试新品系6个。

2. 展示示范工作概况

桥里水稻新品种示范基地中的展示示范都采取机械化方式插秧。插秧密度除嘉优中科3号为30厘米×17厘米外，都为30厘米×21厘米。全示范基地中，只有2丘生产试验田和2丘高产攻关田是采取手工插秧的方式，密度为26.7厘米×26.7厘米。基地插秧期比常年提前。2016年工作重点是抓施足有机肥、及早管理、促平衡生长、稳健抗倒和增产增效。全季亩施纯氮量为15～17千克，因种因土因苗适当增减。

3. 单季水稻示范产量

甬优1540：示范面积为102亩，平均亩产为844.8千克，其中，最高产田亩产为852.0千克。

甬优7850：示范面积为30亩，平均亩产为735.9千克，其中，高产田亩产为752.5千克。

甬优8050：示范面积为20亩，平均亩产为740.2千克，其中，高产田亩产为770.8千克。

嘉优中科3号：示范面积为35亩，平均亩产为676.3千克，其中，高产田亩产为719.1千克。

浙优21：桥里点示范面积为31亩，平均亩产为735.2千克，其中，高产田亩产为755.0千克；姚塘点示范面积为 60亩，平均亩产为730.8千克，其中，高产田亩产为767.5千克。

嘉优中科2号：试种40亩，平均亩产为690.7千克。

2016年单季水稻早熟品种芽谷多，晚熟品种黑谷、花谷多，稻谷品质大多不太理想。

三、新品种展示示范的记载、考种、产量结果与分析

1. 生育期数据与分析

由于永康市2016年10—11月天气雨多晴少，水稻转色成熟进程缓慢，所以品种的全生育期比常年

延长了10天左右。

短生育期的早熟籼稻类品种首推91优16，其次为钱优911；短生育期的早熟籼粳杂交稻品种首推嘉优中科3号，其次为甬优7850、甬优8050、甬优1540；生育期最长的特迟熟品种是浙优21，其次为甬优12。

2. 考种结果、产量数据与分析

由于2016年收割期间长雨少晴，后期倒伏品种相对较多，而水稻一旦倒伏，则在机械收割时，湿谷湿叶粘连、难筛难分，被杂质带出来的稻谷较多，机割损失明显比常年大，亩损失量为25～75千克。因此，倒伏面积比率较大的品种的实际产量普遍偏低，早期倒伏的钱优1890、甬优1510尤为明显。

抗倒能力强的品种产量优势明显。籼稻类品种中以深两优332产量最高，生育期适中，抗倒能力较强。其次为91优16早熟，清秀，抗倒，高产。籼粳杂交稻中，甬优7850产量最高，其次是甬优1540、嘉优中科3号、浙粳优1578、嘉禾优2125，随后是迟熟高产类的浙优21、甬优12、甬优17、春优927、甬优7861。因此，2016年天气对特迟熟品种的产量发挥也是不利的。

3. 环境条件对单季水稻生产的影响

（1）高温干旱：2016年7月下旬至8月下旬，永康出现了长期高温少雨天气，旱情较重，对水稻生产造成了明显的影响。特别是在8月15—27日水稻抽穗期间，永康白天高温（36～39℃）、相对湿度低（26%～40%），加上田间缺水干旱，对最早抽穗的单季水稻的抽穗扬花和授粉结实产生了影响。个别品种结实率降低了15%。

（2）穗上发芽现象：永康9月8—16日持续阴雨，全天气温为23～34℃，高温湿热，再加上10—11月的长期阴雨天气，导致2016年的单季水稻在穗上转色后，谷粒在穗头上就已发芽，影响了品质。

（3）稻曲病仍有发生：2016年，虽然水稻的抽穗扬花期大多遇高温干旱天气，有助于避免稻曲病的发生，但因本地田间稻曲病的菌源很多，有些田块仍有稻曲病发生，特别是双季晚稻的稻曲病发病率较高。稻曲病防治应作为常态来抓，每年都要高度重视稻曲病的适期、对口用药防治。为了找准防治适期所在时间点，我站做了相关田间记录。

由于品种及气温对抽穗速度影响较大，所以提倡以“剑叶已与叶枕平后的稻株数占全田总稻株数的30%”时为稻曲病的防治适期。

4. 抗稻瘟病能力的本地验证

为了验证抗稻瘟病品种在永康市本地的真正抗病能力，我站在稻瘟病高发区的西溪镇柘溪村施云亮户的大田上，开展甬优7850、春江糯6号、甬优10号稻瘟病抗性的试验。试验结果：在2016年的天气情况下，抗稻瘟病新品种甬优7850、春江糯6号田间未发生叶瘟和穗瘟；甬优10号的稻瘟病丛发病率为3.0%，穗发病率为0.2%，病情指数为20。

四、对单季水稻新品种展示示范的评价

（一）品种挑选意见

根据永康市2016年展示和示范的水稻新品种在2个基地的表现，经田间观察、考种调查和产量比对，筛选出其中表现较好的新品种（或新品系）。

1. 示范品种：表现最好的是甬优1540；其次是甬优8050、甬优7850；嘉优中科3号和浙优21也各具特色，表现良好。

2. 长粒型的籼粳杂交稻新品种：推荐品种为甬优1540、甬优7850、甬优8050，它们的表现较好；甬优7861、嘉禾优2125值得关注。

3. 圆粒型的籼粳杂交稻新品种：浙优21、嘉优中科3号的表现较好；春优 927、浙粳优1578值得关注。

4. 杂交籼稻：深两优332表现最好；新品系91优16综合性状表现突出，值得重点关注；华两优5

号、华浙优1671、中浙优157的抗倒能力比中浙优8号明显增强，值得期待。

（二）对已审定新品种的评价

1. 甬优1540：三年示范均表现良好。生育期中等；植株高度偏矮、粗硬，株形紧凑，长相清秀，稻穗较短，结实率高，抗倒能力强，高产稳产；剑叶偏短（低肥田）或偏宽（高肥田）；要注意防治稻曲病。它适应性广，在高、低肥力田块都表现良好，虫害容易防治，粗生易种，褪色、灌浆快，谷粒饱满黄亮，粒形中等偏长，高产优质。但因其谷壳薄，2016年穗上发芽较多，品质和效益受到影响；此外，它中感稻瘟病，需要引起关注。是永康市今后继续推广的好品种。

2. 甬优7850：示范表现良好，生育期中等，比甬优1540早熟2天；茎秆粗壮，高度适中，分蘖力中等，穗大粒多，密粒型，粒形中等偏长，结实率好，产量高，中抗稻瘟病，米质较优。但2016年抗倒性能表现得比甬优1540稍差，稻谷脱粒较为困难，需注意防治稻曲病。

3. 甬优8050：生育期偏短，始穗期比甬优1540早1天，成熟早5天；植株高度中等，分蘖穗较高，叶片宽而长，抗倒能力偏弱，穗头较大，谷粒长；但高肥和遇雨时易披叶，抗风雨能力较差。需在中低等肥力的稳风田块上种植，并配套前促中控的施肥技术，抢晴适时收割。

4. 浙优21：为特迟熟、长生育期、高产潜力大、抗倒能力强的品种。与甬优12相比，叶形、茎秆相似，穗头一样大，生育期长4天，但分蘖力更强，成穗数量较多，米色较白，食味佳。缺点是生育期太长，谷粒圆形，易感稻曲病。

5. 嘉优中科3号：是一个新选育、新审定、颇具特色的品种。

（1）早熟：属于特早熟的籼粳杂交稻品种。在永康种植2年，5月26日播种、机插，8月19—22日抽穗，播齐历期为88天；全生育期比甬优1540短6天。需要特别强调的是，这个品不能抢早播种，以在5月30—6月8日播种为宜。这样做一可防结实不好，二可避鸟鼠危害，三可提高品质。

（2）高抗倒伏：平均丛高110.5厘米，平均株高95.5厘米，是参试品种里最矮壮的1个。其能抗击台风、抗倒伏的潜力最大。

（3）穗头大，粒重大：每穗总粒数为271.0粒，实粒数为199.4粒，千粒重为26.7克。虽然受扬花期高温低湿的影响，其结实率只有74%左右，但综合性状较好。

（4）产量高，耐留老：展示田每亩有效穗数为15.87万穗，实际亩产为751.2千克，位居籼粳杂交稻组的第三名，在2016年结实率只有72%～75%的情况下，其他田快的实割实量亩产仍然超过700千克。青秆黄熟、久留不倒，穗上发芽少，米质中等。虽然这个新品种还存在高温低湿天气下开花时结实率差的弱点，但只要适当迟播，扬长避短，仍然是个高产稳产的好品种。

（三）永康市2017年水稻品种推广设想

1. 早稻：仍以中早39为主，搭配种植金早09。

2. 单季水稻：以甬优17、甬优15、甬优1540、甬优12、甬优9号为主，推广甬优7850、甬优8050。

3. 连作晚稻：推广甬优1640、甬优4550。（注：农民若要将甬优9号在永康当连作晚稻种植，必须采用手工插秧或抛秧栽培，否则秧苗有可能翘稻头。）

4. 晚糯稻：稻瘟病区以抗病品种春江糯6号为宜，非稻瘟病区以甬优10号为主。

五、实地观摩与广泛宣传晚稻新品种新技术

2016年，在各级专家的直接指导下，永康桥里水稻新品种展示示范基地的展示示范现场布置得井井有条。9—10月，举办了浙江省级、金华地（市）级和永康市级三级的水稻新品种的现场观摩对比或新品种宣传推广会，取得了良好的示范推广效果，受到与会人员的充分肯定。今后我们要继续积极通过各种宣传媒介，向各地宣传推广新品种与新技术，努力让种子科技更好地引领粮食生产的新征程。

相关结果见表1～表5。

表1 2016年浙江省单季水稻新品种桥里点展示田生育期表

品种名称	播种期（月/日）	机插期（月/日）	始穗期（月/日）	齐穗期（月/日）	播齐历期（天）	播齐历期与对照比较（天）	全生育期（天）	全生育期与对照比较（天）
籼稻								
钱优911	5/22	6/11	8/18	8/20	90	−6	143	−5
91优16	5/22	6/11	8/14	8/18	88	−8	146	−2
华两优5号	5/22	6/11	8/27	8/30	100	4	149	1
中亿优3108	5/22	6/11	8/21	8/24	94	−2	146	−2
赣优9141	5/22	6/11	8/17	8/23	93	−3	148	0
深两优332	5/22	6/11	8/25	8/27	97	1	150	2
臻优H30	5/22	6/11	8/23	8/26	96	0	146	−2
两优培九（CK）	5/22	6/11	8/24	8/26	96	0	148	0
中浙优157	5/22	6/11	8/25	8/28	98	2	150	2
钱优1890	5/22	6/11	8/28	8/31	101	5	152	4
钱优930	5/22	6/11	8/21	8/26	96	0	149	1
Y两优8199	5/22	6/11	8/22	8/25	95	−1	148	0
华浙优1671	5/22	6/11	8/25	8/28	98	2	149	1
深两优884	5/22	6/11	8/21	8/24	94	−2	146	−2
籼粳杂交稻								
嘉禾优2125	5/22	6/11	8/30	9/2	103	3	162	5
甬优1540（CK）	5/19	6/10	8/24	8/27	100	0	157	0
甬优 7850	5/19	6/10	8/23	8/25	98	−2	155	−2
春优927	5/19	6/10	8/26	8/29	102	2	158	3
甬优8050	5/19	6/10	8/23	8/26	99	−1	152	−5
甬优150	5/19	6/10	8/31	9/2	106	7	162	5
交源优69	5/19	6/10	8/31	9/3	107	6	164	7
嘉优中科3号	5/19	6/10	8/16	8/18	91	−9	151	−6
中嘉优6号	5/19	6/10	8/31	9/3	107	7	163	6
长优KF2	5/22	6/11	8/31	9/3	104	4	161	4
甬优1510	5/14	6/8	8/28	8/31	109	9	165	8
甬优362	5/14	6/8	8/27	8/31	109	9	153	4
甬优9号	5/14	6/8	9/4	9/7	116	16	169	12
甬优17	5/14	6/8	8/31	9/3	112	12	162	5

（续表）

品种名称	播种期（月/日）	机插期（月/日）	始穗期（月/日）	齐穗期（月/日）	播齐历期（天）	播齐历期与对照比较（天）	全生育期（天）	全生育期与对照比较（天）
甬优 12	5/14	6/8	9/2	9/5	114	14	173	16
浙优 21	5/14	6/8	9/6	9/9	118	18	176	19
浙优 19	5/14	6/8	9/5	9/8	117	17	171	14
甬优 7861	5/14	6/8	8/27	8/30	108	8	166	9
甬优 5550	5/14	6/8	9/1	9/4	113	13	165	8
甬优 15	5/14	6/8	8/27	8/30	108	8	162	5
甬优 538	5/14	6/8	8/26	8/28	106	6	166	9
浙粳优 1578	5/14	6/8	8/26	8/29	107	7	170	13

表 2　2016 年浙江省单季水稻新品种桥里点展示田考种结果与产量表

品种名称	有效穗数（万穗/亩）	丛高（厘米）	每穗总粒数（粒）	每穗实粒数（粒）	结实率（%）	千粒重（克）	理论亩产（千克）	实际亩产（千克）	排名	比对照增减（%）	倒伏比例（%）
籼稻											
钱优 911	13.63	141.4	197.1	177.0	89.80	24.7	595.7	595.5	7	−6.0	15
91 优 16	11.68	125.4	234.2	192.8	82.32	27.0	608.2	690.7	2	9.0	6
华两优 5 号	11.10	137.3	236.7	191.6	80.95	27.9	593.1	608.2	4	−4.0	0
中亿优 3108	15.58	127.2	151.11	130.0	86.04	31.0	627.7	523.4	13	−17.4	85
赣优 9141	10.46	146.6	201.3	180.9	89.87	34.6	654.8	510.2	14	−19.5	30
深两优 332	14.65	127.3	205.9	181.1	87.96	24.2	644.2	739.9	1	16.7	0
瑧优 H30	16.06	122.2	194.2	174.0	89.60	26.1	729.5	532.8	11	−15.9	35
两优培九（CK）	12.99	134.0	199.9	163.9	81.99	26.1	555.7	633.8	3	0	10
中浙优 157	13.58	123.1	145.5	126.8	87.15	24.5	421.8	597.2	6	−5.8	0
钱优 1890	15.13	133.3	176.8	144.0	81.45	22.6	492.5	533.0	12	−15.9	99
钱优 930	16.50	126.9	172.0	161.5	93.90	25.6	682.0	568.1	9	−10.4	75
Y 两优 8199	15.13	131.2	187.7	150.8	80.34	25.3	718.7	547.8	10	−13.6	70
华浙优 1671	12.71	125.6	218.1	184.5	84.59	24.7	579.0	580.0	8	−8.5	0
深两优 884	16.74	128.3	197.2	181.5	92.04	24.4	741.5	604.8	5	−4.6	38
籼粳杂交稻											
嘉禾优 2125	11.69	130.5	268.6	249.4	92.87	24.6	717.2	735.5	5	−4.7	0
甬优 1540（CK）	12.26	123.9	353.1	303.4	85.92	21.4	796.3	772.1	2	0	3
甬优 7850	11.73	126.6	286.0	268.8	93.99	22.9	719.1	792.4	1	2.6	3

（续表）

品种名称	有效穗数（万穗/亩）	丛高（厘米）	每穗总粒数（粒）	每穗实粒数（粒）	结实率（%）	千粒重（克）	理论亩产（千克）	实际亩产（千克）	排名	比对照增减（%）	倒伏比例（%）
春优 927	13.58	127.3	361.86	283.5	78.36	22.9	881.5	693.3	9	−10.2	60
甬优 8050	12.27	127.9	282.8	267.0	94.41	23.6	823.6	685.2	11	−11.3	95
甬优 150	14.02	131.5	290.6	210.6	72.47	21.6	637.8	650.7	15	−15.7	90
交源优 69	14.11	128.2	322.0	213.4	66.27	21.5	647.5	660.0	14	−14.5	25
嘉优中科 3 号	15.87	110.5	271.0	199.4	73.45	26.7	844.9	751.2	3	−2.7	0
中嘉优 6 号	13.97	125.5	350.2	254.8	72.76	21.2	754.4	666.9	13	−13.6	0
长优 KF2	14.16	127.3	328.0	272.8	83.17	21.3	822.8	670.6	12	−13.1	17
甬优 1510	11.97	140.7	334.1	311.9	93.36	22.8	851.2	598.9	21	−22.0	60
甬优 362	12.99	113.1	226.2	201.8	89.21	24.4	639.6	615.5	19	−20.3	0
甬优 9 号	18.49	134.8	190.1	162.1	85.27	26.3	788.3	631.5	17	−18.2	15
甬优 17	12.84	128.7	343.0	314.0	91.55	24.3	955.8	708.5	8	−8.2	2
甬优 12	13.19	128.5	329.8	274.9	83.35	20.9	758.0	710.3	7	−8.0	5
浙优 21	13.67	124.1	301.9	219.5	72.71	20.2	606.2	732.3	6	−5.2	0
浙优 19	13.58	140.0	270.5	228.8	84.58	23.0	714.6	613.3	20	−20.6	40
甬优 7861	12.99	121.8	278.9	248.1	88.96	21.9	705.8	688.8	10	−10.8	0
甬优 5550	13.09	135.1	240.0	223.7	93.21	23.6	691.1	564.8	22	−26.8	75
甬优 15	13.05	127.9	268.1	235.7	87.91	25.9	796.4	633.4	16	−18.0	25
甬优 538	14.02	119.2	306.4	259.6	84.73	20.0	728.0	619.6	18	−19.8	1
浙粳优 1578	11.08	118.5	305.5	251.1	82.19	21.7	603.7	740.0	4	−4.2	0

表 3　2016 年浙江省单季水稻新品种展示田剑叶与叶枕平至始穗间距天数记载表

品种名称	气温条件	剑叶与叶枕平日期（月/日）	始穗期（月/日）	播种期（月/日）
嘉优中科 3 号	秋季高温 27～39℃	8/15	8/22—8/23	5/24
甬优 1540	秋季高温 27～39℃	8/15	8/24—8/25	5/22
甬优 538	秋季高温 27～39℃	6/17	8/24—8/26	5/14
甬优 15	秋季高温 27～39℃	6/17	8/26	5/14
甬优 17	秋季高温至中温	8/24	9/3—9/4	5/14
甬优 9 号	秋季高温至中温 23～34℃	8/24	9/2—9/4	5/14
甬优 12（早播）	秋季高温 27～39℃	8/15	8/22—8/24	5/8
甬优 12（迟播）	秋季中温 23～34℃	8/26	9/5—9/6	5/14
浙优 21	秋季高温至中温	8/17	8/28—8/30	5/12

表4 2016年浙江省单季水稻新品种桥里点示范高产田生育情况表

高产田品种及编号	播种期（月/日）	插秧期（月/日）	始穗期—齐穗期（月/日）	播齐历期（天）	落田苗数（万株/亩）	最高苗数（万株/亩）	有效穗数（万穗/亩）	成穗率（%）
甬优1540-1高产田	5/14	6/6	8/22—8/25	103	3.80	27.28	15.23	55.8
甬优1540-2高产田	5/14	6/7	8/22—8/24	102	4.61	26.43	14.19	53.7
甬优1540-3高产田	5/14	6/8	8/23—8/25	103	3.24	23.67	14.53	61.4
嘉优中科3号高产田	5/24	6/10	8/15—8/17	85	5.14	32.73	15.94	48.7
甬优7850高产田	5/14	6/4	8/20—8/23	101	5.07	30.43	15.46	50.8
甬优8050高产田	5/14	6/5	8/20—8/23	101	4.44	26.18	16.78	64.1
浙优21高产田	5/12	6/1	8/31—9/3	114	5.40	25.40	13.80	61.2

表5 2016年浙江省单季水稻新品种桥里点示范高产田考种结果与产量表

高产田品种及编号	有效穗数（万穗/亩）	丛高（厘米）	每穗总粒数（粒）	每穗实粒数（粒）	结实率（%）	千粒重（克）	理论亩产（千克）	实际亩产（千克）	备注
甬优1540-1高产田	15.23	125.5	284.0	266.0	93.65	21.0	850.7	847.1	平均亩产844.8千克
甬优1540-2高产田	14.19	122.5	291.3	279.7	96.01	21.8	886.0	835.3	
甬优1540-3高产田	14.53	126.5	293.8	279.8	95.25	21.1	892.7	852.0	
甬优7850高产田	15.46	124.0	253.3	232.4	91.70	23.5	845.2	752.5	
甬优8050高产田	16.78	131.3	226.5	215.8	95.30	23.9	865.4	770.8	
嘉优中科3号高产田	15.94	109.0	254.8	190.7	72.49	27.0	820.7	719.1	平均株高95.5厘米
浙优21高产田	13.80	122.0	242.5	218.5	90.1	22.0	747.5	755.0	姚塘点亩产767.5千克
甬优12攻关田	12.77	133.3	386.3	324.5	84.00	22.3	882.6	879.0	
嘉优中科3号攻关田	15.28	111.9	313.1	232.9	74.39	27.1	964.4	711.6	

2016年浙江省早稻新品种适应性扩展鉴定和丰产示范总结

余姚市种子种苗管理站

根据浙江省种子管理总站《关于布置2016年浙江省农作物新品种适应性扩展鉴定和丰产示范计划的通知》（浙种〔2016〕21号）的要求，我市承担中早39、温926、株两优831这3个早稻品种的丰产示范和温926等11个早稻品种的适应性扩展鉴定任务。现总结如下。

一、项目实施基本情况

1. 基地概况

早稻新品种展示落实在余姚（省级）展示示范基地，位于余姚市牟山镇青港村。该区为我市平原稻区的姚西双季稻区。本站流转30亩土地作为试验基地。

早稻新品种示范除落实在余姚（省级）展示示范基地外，还落实我市马渚镇示范方。该地也为我市平原稻区的姚西双季稻区。示范方面积为300亩。

2. 展示概况

展示品种有12个，分别为温926、温814、嘉育938、中冷23、陵两优0516、嘉育89、中嘉早17、甬籼975、中早35、中早39（CK）、株两优831、甬籼15。

实施地点为余姚市牟山镇青港村。

3. 示范概况

中早39：示范100亩。实施地点为马渚示范方。

温926：示范30亩。实施地点为马渚示范方。

株两优831：示范20亩（按浙江省种子管理总站的要求，需30亩，但由于种子数量不足，实际示范20亩）。实施地点为牟山青港站流转田块。

4. 田间管理概况

（1）新品种展示

机插栽培。播种期为4月1日，亩用种量为5千克，每秧盘折干谷125克。4月26日机插，插种密度为30厘米×12厘米。基肥：第一次深耕时，亩施菜饼80千克、过磷酸钙20千克；耙田时，再亩施碳铵40千克。追肥：5月4日，亩施尿素9.5千克；5月13日，施尿素11千克。防病除虫：6月5日，亩施稻腾、康满得各20毫升，防治纹枯病、二化螟。除草：丁草胺封面，防病时加稻杰。7月22日收割。

（2）新品种示范

株两优831：机插栽培。播种期为3月31日，亩用种量为2千克，每秧盘折干谷75克。4月18日机插，插种密度为25厘米×14厘米。基肥：第一次深耕时，亩施菜饼80千克、过磷酸钙20千克；耙田时，再亩施碳铵40千克。追肥：4月29日，亩施尿素9.5千克；5月13日，亩施尿素11千克。防病除虫：6月5日，亩施稻腾、康满得各20毫升，防治纹枯病、二化螟。除草：丁草胺封面，防病时加稻杰。7月22日收割。

温 926：机插栽培。播种期为 3 月 22 日，亩用种量为 5 千克，每秧盘折干谷 125 克。4 月 18 日机插，插种密度为 25 厘米×12 厘米。基肥：亩施碳铵 40 千克、过磷酸钙 40 千克。追肥： 4 月 28 日，亩施尿素 11 千克、钾肥 3.5 千克、农朋友 60 克/亩（2 包）；5 月 13 日，亩施尿素 8 千克、钾肥 5 千克。防病除虫：6 月 17 日，亩施苯甲·嘧菌酯 30 毫升、70%吡虫啉 5 克、40%三唑灵 70 毫升，防治纹枯病、白背飞虱、螟虫。7 月 25 日收割。

中早 39：机插栽培。播种期为 3 月 24 日，亩用种量为 5 千克，每秧盘折干谷 125 克。4 月 20 日机插，插种密度为 30 厘米×12 厘米。基肥：亩施碳铵 40 千克、过磷酸钙 40 千克。追肥： 4 月 28 日，亩施尿素 11 千克、钾肥 3.5 千克、农朋友 60 克；5 月 13 日，亩施尿素 8 千克、钾肥 5 千克。防病除虫：6 月 17 日，亩施苯甲·嘧菌酯 30 毫升、70%吡虫啉 5 克、40%三唑灵 70 毫升，防治纹枯病、白背飞虱、螟虫。7 月 25 日收割。

二、生育期气象概况

3 月下旬，气温、日照、雨水正常，有利于早稻播种。4 月上、中旬，气温比正常年份的高，无冷空气活动，无烂秧情况出现。但 4 月降水比常年多，日照少，秧苗不健壮，如区域试验中有不少品种出现白化苗。5 月气温正常，降水偏多，对早稻的影响主要表现为分蘖比常年少。6 月仍是气温正常偏高，而日照少，降水偏多，由于降水主要集中在 6 月 25—26 日，因此对于早播早插早抽穗的水稻的结实率无影响，而迟抽穗的，尤其是 6 月 25—26 日处于开花期的，结实率受到影响。7 月的气象极有利于早稻生长：7 月上半月光照充足，气温正常，雨水调和，有利于早稻灌浆结实；7 月下半月天气晴好，有利于早稻后期灌浆、收割和翻晒。

三、实施结果

1. 展示品种产量

展示品种 12 个，亩产为 341.9～554.8 千克。其中，中早 39 亩产最高，达 554.8 千克。温 814 产量最低，穗小且缩头。其他品种综合性状尚可。

2. 示范品种产量

150 亩示范方平均亩产为 575.8 千克。其中，100 亩中早 39 平均亩产为 589.0 千克；30 亩温 926 平均亩产为 565.5 千克；20 亩株两优 831 平均亩产为 525.4 千克。

四、展示示范成效

1. 充分发挥了新品种展示示范效果。及时组织召开新品种现场考察观摩会，扩大新品种示范方示范辐射作用，增强种子经营户、种粮大户对中早 39、温 926、株两优 831、中嘉早 17 等新品种长势表现的认识，使农民对它们的认可度提高，为后续推广创造了条件。

7 月 12—13 日，浙江省种子管理总站组织召开了全省早稻新品种现场考察观摩会。各市种子管理站、部分县（市、区）种子管理站、中国水稻研究所等育种单位、浙江勿忘农种业股份有限公司等种业企业代表参加会议。与会代表在我市考察了嘉育 938 等 11 个省级早稻新品种展示现场，以及中早 39、温 926、株两优 831 早稻示范基地。7 月 15 日，宁波市种子管理站组织召开的全市早稻新品种现场考察观摩会也在我市举行。各县（市、区）种子管理站/市农业科学研究院、市种子有限公司有关同志参加。省、市早稻现考察观摩会均在我市召开，进一步扩大了新品种展示示范效应。

2. 明确了展示示范品种在我市的适应性。中早 39 综合评价五年均位列第一。该品种结实率高，抗倒性强，产量高而稳，熟期适中，根系活力强，叶片功能强，谷粒饱满，适宜于我市作早稻主导品种。

但该品种易感稻曲病，需做好药剂浸种工作。甬籼 15 虽然产量一般，但早熟的特性使它成了较受种粮大户欢迎的搭配品种。到目前为止，还没有可以接替它的早熟品种，因此仍将作为搭配种植品种。

3. 增产增效明显。示范方通过选用优质高产品种、机插及其他各项配套技术措施的综合运用，增产增效明显。

五、展示示范工作措施

1. 加强领导，建立实施小组。实施小组由余姚市种子种苗管理站副站长带领，各级相关领导、技术人员、种植大户组成。

2. 实行“五统一”服务。一是统一品种布局：根据省展示示范试验要求做好示范方品种布局。二是统一供种：根据品种布局，造好种子发放清单，统一发放种子，统一育苗。三是统一技术规范：以标准化栽培模式图的形式制定中早 39 机插技术规范，并指导农户实施。四是统一田间管理：青港示范方由青港村社长负责统一灌排水、统一防病除虫除草，其余 2 个示范基地由流转大户负责。五是统一机械作业：统一机械收获，统一机插，统一植保。

3. 流转土地建立展示试验区。由于新品种扩展鉴定及各类区域试验、生试、筛选等试验要求高，由多个农户实施会造成试验误差大，所以本站流转了 30 亩土地进行新品种扩展鉴定及各类试验。

4. 加强宣传，发挥示范辐射作用。为扩大新品种丰产展示示范工作的影响，一是在展示方的醒目位置设立标志牌；二是迎接各级领导专家考察指导；三是组织召开现场观摩考察会，积极发挥新品种展示示范作用。

六、对品种的综合评价

1. 中早 39：2016 年展示平均亩产为 554.8 千克，居展示品种第一位。2014 年展示平均亩产为 566.6 千克，比对照增产 2.64%，位于展示品种第三位。2013 年展示平均亩产为 539.5 千克，比对照增产 21.4%，位于展示品种第一位。2012 年展示平均亩产为 527.6 千克，比对照增产 5.47%，位于展示品种第一位。综合评价连续五年均位列第一。该品种具有以下特点：①结实率高。②抗倒性强。③产量高而稳。④熟期适中。⑤根系活力强。⑥叶片功能强。成熟时，剑叶仍保持较强的活力，仍呈绿色，无发黄早衰现象。⑦谷粒饱满，灌浆快，上下灌浆一致。⑧纹枯病抗性好。

2. 甬籼 15：虽然产量一般，但早熟特性使它成了常用的搭配品种。到目前为止，还没有可以接替它的早熟品种。同时，由于近几年抽穗扬花期均避开了雨季，故结实率较高，产量较高。

3. 温 926：平均亩产为 535.8 千克，秕谷比中早 39 多，其他表现尚可。

4. 株两优 831：平均亩产为 543.4 千克，始穗早，但成熟比中早 39 晚，抗倒性一般。

5. 温 814：产量低，穗小且缩头。淘汰。

6. 嘉育 938：长势繁茂，植株高，长相清秀，叶色淡绿，穗大，丰产潜力大，但熟期略迟。可进一步进行适应性扩展鉴定。

7. 中冷 23：生长繁茂，叶阔，穗大，丰产潜力大，但熟期略迟。可进一步进行适应性扩展鉴定。

8. 陵两优 0516：前期起发快，熟期适中，抗倒性好，但产量一般，杂交优势不明显。

9. 嘉育 89：长相清秀，叶色淡，但与嘉育 938 相比，综合性状差。

10. 中嘉早 17：该品种已展示多年，综合性状较好。可以在我市种植。

11. 甬籼 975：茎秆略矮，田间长相较清秀；抽穗虽早，但由于叶阔色深，造成灌浆慢；茎秆较清爽，但后期抗倒性差；总体较好，产量也较高。

12. 中早 35：整齐，长相清秀，叶挺，但抗倒性一般。

七、明年计划

1. 继续按照省、市统一部署安排品种布局。

2. 加强品种配套高产技术研究和应用，提高示范成效。

相关结果见表1、表2。

表 1 2016 年浙江省农作物新品种适应性扩展鉴定结果表

品种名称	播种期(月/日)	成熟期(月/日)	全生育期(天)	面积(亩)	亩产(千克)	亩产与对照比较(%)	田间抗性	抗倒性	综合评价		
									排名	主要优点	主要缺点
温 926	4/1	7/22	113	0.55	535.8	−3.42	中	中	4	灌浆快，转色好，田间长相清秀	/
温 814	4/1	7/21	112	0.629	341.9	−38.37	中	好	12	/	穗小穗缩，产量低
嘉育 938	4/1	7/23	114	0.622	500.5	−9.79	好	好	6	植株高，长相清秀，叶色淡绿，穗大，丰产潜力大	熟期略迟
中冷 23	4/1	7/22	113	0.722	512.5	−7.62	中	中	5	长势繁茂，叶阔，穗大，丰产潜力大	熟期略迟
陵两优 0516	4/1	7/23	114	0.311	486.1	−12.38	中	好	11	前期起发快，熟期适中，抗倒性好	产量一般，杂交优势不明显
甬籼 15	4/1	7/18	119	0.815	549.7	−0.92	中	中	2	早熟	产量一般
嘉育 89	4/1	7/23	114	0.576	523.4	−5.66	中	中	10	株形清秀，叶色淡	综合性状一般
中嘉早 17	4/1	7/21	112	0.784	522.0	−5.91	中	中	8	近几年较早熟	/
甬籼 975	4/1	7/22	113	0.526	520.1	−6.25	中	中	3	茎秆略矮，田间长相较清秀，总体表现较好，产量也较高	抽穗虽早，但由于叶阔色深，灌浆慢，后期抗倒性差
中早 35	4/1	7/22	113	0.874	515.7	−7.05	中	中	7	生长整齐清秀，叶挺	抗倒性一般
中早 39（CK）	4/1	7/21	112	1.367	554.8	0.00	好	好	1	产量高，熟期适中，田间长相清秀，后期熟色好，结实率高，灌浆快	/
株两优 831	4/1	7/22	113	1.36	543.4	−2.05	中	差	9	产量较高	始穗早，但成熟比中早 39 晚，抗倒性一般

表2　2016年浙江省农作物新品种丰产示范结果表

农户数	品种名称	作物类型	计划面积（亩）	实施面积（亩）	中心方面积（亩）	验收亩产（千克）	当地平均亩产（千克）	亩产与当地平均比较(%)	示范方总增产（千克）	示范方增产增收（万元）	示范方节本增收（万元）	示范方总增收（万元）	订单农业情况		
													订单面积（亩）	生产数量（千克）	订单产值（万元）
1	中早39	早稻	100	100	100	589.0	460	28.04	12900	4.257	/	5.99	100	58900	19.437
1	温926	早稻	30	30	30	565.5	460	22.83	3165	1.04	/	1.04	30	16965	5.598
1	株两优831	早稻	30	20	20	525.4	460	14.22	1310	0.432	/	0.432	20	10508	3.468

印发资料（份）	技术培训		投入资金									攻关田				
	期数	人数	合计（万元）	技术培训（万元）	印发资料（万元）	种子补贴（万元）	农资补贴（万元）	展示示范牌制作（万元）	辅导员工资（万元）	考察总结（万元）	其他（万元）	面积（亩）	田块数	验收亩产（千克）	产量最高田块	
															面积（亩）	亩产（千克）
2500	2	150	31.39	0.90	0.25	0.00	0.00	0.80	1.00	0.00	0.40	8	3	529.5	/	/

2016年浙江省单季杂交晚籼（粳）稻新品种适应性扩展鉴定总结

浦江县良种场

为细化品种区域评价，促进品种向绿色、优质和适合机械化方向发展，推广主要农作物品种结构调整，根据《关于布置2016年浙江省农作物新品种适应性扩展鉴定和丰产示范计划的通知》（浙种〔2016〕21号）的要求，我县承担嘉优中科3号等25个单季杂交晚籼（粳）稻新品种适应性扩展鉴定任务。在上级主管部门和相关业务单位的支持、指导下，克服了高温干旱、台风影响等不利天气因素，扩展鉴定各品种特征特性，得到了充分展示，达到了预期效果。现将单季杂交晚籼（粳）稻新品种适应扩展鉴定总结如下。

一、展示实施基本情况

1. 基地概况

单季杂交水稻晚籼（粳）稻新品种展示基地落实在浦南街道湖山自然村。该基地交通方便，离县城约8千米，离杭金衢高速出口3千米，地势平坦，田块肥力相对较高，光照充足，渠、路、电配套，环境条件优越，无污染，极适合开展农作物新品种展示工作。

2. 展示概况

展示品种种植面积为34.72亩，品种有25个：嘉优中科3号、甬优5550、甬优7861、深两优332、甬优8050、Y两优8199、中嘉优6号、瑧优H30、钱优911、中浙优3108、长优KF2、瑧优H30、钱优911、中浙优157、浙粳优1578、中浙优8号、91优61、赣优9141、华浙优1671、深两优884、两优培九（CK1）、浙优21、浙优19、嘉禾优2125、甬优1540（CK2）。集中连片种植，每个品种种植一田块，面积为1～1.5亩。于5月27日统一播种，实行基质育秧，每个秧盘用种量约为90克，播后摆放于露天秧田。6月17—23日机插，秧龄为21～26天，移载密度为9寸×6寸，落田苗数为2.5万～3.5万株/亩，亩插1.11万丛左右。

3. 田间管理概况

展示田块统一机耕，机耕前统一施足有机肥，亩施沼液6500千克。亩施复混肥（N：P：K=15：6：9）50千克作基肥。插秧3天内及时做好秧苗查漏补缺工作。追肥：7月4日，亩施尿素7.5千克、氯化钾5千克，施肥原则为一基一追。水浆管理：深水护苗，浅水促蘖，干湿交替保健株。病虫害防治：6月15日，亩用阿维氟酰胺30毫克、毒死蜱30毫克，细口喷洒，带药下田；6月30日，亩用阿维氟酰胺60毫克、吡蚜酮60毫克、毒死蜱60毫克，混合后用大水量机械喷施，防治螟虫、稻飞虱；7月20日，亩用氯虫苯甲酰胺10毫升、吡蚜酮60毫升，防治螟虫、稻飞虱；8月10日，亩用稻酮30毫升、阿维氟酰胺30毫升、氟苯虫酰胺30毫升，专治稻飞虱；9月27日，亩用吡蚜酮30毫升、井冈霉素60毫升，防治六代稻飞虱，兼治纹枯病。

二、气象因素对展示的影响

气象因素对展示品种生育期的影响主要表现在：插秧期间，6月17—24日，气温高达37℃，日光强烈，加之秧苗嫩绿，插秧后败苗严重，影响及时返青；7月上旬，晴雨交替，有利于促进分蘖及稻苗生长；7月17日—8月20日，我县经历了35天的高温无雨期（除受台风影响的3场阵雨外），均为晴天，气温高达37～39℃，少数田块趋于干旱状态，持续的高温对水稻幼穗分化造成严重影响，个别品种（如嘉优中科3号、赣优9141）空壳增加；8月下旬至9月上旬，抽穗扬花期间，天气以晴为主，气温适宜，有利于灌浆结实；9月下旬，灌浆黄熟期，受台风“莫兰蒂”和“鲇鱼”的影响，钱优1890、Y两优8199、春优927、长优KF2等多个品种出现不同程度的倒伏，稻穗抽芽，严重影响产量和稻谷质量。

三、展示结果

展示品种25个，亩产为473.80～721.47千克，平均亩产为592.69千克。其中，嘉禾优2125产量最高，平均亩产达721.47千克，比对照两优培九增产26.66%，比对照甬优1540增产2.48%；其次是甬优8050，平均亩产为719.05千克，比对照两优培九增产26.23%，比对照甬优1540增产2.13%；比对照两优培九增产5%以上的有浙粳优1578、甬优7861、浙优21、甬优5550、春优927、深两优332，但比对照甬优1540减产4.09%～17.08%；产量最低的是Y两优8199，平均亩产为473.80千克，比对照两优培九减产20.28%，比对照甬优1540减产48.58%。从综合性状来看，嘉禾优2125、甬优8050、浙粳优1578、甬优7861、浙优21、甬优5550、春优927、深两优332、91优16等品种在产量、抗倒性等综合性状上表现突出。

四、展示成效

1. 突显了展示效应。新品种展示为当地推广农作物新品种提供了一个“可看、可学、可推”的科学交流平台。9月下旬组织召开了由县农技干部、种粮大户、种子经营户等70余人参加的新品种现场观摩会，印发展示品种相关资料100余份，加深他们对新品种的了解和认知。为种子经营户、种粮大户在经营、推广农作物新品种上提供科学依据和有利条件。

2. 明确了在我县的适应性品种。嘉禾优2125、甬优8050、浙粳优1578、浙优21、甬优5550等品种表现为稳产高产，综合抗性好，适合于我县平原地域单季种植；甬优8050、甬优1540、91优16全生育期略早，适合于我县山区地域单季种植。栽培上明确了需注意的重点：对于甬优系列，要注意防治稻曲病；对于籼型系列，要注意控制氮肥，严防倒伏。

五、主要工作措施

1. 领导重视，政策支持。2016年新品种展示工作，得到了浦江县农业局、良种场领导的重视，以及政策、资金上的大力支持，为顺利完成新品种展示工作提供了良好保障。

2. 以充分发挥各展示品种的特征特性、增产潜力为原则，制定具体实施方案，落实专业技术人员专职负责技术指导实施，实行“统一管理，统一机播机插、统一肥水管理，统一病虫害防治”的四统一栽培措施，确保展示品种平衡高产。

3. 加强基地农田基础设施投入，在原有基础设施建设的基础上，2016年硬化机械操作道500余米，水沟翻新800余米，安装了小型气候观察仪等设施。

4. 在 “莫兰蒂”“鲶鱼”两场台风后及时采取扶正倒伏株、追施叶面肥、清理田间堆积物等补救措施。

六、主要技术措施

1. 施足有机肥。田块在翻耕前亩施沼液有机肥6500千克，翻耕后亩施水稻专用复合肥（N：P：K=15：6：9）50千克，均匀入土，为高产打好基础。

2. 培育壮秧，采用秧盘基质育秧，实行“两控”：一是控制用种量，每盘绝不高于90克；二是控制秧龄18～20天。

3. 实行干湿交替保稻苗，统防统治保健株。科学肥水管理，实行一基一追，及时搁田，及时做好病虫害防治，充分应用新农药防治病虫害，达到防治效果。

4. 及时收获，做到成熟一丘收割一丘，严控田间损失，将损失减到最低，确保谷品质量。

七、对品种的综合评价

展示品种25个，突出表现较好的有以下7个。

嘉禾优2125：叶色浓绿，分蘖力中等，茎秆粗壮，穗大粒多，结实率高，后期青秆黄熟，产量高。适宜于平原地区作单季稻种植。

甬优8050：叶色深绿，分蘖力中等，茎秆粗壮，穗大粒多，结实率高，剑叶挺直略卷，长相清秀，青秆黄熟。稻曲病轻。适宜于平原地区作单季种植。

浙粳优1578：全生育期为143天，比两优培九长15天。叶色深绿，分蘖力强，茎秆粗壮，抗倒性好，穗大粒多，青秆黄熟。适宜于平原地区作单季稻种植。

甬优7861：全生育期为130天，比甬优1540早4天，与两优培九相仿。叶色浓绿，茎秆粗壮，植株适中，叶挺，穗大粒多，长相清秀，青秆黄熟，稻曲病轻。适宜于山区作单季稻种植。

浙优21：叶色深绿，分蘖力强，茎秆粗壮，抗倒，穗大粒多，丰产性好。缺点是生育期偏长，比两优培长28天，比甬优1540长22天。可在我县平原地区扩大试种。

甬优5550：分蘖力中等，穗大粒多，剑叶长而略卷，长相清秀，青秆黄熟，熟期适中。适宜于平原、山区作单季稻种植。

春优927：叶色浓绿，分蘖力强，茎秆粗壮，长势茂盛，穗大粒多，剑叶略卷，抗倒性强，全生育期偏长。适宜于平原地区作单季稻种植，可进一步扩大试种。

其余品种在综合性、产量等方面并无突出表现，不一一评价。

八、明年计划

1. 继续认真按照统一部署安排新品种展示工作。

2. 进一步加强展示田块硬件设施建设。2017年，将硬化展示田块的田塍2500米，操作道两边建花坛1000米、格栅走廊30米。将展示基地打造成“绿色、彩色、花色”的三色田园美景基地。

相关结果见表1。

表1　2016年浙江省农作物新品种适应性扩展鉴定结果表

品种名称	播种期(月/日)	成熟期(月/日)	全生育期(天)	面积（亩）	亩产（千克）	亩产与对照1比较（%）	亩产与对照2比较（%）	田间抗性	抗倒性	综合评价		
										排名	主要优点	主要缺点
嘉禾优2125	5/27	10/15	141	0.95	721.47	26.66	2.48	好	好	1	穗大粒多，抗倒，青秆黄熟	/
甬优8050	5/27	10/12	138	1.38	719.05	26.23	2.13	好	好	2	茎秆粗壮，穗大，青秆黄熟	/
甬优1540（CK2）	5/27	10/8	134	1.89	704.00	23.59	0.00	好	好	3	/	/
浙粳优1578	5/27	10/17	143	1.60	676.30	18.73	−4.09	好	好	4	茎秆粗壮，穗大，抗倒，青秆黄熟	/
甬优7861	5/27	10/4	130	1.31	655.20	15.02	−7.48	好	好	5	穗大，抗倒，青秆黄熟	/
浙优21	5/27	10/30	156	0.97	628.13	10.27	−12.10	好	好	6	分叶中等，青秆黄熟	/
甬优5550	5/27	10/9	135	1.16	626.70	10.02	−12.46	好	好	7	穗大，丰产性较好	/
春优927	5/27	10/16	142	1.38	617.90	8.47	−13.93	好	好	8	穗大，抗倒性较好	倒伏率为20%
深两优332	5/27	10/15	141	1.25	601.27	5.56	−17.08	好	好	9	抗倒性好，丰产性较好	/
91优16	5/27	10/3	129	1.52	592.70	4.05	−18.91	好	好	10	株形适中，穗较大	耐肥性较差
中嘉优6号	5/27	10/30	159	1.05	585.73	2.83	−20.19	好	好	11	穗大，灌浆速度快	倒伏率为30%
中亿优3108	5/27	10/9	135	1.40	583.80	2.49	−20.58	好	好	12	叶宽而挺拔，丰产性较好	/
深两优884	5/27	10/6	132	1.16	574.70	0.89	−22.49	好	好	13	成穗率高，米质好	抽穗不整齐、着粒稀
中浙优8号	5/27	10/2	128	1.10	573.90	0.75	−22.66	好	好	14	米质好	/
浙优19	5/27	10/27	153	1.41	571.30	0.29	−23.22	好	好	15	穗较大，青秆黄熟	/
长优KF2	5/27	10/30	156	1.41	569.70	0.00	−23.57	中	中	16	成熟率高	倒伏率为40%
两优培九（CK1）	5/27	10/2	128	1.01	569.60	0.00	−23.59	中	中	17	/	/
华浙优1671	5/27	10/12	138	1.58	567.40	−0.38	−24.07	好	好	18	穗大，褪色好	/
中浙优157	5/27	10/13	139	1.56	564.20	−0.95	−24.77	好	好	19	青秆黄熟，丰产较好	/

（续表）

品种名称	播种期（月/日）	成熟期（月/日）	全生育期（天）	面积（亩）	亩产（千克）	亩产与对照1比较（%）	亩产与对照2比较（%）	田间抗性	抗倒性	综合评价		
										排名	主要优点	主要缺点
瑧优 H30	5/27	10/6	132	1.45	559.80	−1.80	−25.75	好	中	20	分叶繁茂，有效穗多	倒伏率为 20%
钱优 911	5/27	10/7	133	1.35	557.40	−2.10	−26.30	好	中	21	株形紧凑，米质优	/
赣优 9141	5/27	10/5	131	1.51	547.80	−4.00	−28.51	中	中	22	茎秆粗壮，穗大	后期易早衰
嘉优中科 3 号	5/27	10/3	129	1.86	493.20	−15.55	−42.74	好	差	23	株形适中，后期褪色好	倒伏率为 45%，影响产量
钱优 1890	5/27	10/6	132	1.56	482.40	−18.13	−45.93	中	差	24	穗大	倒伏率为 95%，影响产量
Y 两优 8199	5/27	10/8	132	0.75	473.80	−20.28	−48.58	中	差	25	分叶繁茂，穗大，褪色好	倒伏率为 85%，影响产量

2016年浦江县杂交水稻丰产示范总结

浦江县种子管理站

为推动我县主要农作物品种结构调优，进一步鉴定水稻等农作物新品种的抗性、适应性和应用前景，细化品种区域评价，促进品种向绿色、轻简和适合机械化方向发展，根据《关于布置2016年浙江省农作物新品种适应性扩展鉴定和丰产示范计划的通知》（浙种〔2016〕21号）的统一部署，浦江县种子管理站承担甬优1540、甬优1140这2个单季杂交稻品种的丰产示范任务。在省、市、县有关部门的悉心指导和自身的努力下，2016年新品种丰产示范工作顺利完成。这有利于引导农民选用良种，促进了效益农业的发展。

一、实施基本情况

1. 基地概况

我们建立了两个杂交水稻示范方：一个位于我县中部的杭坪镇杭坪村，地处水源保护地，距县城8千米，在S210省道边；一个位于我县西部的檀溪镇洪山村，距县城20千米。基地内沟、渠、路等农田水利设施比较完善，土壤肥力条件相对较好，交通较便利，属于我县的粮食功能区。承担示范任务的农户具有多年的水稻试验示范经验，栽培水平相对较高，在县内具有较好的示范辐射作用。

2. 示范概况

2个品种示范面积共计200亩。杭坪示范方：甬优1540（100亩）；檀溪示范方：甬优1540（50亩）、甬优1140（50亩）。

杭坪示范方：甬优1540在5月16日播种，6月4—8日移栽结束，机插移栽密度为30厘米×25厘米，每亩落田苗数为2.5万株，8月17—18日始穗，10月25日成熟。

檀溪示范方：甬优1540于4月28日播种，5月17日移栽结束，机插移栽密度为30厘米×21厘米，每亩落田苗数为2.91万株，8月9日始穗，10月10日成熟。甬优1140于5月12日播种，6月2日移栽结束，机插移栽密度为30厘米×21厘米，每亩落田苗数为2.95万株，8月12日始穗，10月25日成熟。

3. 田间管理概况

示范方统一采用机育机插，在4月28日—5月16日分批播种，亩用种量为1.25～1.5千克，移栽密度为30厘米×（21～25）厘米。按照水稻机插栽培技术要求统一管理，机插结束后3天内做好查漏补缺工作。杭坪示范方施肥策略：重施基肥，早施分蘖肥，适当增施钾肥，特别注意后期看苗补肥。大田亩用水稻配方专用肥（N：P：K=15：6：9）50千克作基肥，6月19日亩施尿素8.5千克作追肥，8月5日亩施水稻配方专用肥11千克作穗肥。连续高温干旱时，每2天灌水1次，改善田间小气候，降低高温对孕穗的影响。檀溪示范方由于紧靠浦江县猪场，可利用免费的沼液代替化肥。

二、生长期各种环境、气象有利和不利因子

1. 由于2016年水稻生长中期遇高温干旱天气，所以虽然稻曲病轻微，但结实率不太高。

2. 由于2016年9—10月有多次台风，所以檀溪镇洪山村示范方水稻倒伏严重，穗上发芽较多。杭

坪镇杭坪村示范方水稻没有倒伏，穗上发芽较少。

三、展示示范成效

1. 示范方产量

甬优 1540 示范 150 亩，平均亩产为 744 千克。甬优 1140 示范 50 亩，平均亩产为 682 千克。最高产田的甬优 1540 实割亩产为 847 千克。

2. 增产增效明显

示范方通过选用优质高产品种、机插及其他各项配套技术措施的综合运用，节本增产明显，示范品种平均亩产为 723.5 千克，比全市单季稻平均亩产增加 123.5 千克，亩节本增产增效 531 元。

3. 充分发挥了新品种展示示范效应

在 9 月 30 日组织农技人员、种粮大户、粮食专业合作社人员、种子经营单位人员、新闻媒体工作者等 70 余人进行了现场观摩，搭建了科研部门与种子经营户、种粮大户、农户之间的沟通平台，让更多的农民了解新品种，以达到引导农民种植优良新品种的目的，充分发挥基地的辐射作用，加速优良新品种的推广应用。

四、主要工作措施

1. 以充分展示品种特征特性和挖掘高产潜力为原则，制定实施方案，落实专业技术人员蹲点指导，聘请技术人员统一管理，实行统一机育机插、统一灌水施肥、统一病虫害防治等多项统一服务，确保平衡高产。

2. 结合现代农业科技示范基地建设，加强宣传。在示范方内设置了 3 米×2 米的标志牌和分品种标志牌，标明示范品种。及时组织召开新品种现场考察观摩会，扩大新品种示范方示范辐射作用，增强种子经营户、种粮大户对甬优 1540、甬优 1140 等示范品种长势表现的认识，使农民对它们的认可度提高，为后续推广创造了条件。组织技术培训 2 期，培训人员 130 人（次），印发技术资料 220 份，重点介绍新品种特征特性和高产栽培技术，以及病虫防治、新农机具使用维护技术。

3. 加大示范方建设投入，确保良种良法配套到位。免费提供示范种子、有机肥等；推广吡蚜酮、稻喜、福戈、阿米妙收等高效新农药。

4. 面对灾害性天气的频繁发生，及时采取针对性措施。在 7 月下旬至 8 月中旬连续高温干旱时，为改善田间小气候、降低高温对孕穗期水稻的影响，杭坪示范方采取每 2 天灌水 1 次，檀溪示范方则多次从壶源江电力抽水灌溉；在 9 月 27 日洪涝灾害发生后，及时采取早熟品种抢晴收割、迟熟品种清理田间堆积物、扶正倒伏株、适当追施叶面肥等补救性措施。

五、主要技术措施

1. 培育壮秧。不用基质而用筛子把田泥原泥筛入秧盘育秧，不易散秧，可有效防止浮秧，也有利于雨天机插。

2. 对于籼粳杂交稻品种，狠抓稻曲病防治，做到抽穗前 7～10 天、破口时各防 1 次。

3. 连续高温干旱时，每 2 天灌水 1 次，改善田间小气候，降低高温对孕穗的影响。檀溪示范方则多次从壶源江抽水灌溉。

4. 探索现代循环农业。由于檀溪示范方紧靠浦江县猪场，可利用免费的沼液代替化肥，减少污染，降低成本。移栽前 30 天左右施沼液翻耕作基肥。由于缺少经验，部分田块出现倒伏。

5. 檀溪示范方还尝试使用了持力硼硼肥，以提高结实率和千粒重。

六、高产栽培技术探讨

两个示范方采用两种栽培模式。

杭坪示范方机插移栽密度为30厘米×25厘米，每亩丛数为8890丛左右，大田基肥为亩用水稻配方专用肥（N：P：K=15：6：9）50千克，6月19日亩施尿素8.5千克作追肥，8月5日亩施水稻配方专用肥11千克作穗肥，每亩有效穗数为12.5万穗，每穗总粒数为347.5粒，每穗实粒数为285粒，没有倒伏，10月27日行验收，验收田块亩产为744.5千克。参加观摩会的很多人认为这种模式适合普通农户，但每亩有效穗数（12.5万穗）稍低。

檀溪示范方机插移栽密度为30厘米×21厘米，每亩丛数为10580丛左右，大田基肥为亩用沼液25000千克，不用追肥和穗肥。出现两种情况：一种是由于沼液用量过大，每亩有效穗数为16.9万穗，每穗总粒数为323.2粒，每穗实粒数为226.5粒，理论亩产为891千克。但由于群体过大，稻穗层厚，容易持水，“鲶鱼”等台风一来，造成大面积倒伏，同时由于持水量大、时间长、湿度大，穗上发芽较多。另一种是甬优1540验收田块，施入的沼液较少，同时由于干旱，每亩有效穗数为14.8万穗，实际亩产为847.0千克，效果不错。从2016年的情况来看，高产攻关田每亩有效穗数以接近15万穗为佳。

七、对品种的综合评价

甬优1540：产量高，米质优，生育期相对适中，长相清秀，稻曲病轻。可在全县推广。

甬优1140：米质优于甬优1540，丰产潜力大，生育期相对适中，长相清秀，较易穗上发芽，稻曲病轻。建议继续示范。

八、明年工作计划

继续示范甬优1540、甬优1140，建议安排三个示范方，每个示范方种植面积达100亩以上。除了杭坪、檀溪，在浦南街道华墙村省级区试点安排一个示范方，便于观摩，同时形成我县东、中、西部各有一个示范方的格局。

设计实施移栽密度与施肥组合试验。比如以2016年的数据为对照，在杭坪示范方设两个组合：一个组合是密度不变，通过提高基肥用量来提高有效穗数；另一个组合是用肥量不变，通过提高密度来提高有效穗数等，进一步探索高产栽培技术。

相关结果见表1、表2。

表 1 2016 年浙江省农作物新品种丰产示范结果表

农户数	品种名称	作物类型	计划面积（亩）	实施面积（亩）	中心方面积（亩）	验收亩产（千克）	当地平均亩产（千克）	亩产与当地平均比较(%)	示范方总增产（千克）	示范方增产增收（万元）	示范方节本增收（万元）	示范方总增收（万元）	订单农业情况		
													订单面积（亩）	生产数量（千克）	订单产值（万元）
1	甬优 1540	水稻	100	150	100	744.0	600	24.0	21600	6.48	2.0	8.48	150	111600	46.80
1	甬优 1140	水稻	50	50	50	682.5	600	13.8	4125	1.24	0.9	2.14	50	34000	14.28

印发资料（份）	技术培训		投入资金									攻关田				
	期数	人数	合计（万元）	技术培训（万元）	印发资料（万元）	种子补贴（万元）	农资补贴（万元）	展示示范牌制作（万元）	辅导员工资（万元）	考察总结（万元）	其他（万元）	面积（亩）	田块数	验收亩产（千克）	产量最高田块	
															面积（亩）	亩产（千克）
220	2	130	8.44	0.10	0.14	5.00	0.00	0.60	0.60	1.00	1.00	5.23	4	757	1.15	847

表 2 2016 浙江省农作物新品种丰产示范方生育情况及考种结果表

品种名称	地点	播种期（月/日）	移栽密度（厘米×厘米）	始穗期（月/日）	有效穗数（万穗/亩）	株高（厘米）	穗长（厘米）	总粒数（粒/穗）	实粒数（粒/穗）	千粒重（克）	理论亩产（千克）	实际亩产（千克）	备注
甬优 1540	杭坪	5/16	30×25	8/18	12.5	120	22.6	347.5	285.0	23.3	837	744.5	不倒伏
甬优 1540	檀溪	4/28	30×21	8/9	14.8	122	24.0	325.0	266.0	23.3	919	847.0	沼液较少
甬优 1540	檀溪	4/28	30×21	8/12	16.9	130	25.4	323.2	226.5	23.3	891	/	沼液过多，倒伏、穗上发芽多
甬优 1140	檀溪	5/12	30×21	8/22	16.0	127	21.9	313.8	213.8	23.3	797	682.5	部分倒伏，芽谷严重

2016年浙江省晚稻新品种丰产示范总结

湖州市种子管理站

根据浙江省种子管理总站《关于布置2016年浙江省农作物新品种适应性扩展鉴定和丰产示范计划的通知》(浙种〔2016〕21号)的统一部署，我站承担了2016年浙江省晚稻新品种甬优7850单季杂交稻和浙粳99单季常规稻丰产示范任务。为了加速高产、高效水稻新品种的推广应用，加快农业科技成果转化，进一步促进湖州市粮食生产稳定发展，在上级领导、专家的支持和指导下，我们克服了连续阴雨、夏季高温干旱等诸多不利因素，品种特征特性和增产潜力得到了充分挖掘，达到了预期的示范效果。现将示范情况总结如下。

一、基本情况

1. 基地情况

为切实搞好浙江省晚稻新品种丰产示范项目，我们选择了土壤肥力好、交通便捷(位于318国道旁)、排灌设施完备、栽培水平较高、吸收新技术较快的南浔区旧馆镇港湖村粮食功能区。该基地共有水田面积为130亩，前茬为冬闲田，示范种植甬优7850 70亩、浙粳99 60亩。甬优7850亩用种量为0.8千克，浙粳99亩用种量为3.5千克，全部实行直播种植。甬优7850在5月23日播种，浙粳99在5月24日播种。

2. 田间管理情况

5月13日，大田亩施内含48%有机质、5% N+P+K的商品有机肥150千克，翻耕待种。耕后亩施内含3% N、2% P、3% K的水稻能量有机肥20千克。5月16日，每亩用41%草甘膦200毫升，兑水40千克，均匀喷洒，消灭播前老草。5月21日，整平田面，高差在3厘米以内，畦宽2米左右，畦面软硬适中。播种后4天内，亩用40%苄嘧·丙草胺60克，兑水30～40千克，均匀喷洒，施药后秧板保持湿润状态，沟内保持半沟水。播后至二叶一心前，保持畦面湿润。二叶一心期灌浅水上畦，亩施5千克尿素作断奶肥，控制直播稻田杂草，达到以水控草，以免加重草害。三叶一心期追施促蘖肥，亩施尿素7.5千克。五叶期前疏密补缺，拔除残留老草。7月10日，当浙粳99每亩苗数达22万株左右、甬优7850每亩苗数达13万株左右时，开始排水搁田，控制无效分蘖。7月20日，追施壮秆肥，亩施尿素7.5千克、钾肥5千克。8月5日，亩施5千克尿素作促花肥。9月3日(即破口期前5～7天)和9月13日，喷施爱苗、防病保健药剂各一次。

二、环境、气象因子

2016年晚稻全生育期(5月下旬至11月下旬)，气温显著偏高，雨量显著偏多，日照正常。平均气温为22.8℃，比常年高1.1℃，比上一年高1.3℃，为历史同期第二高值；雨量为1397毫米，比常年多609毫米，比上一年多391毫米，创历史同期新高；雨日为88天，比常年多16天，比上一年少5天；日照时间为920.5小时，比常年少126.0小时，比上一年多107.6小时。

孕穗抽穗期(8月下旬至9月中旬)，气温偏高，雨量偏多，日照正常。平均气温为25.9℃，比常年高 0.6℃，比上一年高 1.7℃。其中，9 月上、中旬平均气温为 26.0℃和 23.2℃，分别比上一年高 0.6℃和 1.3℃，上旬比常年高 0.5℃，中旬接近常年；雨量为 193 毫米，比常年多 49 毫米，比上一年多 56 毫米；雨日为 9 天，比常年少 5 天，与上一年相当；日照为 201.1 小时，比常年多 39.5 小时，比上一年多 22.6 小时。

201 年晚稻生育期间，前期气温偏低，雨量、雨日均多于常年，日照、温度少于常年。7 月 20 日前的连续低温阴雨天气严重影响晚稻分蘖和烤田，但示范方因排灌设施完备，未出现上述情况。7 月 20 日后连续 50 多天的高温天气影响了晚稻生殖生长，而灌浆成熟期间晴多雨少，有利于晚稻籽粒充实。10 月 20 日以后的阴雨天气，造成部分杂交水稻和早熟晚稻出现不同程度的穗上发芽现象。

总的来看，2016 年湖州市晚稻生育期间，气象条件偏差，晚稻产量与 2015 年相仿。

三、丰产示范实施结果

示范结果表明，示范品种获得了较高的产量。经湖州市农业局测产验收，甬优 7850 的示范方为三块：最高产田的面积为 1.3723 亩，亩产为 813.0 千克；最低产田的面积为 1.2567 亩，亩产为 787.6 千克；平均亩产为 801.3 千克，比 2015 年示范种植的春优 84（亩产为 743.2 千克）增加 58.1 千克，增幅为 7.82%。浙粳 99 的示范方为三块：最高产田的面积为 1.1564 亩，亩产为 676.3 千克；最低产田的面积为 1.3458 亩，亩产为 614.5 千克；平均亩产为 654.2 千克，比 2015 年示范种植的嘉 58（亩产为 622.1 千克）增加 32.1 千克，增幅为 5.16%。新品种丰产示范建设项目起到了明显的示范效果，为甬优 7850 和浙粳 99 在湖州市的大面积示范推广种植提供了技术依据。

示范方超级稻甬优 7850 于 9 月 5 日始穗，9 月 10 日齐穗，每亩有效穗数为 12.67 万穗，每穗总粒数为 311.8 粒，每穗实粒数为 287.5 粒，结实率为 92.2%，千粒重为 23.8 克。浙粳 99 于 9 月 9 日始穗，9 月 12 日齐穗，每亩有效穗数为 21.00 万穗，每穗总粒数为 146.1 粒，每穗实粒数为 127.9 粒，结实率为 87.5%，千粒重为 25.5 克。

四、主要工作和技术措施

1. 建立技术实施小组。成立由湖州市种子管理站、南浔区农技推广中心、旧馆镇农技推广中心、实施村农技员等组成的技术实施小组，负责拟定技术实施方案，搞好技术培训，落实各项措施。

2. 加强培训，统一技术管理。为使示范方种出高产水稻，在播种前围绕新品种的特性和栽培要点，对示范户进行培训；在播种、大田管理等环节上，针对田间生产要求，向示范户发放书面技术资料；同时统一思想认识，落实技术管理措施；在关键时期请品种育成者来基地指导。

3. 抓好“五统一”工作，确保高产高效。示范方内良种由我站统一免费提供给农户，确保同一品种连片种植。此外，示范方内还进行统一药剂浸种、统一播种、病虫草统防统治、统一水浆管理等措施。

4. 明确专人负责，实施苗情跟踪制。播种后由我站技术人员专人负责，及时掌握田间苗情动态，做定点记载、病虫观测，发现问题及时商讨应对措施。按病虫情报，并结合示范方的实地观测，重点抓好“二虫二病”防治工作。

5. 立足肥水管理，紧紧围绕“前期壮苗促蘖攻穗数、中期壮秆攻大穗、后期养根保叶攻粒重”的宗旨。根据示范品种特性和产量要求，运用测土配方施肥新技术，减少前期氮肥用量，适当增加穗粒肥。总 N、P、K 用量折算后分别为 18 千克、4 千克、8 千克。

6. 加大宣传力度。在示范方的醒目位置设立示范标志牌。2016 年 10 月 12 日召开了全市晚稻新品种现场考察观摩会，邀请了有关领导、新闻媒体工作者、农技人员、种植大户近 80 多人参加，充分利用展示示范平台，宣传良种。

五、体会和对品种的简评

2016 年新品种示范工作虽取得成功，但同时仍存在一些问题，需进一步总结高产栽培经验，为明年的大面积示范推广提供科学依据。甬优 7850 产量较高，生育期适中，分蘖力较强，长相清秀，稻曲病轻，米质较好，适宜在我市大面积示范推广种植。浙粳 99 株形紧凑，茎秆较粗，分蘖力较强，穗较大，成熟时转色好，秧龄弹性大，耐寒性好，产量较高，将作为我市常规晚粳稻主导品种而大面积示范推广种植。

六、明年工作计划

2017 年，我们将进一步加强晚稻新品种的因种栽培技术的研究，不断扩大超级稻甬优 7850 和常规晚粳稻浙粳 99 的示范推广工作，为湖州市的粮食生产水平上新台阶作出应有的贡献。

相关结果见表 1～表 4。

表 1　2016 年浙江省农作物新品种丰产示范苗情动态消长表

单位：万株/亩

日期（月/日）	6/30	7/14	7/19	7/24	7/29	8/4	8/9	8/13	8/19	8/25	8/29	9/5	9/10
甬优 7850	8.0	12.5	14.7	15.0	15.3	18.73	17.1	16.1	14.9	13.7	13.5	12.7	12.7
浙粳 99	11.4	18.1	24.4	25.2	26.0	26.7	27.0	25.3	25.0	23.8	23.3	21.7	21.0

表 2　2016 年浙江省农作物新品种丰产示范叶龄动态消长表

单位：叶

日期（月/日）	6/30	7/14	7/19	7/24	7/29	8/4	8/9	8/13	8/19	8/25	8/29	9/5	9/10
甬优 7850	7.6	9.8	11.1	12.1	12.8	13.6	14.3	14.9	15.8	17.0	17.0	17.0	17.0
浙粳 99	7.5	9.7	10.9	11.9	12.7	13.5	14.2	14.8	15.7	16.6	17.3	17.8	18.0

表 3　2016 年浙江省农作物新品种丰产示范记载表

品种名称	亩用种量（千克）	播种期（月/日）	始穗期（月/日）	齐穗期（月/日）	株高（厘米）	穗长（厘米）	有效穗数（万穗/亩）	总粒数（粒/穗）	实粒数（粒/穗）	结实率（%）	千粒重（克）	理论亩产（千克）	实际亩产（千克）
甬优 7850	0.8	5/23	9/5	9/10	114.5	23.2	12.67	311.8	287.5	92.2	23.8	866.9	813.0
浙粳 99	3.5	5/24	9/9	9/12	92.6	17.8	21.00	146.1	127.9	87.5	25.5	684.9	676.3

表 4　2016 年浙江省农作物新品种丰产示范结果表

农户数	品种名称	作物类型	计划面积（亩）	实施面积（亩）	中心方面积（亩）	验收亩产（千克）	当地平均亩产（千克）	亩产与当地平均比较（%）	示范方总增产（千克）	示范方增产增收（万元）	示范方节本增收（万元）	示范方总增收（万元）	订单农业情况		
													订单面积（亩）	生产数量（千克）	订单产值（万元）
1	甬优 7850	水稻	70	70	70	801.3	590	35.81	14791	4.14	0.51	4.65	70	56091	15.7
1	浙粳 99	水稻	60	60	60	654.2	590	9.36	3852	1.19	0.48	1.67	60	39252	12.2

印发资料（份）	技术培训		投入资金									攻关田				
															产量最高田块	
	期数	人数	合计（万元）	技术培训（万元）	印发资料（万元）	种子补贴（万元）	农资补贴（万元）	展示示范牌制作（万元）	辅导员工资（万元）	考察总结（万元）	其他（万元）	面积（亩）	田块数	验收亩产（千克）	面积（亩）	亩产（千克）
500	3	50	12.2	1.5	0.3	1.0	3.9	0.4	3.0	1.5	0.6	3.52	3	801.3	1.37	813.0

2016年浙江省水稻新品种丰产示范总结

浙江科诚种业股份有限公司

为推动我省主要农作物品种结构调优，进一步鉴定水稻新品种的抗性、适应性和应用前景，细化品种区域评价，促进品种向绿色、轻简和适合机械化方向发展，在浙江省种子管理总站的统一布置下，我们承担了水稻新品种浙优19、Y两优8199的丰产示范工作。在省、市种子管理站的领导下，在浙江省农业科学院作物与核技术利用研究所、温州市农业科学研究院和浙江雨辉农业科技有限公司的大力支持与帮助下，在瑞安市顺旺植保服务专业合作社及本公司员工的共同努力下，我们顺利完成了各项工作，全面实现产量目标。

根据浙江省种子管理总站《关于布置2016年浙江省农作物新品种适应性扩展鉴定和丰产示范计划的通知》（浙种〔2016〕21号）要求，我们严格制定实施方案，确定工作目标，将示范工作安排在交通便利、排灌条件良好、土地平整、土壤肥力中上、均匀并适合连片种植的地块进行。示范方内实行“五统一”服务。新品种丰产示范要与品种适应性、新技术示范、高产攻关相结合，订立产量目标。在示范方设高产攻关田2～3块，研究增产潜力，确保了示范工作的顺利实施。

此次示范工作以浙江省农业科学院作物与核技术利用研究所、温州市农业科学研究院为技术依托，以温州市种子管理站、瑞安市种子管理站、瑞安市顺旺植保服务专业合作社、浙江科诚种业股份有限公司为实施主体，明确分工，责任到人，相互配合，以确保各项技术到位，较好地完成各项任务指标。

一、项目实施基本情况

1. 基地概况

瑞安市顺旺植保服务专业合作社位于瑞安市南滨街道塘渔村，于2009年成立，作为示范核心区，拥有水田180亩。

2. 示范概况

浙优19示范面积为50.5亩，Y两优8199示范面积为51.0亩。

3. 气象条件

总体上来说，试验期间该地区气象条件一般。6—8月苗期和分蘖期时，气象条件总体上较好。9—10月齐穗灌浆期间，收到台风袭击。10月底正值收割季节，连绵阴雨导致无法及时收割，对产量有一定的影响。

二、主要栽培措施

1. 培育壮苗

示范的种子由选育单位直接提供，保证了种子质量。6月14日播种，清水浸种，清水筛选，强氯精消毒。秧田每亩施水稻专用肥35千克。移栽前，于7月2日亩用50毫升稻腾、16克吡蚜酮，防治三代二化螟、稻纵卷叶螟、稻飞虱。

2. 土地整理

翻耕后施底肥，每亩施水稻专用肥40千克，3块高产攻关田另加施4000千克/亩有机肥。拖拉机旋耕、牛耙，二耕二耙。

3. 田间管理

栽培管理按当地习惯进行，7月7日追肥，亩用尿素5千克，拌除草剂施下，7月8日移栽。8月中下旬开始排水搁田，多次轻搁。

7月30日，亩用斯品诺40毫升、扑虱灵50克，防治二化螟、稻纵卷叶螟、稻飞虱。

8月13日，亩用妙极120毫升、井冈霉素250毫升，防治稻纵卷叶螟和纹枯病。

8月28日，亩用稻腾50毫升、吡蚜酮16克，防治稻飞虱和稻纵卷叶螟。

9月12日，亩用极锐24克、拿敌稳15克、龙克菌20克、龙凤配20克，防治稻飞虱、稻曲病、纹枯病、稻纵卷叶螟和细条病。

三、实施结果

丰产示范共实施101.5亩，全面完成产量指标。其中，浙优19为50.5亩，亩产指标：650千克，实测亩产：670.55千克。Y两优8199为51.0亩，亩产指标：650千克，实测亩产：655.40千克。

四、品种评价

浙优19：该品种属三系籼粳杂交稻，2016年通过浙江省审定（浙审稻2016016），长势繁茂，株形紧凑，茎秆粗壮，分蘖力中等。叶色深绿，剑叶挺直，内卷，穗大粒多，着粒密度高，谷粒椭圆形，颖尖无色、无芒，丰产性较好。在温州作单季稻栽培，生育期为137天，株高为118.0厘米，穗长为19.6厘米，每穗总粒数为289.8粒，每穗实粒数为238.2粒，结实率为82.2%，千粒重为24.2克。平均整精米率为71.1%，长宽比为1.9，垩白粒率为31%，垩白度为4.9%，透明度为2级，胶稠度为77.5毫米，直链淀粉含量为14.2%，米质指标均达到食用稻品种品质四等（部颁）。该品种丰产潜力大，产量稳定，粗壮抗倒，但应注意稻曲病的防治。

Y两优8199：该品种属两系杂交籼稻，2016年通过浙江省审定（浙审稻2016011），熟期适中，长势繁茂，分蘖力较强，穗大粒多，结实率较高。后期青秆黄熟，丰产性较好。在温州作单季稻栽培，生育期为132天，株高128.1厘米，穗长27.4厘米，每穗总粒数为192.4粒，每穗实粒数为164.3粒，结实率为85.4%，千粒重为26.7克。平均整精米率为62.3%，长宽比3.3，垩白粒率为32%，垩白度为5.1%，透明度为2级，胶稠度为68.0毫米，直链淀粉含量为13.0%，米质指标均达到食用稻品种品质四等（部颁）。该品种丰产潜力大，但后期需防止过早断水，注意稻瘟病和白叶枯病的防治。

相关结果见表1～表3。

表1 2016年浙江省农作物新品种丰产示范生育期表

品种名称	播种期（月/日）	机插期（月/日）	始穗期（月/日）	齐穗期（月/日）	成熟期（月/日）	全生育期（天）
浙优19	6/14	7/8	9/10	9/18	10/29	137
Y两优8199	6/14	7/8	9/9	9/14	10/24	132

表 2　2016 年浙江省农作物新品种丰产示范考种结果与产量表

品种名称	有效穗数（万穗/亩）	株高（厘米）	总粒数（粒/穗）	实粒数（粒/穗）	结实率（%）	千粒重（克）	理论亩产（千克）	实际亩产（千克）
浙优 19	11.81	118.0	289.8	238.2	82.2	24.2	680.78	670.55
Y 两优 8199	14.98	128.1	192.4	164.3	85.4	26.7	657.14	655.40

表 3　2016 年浙江省农作物新品种丰产示范结果表

农户数	品种名称	作物类型	计划面积（亩）	实施面积（亩）	中心方面积（亩）	验收亩产（千克）	当地平均亩产（千克）	亩产与当地平均比较(%)	示范方总增产（千克）	示范方增产增收（万元）	示范方节本增收（万元）	示范方总增收（万元）	订单农业情况		
													订单面积（亩）	生产数量（千克）	订单产值（万元）
1	浙优 19	单季稻	50	50.5	40	670.55	600	11.76	3562.78	0.9976	/	0.9976	50.5	33862.78	9.4816
1	Y 两优 8199	单季稻	50	51.0	40	655.40	600	9.23	2825.40	0.7911	/	0.7911	51.0	33425.40	9.3591

印发资料（份）	技术培训		投入资金									攻关田				
	期数	人数	合计（万元）	技术培训（万元）	印发资料（万元）	种子补贴（万元）	农资补贴（万元）	展示示范牌制作（万元）	辅导员工资（万元）	考察总结（万元）	其他（万元）	面积（亩）	田块数	验收亩产（千克）	产量最高田块	
															面积（亩）	亩产（千克）
1000	1	60	10.11	1.80	0.40	0.65	4.66	0.50	2.10	0.00	0.00	5	3	675.32	1.3	680.5

2016年浙江省单季晚稻新品种适应性扩展鉴定和丰产示范总结

武义县种子管理站

根据浙江省种子管理总站《关于布置2016年浙江省农作物新品种适应性扩展鉴定和丰产示范计划的通知》（浙种〔2016〕21号）的要求，我县承担深两优884、Y两优8199这2个单季杂交晚稻品种的丰产示范，以及深两优884等10个单季杂交晚稻品种的适应性扩展鉴定任务。我站认真组织实施了单季晚稻新品种适应性扩展鉴定和丰产示范工作，各项工作基本达到预期目标。现将适应性扩展鉴定和丰产示范工作情况总结如下。

一、项目实施基本情况

1. 基地概况

新品种展示示范基地在桃溪镇，位于上松线44省道旁，交通便利，沟、渠、路基础设施完善，土壤肥力中等，排灌顺畅，旱涝保收。承担展示示范任务的实施单位具有多年的水稻展示示范经验，栽培水平相对较高，在当地具有较好的示范辐射作用。

2. 示范概况

示范方设在桃溪镇泽村粮食专业合作社的泽村村门前畈，集中连片种植。深两优884种植88.6亩；Y两优8199种植12.0亩，共计100.6亩。深两优884于5月18日浸种，5月21日播种，6月11—13日移栽；Y两优8199于5月24日浸种，5月27日播种，6月17日移栽。

3. 展示概况

展示方设在桃溪镇项湾育秧基地内，每个品种一丘田，集中连片种植，共计20亩。品种10个：超优千号、Y两优900、深两优884、Y两优8199、Y两优1998、深两优9310、Y两优1928、晶两优华占、湘两优2号、两优培九（CK）。10个品种统一于5月22日浸种，5月25日播种，6月17日机插。

4. 田间管理概况

展示示范方采用统一机播机插，适时移栽，合理密植。移栽秧龄控制在21～23天，叶龄控制在3～3.5叶，密度为30厘米×20厘米，每亩栽插1.1万丛，每丛2.5～3本，每亩栽插2.7万～3.3万株，每亩栽插19～20盘秧。

施肥：统一施肥标准。展示方在耙田前亩施商品有机肥（腐熟牛粪）500千克的基础上，亩施三元复合肥（N：P：K=15：15：15）26千克、尿素9千克、硼肥2千克作基肥。追肥分两次施。分蘖肥：7月1日，结合化学除草，30%丁卞除草剂100克拌入三元复合肥（N：P：K=15：15：15）12.5千克、氯化钾10千克，撒施；穗粒肥：8月5日，烤田复水后，看各组合的不同苗情施穗粒肥，亩施水稻配方肥12.5～15千克。示范方亩施肥商品有机肥500千克、三元复合肥（N：P：K=15：15：15）50千克、硼肥2千克。追肥分三次施。分蘖肥：6月22日，结合化学除草，追施三元复合肥（N：P：K=15：15：15）千克、尿素13千克；拔节孕穗肥：7月4日，追施三元复合肥（N：P：K=15：15：15）15千克、尿素13千克；穗粒肥：7月25日，烤田复水后，亩施穗粒肥三元复合肥（N：P：K=15：15：15）10千克、氯化钾10千克。

水浆管理：采用湿润灌溉，针对2016年苗期雨水多的实际，重点做好清沟排水工作，整田后开好丰产沟，沟深30厘米，宽20厘米。

二、生长期间气象与栽培管理等的有利和不利因子

1. 有利因子

主要有三：一是苗期气温正常、雨日雨量偏多，有利于分蘖；二是抽穗扬花期气温、雨水正常，无高温、寒潮，有利于提高结实率，稻瘟病、稻曲病比上一年明显减轻；三是灌浆结实期雨水正常，日夜温差较大，有利于粒重增加。

2. 不利因子

主要有三：一是6月中下旬至7月中旬连续降雨，推迟了蘖肥施用及有效搁田时间，造成无效分蘖和小穗增多；二是拔节孕穗期7月下旬至8月下旬高温干旱，无明显降雨，但因灌溉水源好，所以受到的影响不明显；三是9月底至10月进入灌浆后期及收获阶段后多阴雨天气，且气温偏高，造成熟期较早的品种穗上发芽较多。部分Y两优8199示范田块出现倒伏现象。

三、实施结果

1. 示范品种

100.6亩示范方实割平均亩产为661.2千克。其中，深两优884面积为88.6亩，平均亩产为660.9千克；Y两优8199面积为12.0亩，平均亩产为663.7千克。深两优884攻关田面积为5.02亩，实割平均亩产为684.6千克；最高产田面积为1.65亩，实割平均亩产为723.2千克。Y两优8199攻关田面积为5.5亩，实割平均亩产为671.0千克；最高产田面积为1.68亩，实割平均亩产为719.3千克。

2. 展示品种

展示品种10个，亩产为531.4～702.2千克，平均亩产为638.4千克。其中，深两优884亩产最高，达到702.2千克，比对照两优培九增产11.8%；其次是超优千号，亩产为672.7千克，比对照两优培九增产7.1%；亩产最低的是Y两优1928，平均亩产只有531.4千克，比对照两优培九减产15.4%。从综合性状来看，湘两优2号、晶两优华占、Y两优1998、Y两优8199表现较突出。

四、展示示范成效

1. 发挥辐射、带动效应。在展示示范期间，及时组织乡镇农技员、种粮大户、种子经销商及新闻媒体工作者参加新品种现场考察观摩会，充分利用展示示范平台，增强种子经营户、种粮大户对新品种长势表现的认识，促进新品种的推广应用。

2. 增产增效显著。通过实施组合种植户的共同努力，以及各项技术措施的落实，深两优884、Y两优8199的示范取得了较好的成效，也得到了广大种植户的认可，增产增效显著。经武义县农业局验收专家组成员到实地进行实割测产验收，示范方平均亩产为661.2千克，较全县面上单季晚稻平均亩产增加149.2千克，亩节工省本120元，亩增收节本567.60元。

五、主要工作措施

1. 建立组织，加强领导，制定实施方案。为确保展示示范工作的顺利实施，根据项目要求，制定实施方案，同时成立项目领导小组和实施小组。领导小组由农业局分管局长任组长；实施小组由种子管

理站站长负责，由种子管理站、粮油站、乡镇农技站等有关技术人员共同组成。专人于展示示范基地蹲点，开展技术指导。

2. 加强技术培训和宣传力度，提高技术到位率。充分利用农业信息网、电台和报纸等进行宣传和报道，在展示示范方内设置大型标示牌，标明展示示范品种，使之较好地起到展示示范效应。会同土肥、植保、粮油等部门开展测土配方，化肥、农药减量控排，增施有机肥，开展关于栽培等相关技术的培训并发放资料，提高技术到位率。

3. 落实优惠措施，提高示范户积极性。为提高展示示范户的积极性，采取了多项优惠措施。①种子：免费提供展示示范品种种子。②肥料：免费提供商品有机肥500千克/亩、三元复合肥（N∶P∶K=15∶15∶15）50千克/亩。③农药：使用如康宽、稻腾等新农药，每亩补助120元。④大田补苗、开丰产沟等人工费：每亩补助120元。

4. 认真做好观察记载，积累技术经验。在项目实施中，实施小组成员之间明确分工和职责，派专人蹲点记录示范方和展示田的苗情动态、病虫情况，为及时全方位指导生产提供科学依据，为进一步探索展示示范品种栽培技术积累数据。

5. 实行“五统一”技术措施。示范方实行统一品种布局（种子免费提供，连片种植）、统一育供秧（由项湾育秧基地统一供秧）、统一技术规程、统一田间管理（统一施肥、统一病虫害防治、统一水浆管理）、统一机械操作（机械播种、机械插秧、机械收割、机械烘干）。

六、主要技术措施

1. 适时播种，培育壮秧。根据当地的种植习惯、品种特性、茬口的实际情况，在5月中下旬播种。采用机播流水线播种，塑盘育秧，每盘播（芽谷）55克，采用1%壮秧肥、0.1%硫酸锌浸出液作为底水浇施。叠盘暗出苗，放置48小时，待种牙立针（芽长1厘米左右）后摆盘育秧，摆盘后搭建小棚，覆盖遮阳网保湿，确保出苗整齐。移栽前5天施好起身肥，每亩秧田施15千克尿素。还要抓好病虫害防治，做到带药下田。

2. 适龄机插，合理密植。移栽秧龄控制在21～23天，叶龄控制在3～3.5叶，密度为30厘米×20厘米。展示方机插结束后2天内、示范方机插结束后4天内做好查漏补缺工作。

3. 合理施肥，科学灌溉。施肥：插秧后10～15天施分蘖肥，并结合化学除草，重施穗粒肥，烤田复水后亩施三元复合肥（N∶P∶K=15∶15∶15）15千克。灌溉：机插后灌深水护苗，返青活棵后到有效分蘖临界期浅水间歇灌溉，达到预定苗数的80%时（每丛12株），开始排水搁田，采用多次轻搁的方法，搁到叶色转淡（顶三叶叶色浓于顶四叶叶色）。灌浆结实期采用间歇灌溉，防止过早断水。

4. 病虫草害综合防治。根据县植保站监测结果及时进行病虫害统防统治。为减少稻田杂草危害，采用移栽前封杀和生长期药剂防治，并结合人工拔除顽固性杂草。推广使用高效低毒低残留新农药蚍蚜酮、稻腾、拿敌稳等。后期狠抓纹枯病、稻曲病防治，做到抽穗前7～10天、破口期、齐穗期时各防1次。

七、对品种的综合评价

深两优884：2015年、2016年，深两优884在桃溪镇项湾（武义利民粮食专业合作社）育秧基地内展示，平均亩产分别为623.6千克和702.2千克，分别比对照两优培九的542.7千克和628.0千克分别增产14.9%和11.8%。两年均表现为植株健壮，分蘖力强，高产稳产，株高适中，抗倒性好，后期青秆黄熟。

Y两优8199：熟期适中，长势繁茂，分蘖力较强，穗大粒多，结实率较高，后期青秆黄熟，丰产性较好，抗倒性一般。

超优千号：株高适中，茎秆粗壮，分蘖力中等，基部节间短，穗较大，着粒密，谷粒黄亮，耐肥、抗倒性强，增产潜力较大。

Y两优1928：植株高大，株形紧凑，生长繁茂，茎秆粗壮，分蘖力强，穗大，着粒较密，谷长粒形，成熟落色好。

深两优9310：茎秆粗壮，抗倒性好，株形紧凑，剑叶挺拔，分蘖力强，结实率高，千粒重大，后期熟相好。

晶两优华占：株形适中，生长势较强，植株整齐，分蘖力强，结实率较高，谷粒细长，后期落色好，耐肥、抗倒性好。

Y两优900：植株适中，茎秆粗壮，分蘖力中等，倒三叶也挺直，穗较大，着粒密，耐肥、抗倒性好。

Y两优1998：株形较高，分蘖力中等，剑叶直立、宽大，茎秆粗壮，抗倒性较好，后期落色好。

湘两优2号：生长势中等，株形紧凑，分蘖力强，叶姿直立，叶色深绿，谷粒黄褐色，粒形较长、大，抗倒性好。

八、明年计划

1. 继续按照浙江省种子管理总站的统一部署安排品种布局，结合我县实际情况，进一步做好新品种展示示范工作。

2. 进一步开展深两优844等籼稻熟期较早品种的展示示范工作，以利于后茬油菜生产。

3. 加强品种配套高产技术的研究和应用，提高示范成效。

4. 针对种粮大户种植加工销售优质米面积扩大的现状，明年拟开展米质与产量兼顾的优质米品种引种试验与展示。

相关结果见表1、表2。

表1 2016年浙江省农作物新品种适应性扩展鉴定和丰产示范产量、经济性状表

品种名称	株高（厘米）	穗长（厘米）	有效穗数（万穗/亩）	总粒数（粒/穗）	实粒数（粒/穗）	结实率（%）	千粒重（克）	理论亩产（千克）	面积（亩）	湿谷产量（千克）	干谷产量（千克）	折干率（%）	实际亩产（千克）
超优千号	116	23.9	14.50	293.4	228.3	77.8	24.4	807.7	1.92	1590.5	1208.78	81.2	672.7
Y两优1928	119	27.9	17.20	276.0	205.9	74.6	28.0	991.6	1.90	1294.5	1009.70	78.0	531.4
深两优9310	109	25.5	21.26	151.2	140.5	92.9	28.7	857.3	1.70	/	1135.00	/	667.6
深两优884	120	25.7	19.18	196.3	181.3	92.4	25.4	883.2	1.78	/	1250.00	/	702.2
晶两优华占	123	25.5	19.62	209.5	177.2	84.6	22.4	778.8	1.82	1530.0	1178.10	77.0	647.3
Y两优900	116	28.0	15.80	268.8	232.4	86.5	25.4	932.7	1.88	1451.5	1114.75	76.8	592.9
Y两优1998	130	26.7	17.46	200.5	179.4	89.5	25.6	801.9	1.83	1530.0	1175.04	76.8	642.1
Y两优8199	120	27.3	21.06	184.4	162.2	88.0	28.1	959.9	1.89	1483.5	1198.67	80.8	634.2
湘两优2号	129	26.3	16.85	212.7	192.2	90.4	27.1	877.7	1.78	1423.5	1184.35	83.2	665.3
两优培九（CK）	123	25.8	17.60	237.4	191.9	80.8	26.3	888.3	1.71	1316.0	1073.86	81.6	628.0
深两优884（1）	119	23.5	22.20	175.2	161.5	92.2	24.9	892.7	1.65	1357.5	1193.2	87.9	723.2

（续表）

品种名称	株高（厘米）	穗长（厘米）	有效穗数（万穗/亩）	总粒数（粒/穗）	实粒数（粒/穗）	结实率（%）	千粒重（克）	理论亩产（千克）	面积（亩）	湿谷产量（千克）	干谷产量（千克）	折干率（%）	实际亩产（千克）
深两优 884（2）	118	23.9	18.76	177.6	158.1	89.0	24.3	720.7	1.47	1072.4	936.2	87.3	636.9
深两优 884（3）	124	23.6	18.10	171.9	159.2	92.6	25.8	743.4	1.90	1487.2	1307.2	87.9	688.0
Y 两优 8199（1）	126	26.8	16.42	204.8	189.4	92.5	27.9	867.7	1.68	1537.4	1208.4	78.6	719.3
Y 两优 8199（2）	137	27.0	17.94	191.6	175.1	91.4	26.8	841.9	1.92	1567.4	1255.5	80.1	653.9
Y 两优 8199（3）	128	27.2	15.20	210.0	181.0	86.2	26.0	715.3	1.90	1490.7	1226.7	82.3	645.7

表 2　2016 年浙江省农作物新品种适应性扩展鉴定和丰产示范经济性状、生育期表

品种名称	播种期（月/日）	插秧期（月/日）	始穗期（月/日）	齐穗期（月/日）	成熟期（月/日）	全生育期（天）
超优千号	5/25	6/17	8/23	8/28	10/18	146
Y 两优 1928	5/25	6/17	8/30	9/4	10/20	148
深两优 9310	5/25	6/17	8/26	8/31	10/17	145
深两优 884	5/25	6/17	8/27	8/31	10/19	147
晶两优华占	5/25	6/17	8/22	8/26	10/19	147
Y 两优 900	5/25	6/17	8/26	8/30	10/18	146
Y 两优 1998	5/25	6/17	8/23	8/27	10/15	143
Y 两优 8199	5/25	6/17	8/25	8/30	10/20	148
湘两优 2 号	5/25	6/17	8/23	8/27	10/16	144
两优培九（CK）	5/25	6/17	8/27	8/31	10/16	144
深两优 884（1）	5/21	6/11—6/13	8/19	8/24	10/15	147
深两优 884（2）	5/21	6/11—6/13	8/21	8/25	10/15	147
深两优 884（3）	5/21	6/11—6/13	8/21	8/25	10/15	147
Y 两优 8199（1）	5/27	6/17	8/29	9/2	10/22	148
Y 两优 8199（2）	5/27	6/17	8/29	9/2	10/22	148
Y 两优 8199（3）	5/27	6/17	8/29	9/2	10/22	148

2016年浙江省单季晚稻新品种展示示范总结

台州市椒江区种子管理站

为充分展示本省水稻攻关育种的最新科研成果，加快高产、优质、“两减一省”水稻新品种的推广应用，优化新品种、新农艺配套技术，促进粮食高产稳产，同时打造本区的水稻新品种展示示范平台，根据浙江省种子管理总站文件精神要求，本站继续在本区三甲街道坚决村实施了杂交晚稻新组合展示示范项目。通过实施组和神农粮食专业合作社的共同努力，取得了较好的成效，达到了预期的展示示范效果。

一、基本情况

本项目的展示示范落实在本区三甲街道坚决村四塘连片的粮食功能区块内，交通便利，农田排灌条件良好，土地平整，肥力均匀，基础设施完善，示范方种植农户及领导对此都比较支持，对周边有较好的示范辐射效应。

示范项目面积为200亩，集中连片种植。实施品种为甬优7850（100亩）、甬优8050（50亩）、甬优1540（50亩）。参加农户数为181户。设高产攻关田4块（4户），面积为4.396亩。整个示范方各组合统一在5月26日用网纱覆盖播种，6月12—13日统一机插。甬优7850在8月30日齐穗，11月1日成熟；甬优8050在8月28日齐穗，10月27日成熟，由于倒伏于10月25日收割。示范方由于出现稻穗发芽现象，故提前在10月28日通过台州市农业局组织实割验收。

参加展示的品种有嘉禾优2125、春优927、甬优5550、甬优150、浙优19、浙优21、甬优7850、甬优1540（CK）。每个品种种植1亩左右，并列种植。

二、水稻生长期间环境及气象因素

据本地气象资料，2016年水稻新组合展示示范期间（5月26日—10月31日）积温为4231.8℃，比2015年同期多171.9℃；雨量为919.1毫米，比2015年增加156.5毫米；雨日为83天，比2015年少7天；日照时数为543小时，比2015年少81小时。播种期间天气良好，有利于秧苗分蘖、健壮生长。机插期间天气很适合秧苗返青。灌浆结实期间天气情况良好。但整个生长期阴雨少照，对分蘖成穗有一定的影响，尤其是9月中旬的大雨，造成嘉浙优6218、嘉禾优555部分倒伏，影响结实，好在10月昼夜温差大，日照充足，弥补了一部分损失。

三、实施成效

1. 虽然遭遇台风影响，但仍取得了全面平衡高产。

（1）示范情况。通过实施组和种植户的共同努力，示范组合甬优7850、甬优8050等取得了较好的示范成效，得到了广大种植户的认可，增产增效显著。台州市农业局组织有关专家对整个示范方进行机械实割验收，3块田的平均亩产为758.3千克，比全区晚稻平均亩产增加近75千克；甬优1540最高产田亩产为762.5千克；甬优8050平均亩产为665千克，最高产田亩产为728千克。甬优7850与甬优1540

基本相似，均表现为高产、稳产、抗性好、易种，深受种植户的喜欢，增产增效明显。

（2）新组合展示结果。共有 8 个组合参加展示。其中，以甬优 7850 亩产最高，为 733.1 千克；其次是甬优 1540，亩产为 721.7 千克；再次是春优 927，亩产为 711.2 千克；亩产最低的是甬优 5550，亩产为 532.5 千克，比亩产最高的甬优 7850 低 200.6 千克。但综合表现以甬优 7850 和甬优 1540 为佳，它们的产量高，抗性好。

2. 基本上掌握了甬优 7850 的特征特性，同时对其机插高产栽培技术进行了探索。甬优 7850 在本区作单季晚稻种植时表现为高产、稳产，熟期适中，易种，耐肥、抗倒能力好，田间抗性好，熟相清秀，米质优。该品种株形紧凑，分蘖力中等，抽穗比较整齐，成穗率高，穗形中等，全生育期为 130 天左右，株高为 108 厘米，每穗实粒数达 240 粒以上，茎秆粗壮，但抗纹枯病能力一般，对稻曲病比较敏感。在本区作单季晚稻栽培，一般在 5 月 25 日前后播种，每盘播 75 克，每亩大田准备 20～22 盘；6 月 10—12 日前后机插，亩插 20 盘，机插秧龄在 20 天以内，机插密度为每亩 1.3 万株；肥水管理同大田移栽。

3. 筛选出值得关注的、适应本区种植的几个新组合。通过新组合的展示，我们认为甬优 7850、春优 927、浙优 21、嘉禾优 2125 等品种下一年可以在本区扩大示范。

4. 达到了示范、宣传和推广的目的。示范基地由于充分利用先进适用的农作和农艺技术，又采用绿色防控理念，受到了全省各级领导、专家的好评。10 月 12 日，我们组织各级领导、技术骨干、种粮大户、新闻媒体工作者等 60 多人参加现场考察活动，与会人员对展示示范的新组合给予了较高的评价，尤其是种粮大户对有的组合表示出了极大的兴趣，当地的电视、报纸等也对此做了报道；有关街道也自发组织种粮大户等参观考察。这大大加快了新组合在本区的推广速度，达到了展示宣传新品种的目的。

5. 通过实施“两减一省”栽培技术，既节省了成本，又改善了农田环境，社会效益和经济效益显著。

整个示范方平均亩产为 758.3 千克，粮食总产增加 11250 千克，为基地农户增加产值 30375 元。由于实行统一育秧和机插、绿色防控和统防统治、配方施肥，同时田间地头种植香根草、向日葵、波斯菊、大白菜等，节省了大量的农药和化肥，据不完全统计，使成本降低了近 105 元/亩。同时，减少了农田污染，改善了农田环境，社会效益和经济效益都相当显著。

四、采取的主要工作措施

1. 加强领导，科学制定实施方案，确保项目顺利完成。为使示范试验项目顺利实施，成立了以市农林局分管局长为组长的项目实施领导小组，以及由区种子管理站负责的实施小组。根据浙江省种子管理总站下达的计划，实施小组制定具体实施方案，专门落实一名农技人员在示范基地蹲点，负责措施的落实和技术指导。同时聘用一名农民技术员负责示范基地的日常工作。

2. 加强各项技术培训，加大优惠政策的宣传力度，确保综合技术到位率。充分利用农民信箱、农技咨询网站、农业气象网站及报刊等进行宣传报道。在展示示范方的显著位置树立 3 米×2 米的展示示范标志牌，使之较好地起到展示示范的效应。实施小组采用多种方法宣传展示示范的作用，邀请有关领导、专家实地检查指导，同时组织技术培训 2 期，培训人数达 105 人（次），印发各类技术资料 260 份。另外，落实各专业技术人员在水稻生长的主要季节到田间进行指导，尽可能提高各项技术到位率。

3. 落实有关优惠政策和措施，解决后顾之忧。一是免费发放种子。除对比试验所用种子由各选育单位提供外，基地内其他示范种子由本站与专业合作社统一提供，以便统一布局和管理，共支付种子款 2.25 万元。二是整个示范基地享受直补及良种补贴，同时还享受每亩 40 元的统防统治及农机作业补贴。三是试验示范基地内从播种到收获所需的人工、肥料、农药等费用全部由本站支付，共计支付 7.5 万元（包括种子款）。四是对倒伏甬优 8050 田块进行适当的产量差补助，支付 0.3 万元。这些积极的激励政策确保了展示工作的顺利进行。

4. 实行“六统一”服务。一是统一布局和供种，并连片种植；二是统一采用网纱覆盖育秧；三是统一移栽及其配套栽培技术，并开展技术培训；四是聘用专人，统一技术指导和灌水；五是统一防治和施肥，及时提供病虫情报；六是统一落实有关政策。

五、主要技术措施

根据籼粳型杂交稻甬优7850和甬优8050等的特征特性，结合本地实际情况，采用“适时播种、适龄机插、湿润浇灌、科学施肥和防病”的高产栽培技术。

1. 适时播种，培育壮苗。要求在5月底前（5月26日）播种，每盘播75克种子。播种前需催芽，播种后覆盖一层细的黄泥土，然后喷幼禾葆除草，再覆盖防虫网，施足肥料，培育壮秧。

2. 适龄机插，合理密植。6月12—13日机插，插前两天每亩施碳铵30千克、过磷酸钙30千克作耙面肥，秧苗间距18厘米，每丛1～3本。

3. 科学肥水管理。

（1）插秧后灌深水护苗，成活返青后浅水灌溉促分蘖，并经常露田通气。

（2）插秧后一周（即6月19日前后）亩施尿素5千克，6月26日前后亩施尿素5千克、钾肥5千克，7月8日前后再亩施尿素5千克、钾肥5千克作追肥，促蘖孕穗。

（3）插秧后一个月，每丛稻有8～10根分蘖时开始搁田，且搁田要重，田要搁开裂。

（4）以后保持间歇灌水、干干湿湿，保持田间通气。

（5）后期施适量尿素，并亩施2.5千克钾肥。

4. 全面实施统防统治措施。重点做好纹枯病、稻曲病的防治；其余病虫按病虫情报适期、适量、精确用药，有效地控制病虫害。

六、品种评价

甬优7850：是宁波市农业科学研究院选育的籼粳型杂交稻新组合，特性与甬优1540类似，同期播种始穗比甬优1540迟，但灌浆结实快；种植表现为高产稳产，分蘖力较强，成穗率高，叶片生长旺盛，穗大，着粒密，结实率高，后期转色好，米质优，尤其植株抗性强，表现出较高的产量水平，深受本区种粮大户欢迎，明年可扩大示范。

甬优8050：由宁波市种子有限公司育成。属广适性三系籼粳杂交稻，增产潜力大，米质优，抗倒性好，抗病性强。半矮生型，根系发达，茎秆粗壮，叶鞘紧裹节间，抗倒性较好，叶片较长，叶角小，叶脉粗壮、发达，叶色翠绿，叶鞘、叶缘绿色，转色顺畅，穗大粒多，结实率高。作单季稻种植，每亩有效穗数为12.1万穗，成穗率为62.0%，株高125.6厘米，穗长23.50厘米，每穗总粒数为200.3粒，每穗实粒数为177.2粒，结实率为89.5%，千粒重为24.1克。熟期转色好，灌浆饱满，落粒性中等，耐肥、抗倒性一般；谷粒椭圆形，稃尖无色，谷色黄亮。

七、明年计划

根据省、市种子管理部门的统一安排，结合本地实际情况，本站计划明年在继续抓好示范工作的基础上，增加展示示范规模，为本区种粮大户提供更广泛的交流和选择平台。

相关结果见表1、表2。

表 1　2016 年浙江省农作物新品种丰产示范结果表

品种名称	作物类型	方内农户	实施面积（亩）	验收亩产（千克）	亩产与当地平均比较(%)	示范方总增产（千克）	攻关田情况					观摩会及技术培训			
							面积（亩）	田块数	验收亩产（千克）	最高产田		观摩会次数	培训期数	培训人数	印发资料（份）
										面积（亩）	亩产（千克）				
甬优 7850	籼粳杂交稻	71	100	727.2	11.8	11580	3.56	3	758.3	1.7	762.5	1	1	105	260
甬优 8050	籼粳杂交稻	41	50				1.8	2	665	0.836	728.0				

表 2　2016 年浙江省农作物新品种适应性扩展鉴定结果表

品种名称	播种期（月/日）	成熟期(月/日)	全生育期（天）	面积（亩）	亩产（千克）	田间抗性	抗倒性	综合评价		
								排名	主要优点	主要缺点
嘉禾优 2125	5/28	11/8	164	0.921	706.7	中	中	4	米质好	生育期长
浙优 21	5/28	11/6	162	1.038	668.0	好	中	5	穗大粒多	分蘖力中等
甬优 5550	5/28	11/5	161	0.929	532.5	差	差	8	米质较好	秆高易倒
浙优 19	5/28	11/7	163	1.079	637.7	中	中	6	丰产潜力大	田间抗性差
春优 927	5/28	11/4	160	0.896	711.2	好	中	3	产量高	抗倒性中等
甬优 7850	5/28	10/28	153	1.008	733.1	好	好	1	后期灌浆快，好种	分蘖力一般
甬优 150	5/28	11/1	157	0.945	611.6	中	一般	7	丰产	易倒
甬优 1540（CK）	5/28	10/29	154	1.020	721.7	好	好	2	高产，易种	易穗上发芽

2016年浙江省鲜食秋大豆新品种适应性扩展鉴定和丰产示范总结

衢州市农业科学研究院

为推动我省主要农作物品种结构调优，进一步鉴定农作物新品种的抗性、适应性和应用前景，细化品种区域评价，促进品种向绿色、轻简和适合机械化方向发展，根据浙江省种子管理总站《关于布置2016年浙江省农作物新品种适应性扩展鉴定和丰产示范计划的通知》(浙种〔2016〕21号)的要求，我们承担了秋季大豆品种适应性扩展鉴定任务。在省、市种子管理站的指导下，通过本所科技人员和种植人员的共同努力，顺利完成各项工作，全面实现产量目标。现将适应性扩展鉴定和丰产示范情况小结如下。

一、项目实施基本情况

1. 基地概况

秋大豆展示示范地点在衢江区高家镇志建家庭农场。示范方内实行统一品种布局、统一技术规程、统一田间管理。展示示范基地交通便利，排灌条件良好，土地平整，土壤肥力中上，适合连片种植。

2. 示范概况

建立鲜食大豆衢鲜5号示范方40亩，播种期为8月15日。

3. 展示概况

秋大豆新品种展示分2组。干籽大豆参试品种4个：衢秋3号、衢秋5号、衢秋6号、浙秋豆2号(CK)；鲜食大豆参试品种4个：衢鲜6号、衢鲜5号、萧农秋艳、衢鲜1号(CK)。每个品种种植0.2亩，统一于7月30日播种。

4. 田间管理概况

实施稻-豆水旱轮作，播前灌水，土地湿润，保证出苗快、齐、壮。示范品种衢鲜5号种植密度为1.2万株/亩；展示品种种植密度为0.9万株/亩。播种覆土后，喷施50%乙草胺100毫升，兑水30千克，防治杂草，出苗7天后做好查漏补缺工作。施肥策略："重施基肥，施好花荚肥，适当增施有机肥和钾肥，后期看苗施肥。"注意防治蚜虫，及时中耕培土，防止倒伏。

二、实施结果

1. 示范品种产量

衢鲜5号平均亩产为712.3千克。

2. 展示品种产量

秋大豆新品种展示分2组。鲜食大豆组亩产为756.2～840.3千克；干籽大豆组亩产为166.0～222.4千克。

三、展示示范成效

1. 充分发挥了新品种展示示范效应。及时组织召开新品种现场考察观摩会，扩大新品种示范辐射作用，增强种子经营户、种粮大户对秋大豆衢鲜5号等新品种长势表现的认识，使农民对它们的认可度提高，为后续推广创造了条件。

2. 增产增效明显。通过优质高产品种、其他各项配套技术措施的综合运用，节本增产明显。示范品种衢鲜5号平均亩产为712.3千克，比全市鲜食大豆平均亩产增加162.3千克，亩药、肥、水等成本下降240元左右，亩节本增产增效889.2元。

四、主要工作措施

1. 为了确保本项目顺利实施，成立项目领导小组和实施小组。领导小组组长由衢州市农业科学研究院院长担任；实施小组由衢州市农业科学研究院作物所相关技术人员组成。确定专人负责，鉴定示范方聘请2名农技员蹲点指导，确保技术到位。

2. 在项目实施过程中，加强资金管理，根据项目实施内容，做到专款专用，保证项目按时、高质量完成。

3. 提供产前信息、产中技术、产后订单等社会化服务，让展示示范方成为农户可看可学的样板。

4. 加强技术指导。在展示和示范品种生长关键时期，农技人员进行实地技术指导，及时做好各品种的观察记载工作。

五、主要技术措施

1. 合理搭配稻-豆两熟，前作直播或机插，早稻选择中嘉早17、中早39。

2. 栽培管理按当地习惯进行，展示品种种植密度为0.9万株/亩，示范品种种植密度为1.2万株/亩。做好病虫害防治。

3. 及时灌溉。由于2016年天气干燥，所以除播前（7月28日）灌水外，生育期（8月10日、8月16日、8月29日）还灌水3次。

4. 适时定苗培土。展示品种于8月10日定苗，每穴留苗2株，8月17日结合中耕培土除草一次；示范品种于8月25日定苗，每穴留苗2株，8月30日结合中耕培土除草一次。

5. 合理施肥。展示品种于8月17日每亩施5千克三元复合肥作苗肥，于9月7日每亩施10千克三元复合肥作花荚肥；示范品种于8月30日每亩施7.5千克三元复合肥作苗肥，于9月21日每亩施10千克三元复合肥作花荚肥。

6. 防治虫害。8月5日、8月20日、9月1日和9月20日，用吡虫啉、阿维菌素、灭多威、锐劲特等农药防治蚜虫、青虫、豆荚螟、豆秆潜叶蝇。

六、对品种的综合评价

1. 示范品种

衢鲜5号：单株荚多，粒大，增产潜力大，丰产稳产，株形收敛，生育期适宜，生产上注意防治蚜虫。适合秋季及秋延后栽培。

2. 展示品种

衢鲜6号：产量高，鼓粒快，生育期短，种皮黄色，粮蔬兼用，生产上注意防治蚜虫。

衢鲜5号：单株荚多，增产潜力大，丰产稳产，株形收敛，生育期适宜，生产上注意防治蚜虫。适合秋季及秋延后栽培。

萧农秋艳：产量较高，荚色翠绿，适采期长。

衢秋6号：产量较高，籽粒大，分枝多，株形分散，抗倒性中等。

衢秋5号：产量高，籽粒大，抗倒性强，种皮绿色。

衢秋3号：产量高，籽粒中小，生育期短，植株较高大。

七、明年计划

1. 继续按照省、市的部署安排，做好衢鲜9号、衢鲜6号、衢秋5号及衢秋3号的展示示范工作。

2. 加强品种配套高产技术的研究和应用，提高示范成效。

相关结果见表1～表4。

表1 2016年浙江省农作物新品种适应性扩展鉴定和丰产示范结果表（鲜食大豆）

品种名称	播种期（月/日）	成熟期（月/日）	全生育期（天）	面积（亩）	亩产（千克）	亩产与对照比较（%）	田间抗性	抗倒性	综合评价		
									排名	主要优点	主要缺点
衢鲜5号	7/31	10/21	82	0.2	840.3	11.1	中	好	1	单株荚数多，产量高	田间出现花叶病毒病
衢鲜6号	7/31	10/18	79	0.2	815.2	7.8	中	好	2	鼓粒快，生育期短，产量高	田间出现花叶病毒病
萧农秋艳	7/31	10/20	83	0.2	774.5	2.4	中	好	3	荚色翠绿	田间出现花叶病毒病
衢鲜1号（CK）	7/31	10/19	80	0.2	756.2	0.0	中	好	4	荚色翠绿	田间出现花叶病毒病
衢鲜5号（示范）	8/15	11/12	84	40	712.3	/	中	好	—	/	/

表2 2016年浙江省农作物新品种适应性扩展鉴定结果表（干籽大豆）

品种名称	播种期（月/日）	成熟期（月/日）	全生育期（天）	面积（亩）	亩产（千克）	亩产与对照比较（%）	田间抗性	抗倒性	综合评价		
									排名	主要优点	主要缺点
衢秋5号	7/31	11/14	106	0.2	222.4	33.9	好	好	1	籽粒大，产量高	种皮绿色
衢秋6号	7/31	11/10	102	0.2	207.8	24.7	好	好	2	分枝多，籽粒大，外观品质优	株形不紧凑
衢秋3号	7/31	11/7	99	0.2	214.1	29.0	好	好	3	荚多，籽粒外观好，熟期早	植株高大
浙秋豆2号（CK）	7/31	11/11	103	0.2	166.0	0.0	好	差	4	籽粒外观好，	易倒伏

表 3 2016 年浙江省农作物新品种适应性扩展鉴定和丰产示范考种表（鲜食大豆）

品种名称	株高（厘米）	结荚高度（厘米）	主茎节数（节）	分枝数（个）	秕荚数（个）	实荚数（个）	总荚数（个）	单荚粒数（粒）	百荚鲜重（克）	百粒鲜重（克）
衢鲜 1 号(CK)	47.5	10.0	12.5	2.0	0.2	35.3	35.5	2.2	306.6	84.5
衢鲜 5 号	45.2	7.5	12.8	3.0	6.0	44.5	50.5	2.2	312.3	66.2
衢鲜 6 号	49.2	6.7	12.0	1.7	0.5	36.2	36.7	2.1	315.4	88.1
萧农秋艳	43.0	10.8	12.3	2.0	1.2	34.5	35.7	2.0	298.3	93.0
衢鲜 5 号（示范）	43.1	8.1	11.3	2.1	5.1	35.2	40.3	2.1	297.3	

表 4 2016 年浙江省农作物新品种适应性扩展鉴定和丰产示范考种结果表（干籽大豆）

品种名称	株高（厘米）	结荚高度（厘米）	主茎节数（节）	分枝数（个）	秕荚数（个）	实荚数（个）	总荚数（个）	单荚粒数（粒）	百粒重（克）
衢秋 5 号	53.1	10.3	13.7	2.3	0.0	43.6	43.6	2.1	40.5
衢秋 6 号	41.7	8.3	13.0	3.2	1.3	50.8	58.1	1.8	39.7
衢秋 3 号	72.8	8.8	13.6	1.6	1.6	57.4	49.0	2.1	29.6
浙秋豆 2 号（CK）	56.2	11.5	14.8	3.5	2.5	55.3	57.8	1.8	27.8

2016年浙江省鲜食大豆新品种适应性扩展鉴定和丰产示范总结

杭州市萧山区种子管理站

根据浙江省种子管理总站《关于布置2016年浙江省农作物新品种适应性扩展鉴定和丰产示范计划的通知》(浙种〔2016〕21号)的统一部署，我区承担浙鲜9号、浙鲜豆8号、浙鲜豆5号、浙鲜豆4号、青酥5号、科力源12号、衢春豆08-03这7个鲜食大豆新品种适应性扩展鉴定，以及浙鲜9号鲜食大豆新品种丰产示范任务。现将适应性扩展鉴定和丰产示范情况小结如下。

一、基本情况

适应性扩展鉴定地点为萧山区农业对外综合开发区十七工段浙江省（萧山）现代农业创新园，面积为5.6亩。

丰产示范地点为杭州水良蔬菜专业合作社南阳垦种基地，示范面积为110亩。基地地势平坦，土壤为砂壤土，肥力中等，排灌方便。

二、适应性扩展鉴定田间设计

畦宽（连沟）1.1米，畦长60米，每个品种播种8畦，每畦播种2行，株距为30厘米，小区面积为0.8亩。随机排列，不设重复。

三、结果

1. 适应性扩展鉴定结果

（1）结果分析

生育期比较：青酥5号全生育期最短，为87天；浙鲜豆8号全生育期最长，为98天。

株高比较：开科源12号最高，株高达到了51.3厘米；青酥5号最矮，株高仅为32.7厘米。

分枝比较：青酥5号有效分枝数最多，为6.3个；衢春豆08-03最少，为3.7个。

荚数和粒数比较：单株有效荚数最多的是浙鲜豆4号，为35.3个；最少的是浙鲜9号，为21.1个。单荚粒数最多的是开科源12号，为2.4粒；最少的是浙鲜豆4号，仅1.6粒。百荚鲜重最大的是浙鲜9号，为276.2克；最小的是浙鲜豆4号，为179.6克。百粒鲜重最大的是青酥5号，为86.6克；最小的是浙鲜豆4号，为57.1克。

产量比较：实割亩产最高的是浙鲜豆8号，为605.5千克；最低的是浙鲜9号，只有467.5千克。

（2）各品种优缺点总结

浙鲜9号：秕荚少，籽粒饱满，但有效荚数较少，产量较低。

浙鲜豆 8 号：产量高，品质较好，但生育期偏长。

浙鲜豆 5 号：荚数较多，品质较好，但籽粒偏小。

浙鲜豆 4 号：植株较矮，秕荚多，单荚粒数偏少。

青酥 5 号：生育期短，产量高，籽粒较大，但口感偏硬，秕荚偏多。

开科源 12 号：产量较高，籽粒饱满，抗性好，但生育期偏长，植株偏高。

衢春豆 08-03：秕荚少，籽粒饱满，但种子纯度不高，产量偏低，植株易倒伏。

从综合性状看，浙鲜 9 号、浙鲜豆 8 号、青酥 5 号、开科源 12 号表现较好。

2. 丰产示范结果

（1）生育期及抗性

浙鲜 9 号全生育期为 100 天左右，属于中熟品种；植株适中，未出现倒伏情况；抗病性较好。

（2）经济性状和产量性状

6 月 22 日，对示范田进行考种。该品种实际种植密度为 1.14 万株/亩，平均株高 37.82 厘米，底荚高 9.54 厘米，有效分枝数为 2.87 个，单株有效荚数为 14.83 个，百荚鲜重为 360.94 克，百粒鲜重为 84.33 克，平均荚长 5.99 厘米，荚宽 1.44 厘米，理论亩产为 610.21 千克。6 月 26 日，对示范田实收进行了测产，实际亩产为 617 千克。

（3）经济效益分析

示范方平均亩产为 617 千克，以 3.6 元/千克计算，平均每亩产值 2221 元。除去成本约 1745 元/亩（土地租金为 650 元/亩，农资费用为 275 元/亩，人工费用为 820 元/亩），平均利润为 476 元/亩。

四、主要技术措施

1. 适应性扩展鉴定

（1）施足基肥

亩施三元复合肥（N：P：K=15：15：15）20 千克，整地前撒施。4 月 1 日，大型拖拉机整地。

（2）播种

4 月 8 日直播，4000 穴/亩，每穴 3 粒，密度为 1.1 万株/亩。

（3）追肥

4 月 28 日，苗期亩施三元复合肥（N：P：K=15：15：15）15 千克。6 月 10 日，鼓粒期每亩撒施三元复合肥（N：P：K=15：15：15）15 千克。

（4）病虫草害防治

5 月 15 日，每亩用 250 克/升氟磺胺草醚 120 毫升除草。4 月 30 日，喷洒 5%氟虫苯甲酰胺 800 倍液和 70%吡虫啉 500 倍液，防治豆荚螟和蚜虫。6 月 12 日，喷洒 40%氯虫•噻虫嗪 1000 倍液和 70%吡虫啉 500 倍液，防治豆荚螟和蚜虫。

2. 丰产示范

（1）播前准备

示范田块前作为芹菜，播前选晴好天气亩施三元复合肥（N：P：K=15：15：15）20 千克，进行翻耕整地、做畦，同时做好纵横及四周出水沟，以防积水。播前晒种。

（2）适时适量播种

播种方式为地膜直播，播种期为 3 月 7—10 日。播种密度为畦宽（连沟）1.1 米，每畦播种 2 行，株距 25 厘米，亩播 4600 穴，每穴播种 3～4 粒，密度为 1.2 万株/亩。

（3）施肥

苗期亩施尿素 7.5 千克。初花期亩施三元复合肥（N：P：K=15：15：15）10 千克。结荚后亩施尿素

7.5千克。

（4）病虫草害防治

播后苗前，用96克/升精异丙甲草胺乳油2000倍液喷。播种后，亩用6%聚醛·甲萘威颗粒剂0.5千克撒施，防治蜗牛。苗期喷洒10%吡虫啉可湿性粉剂2000 倍液，防治蚜虫。花期用20%吗啉胍·乙铜可湿性粉剂800 倍液加72%霜脲·锰锌可湿性粉剂600 倍液，防治病毒病和霜霉病。

五、小结

从适应性扩展鉴定结果看，浙鲜9号、浙鲜豆8号、青酥5号、开科源12号表现较好。

从丰产示范结果看，浙鲜9号生育期适中，抗性较好，商品性佳，产量水平较高，是一个值得大面积推广的优质鲜食加工兼用的大豆新品种。

六、存在问题

丰产示范方花荚期阴雨天较多，日照不足，导致结荚少，单粒荚比例较高，有细菌性斑点病发生，最后影响了产量。鲜食大豆采摘成本较高，需1.0～1.2元/千克，导致经济效益较低，下一步需推广鲜食大豆机械收割的设备和技术，降低种植成本，提高种植效益。

相关结果见表1～表6。

表1　2016年浙江省农作物新品种适应性扩展鉴定生育期表

品种名称	播种期（月/日）	出苗期（月/日）	开花期（月/日）	成熟期（月/日）	全生育期（天）
浙鲜9号	4月8日	4月20日	5月30日	7月8日	91
浙鲜豆8号（CK）	4月8日	4月20日	5月30日	7月15日	98
浙鲜豆5号	4月8日	4月19日	5月29日	7月7日	90
浙鲜豆4号	4月8日	4月20日	5月30日	7月9日	92
青酥5号	4月8日	4月20日	5月27日	7月4日	87
开科源12号	4月8日	4月21日	6月2日	7月13日	96
衢春豆08-03	4月8日	4月20日	5月29日	7月7日	90

表2　2016年浙江省农作物新品种适应性扩展鉴定产量表

品种名称	理论亩产（千克）	实际			
		小区产量（千克）	亩产（千克）	亩产与对照比较(%)	排名
浙鲜9号	641.1	374.0	467.5	−22.8	7
浙鲜豆8号（CK）	729.5	484.4	605.5	0.0	1
浙鲜豆5号	713.0	433.2	541.5	−10.6	4
浙鲜豆4号	697.4	418.0	522.5	−13.7	5
青酥5号	703.4	450.4	563.0	−7.0	2
开科源12号	747.4	442.8	553.5	−8.6	3
衢春豆08-03	648.6	394.0	492.5	−18.7	6

表 3 2016 年浙江省农作物新品种适应性扩展鉴定抗逆性表

品种名称	花叶病毒	白粉病	霜霉病	细菌斑点病	倒伏性
浙鲜 9 号	0 级	0 级	0 级	0 级	中倒
浙鲜豆 8 号（CK）	0 级	0 级	0 级	0 级	轻倒
浙鲜豆 5 号	0 级	0 级	0 级	0 级	轻倒
浙鲜豆 4 号	0 级	0 级	0 级	0 级	轻倒
青酥 5 号	0 级	0 级	0 级	0 级	中倒
开科源 12 号	0 级	0 级	0 级	0 级	不倒
衢春豆 08-03	0 级	0 级	0 级	0 级	中倒

表 4　2016 年浙江省农作物新品种适应性扩展鉴定经济性状表

品种名称	叶形	花色	茸毛色	青荚色	荚形	结荚习性	种皮色	脐色	株形	株高（厘米）	主茎节数（节）	有效分枝数（个）	单株总荚数（个）	秕荚数（个）	单株有效荚数（个）	单荚粒数（个）	百荚鲜重（克）	百粒鲜重（克）	虫食粒率（%）	紫斑粒率（%）	褐斑粒率（%）
浙鲜 9 号	卵圆	白色	灰色	绿色	弯镰	有限	绿色	黄色	半开放	34.3	8.3	4.3	22.8	1.7	21.1	2.0	276.2	79.6	0	0	0
浙鲜豆 8 号（CK）	卵圆	白色	灰色	绿色	弯镰	有限	绿色	黄色	半开放	44.7	10.0	4.7	29.0	1.3	27.7	1.8	239.4	70.0	0	0	0
浙鲜豆 5 号	卵圆	白色	灰色	绿色	弯镰	有限	绿色	黄色	半开放	45.7	9.7	5.0	36.6	2.7	33.9	2.0	191.2	62.9	0	0	0
浙鲜豆 4 号	卵圆	白色	灰色	绿色	弯镰	有限	绿色	黄色	半开放	37.0	9.7	4.0	38.0	2.7	35.3	1.6	179.6	57.1	0	0	0
青酥 5 号	卵圆	白色	灰色	绿色	弯镰	有限	绿色	黄色	半开放	32.7	9.3	6.3	28.7	2.0	26.7	1.9	239.5	86.6	0	0	0
开科源 12 号	卵圆	白色	灰色	绿色	弯镰	有限	绿色	黄色	收敛	51.3	11.0	4.3	28.8	2.3	26.5	2.4	256.4	71.5	0	0	0
衢春豆 08-03	卵圆	白色	灰色	绿色	弯镰	有限	绿色	黄色	半开放	40.0	9.3	3.7	23.8	1.7	22.1	1.9	266.8	80.1	0	0	0

表 5　2016 年浙江省农作物新品种适应性扩展鉴定结果表

品种名称	播种期（月/日）	成熟期（月/日）	全生育期（天）	面积（亩）	亩产（千克）	亩产与对照比较（%）	田间抗性	抗倒性	综合评价		
									排名	主要优点	主要缺点
浙鲜 9 号	4/8	7/8	91	0.8	467.5	−22.8	中	中	6	秕荚少，籽粒饱满	荚数少，产量较低
浙鲜豆 8 号（CK）	4/8	7/15	98	0.8	605.5	0.0	中	中	3	产量高，品质较好	生育期偏长
浙鲜豆 5 号	4/8	7/7	90	0.8	541.5	−10.6	中	中	4	荚数较多，品质较好	籽粒偏小
浙鲜豆 4 号	4/8	7/9	92	0.8	522.5	−13.7	中	中	5	植株较矮	秕荚多，荚粒数偏少
青酥 5 号	4/8	7/4	87	0.8	563.0	−7.0	中	中	2	生育期短，产量高，籽粒较大	口感偏硬，秕荚偏多
开科源 12 号	4/8	7/13	96	0.8	553.5	−8.6	好	好	1	产量较高，籽粒饱满，抗性好	生育期偏长，植株偏高
衢春豆 08-03	4/8	7/7	90	0.8	492.5	−18.7	中	中	7	秕荚少，籽粒饱满	纯度不高，产量偏低，易倒伏

表 6　2016 年浙江省农作物新品种丰产示范结果表

农户数	品种名称	作物类型	计划面积（亩）	实施面积（亩）	中心方面积（亩）	验收亩产（千克）	当地平均亩产（千克）	亩产与当地平均比较(%)	示范方总增产（千克）	示范方增产增收（万元）	示范方节本增收（万元）	示范方总增收（万元）	订单农业情况		
													订单面积（亩）	生产数量（千克）	订单产值（万元）
1	浙鲜 9 号	大豆	50	110	20	617	530	16.4	9570	1.88	0.55	2.43	/	/	/

印发资料（份）	技术培训		投入资金									攻关田				
	期数	人数	合计（万元）	技术培训（万元）	印发资料（万元）	种子补贴（万元）	农资补贴（万元）	展示示范牌制作（万元）	辅导员工资（万元）	考察总结（万元）	其他（万元）	面积（亩）	田块数	验收亩产（千克）	产量最高田块	
															面积（亩）	亩产（千克）
200	2	80	4.0	0.6	0.2	0.8	1.5	0.2	0.5	0.2	0.0	/	/	/	/	/

2016年浙江省玉米新品种适应性扩展鉴定总结

东阳市玉米研究所

为推动我省主要农作物品种结构调优，进一步鉴定玉米新品种的抗性、适应性和应用前景，细化品种区域评价，促进品种向绿色、轻简和适合机械化方向发展，根据浙江省种子管理总站《关于布置2016年浙江省农作物新品种适应性扩展鉴定和丰产示范计划的通知》（浙种〔2016〕21号）的统一部署，我所承担甜、糯玉米新品种适应性扩展鉴定任务，充分展示各品种特征特性和增产潜力，达到了预期的示范效果。现将适应性扩展鉴定情况总结如下。

一、项目实施基本情况

1. 基地概况

新品种展示落实在浙江省东阳市玉米研究所基地内，距东阳城区 10 千米、嵊义线旁，交通便利。示范田畈地势开阔，阳光充足，道路、排灌沟渠配套，土壤肥力中等，海拔 95 米。展示田地由我所统一管理，科技人员负责指导，栽培水平相对较高。

2. 展示概况

展示面积为6亩，品种25个。其中，甜玉米13个：浙甜10、浙甜11、浙甜12、超甜4号、宝甜、嵊科金银838、金玉甜2号、浙凤甜5号、正甜68、福华甜、一品甜、上品、雪甜7401，超甜4号为对照。糯玉米12个：浙糯玉7号、科糯2号、京科糯569、浙糯玉5号、美玉8号、美玉16、彩糯10、浙糯玉6号、翔彩糯4号、脆甜糯5号、金糯628、美玉13，美玉8号为对照。每个品种展示面积为0.2亩。

3. 田间管理概况

播种采用大田直播。甜玉米种植密度为3500株/亩；糯玉米种植密度为4000株/亩。整地前施猪尿1.5吨/亩，翻耕、起垄、地膜覆盖。甜玉米大多于4月6日播种，其中浙凤甜5号和雪甜7401于4月13号播种；糯玉米于4月7号播种。播种时施磷肥33.3千克/亩；苗期施复合肥25千克/亩，辛硫磷浇根防地下害虫；抽穗前施30千克/亩尿素，除草培土。

二、生长期间气象条件及影响

2016年4—7月，气象条件总体上较好。整个玉米生长期间，没有遇到强风暴雨及严重干旱天气，玉米生长发育正常。4月中下旬，雨日雨量较常年多。这对玉米出苗，特别是甜玉米出苗产生不利影响。

三、实施结果

甜玉米展示品种13个，亩产为902～1312千克，增产幅度为－10.4%～30.2%。其中，浙甜11的亩产最高，达到1312千克，比对照超甜4号增产30.2%；亩产最低的是嵊科金银838，平均亩产为902千克，比对照减产10.4%。从综合性状来看，雪甜7401、浙甜10、浙甜11、浙凤甜5号、金玉甜2号表现较好。雪甜7401品质表现突出，浙甜11产量表现突出。

糯玉米展示品种 12 个，亩产为 943～1188 千克，增产幅度为 1.8%～26.0%。其中，科糯 2 号亩产最高，达到 1188 千克，比对照美玉 8 号增产 26.0%；亩产最低的是浙糯玉 5 号，平均亩产为 960 千克，比对照增产 1.8%。从综合性状来看，浙糯玉 6 号、浙糯玉 5 号、美玉 13、科糯 2 号、彩糯 10 表现较好。浙糯玉 6 号品质表现突出，科糯 2 号产量表现突出。

四、对品种的综合评价

1. 甜玉米

表现前 1～5 位的分别是：雪甜 7401、浙甜 10、浙甜 11、浙凤甜 5 号、金玉甜 2 号。

（1）雪甜 7401：平均亩产为 945 千克，比对照减产 6.3%。春播全生育期为 78 天。株高 175 厘米，穗位高 32 厘米。穗长 18.8 厘米，穗粗 5.0 厘米，穗行数为 14.8 行，秃尖长 0.0 厘米。皮薄，糖度高，品质特优，生育期短。不抗纹枯病。适宜于春季大棚种植。

（2） 浙甜 10：平均亩产为 1165 千克，比对照增产 15.6%。春播全生育期为 83 天。株高 203 厘米，穗位高 60 厘米。穗长 19.4 厘米，穗粗 5.2 厘米，穗行数为 15.8 行，秃尖长 0.0 厘米。产量高，品质较好。适宜于春秋季种植。

（3） 浙甜 11：平均亩产为 1312 千克，比对照增产 30.2%。春播全生育期为 88 天。株高 211 厘米，穗位高 67 厘米。穗长 20.2 厘米，穗粗 5.0 厘米，穗行数为 16.0 行，秃尖长 0.0 厘米。产量高，品质中等。适宜于春秋季种植，注意适期早播。

（4）浙凤甜 5 号：平均亩产为 1019 千克，比对照增产 1.1%。春播全生育期为 79 天。株高 193 厘米，穗位高 58 厘米。穗长 19.4 厘米，穗粗 4.9 厘米，穗行数为 16.0 行，秃尖长 0.0 厘米。皮薄，品质优，生育期短。适宜于春季大棚种植。

（5）金玉甜 2 号：平均亩产为 1013 千克，比对照增产 0.5%。春播全生育期为 82 天。株高 218 厘米，穗位高 72 厘米。穗长 18.7 厘米，穗粗 4.7 厘米，穗行数为 15.6 行，秃尖长 0.0 厘米。产量中等，品质较好，抗性强。适宜于春秋季种植。

2. 糯玉米

表现前 1～5 位的分别是：浙糯玉 6 号、浙糯玉 5 号、美玉 13、科糯 2 号、彩糯 10。

（1）浙糯玉 6 号：平均亩产为 962 千克，比对照增产 2.0%。春播全生育期为 81 天。株高 202 厘米，穗位高 70 厘米。穗长 19.5 厘米，穗粗 4.6 厘米，穗行数为 15.6 行，秃尖长 0.9 厘米。生育期短，品质优。适宜于春秋季种植。

（2）浙糯玉 5 号：平均亩产为 960 千克，比对照增产 1.8%。春播全生育期为 82 天。株高 230 厘米，穗位高 90 厘米。穗长 20.2 厘米，穗粗 4.6 厘米，穗行数为 14.2 行，秃尖长 2.8 厘米。生育期短，品质优。适宜于春秋季种植。

（3）美玉 13 号：平均亩产为 1202 千克，比对照增产 27.5%。春播全生育期为 86 天。株高 202 厘米，穗位高 70 厘米。穗长 17.5 厘米，穗粗 5.3 厘米，穗行数为 17.6 行，秃尖长 3.1 厘米。产量高，生育期适中，抗性好。适宜于春秋季种植。

（4）科糯 2 号：平均亩产为 1188 千克，比对照增产 26.0%。春播全生育期为 84 天。株高 227 厘米，穗位高 90 厘米。穗长 19.1 厘米，穗粗 4.7 厘米，穗行数为 12.2 行，秃尖长 0.7 厘米。产量高，生育期适中，抗性好。适宜于春秋季种植。

（5） 彩糯 10：平均亩产为 1081 千克，比对照增产 14.6%。春播全生育期为 85 天。株高 211 厘米，穗位高 86 厘米。穗长 18 厘米，穗粗 5.0 厘米，穗行数为 14.0 行，秃尖长 3.1 厘米。品质较好，产量较高，生育期适中，抗性好。适宜于春秋季种植。

相关结果见表 1、表 2。

表1　2016年浙江省农作物新品种适应性扩展鉴定结果表（甜玉米）

品种名称	播种期（月/日）	成熟期（月/日）	全生育期（天）	面积（亩）	亩产（千克）	亩产与对照比较（%）	田间抗性	抗倒性	综合评价		
									排名	主要优点	主要缺点
浙甜10	4/6	6/29	83	0.2	1165	15.6	中	好	2	产量较高，熟期适中，品质较好	田间抗性一般
浙甜11	4/6	7/4	88	0.2	1312	30.2	好	中	3	产量高，穗形好，品质中等	抗倒性一般，偏迟熟
浙甜12	4/6	6/29	83	0.2	1060	5.2	好	好	6	产量较高，熟期适中，穗位低	品质一般
超甜4号（CK）	4/6	6/29	83	0.2	1008	0.0	中	好	9	产量，品质中等，商品性好	田间抗性一般
宝甜	4/6	7/2	86	0.2	1113	10.4	好	好	7	产量较高，田间抗性好	品质一般，生育期较长
嵊科金银838	4/6	6/29	83	0.2	902	−10.5	好	好	13	田间抗性好，生育期适中，品质较好	产量较低
金玉甜2号	4/6	6/28	82	0.2	1013	0.5	好	好	5	田间抗较好，生育期适中，品质中等	产量一般
浙凤甜5号	4/13	7/2	79	0.2	1019	1.1	好	好	4	皮薄，品质好，熟期短，穗位低	产量一般
正甜68	4/6	7/4	88	0.2	1071	6.3	好	好	8	产量较高，田间抗性好，品质中等	偏迟熟
福华甜	4/6	7/4	88	0.2	995	−1.3	好	好	12	田间抗性好，产量中等，品质中等	偏迟熟
一品甜	4/6	7/7	91	0.2	1112	10.3	好	好	11	产量较高，抗性好	品质一般，偏迟熟
上品	4/6	7/10	94	0.2	1323	31.3	好	中	10	穗大，产量高	品质一般，迟熟，抗倒性一般
雪甜7401	4/13	7/1	78	0.2	945	−6.3	中	好	1	皮薄，糖度高，品质好，早熟	纹枯病较重，产量一般

表2　2016年浙江省农作物新品种适应性扩展鉴定结果表（糯玉米）

品种名称	播种期（月/日）	成熟期（月/日）	全生育期（天）	面积（亩）	亩产（千克）	亩产与对照比较（%）	田间抗性	抗倒性	综合评价		
									排名	主要优点	主要缺点
浙糯玉7号	4/6	7/2	85	0.2	1067	13.1	好	好	6	品质好，产量较高，抗性好，熟期适中	秃尖较长
科糯2号	4/6	7/1	84	0.2	1188	26.0	好	好	4	产量高，抗性好，商品性好，熟期适中	品质中等
京科糯569	4/6	7/1	84	0.2	1076	14.1	好	好	9	熟期适中，抗性好，产量较高	秃尖较长
浙糯玉5号	4/6	6/29	82	0.2	960	1.8	好	中	2	品质好，生育较短	产量一般，后期有倒伏
美玉8号（CK）	4/6	7/2	85	0.2	943	0.0	好	好	8	产量较好，商品性好，穗位偏高	品质一般
美玉16	4/6	7/2	85	0.2	966	2.4	好	好	7	田间抗性较好，生育期适中	秃尖较长，穗位较高
彩糯10	4/6	7/2	85	0.2	1081	14.6	好	好	5	品质较好，产量中等，生育期适中	秃尖较长
浙糯玉6号	4/6	6/28	81	0.2	962	2.0	中	中	1	生育较短，品质好	倒伏较多，纹枯病较重
翔彩糯4号	4/6	7/2	85	0.2	1012	7.3	好	好	11	品质好，抗性较好，生育期适中	秃尖较长
脆甜糯5号	4/6	7/2	85	0.2	1014	7.5	好	好	10	品质好，产量中等，生育期适中	有秃尖，产量中等
金糯628	4/6	6/29	82	0.2	1009	7.0	中	中	12	早熟，品质较好	产量一般，倒伏较多
美玉13	4/6	7/3	86	0.2	1202	27.5	好	好	3	产量高，抗性好，生育期适中	秃尖较长，穗位高

2016年浙江省普通玉米新品种适应性扩展鉴定总结

东阳市种子管理站

为了鉴定新育成玉米品种的适应性和应用前景，充分展现品种的特征特性，筛选适宜推广品种，同时打造我市旱粮作物新品种的展示示范平台，根据浙江省种子管理总站《关于布置2016年浙江省农作物新品种适应性扩展鉴定和丰产示范计划的通知》（浙种〔2016〕21号）的文件精神，我站承担了2016年普通玉米新品种适应性扩展鉴定工作。现将适应性扩展鉴定实施情况总结如下。

一、基本情况

展示基地的所在地——虎鹿镇是我市玉米、高粱、花生等旱粮的主产区。基地所在地桥头村交通便利，具有悠久的玉米种植历史，种植基础好，重视农业新品种的引进试种和新技术的推广应用，对周边镇村的群众有较强的带动和辐射作用。试验田为砂壤土质，地块肥力水平较高，具备排灌条件。

2016年展示玉米新品种共10个：登海605、联创799、梦玉908、京农科921、铁研818、荃研2号、丰乐21、济单7号、浙单11，以郑单958为对照。

采用大区对比方法，不设重复。每个品种种植0.2亩。统一播种期（4月7日），统一种植密度（每亩3500株），统一田间管理。播种、施肥等栽培管理按本地种植习惯进行，以充分展现新品种在本地的适应性和特征特性。

2016年我市玉米试验期间，阴雨天持续时间长，气温比常年偏低，雨量增加明显，光照不足，对玉米生长有一定的影响，但未受强台风等极端天气影响。

二、主要工作措施

1. 建立项目实施领导小组，加强组织领导

为了搞好新品种的展示工作，项目实施单位成立了由东阳市农业局分管局长任组长，东阳市种子管理站、虎鹿镇农技站等的相关人员为成员的实施领导小组，明确职责分工，相互协作，确保各项工作的顺利实施。同时聘请当地退休的资深农技人员负责落实配套技术和管理基地日常工作。

2. 落实配套政策，提高试验户积极性

通过协调，我们以土地流转的形式统一租赁了基地所在村的30亩闲置土地，吸收高水平种植户进入试验基地，建立旱粮新品种展示示范基地，安排玉米、高粱等旱粮新品种展示示范。同时免费提供示范试验种子，对管理规范、种植水平高的种植户进行奖励，提高了种植户的积极性。

3. 强化技术指导，提高科技到位率

我站及时制定详细的实施方案，统一播种期、种植密度等关键技术。在试验播种前对整个基地进行统一机耕，保证了合理布局和各项技术的统一实施。展示前举办玉米适应性扩展鉴定技术培训，与试验实施人员充分沟通。展示过程中定期和试验户进行现场交流，详细记载田间管理的过程和每个品种在种植过程中的表现，发现问题及时解决。

三、展示示范成效

1. 充分发挥了新品种的展示效应

在展示基地的醒目位置设立标志牌。在7月中旬玉米生长蜡熟期，组织部分重点镇（乡）农技站站长及主要种子经营服务单位的专业人员到现场观摩新品种展示基地。基地得到了行业领导及专家的肯定，试验的新品种得到了有关种子经营服务企业的关注，从而提高了玉米新品种的影响力。

2. 明确了展示品种在我市的适应性

经展示鉴定，我们根据玉米新品种的综合表现，提出了以后几年我市普通玉米品种的推广示范意见，以郑单958、济单7号、登海605为主，搭配种植铁研818、丰乐21，加大梦玉908、荃研2号等新品种的试验示范力度。同时，进一步明确了品种特征特性及在栽培上需注意的重点技术。

郑单958：株形紧凑，熟期较早，抗倒性好，适应性广，出籽率高，稳产性好。栽培时应增加种植密度，在我市还可作为主栽品种推广。

济单7号：株形半紧凑，果穗较粗，出籽率高，抗倒性较差。栽培时适当降低种植密度，注意苗期蹲苗，后期加强培土，以提高品种的抗倒能力。

四、展示品种的适应性评价

梦玉908：亩产比对照郑单958增产8.3%，植株高，穗位低，生育期适宜，结实性好，粒大质优，出籽率高，只是果穗略小，可在我市进一步试种后推广种植。

联创799：植株长势好，生育期适宜，果穗长，品质好，产量高，植株稍高，应注意抗倒栽培。

京农科921：株形半紧凑，株高、穗位适中，生育期适宜，果穗粗大，产量高，果穗苞叶偏短，秃尖稍长。

荃研2号：植株生长势强，植株高，穗位较低，果穗长，品质好，籽粒百粒重较小。

登海605：株形紧凑，植株整齐，果穗大，抗倒性好，但生育期略长，籽粒粉质较多，穗秃尖较长。

铁研818：植株清秀，植株长势强，株形半紧凑，抗倒性好，果穗粗大，熟期偏迟。

郑单958：株形紧凑，熟期较早，抗倒性好，适应性广，稳定性好，但果穗偏小。

五、明年计划

为加快玉米新品种的推广应用，明年我站将根据浙江省种子管理总站的统一部署，继续开展玉米新品种展示试验，鉴定新品种的适应性和应用前景，保障用种安全，为农业增产增收作贡献。

近几年存在着展示品种的种子不能及时到达的情况，非常不利于展示试验的实施，2016年还因此错过了最佳播种期。希望各供种单位务必按照计划中的要求及时提供种子。

相关结果见表1、表2。

表1 2016年浙江省农作物新品种适应性扩展鉴定结果表

品种名称	播种期(月/日)	成熟期(月/日)	全生育期（天）	面积（亩）	亩产（千克）	亩产与对照比较（%）	田间抗性	抗倒性	综合评价		
									排名	主要优点	主要缺点
济单7号	4/7	7/24	102	0.2	415.6	−14.8	好	中	9	植株长势好，果穗粗大，出籽率高	抗倒性较差
联创799	4/7	7/26	102	0.2	527.3	8.1	好	中	2	生育期适宜，果穗长，品质好，产量高	抗倒性中等
浙单11	4/7	7/23	100	0.2	490.7	0.6	中	好	10	植株活秆成熟	植株苗势一般，出籽率偏低
梦玉908	4/7	7/25	103	0.2	528.4	8.3	好	好	1	穗位低，结实性好，粒大质优，出籽率高	果穗略小
京农科921	4/7	7/25	103	0.2	574.2	17.7	好	好	3	果穗粗大，产量高	果穗苞叶偏短，秃尖稍长
铁研818	4/7	7/29	107	0.2	507.1	3.9	好	好	8	植株清秀，株形半紧凑	生育期偏迟
丰乐21	4/7	7/27	105	0.2	497.4	1.9	好	好	7	植株长势好	果穗偏小
荃研2号	4/7	7/27	104	0.2	502.0	2.9	好	好	4	植株高，穗位较低，果穗长，品质好	籽粒百粒重较小
登海605	4/7	7/26	102	0.2	466.8	−4.3	好	好	5	株形紧凑，植株整齐，果穗大	籽粒粉质较多，穗秃尖较长
郑单958（CK）	4/7	7/18	96	0.2	488.0	0.0	好	好	6	株形紧凑，抗倒性好，出籽率高	果穗偏小

表2 2016年浙江省农作物新品种适应性扩展鉴定植株性状、果穗性状表

品种名称	株高（厘米）	穗位高（厘米）	穗长（厘米）	穗粗（厘米）	秃尖长（厘米）	穗形	穗行数（行）	行粒数（粒）	百粒重（克）	出籽率（%）
济单7号	228.2	84.5	15.8	4.9	0.1	圆筒	15.4	37.1	28.3	90.9
联创799	248.1	79.0	19.5	4.6	0.5	圆筒	14.4	40.8	27.9	87.0
浙单11	233.5	84.9	17.1	4.7	1.0	圆筒	15.4	33.7	30.8	84.2
梦玉908	218.3	78.2	16.4	4.8	0.2	圆筒	14.8	37.2	30.7	89.2
京农科921	240.2	87.4	17.5	5.1	1.5	圆筒	16.0	35.5	28.7	84.0
铁研818	220.4	79.6	15.3	4.7	0.9	圆筒	18.4	33.8	26.3	87.7
丰乐21	221.0	79.3	15.6	4.9	1.1	圆筒	15.2	34.0	26.7	86.9
荃研2号	225.6	66.7	18.2	4.4	0.7	圆筒	16.0	38.6	26.7	86.6
登海605	238.3	66.2	18.3	4.5	2.4	圆筒	16.0	33.8	26.3	86.3
郑单958（CK）	211.5	80.2	15.8	4.5	0.1	圆筒	13.6	35.1	29.5	85.1

2016年浙江省玉米新品种适应性扩展鉴定总结

嵊州市农业科学研究所

根据浙江省种子管理总站《关于布置2016年浙江省农作物新品种适应性扩展鉴定和丰产示范计划的通知》（浙种〔2016〕21号）的统一部署，我所承担糯玉米14个、甜玉米12个品种丰产适应性扩展鉴定任务。在上级领导与专家的支持、指导下，克服了连续阴雨、高温干旱等诸多不利因素，各品种特征特性和增产潜力得到了充分展示挖掘，达到了预期的展示效果。现将适应性扩展鉴定情况小结如下。

一、项目实施基本情况

1. 基地概况

新品种展示落实在嵊州市省级农作物品种区试站。示范田畈地势开阔，阳光充足，道路、排灌沟渠配套，土壤肥力中等偏上，海拔59米。此次展示任务由具有多年的玉米试验示范经验的高级农艺师主持，在嵊州范围内具有较好的示范辐射作用。

2. 展示概况

展示面积为7.6亩。糯玉米14个：京科糯569、浙糯1202、翔彩糯4号、浙糯玉7号、彩糯10号、浙糯玉5号、美玉（加甜糯）13号、美玉（加甜糯）8号（CK）、金糯628、糯玉6号、脆甜糯5号、美玉（加甜糯）16号、科糯2号、浙糯1302；甜玉米12个：正甜68、一品甜、上品、宝甜、华福甜、超甜4号（CK）、浙甜1号、浙甜11、金玉甜2号、浙甜菜1301、嵊科金银838、浙凤甜5号。连片集中进行种植，统一在4月1日播种，4月15日移栽。

3. 田间管理概况

（1）展示方统一育苗、统一移栽。移栽时穴施钙镁磷肥25千克/亩，同一天完成移栽，一穴一株，秧盘内不选苗，移栽后穴施辛硫磷颗粒剂2.7千克/亩防地老虎。

（2）适龄移栽，合理密植。4月15日移栽，叶龄为三叶一心时。展示田采用横式顺序排列，不设重复，小区长23米，宽6.6米，种植密度为糯玉米4000株/亩、甜玉米3500株/亩。

（3）防除杂草。在大田翻耕前使用百草枯喷施除草，移栽成活后亩施90%禾耐40毫升。

（4）合理施肥，科学灌溉。在最后一次耙大田时，亩施复合肥50千克作基肥；4月22日，亩施复合肥20千克作苗肥；5月4日，亩施尿素7.5千克；6月9日，亩施尿素20千克、氯化钾20千克、复合肥20千克。

（5）加强病虫害综合防治。移栽前施用吡虫啉、多菌灵、康宽；5月中下旬，亩用康宽10毫升、吡虫啉6克、顺式氯氰菊酯30毫升、多菌灵50克、井冈霉素300毫升，防治螟虫、蚜虫、纹枯病等；在大喇叭口期，亩用康宽10毫升、吡虫啉6克、顺式氯氰菊酯30毫升、多菌灵50克、井冈霉素300毫升，防治螟虫、蚜虫、纹枯病等。

二、生长期间气象与栽培管理等的有利和不利因子

4月平均气温比常年高，月雨量比常年少，月雨日比常年多。月平均气温为17.5℃，比常年高1.3℃；

月雨量为92.6毫米，比常年少95.6毫米；月雨日为21.0天，比常年多5.7天；月日照时数为91.0小时，比常年少51.3小时。

5月平均气温与常年基本持平，月雨量、月雨日均比常年多。月平均气温为21.4℃，比常年高0.2℃；月雨量为221.0毫米，比常年多88.7毫米；月雨日为18.0天，比常年多3.3天；月日照时数为88.7小时，比常年少27.5小时。

6月平均气温比常年高，月雨量、月雨日均比常年多。月平均气温为25.1℃，比常年高0.5℃；月雨量为325.1毫米，比常年多102.8毫米；月雨日为21.0天，比常年多5.0天；月日照时数为120.5小时，比常年少23.7小时。

7月平均气温比常年高，月雨量比常年少，月雨日比常年多。月平均气温为30.0℃，比常年低高1.4℃；月雨量为40.2毫米，比常年少100.8毫米；月雨日为13.0天，比常年多1.1天；月日照时数为217.9小时，比常年少12.1小时。

三、实施结果

展示品种糯玉米14个，亩产为1017.2～1131.7千克，平均亩产为1183.4千克；其中，浙糯1302亩产最高，达到1131.7千克，比对照美玉（加甜糯）8号增产11.3%。展示品种甜玉米12个，亩产为986.3～1232.9千克，平均亩产为1096.9千克；其中，上品的亩产最高，达到1232.9千克，比对照超甜4号增产21.9%.

四、展示示范成效

1. 充分发挥了新品种展示效应。及时组织召开新品种现场考察观摩会，扩大新品种展示示范辐射作用，增强种子经营户、种粮大户对新品种长势表现的认识，使农民对它们的认可度提高，为后续推广创造了条件。

2. 明确了展示品种在我市的适应性。糯玉米翔彩糯5号、彩糯10号、浙糯1302，甜玉米上品、一品甜、浙甜1301等品种稳产高产，综合性状好，抗性表现均较理想，适合于我市种植。但后作茬口安排略不足。

3. 增产增效明显。展示方通过优质高产品种各项配套技术措施综合运用，节本增产明显，展示品种糯玉米平均亩产为1183.4千克、甜玉米平均亩产为1096.9千克，比全市平均亩产增加80千克，亩药、肥、水等成本下降60元左右，亩节本增产增效360元。

五、主要工作措施

1. 以充分展示品种特征特性和挖掘高产潜力为原则，制定实施方案，落实专业技术人员指导，聘请技术人员统一管理，实行统一育苗、统一灌水施肥、统一病虫害防治等多项统一服务。

2. 加强技术培训与实地指导。在产前召开示范户培训会，重点介绍新品种特征特性和因种栽培技术；在产后召开示范户座谈交流会，明确新品种在当年的表现和栽培技术应用上的得失。邀请省、市专家在示范方建设期间进行现场指导，技术人员在玉米生长的关键节点进行实地检查指导。

3. 结合现代农业科技示范基地建设，建好田间学校，加强宣传。在示范方内设置了3米×2米的标志牌和分品种标志牌，标明展示示范品种。在玉米成熟期组织了2次现场观摩交流会，提高展示效果。组织技术培训2期，培训168人（次），印发技术资料323份，重点介绍新品种特征特性和高产栽培技术、病虫害防治技术、新农机具使用维护技术等。

4. 加大展示方建设投入，确保良种良法配套到位。维修改造排灌渠道、田间操作道，保障展示方排水通畅。

5. 为应对灾害性天气的频繁发生，及时采取针对性措施。在 5 月上、中旬连续阴雨时，为改善田间排水，采用水泵抽水、清理田间堆积物、适当追施叶面肥等补救性措施。

六、主要技术措施

1. 合理搭配玉米-水稻两熟。
2. 做到冬耕，确保有充足的时间种植玉米。
3. 培育壮苗，应用穴盘育苗技术，控制秧龄在 15～18 天，叶龄为三叶一心。
4. 使用新农药（机具）防治病虫害，提高防治效果。
5. 重视穗肥应用，大喇叭口期重施穗肥，增施钾肥。
6. 连续高温干旱时，适当灌水，改善田间小气候，降低高温的影响。

七、对品种的综合评价

1. 糯玉米展示

比对照增产的有彩糯 10 号、浙糯 1302、美玉（加甜糯）13 号、浙糯玉 5 号、浙糯玉 7 号、京科糯 569、翔彩糯 4 号；比对照减产的有浙糯 1202、金糯 628、糯玉 6 号、脆甜糯 5 号、美玉（加甜糯）16 号、科糯 2 号。

翔彩糯 4 号：高产潜力大，丰产稳产，株形优，抗倒能力强，株高适宜。适宜于我市种植。

2. 甜玉米展示

比对照增产的有上品、一品甜、浙甜 1301、浙甜 11、正甜 68、宝甜、浙甜 1 号、金玉甜 2 号、华福甜、嵊科金银 838 等品种；比对照减产的有浙凤甜 5 号。

上品：高产潜力大，丰产稳产性好，株形优，抗倒能力强，株高适宜。适宜于我市种植。

八、明年计划

1. 继续加强基地农业基础设施建设，进一步更新自身的农业科技知识，克服自身技术存在的问题，加强防灾减灾的能力，充分展现品种特征特性，筛选出适宜当地生态区推广的新优品种，继续服务“三农”（农村、农业和农民），实现农业、农村、农民增效增收。
2. 继续按照省统一部署安排玉米新品种展示布局。
3. 加强品种配套高产技术研究和应用，提高展示成效。
4. 由于玉米收获时正值高温季节，所以急需配套的秸秆还田机械。

相关结果见表 1、表 2。

表1 2016年浙江省农作物新品种适应性扩展鉴定结果表（糯玉米）

品种名称	播种期（月/日）	成熟期（月/日）	全生育期（天）	面积（亩）	亩产（千克）	亩产与对照比较（%）	田间抗性	抗倒性	综合评价	
									排名	主要优缺点
京科糯569	4/1	4/15	90	0.3	1188.3	0.8	好	好	7	产量中等，抗性好，品质优，熟期适中，经济性状中等
浙糯1202	4/1	4/15	83	0.3	1161.6	−1.4	好	好	9	产量中等，抗性好，品质优，熟期早，经济性状中等
翔彩糯4号	4/1	4/15	87	0.3	1284.0	9.0	好	好	1	产量高，抗性好，品质优，熟期适中，经济性状好
浙糯玉7号	4/1	4/15	83	0.3	1200.6	1.9	好	好	6	产量高，抗性好，品质优，熟期早，经济性状好
彩糯10号	4/1	4/15	95	0.3	1322.9	12.3	好	好	2	产量高，抗性好，品质优，熟期适中，经济性状好
浙糯玉5号	4/1	4/15	82	0.3	1211.7	2.8	好	好	5	产量高，抗性好，品质优，熟期早，经济性状好
美玉（加甜糯）13号	4/1	4/15	85	0.3	1272.8	8.0	好	好	4	产量高，抗性好，品质优，熟期早，经济性状好
美玉（加甜糯）8号（CK）	4/1	4/15	92	0.3	1178.3	0.0	好	好	8	产量中等，抗性好，品质优，熟期适中，经济性状中等
金糯628	4/1	4/15	83	0.3	1145.0	−2.8	好	好	10	产量中等，抗性好，品质优，熟期早，经济性状一般
糯玉6号	4/1	4/15	85	0.3	1017.2	−13.6	好	好	14	产量中等，抗性好，品质优，熟期早，经济性状一般
脆甜糯5号	4/1	4/15	82	0.3	1128.3	−4.2	好	好	11	产量中等，抗性好，品质优，熟期早，经济性状一般
美玉（加甜糯）16号	4/1	4/15	85	0.3	1039.4	−11.8	好	好	13	产量中等，抗性好，品质优，熟期早，经济性状一般
科糯2号	4/1	4/15	88	0.3	1106.1	−6.1	好	好	12	产量中等，抗性好，品质优，熟期适中，经济性状一般
浙糯1302	4/1	4/15	82	0.3	1311.7	11.3	好	好	3	产量高，抗性好，品质优，熟期早，经济性状好

表2　2016年浙江省农作物新品种适应性扩展鉴定结果表（甜玉米）

品种名称	播种期（月/日）	成熟期（月/日）	全生育期（天）	面积（亩）	亩产（千克）	亩产与对照比较（%）	田间抗性	抗倒性	综合评价	
									排名	主要优缺点
正甜68	4/1	4/15	91	0.3	1140.0	12.7	好	好	5	产量高，抗性好，品质优，熟期适中，经济性状好
一品甜	4/1	4/15	90	0.3	1161.7	14.8	好	好	2	产量高，抗性好，品质优，熟期适中，经济性状好
上品	4/1	4/15	90	0.3	1232.9	21.9	好	好	1	产量高，抗性好，品质优，熟期适中，10%倒伏
宝甜	4/1	4/15	88	0.3	1117.2	10.4	好	好	6	产量高，抗性好，品质优，熟期早，经济性状好
华福甜	4/1	4/15	89	0.3	1035.8	2.4	好	好	9	产量中等，抗性好，品质优，熟期适中，经济性状中等
超甜4号（CK）	4/1	4/15	87	0.3	1011.6	0.0	中	好	11	产量中等，抗性好，品质优，熟期适中，经济性状一般
浙甜1号	4/1	4/15	86	0.3	1100.5	8.8	中	好	7	产量中等，抗性好，品质优，熟期早，经济性状中等
浙甜11	4/1	4/15	85	0.3	1145.0	13.2	中	好	4	产量高，抗性好，品质优，熟期早，经济性状好
金玉甜2号	4/1	4/15	89	0.3	1044.9	3.3	好	好	8	产量中等，抗性好，品质优，熟期适中，经济性状中等
浙甜1301	4/1	4/15	85	0.3	1156.1	14.3	中	好	3	产量高，抗性好，品质优，熟期早，经济性状好
嵊科金银838	4/1	4/15	87	0.3	1030.8	1.9	中	好	10	产量中等，抗性好，品质优，熟期早，经济性状一般
浙凤甜5号	4/1	4/15	89	0.3	986.3	−2.5	好	好	12	产量中等，抗性好，品质优，熟期适中，经济性状一般

2016年浙江省油菜新品种展示示范总结

杭州萧山区种子管理站

根据《关于落实2015—2016年浙江省春花作物新品种展示示范的通知》（浙种〔2015〕69号）的统一部署，我区承担浙大619、中86200、中油杂19、浙大622、浙大630、浙双72、浙油51、浙油杂108、核杂1203、浙油50、浙油267、中油杂200和浙油33这13个油菜新品种展示和浙油51油菜新品种示范任务。现将展示和示范情况小结如下。

一、基本情况

展示地点为萧山区农业对外综合开发区十七工段浙江省（萧山）现代农业创新园，展示面积共计9亩。展示方土壤为砂壤土。

示范地点为杭州钱农种子有限公司新湾街道基地，示范面积为103亩。示范方土壤为砂壤土。

二、展示设计

畦宽（连沟）1.3米，畦长55米，每个品种播种6畦，每畦播种3行，错位种植，株距为33厘米，小区面积为425平方米。随机排列，不设重复。

三、展示示范结果

1. 展示结果

（1）结果分析

生育期比较：浙油杂108、中油杂200生育期最短，为229天；浙大619、浙双72、核杂1203生育期最长，为234天。

株高比较：浙油33株高最高，达到了170.4厘米；浙油50株高最矮，仅139.0厘米。

分枝比较：分枝节位最低的是浙油50，仅13.0厘米；最高的是浙大619，为47.6厘米。一次有效分枝最多的是浙油51和浙油267，为10.4个；最少的是浙双72和浙油33，仅7.8个。

荚数和粒数比较：单株有效荚数最多的是浙油50，达到471.8荚；其次是中油杂19、浙油267、中86200，都超过了400荚；最少的是浙大622，仅245.0荚。单荚粒数最多的是浙大619，达到22.9粒；最少的是中油杂200，仅15.1粒。

病害发生比较：13个品种菌核病均有发生，发生较严重的是浙大630、浙双72、核杂1203、中油杂200，发病率达40%以上；发病较轻的是浙大619，发病率仅为19.5%。除浙油杂108略有病毒病发生外，其他12个品种均无病毒病发生。

产量比较：实割亩产最高的是浙大619，为85.7千克，比对照浙双72高50.9%；最低的是浙大630，只有49.6千克。

（2）各品种优缺点

浙大619：抗冻性、耐湿耐涝性较好，产量相对较高，但抽薹期较晚，抗倒性差。

中86200：熟期适中，抗冻性、耐涝性较好，种子质量佳，但抗倒性较差。

中油杂19：产量较高，但抗倒性、抗逆性、耐涝性差，种子霉变较多。

浙大622：中度抗倒，轻微冻害，耐涝性差，种子霉变多，产量低。

浙大630：中度冻害，中度抗倒，耐涝性差，种子霉变多，产量低。

浙双72：抗冻性较好，耐涝性较好，种子霉变少，但抗倒性差。

浙油51：抗冻性较好，中度抗倒，抗病性较好，种子霉变少。

浙油杂108：耐涝性好，种子质量好，中度抗倒，但抗冻性差。

核杂1203：抗冻性好，中度抗倒，种子霉变少，但品种纯度差。

浙油50：轻度冻害，中度抗倒，耐湿耐涝性较好。

浙油267：中度冻害，中度抗倒，耐湿耐涝性较好，种子质量较好。

中油杂200：中度冻害，中度抗倒，耐湿耐涝性较好，产量较高。

浙油33：冻害严重，中度抗倒，耐湿耐涝性差，种子霉变多，质量差。

从综合性状看，浙大619、中86200、中油杂19、浙油杂108、浙油50、浙油51表现较好。

2. 示范结果

（1） 品种生育期和特征特性

2015年10月5日播种，11月15日移栽，2016年2月20日抽薹，3月16日始花，3月25日盛花，4月10日终花，5月26日成熟收割，全生育期为234天。该品种幼苗直立，叶片绿色，叶柄中长，叶缘波状，裂叶2对，有缺刻，被蜡粉。花瓣黄色。角果斜生，籽粒黑色、圆形。大田考查平均株高168厘米，单株荚数为300荚，单荚粒数为18.2粒，以千粒重4克计算，理论亩产为131千克，实测亩产为115.3千克。

（2）经济效益分析

示范方平均亩产为115千克，以6元/千克计算，平均产值为690元/亩；每亩成本约为750元（地租300元/亩，机械费80元/亩，肥料、农药等农资费120元/亩，人工费250元/亩）；每亩亏损60元。

四、主要技术措施

1. 展示基地

（1）翻耕整地，施足基肥

翻耕前将水稻秸秆进行充分粉碎后还田，亩施三元复合肥（N∶P∶K=15∶15∶15）20千克作基肥。翻耕整地做畦，畦高25厘米，畦面宽1米，畦沟宽30厘米。整平畦面，并挖好田间三沟，春后及时疏通三沟，使沟渠相通，以满足灌、排水的要求。

（2）播种移栽

2015年10月5日播种，采用72孔穴盘基质育苗。移栽前2天亩用330克/升二甲戊灵100毫升、2.5%高效氯氟氰菊酯50毫升、草铵膦300毫升，进行地下害虫、杂草防治。11月23日移栽，移栽前浇足起苗水，每畦3行，错位种植，行距为35厘米，株距为33厘米，亩栽6000株左右。

（3）肥水管理

2016年1月6日，亩施三元复合肥（N∶P∶K=15∶15∶15）20千克作苗肥。2月27日，亩施尿素7.5千克作薹肥。3月1日和3月7日，亩施速乐硼30克、磷酸二氢钾100克，与病虫害防治一起。

（4）病虫草害防治

2月23日，亩用96克/升精异丙甲草胺乳油2000倍液防治杂草1次。3月1日、3月7日，亩用

50%腐霉利 50 克、70%啶虫脒 3 克、20%氟苯虫酰胺 15 克，防治病虫害 2 次，与追肥一起。

2. 示范基地

（1）适时播种

2015 年 10 月 5 日播种，播种秧畈面积为 20 亩，亩用种量为 500 克。10 月 8 日出苗，秧苗长势良好。

（2）适时移栽

晚稻收割后及时翻耕起畦，亩施商品有机肥 250 千克、三元复合肥（N：P：K=15：15：15）25 千克、硼肥 1 千克作基肥。11 月 15—20 日移栽，每畦移栽 2 行，亩植 6100 株左右。秧苗分档移栽，先移头档大苗，匀苗移栽。

（3）田间管理

2015 年 12 月 10 日，亩施三元复合肥（N：P：K=15：15：15）25 千克。2016 年 2 月 7 日，亩施钾肥 10 千克。3 月 20 日油菜花期防治菌核病，每亩喷洒 70%甲基托布津 150 克、硼肥 100 克。

五、小结

从展示结果看，浙大 619、中 86200、中油杂 19、浙油杂 108、浙油 50、浙油 51 表现较好。从示范结果看，浙油 51 油菜新品种株形比浙油 50 更紧凑，分枝向上生长，结荚层集中，基本集中在 70 厘米以上，适宜机械化收割，可进一步推广应用。

六、存在问题

展示示范期间出现多次天气异常现象。播种育苗期间雨水较多，导致移栽期推迟。苗期出现极端低温天气，最低温度达到－10℃。花期倒春寒严重，出现多次夜间最低气温为 0℃左右的低温天气，花荚冻害严重。在成熟期遭遇 3 次 6～7 级大风及暴雨，有些品种出现倒伏。异常天气对产量影响较大，产量明显低于常年。

相关结果见表 1～表 4。

表 1　2016 年浙江省农作物新品种适应性扩展鉴定表（一）

品种名称	播种期（月/日）	移栽期（月/日）	抽薹期（月/日）	始花期（月/日）	终花期（月/日）	成熟期（月/日）	收获期（月/日）	全生育期（天）	株高（厘米）	菌核病发病率（%）	病毒病发病率（%）	抗倒性	抗逆性
浙大 619	10/5	11/23	2/28	3/17	4/19	5/26	5/31	234	158.4	19.5	0	差	好
中 86200	10/5	11/23	2/24	3/13	4/12	5/23	5/31	231	145.6	38.0	0	差	差
中油杂 19	10/5	11/23	2/24	3/17	4/16	5/23	5/31	231	154.2	28.5	0	差	差
浙大 622	10/5	11/23	2/24	3/15	4/14	5/23	5/31	231	158.6	36.7	0	中	差
浙大 630	10/5	11/23	2/24	3/16	4/15	5/23	5/31	231	153.8	45.2	0	中	差
浙双 72（CK）	10/5	11/23	2/24	3/18	4/19	5/26	5/31	234	147.2	43.8	0	差	好
浙油 51	10/5	11/23	2/24	3/18	4/13	5/23	5/31	231	141.6	24.7	0	中	好
浙油杂 108	10/5	11/23	2/24	3/12	4/12	5/21	5/31	229	157.0	36.1	1	中	差
核杂 1203	10/5	11/23	2/26	3/17	4/19	5/26	5/31	234	152.4	43.6	0	中	好
浙油 50	10/5	11/23	2/24	3/15	4/15	5/23	5/31	231	139.0	25.6	0	中	差
浙油 267	10/5	11/23	2/24	3/16	4/16	5/23	5/31	231	160.8	33.4	0	中	差
中油杂 200	10/5	11/23	2/22	3/15	4/11	5/21	5/31	229	150.2	41.4	0	中	差
浙油 33	10/5	11/23	2/24	3/18	4/16	5/23	5/31	231	170.4	26.6	0	中	差

表 2 2016 年浙江省农作物新品种适应性扩展鉴定表（二）

品种名称	茎粗（厘米）	最低分枝节位（厘米）	一次有效分枝数（个）	二次有效分枝数（个）	主花序长（厘米）	主花序荚数（荚）	单株有效荚数（荚）	荚长（毫米）	单荚粒数（粒）	千粒重（克）	理论亩产（千克）
浙大 619	1.8	47.6	8.8	2.2	56.4	60.2	343.2	77.1	22.9	3.45	108.3
中 86200	1.9	29.2	8.2	1.4	65.6	89.6	407.4	83.0	21.0	4.03	138.0
中油杂 19	1.9	29.4	9.4	5.4	67.6	78.2	455.2	89.9	21.6	4.62	181.2
浙大 622	1.5	29.2	8.0	2.2	60.8	32.0	245.0	73.0	19.1	4.24	79.2
浙大 630	1.6	25.0	9.4	7.8	60.2	22.6	331.6	71.8	18.6	4.43	109.2
浙双 72（CK）	1.7	34.0	7.8	3.4	60.4	62.4	311.2	72.2	17.5	4.09	89.0
浙油 51	2.0	25.4	10.4	2.8	47.6	38.4	372.8	71.2	22.1	4.43	145.7
浙油杂 108	2.0	36.0	8.2	7.0	58.6	55.8	354.2	72.2	17.1	4.54	110.1
核杂 1203	1.8	26.6	8.2	9.4	61.0	41.2	374.0	75.0	19.7	4.16	122.6
浙油 50	2.0	13.0	9.2	6.8	62.4	46.4	471.8	61.2	19.6	4.31	159.4
浙油 267	2.0	19.0	10.4	3.2	64.4	62.4	423.6	68.2	22.2	4.76	179.1
中油杂 200	1.9	35.8	8.2	2.2	68.2	72.0	388.4	77.8	15.1	4.70	110.3
浙油 33	1.8	31.8	7.8	8.2	70.4	51.2	373.8	69.5	20.2	4.81	145.4

表 3　2016 年浙江省农作物新品种适应性扩展鉴定结果表

品种名称	大区产量（千克）	亩产（千克）	综合表现	
			排名	主要优缺点
浙大 619	54.6	85.7	1	抽薹期较晚，抗倒性差，抗冻性、耐湿耐涝性较好，产量相对较高
中 86200	52.3	82.1	2	熟期适中，抗倒性较差，抗冻性、耐涝性较好，种子质量佳
中油杂 19	50.1	78.6	4	抗倒性差，抗逆性差，耐涝性差，种子霉变较多、质量差，产量较高
浙大 622	35.2	55.2	12	轻微冻害，中度抗倒，耐涝性差，种子霉变多，产量低
浙大 630	31.6	49.6	13	中度冻害，中度抗倒，耐涝性差，种子霉变多，产量低
浙双 72（CK）	36.2	56.8	11	抗冻性较好，抗倒性差，耐涝性较好，种子霉变少
浙油 51	49.3	77.4	6	抗冻性较好，中度抗倒，抗病性较好，种子霉变少
浙油杂 108	50.5	79.3	3	抗冻性差，中度抗倒，耐涝性好，种子饱满，质量好
核杂 1203	48.6	76.3	8	品种纯度差，抗冻性好，中度抗倒，种子霉变少
浙油 50	49.0	76.9	7	轻度冻害，中度抗倒，耐湿耐涝性较好
浙油 267	46.7	73.3	10	中度冻害，中度抗倒，耐湿耐涝性较好，种子质量较好
中油杂 200	49.9	78.3	5	中度冻害，中度抗倒，耐湿耐涝性较好，产量较高
浙油 33	47.5	74.5	9	冻害严重，中度抗倒，耐湿耐涝性差，种子霉变多、质量差

表 4　2016 年浙江省农作物新品种丰产示范结果表

农户数	品种名称	作物类型	计划面积（亩）	实施面积（亩）	中心方面积（亩）	验收亩产（千克）	当地平均亩产（千克）	亩产与当地平均比较(%)	示范方总增产（千克）	示范方增产增收（万元）	示范方节本增收（万元）	示范方总增收（万元）	订单农业情况		
													订单面积（亩）	生产数量（千克）	订单产值（万元）
1	浙油 51	油菜	100	103	20	115.3	95	21.3	2090.9	/	/	/	/	/	/

印发资料（份）	技术培训		投入资金									攻关田				
	期数	人数	合计（万元）	技术培训（万元）	印发资料（万元）	种子补贴（万元）	农资补贴（万元）	展示示范牌制作（万元）	辅导员工资（万元）	考察总结（万元）	其他（万元）	面积（亩）	田块数	验收亩产（千克）	产量最高田块	
															面积（亩）	亩产（千克）
80	1	40	3.0	0.5	0.2	0.0	1.0	0.2	0.5	0.4	0.2	/	/	/	/	/

2016年浙江省小麦新品种示范总结

杭州市萧山区种子管理站

根据《关于落实2015—2016年浙江省春花作物新品种展示示范的通知》(浙种〔2015〕69号)的要求，我区承担了小麦新品种示范任务，示范品种为华麦5号和扬麦20。现将示范情况小结如下。

一、基本情况

示范地点在萧山区农业对外综合开发区十七工段浙江省（萧山）现代农业创新园，示范面积为205亩。示范方土壤为砂壤土，pH7.8，肥力中等。

二、品种特征特性考查

1. 华麦5号：2015年11月30日播种，12月17日出苗，2016年4月9日始穗，4月12日齐穗，5月20日成熟，全生育期为172天。该品种叶片宽、长，叶色淡绿。分蘖力中等，成穗数中等。耐寒性中等，春发性强，返青快。株高适中，株形偏松散，抗倒性中等。穗长方形，较大，穗粒数多，籽粒较大。据大田考查，每亩有效穗数为21.2万穗，每穗实粒数为34.8粒，千粒重为39.3克，理论亩产为290.1千克，实测亩产为231.0千克。

2. 扬麦20：2015年11月30日播种，12月16日出苗，2016年4月10日始穗，4月13日齐穗，5月22日成熟，全生育期为174天。该品种分蘖力较强，成穗较多。植株较高，穗层整齐，穗纺锤形，穗粒数较多，抗倒性较好。据大田考查，每亩有效穗数为22.4万穗，每穗实粒数为41.5粒，千粒重为35.2克，理论亩产为326.5千克，实测亩产为254.0千克。

三、主要技术措施

1. 翻耕整地，施足基肥，合理播种

翻耕前将水稻秸秆进行充分粉碎后还田，亩施三元复合肥（N：P：K=15：15：15）20千克作基肥。用旋耕机进行充分翻耕后，采用先播种后开沟的种植方法。播种时间为2015年11月30日，亩用种量为12.5千克。开沟覆土，畦沟宽1.4米，并挖好田间三沟，春后及时疏通三沟，使沟渠相通，以满足灌、排水的要求。

2. 肥水管理

追肥2次。一是苗肥与分蘖肥，于2016年1月15日，亩施碳氨30千克、磷肥20千克。二是孕穗肥，于2月27日亩施三元复合肥（N：P：K=15：15：15）15千克。

3. 病虫草害防治

2016年1月15日，每亩喷洒50%高渗异丙隆可湿性粉剂1000倍液，防除田间杂草。4月10日、4月18日，亩用10%吡虫啉15克、15%三唑酮100克、50%多菌灵100克，防治病虫害2次。

四、存在问题

示范期间多次出现异常天气。在播种期，雨水较多，导致小麦播种期推迟，用种量增加，出苗期推迟。在苗期，出现极端低温天气，最低温度为－10℃。在拔节期，倒春寒严重，多次出现夜间最低气温为0℃左右的低温天气。在抽穗期，遭遇3次6～7级大风及暴雨天气，导致华麦5号倒伏严重，但扬麦20表现出了较强的抗倒性。在成熟期，气温较常年偏低，并遭遇连续多日的阴雨天气，导致小麦赤霉病高发，黑胚率增加，收获延迟。综上所有因素，最终导致小麦产量明显降低。

相关结果见表1、表2。

表1　2016年浙江省小麦新品种特征特性表

品种名称	株高（厘米）	有效穗数（万穗/亩）	实粒数（粒/穗）	千粒重（克）	理论亩产（千克）	实际亩产（千克）
华麦5号	69.6	21.2	34.8	39.3	290.1	231.0
扬麦20	74.8	22.4	41.5	35.2	326.5	254.0

表 2　2016 年浙江省农作物新品种丰产示范结果表

农户数	品种名称	作物类型	计划面积（亩）	实施面积（亩）	中心方面积（亩）	验收亩产（千克）	当地平均亩产（千克）	亩产与当地平均比较(%)	示范方总增产（千克）	示范方增产增收（万元）	示范方节本增收（万元）	示范方总增收（万元）	订单农业情况		
													订单面积（亩）	生产数量（千克）	订单产值（万元）
1	华麦 5 号	小麦	200	205	50	231	200	15.5	3100	/	/	/	/	/	/
1	扬麦 20	小麦			50	254	200	27.0	5670	/	/	/	/	/	/

印发资料（份）	技术培训		投入资金									攻关田				
	期数	人数	合计（万元）	技术培训（万元）	印发资料（万元）	种子补贴（万元）	农资补贴（万元）	展示示范牌制作（万元）	辅导员工资（万元）	考察总结（万元）	其他（万元）	面积（亩）	田块数	验收亩产（千克）	产量最高田块	
															面积（亩）	亩产（千克）
100	1	50	6.0	1.0	0.2	0.4	3.0	0.2	0.8	0.4	0.0	/	/	/	/	/

2016年浙江省甘薯新品种适应性扩展鉴定实施总结

开化县种子技术推广站

根据浙江省种子管理总站《关于布置2016年浙江省农作物新品种适应性扩展鉴定和丰产示范计划的通知》（浙种〔2016〕21号）的要求，为进一步推动我县种业发展，加速良种推广，满足广大农户对甘薯良种的需求，引进优良甘薯品种进行试验、示范，以期筛选出适宜本地种植推广的高产、优质品种。

一、品种与来源

参试品种：心香、浙薯75、浙薯132、浙薯6025、浙紫薯1号、浙薯81、浙薯70、浙菜薯726、浙薯259、衢紫薯57、浙薯13（CK）。

种苗来源：由浙江省农业科学院作物与核技术利用研究所、衢州市农业科学研究院提供种苗。

二、试验概况

本试验设在杨林镇平川村晓贤家庭农场，地处杭新景高速公路旁，交通便利，地势平坦，砂壤土，肥力中等，前茬作物为油菜。试验田面积为2.7亩（120米×15米）。每个品种种植0.2亩。

5月26日机械翻耕，6月2日亩施商品有机肥600千克、硫酸钾复合肥25千克。同日，用起垄机械起垄，宽（含沟）110厘米，高30厘米。6月13日定植，采用高垄梅花行单株栽培，以斜插浅栽方式栽插甘薯苗，株距为0.15～0.16厘米，亩栽插3500～3750株。

6月28—29日进行人工除草和中耕。6月30日，亩施商品有机肥600千克、硫酸钾复合肥37.5千克。7月16日，喷施15%多效唑可湿性粉剂1次，避免甘薯茎、叶旺长、疯长，使地上部分稳健生长，地下部分加速积累，上下养分分配协调，增强甘薯生育期的抗旱能力，延长叶片功能期，抑制杂草生长。生育后期喷施杀虫剂、杀菌剂各1次，防治黑斑病及螟虫危害。

甘薯定植期和生育前期雨量充沛，秧苗成活率高；生育中、后期长期高温干旱，其间灌水2次，薯块膨大受到抑制，对产量影响较大。

11月18日一次性收获。

三、试验结果

11月18日，衢州市农业局组织相关专家对甘薯新品种展示方进行了验收。专家组对展示方进行了实地考察，并对各品种进行全田实收测产。最高亩产为浙薯81（食用加工型）：4018.0千克；最低亩产为浙菜薯726（菜薯兼用型）：1283.7千克；展示品种平均亩产为2457.3千克。

浙菜薯726：菜薯兼用型。叶片、茎蔓均为绿色，分枝能力强，植株生长势旺，摘心后再生能力强，茎尖叶片浓绿、肥嫩。薯块纺锤形，紫皮紫肉，结薯习性好，平均单株结薯4.1个，单株薯重0.35千克。叶片甜糯味，叶柄脆嫩，食味清脆、稍甜。综合评价：该品种同时收获茎尖、叶柄、鲜薯，经济效益好。

浙薯 132：食用加工型。红皮橘红肉。该品种种薯发芽快，苗期长势旺，薯苗较粗壮，叶色浓绿，结薯集中，前期膨大较快，平均单株结薯 6.1 个，单株薯重 0.80 千克，薯块长圆形。综合评价：该品种早收产量较高，食用品质优，商品性好，适合鲜食和加工成薯脯。

心香：鲜食型。紫红皮黄肉，薯块纺锤形。该品种早熟性好，品质优，口感粉、甜，质地细腻，适口性好，适合作鲜薯食用，平均单株结薯 4.5 个，单株薯重 0.73 千克，薯块表皮光滑，薯块大小较均匀，商品率高。综合评价：该品种早熟，品质优，口感好，商品性好。

浙薯 81：食用加工型。该品种茎蔓粗壮，叶片绿色，薯块长纺锤形，紫红皮橘黄肉，结薯集中、整齐，平均单株结薯 8.1 个，单株薯重 1.00 千克，食味中等，耐储藏。综合评价：该品种抗性好，产量高。

浙薯 70：食用型。红皮橘红肉，茎蔓较粗，叶片绿色，薯块长纺锤形，结薯迟，薯块膨大速度快，结薯集中、整齐，平均单株结薯 5.7 个，单株薯重 0.26 千克，食味甜糯，粗纤维少，食味佳。综合评价：该品种产量较高，商品性一般。

浙薯 6025：食用型、迷你型。紫红皮橘红肉，苗期长势旺，叶色浓绿，结薯集中，平均单株结薯 6.3 个，单株薯重 0.53 千克，薯块纺锤形，口感粉，食味甜。薯块耐储性较差。综合评价：该品种早收产量较高，食用品质较优，商品性较好。

浙薯 75：鲜食加工型。薯皮白色，薯肉淡黄色，种薯发芽快，薯苗较粗壮，叶色绿，结薯集中，平均单株结薯 11.9 个，单株薯重 0.65 千克，鲜薯食用口感粉而细腻，耐储性较好。综合评价：该品种产量较高，食用品质较优，商品性好，适合加工和鲜食。

浙薯 259：食用型。紫红皮红肉，苗期长势旺，叶片较大，深绿色，结薯集中，平均单株结薯 6.1 个，单株薯重 1.13 千克。食味甜、粉，粗纤维少，质地细腻，薯块表皮光滑，薯形美观，田间抗性好，耐旱性较强，耐储性好。综合评价：该品种抗性好，产量高，食用品质优，商品性好。

浙紫薯 1 号：食用加工型。紫皮紫肉，薯块纺锤形或长纺锤形。该品种苗期长势旺，茎蔓长，叶色绿，结薯集中，平均单株结薯 3.8 个，单株薯重 0.57 千克，表皮光滑，鲜薯蒸煮食味较甜、粉，耐储性好。综合评价：该品种产量较高，综合抗性好，食用品质较优，商品性好，适合鲜食和食品加工。

浙薯 13：淀粉加工型。紫红皮橘黄肉，薯块纺锤形。种薯发芽快，苗期长势旺，叶片较大，叶心形带齿，叶深绿色，平均单株结薯 3.9 个，单株薯重 0.61 千克。薯表皮光滑，不开裂，薯块外形美观，商品性好。口感粉，食味甜，淀粉含量高，薯块耐储性较好，抗性好。综合评价：该品种优质，薯形美观，产量高，出粉率高，适应性广，综合性状优良。

衢紫 57：食用型、高花青素型。紫皮紫肉，具有花青素含量高、薯干产量高、食味较优、耐储藏、抗病性较好等特点，平均单株结薯 4.9 个，单株薯重 0.44 千克。综合评价：该品种优质，薯形美观，食用品质较优，商品性好。

四、小结与讨论

总体来看，浙薯 81 综合抗性好，产量高，是一个较好的饲料品种。浙薯 259 综合抗性好，产量高，食用品质优，商品性好，是一个很好的品种。心香早熟，品质优，口感好，商品性好，可以在我县作二季甘薯推广种植。浙薯 75 作为唯一的“白色”品种，产量较高，食用品质较优，商品性好，适合加工和鲜食。浙紫薯 1 号产量较高，综合抗性好，食用品质较优，商品性好，适合鲜食和食品加工。浙菜薯 726 薯块产量低，薯叶、尖顶食用口感较好，商品性好。

相关结果见表 1。

表1　2016年浙江省农作物新品种适应性扩展鉴定产量表

品种名称	种植密度			密度（株/亩）	验收		亩产（千克）	单株产量（千克）	单株平均个数（个）
	长（米）	宽（米）	面积（米²）		面积（亩）	产量（千克）			
浙菜薯726	1.10	0.17	0.18	3651.0	0.20	254.2	1283.7	0.35	4.1
浙薯132	1.30	0.15	0.19	3512.5	0.23	660.4	2822.0	0.80	6.1
心香	1.10	0.16	0.18	3787.9	0.20	551.3	2784.0	0.73	4.5
浙薯81	1.10	0.15	0.17	4013.7	0.20	795.6	4018.0	1.00	8.1
浙薯70	1.10	0.12	0.13	5270.1	0.20	274.1	1384.0	0.26	5.7
浙薯6025	1.10	0.17	0.19	3544.2	0.20	370.8	1872.3	0.53	6.3
浙紫薯1号	1.10	0.16	0.17	3885.0	0.20	439.2	2217.7	0.57	3.8
浙薯75	1.15	0.15	0.17	3970.6	0.21	532.1	2570.2	0.65	11.9
浙薯259	1.00	0.23	0.23	2963.0	0.18	605.3	3362.5	1.13	6.1
浙薯13（CK）	1.20	0.16	0.20	3408.3	0.22	447.5	2071.7	0.61	3.9
衢紫57	1.10	0.12	0.14	4887.6	0.20	428.2	2162.5	0.44	4.9
合计	1.12	0.16	0.18	3756.6	2.22	495.1	2457.5	0.65	6.2

2016年浙江省甘薯新品种适应性扩展鉴定总结

淳安县种子管理站

为推动我县甘薯品种结构调优，进一步鉴定甘薯新品种的抗性、适应性和应用前景，促进品种向绿色、轻简和适合机械化方向发展。根据浙江省种子管理总站《关于布置2016年浙江省农作物新品种适应性扩展鉴定和丰产示范计划的通知》（浙种〔2016〕21号）的统一部署，我站承担了浙薯75、浙紫薯1号、浙薯6025等10个甘薯品种适应性扩展鉴定任务。在上级领导与专家的支持、指导下，经过近一年来的实施，已完成项目建设的各项任务和指标，达到了预期的效果。现将适应性扩展鉴定实施情况总结如下。

一、项目实施基本情况

1. 基地概况

项目基地设在淳安县梓桐镇黄村村展示基地，地块面积为2.3亩、长方形，地势平坦，耕层厚度为20厘米，土壤为砂壤土，熟黄土土种。

2. 展示概况

展示品种：浙薯75、浙紫薯1号、浙薯6025、浙薯70、浙薯33、心香、浙薯81、浙薯132、浙菜薯726、衢紫薯57、浙薯13（CK）。

展示面积：每个品种试验展示面积各0.2亩，两边设保护行，共计2.6亩。采用高垄单行栽培，垄宽0.85米，株距0.25米，每亩种植3100株。

栽培措施：育苗及大田管理严格按照甘薯栽培技术规程操作。

3. 试验展示实施

（1）排种育苗。浙薯75、浙薯6025、浙紫薯1号、浙薯70、心香、浙薯132、浙薯81、浙菜薯726等甘薯品种秧苗由浙江省农业科学院作物与核技术利用研究所提供，对照浙薯13秧苗由淳安县梓桐镇长鑫丰红薯专业合作社提供。

（2）整地、施肥、分区。6月13日，翻耕整地，然后按每块0.2亩分成小区，按每亩羊粪1000千克、三元复合肥20千克的用量，一次撒施于土层中，耕耙均匀后，按单垄宽80厘米（含沟）、垄高30厘米进行起垄。中耕除草时每亩施追肥尿素10千克。

（3）扦插。6月18日，栽插甘薯，株距为25厘米，行距为85厘米，每亩栽插甘薯3100株。

（4）田间管理。7月上旬进行中耕、除草各1次。

二、实施结果

展示品种于11月5日收获，收获时随机取3行60株甘薯称重、丈量面积，并计算亩产。

结果显示，浙薯33亩产最高，为2770.62千克，比对照浙薯13（亩产2206.23千克）增产25.58%。浙薯75、浙薯81、浙薯70三个品种亩产较高，均超过2400千克，比对照增产10%以上。心香、浙菜薯726亩产为2300千克以上，比对照增产5%左右。其他4个品种均比对照减产，其中浙紫薯1号、衢紫薯57比对照浙薯13减产超过13%。

三、对品种的综合评价

本次甘薯新品种展示通过地上部性状观察、现场测产和食味评价，评价结果如下。

1. 浙薯13：展示产量排第7位，亩产为2206.23千克，长蔓中晚熟品种。红皮红肉，薯形规整，纺锤形，结薯集中。干率高，熟食甜度好，食味优。可作鲜食、薯脯加工或淀粉加工。地上部易徒长，应注意控制氮肥，增施钾肥。

2. 浙薯33：展示产量排第1位，亩产为2770.62千克，比对照浙薯13增产25.58%，中短蔓早熟品种。红皮红肉，薯形规整，纺锤形，结薯集中，单株结薯4个以上。干率高，熟食甜度好，食味优。可用作鲜食、迷你甘薯或薯脯加工等。

3. 浙薯75：展示产量排第2位，亩产为2467.63千克，比对照浙薯13增产11.85%，中蔓中早熟品种。白皮淡黄肉，薯形规整，短纺锤形，结薯集中，单株结薯数为5～8个。干率高，熟食甜度好，质地松、粉，食味优。可用作迷你甘薯、淀粉加工等。

4. 浙薯81：展示产量排第3位，亩产为2439.31千克，比对照浙薯13增产10.56%，长蔓中早熟品种，胡萝卜素含量高。红皮深红肉，薯形规整，纺锤形，结薯集中。干率较低，食味中等。可用作薯片加工、烤薯等。

5. 浙薯70：展示产量排第4位，亩产为2437.12千克，比对照浙薯13增产10.47%，中短蔓早熟品种。红皮红肉。薯形规整，长纺锤形，结薯集中。干率中等，熟食甜度好，食味优。可用作鲜食、薯片加工或薯脯加工等。

6. 浙菜薯726：展示产量排第5位，亩产为2341.66千克，比对照浙薯13增产6.14%，中短蔓早熟品种。紫皮淡紫肉，薯形规整，纺锤形，结薯集中。干率较低，食味一般。综合利用好，茎尖、叶柄可用作叶菜，薯块可用作薯片加工。

7. 心香：展示产量排第6位，亩产为2312.27千克，比对照浙薯13增产4.81%，中蔓早熟品种。红皮黄肉，纺锤形，小薯规整，大薯薯形较差，结薯集中。干率高，熟食甜度好，食味优。可用作迷你甘薯或淀粉加工等。

8. 浙薯6025：展示产量排第6位，亩产为2137.82千克，比对照浙薯13减产3.10%，短蔓晚熟品种。红皮橘红肉，薯形规整，纺锤形，结薯集中，单株结薯4个以上。干率较高，熟食甜度好，食味优。可用作鲜食、迷你甘薯或薯脯加工等。

9. 浙薯132：展示产量排第7位，亩产为2133.18千克，比对照浙薯13减产3.31%，中蔓早熟品种。红皮橘红肉，薯形规整，短纺锤形，结薯集中，单株结薯4个以上。干率较高，熟食甜度好，食味优。可用作鲜食、迷你甘薯或薯脯加工等。

10. 浙紫薯1号、衢紫薯57：展示产量分别排第10、第11位，亩产为1900千克左右，比对照浙薯13减产13%左右，长蔓早熟品种。紫皮紫肉，薯形规整，纺锤形，结薯集中，单株结薯4个以上。干率高，熟食甜度较好，食味较优。可用作鲜食、迷你甘薯或薯脯加工等。

四、主要工作措施

1. 建立组织，加强领导

为保证项目的顺利实施，全面完成项目任务。项目下达后，淳安县种子管理站即着手成立项目实施领导小组，组长由种子管理站站长担任，小组成员由种子管理站相关技术人员、财务人员、工程施工人员等组成。并聘请浙江省农业科学院高级农艺师担任技术顾问。梓桐镇政府也组织有关人员进行指导，负责日常的监督管理工作。领导小组负责项目的协调和有关政策、实施方案、技术措施的制定和检查督促工作。根据项目建设的规划和目标，组织管理项目实施。根据项目管理要求，严格资金管理，专款专用，以确保项目的顺利实施和投产运营。

2. 制定方案，分工负责

为实施好项目，项目实施期间，实行分块责任管理。项目实施领导小组根据项目建设内容进行明确的分工，规定了每位小组成员具体负责的建设内容，同时要求小组成员协助其他同志做好相关的建设工作。

3. 建立制度，规范管理

对项目内容进行分解，将任务落实到每位小组成员头上，并制定了建设目标责任方案。为使用好项目建设资金，制定财务管理制度，设立项目资金专账，规定了项目建设资金的使用方案和使用程序，做到专人负责、专款专用。在设备采购方面，遵循合同采购制。采购的设施、设备要尽量符合项目设计要求。这些制度的建立，确保了各项工作的有序开展。

4. 开展培训，提高水平

为提高甘薯种植展示基地内农民的生产技术水平，淳安县种子管理站在认真抓好基地的硬件基础设施建设的同时，更注重基地生产技术、品种搭配等软件建设。通过科学技术培训、座谈交流、外出考察等各种方式提高基地内主要农民的科技生产水平及文化素质。全年共举办科技培训班 2 个，培训 100 余人（次），发放技术资料 200 多份，召开甘薯新品种现场观摩会 1 次，组织外出考察 2 次。同时，为进一步增强培训效果，淳安县种子管理站还专门邀请了浙江省农业科学院高级专家进行培训，取得了很好的效果。为了解决基地甘薯生产过程中遇到的难点问题，一方面，项目实施小组定期派人深入田间地头对农户进行实地指导，解决甘薯在育苗、种植管理、病虫害防治、采收标准等方面的问题；另一方面，在甘薯生产的关键时期，安排技术员到基地内蹲点，手把手地指导农户生产。通过开展培训和技术指导，扩大了农民的视野，提高了他们的技术水平和产业发展意识，帮助他们解决生产中遇到的难题。

五、项目建设成效

1. 选出适宜我县栽培的甘薯新品种

本次甘薯品种的展示结果表明，浙薯 70、浙薯 132、浙薯 75 这 3 个品种产量水平高，适应性较好，具有推广价值。浙薯 13 作为淀粉型品种，也是对照品种，产量水平稳定，适应性好，值得在生产薯粉皮、粉条的地方推广。浙紫薯 1 号、心香等作为特色甘薯在小范围内或按订单种植经济效益很好。浙菜薯 726 作为特色叶菜，宜在城乡结合地区种植，经济效益好。

2. 示范带动作用明显

通过项目实施，及时组织召开全县甘薯新品种现场考察观摩会，扩大新品种示范辐射作用，增强种子经营户、种粮大户对浙薯 70、浙薯 132、浙薯 75、浙薯 13 等新品种长势表现的认识，为带动当地甘薯产业发展创造良好的条件。同时推广经过鉴定的优质专用新品种及标准化栽培技术，向广大农民群众展示新品种的增产潜力和优异品质。

相关结果见表 1、表 2。

表 1　2016 年浙江省农作物新品种适应性扩展鉴定产量表

品种名称	验收			验收区产量（千克）	密度（株/亩）	亩产（千克）	亩产与对照比较（%）	备注
	长（米）	宽（米）	面积（米^2）					
浙薯 13（CK）	5.20	2.50	13.00	43.0	3078	2206.23	0.00	
心香	5.25	2.50	13.13	45.5	3049	2312.27	4.81	病死 3 株
浙薯 75	5.30	2.55	13.52	50.0	2961	2467.63	11.85	
浙薯 132	5.15	2.55	13.13	42.0	3047	2133.18	−3.31	病死 4 株

（续表）

品种名称	验收			验收区产量（千克）	密度（株/亩）	亩产（千克）	亩产与对照比较（%）	备注
	长（米）	宽（米）	面积（米^2）					
浙薯6025	5.10	2.60	13.26	42.5	3018	2137.82	−3.10	
浙紫薯1号	5.15	2.50	12.88	37.0	3108	1916.82	−13.12	
浙薯81	5.25	2.50	13.13	48.0	3049	2439.31	10.56	
浙薯70	5.20	2.50	13.00	47.5	3078	2437.12	10.47	
浙菜薯726	5.25	2.55	13.39	47.0	2989	2341.66	6.14	
衢紫薯57	5.10	2.55	13.01	37.0	3077	1897.65	−13.99	
浙薯33	5.20	2.50	13.00	54.0	3078	2770.62	25.58	
平均	5.20	2.53	13.13	44.9	3049	2278.21	3.26	

表2　2016年浙江省农作物新品种适应性扩展鉴定结果表

品种名称	播种期（月/日）	成熟期（月/日）	全生育期（天）	面积（亩）	亩产（千克）	亩产与对照比较（%）	田间抗性	综合评价		
								排名	主要优点	主要缺点
浙薯13（CK）	6/18	11/5	140	0.2	2206.23	0.00	好	7	红皮红肉，干率高，食味粉、甜	藤蔓长，易徒长，应控氮增钾
心香	6/18	11/5	140	0.2	2312.27	4.81	中	6	红皮黄肉，食味粉、甜	大薯薯形较差，作鲜食宜小薯
浙薯75	6/18	11/5	140	0.2	2467.63	11.85	好	3	白皮淡黄肉，食味粉、松、甜	
浙薯132	6/18	11/5	140	0.2	2133.18	−3.31	中	9	红皮橘红肉，食味糯、甜	田间有病株、死株
浙薯6025	6/18	11/5	140	0.2	2137.82	−3.10	好	8	红皮橘红肉，食味粉、甜	
浙紫薯1号	6/18	11/5	140	0.2	1916.82	−13.12	好	10	食味粉、甜，可作食用紫薯	产量一般
浙薯81	6/18	11/5	140	0.2	2439.31	10.56	好	4	红皮深红肉，产量较高	干率较低，食味中等
浙薯70	6/18	11/5	140	0.2	2437.12	10.47	好	2	红皮橘红肉，食味糯、甜，产量较高	薯形长，商品性一般
浙菜薯726	6/18	11/5	140	0.2	2341.66	6.14	好	5	茎尖、叶柄可作蔬菜食用，菜、薯兼用	紫薯干率较低，食味一般
衢紫薯57	6/18	11/5	140	0.2	1897.65	−13.99	好	11	食味粉、甜，可作食用紫薯	产量一般
浙薯33	6/18	11/5	140	0.2	2770.62	25.58	好	1	红皮红肉，食味糯、甜，产量高	

2016年浙江省甘薯新品种适应性扩展鉴定和丰产示范总结

衢州市农业科学研究院作物所

为推动我省甘薯品种结构调优，进一步鉴定甘薯新品种的适应性和应用前景，促进我省及衢州甘薯产业的发展，在浙江省种子管理总站的统一布置下，我们承担了甘薯新品种适应性扩展鉴定和丰产示范工作。在浙江省、衢州市种子管理站的领导下，在浙江省农业科学院的大力支持与帮助下，通过衢州现代宝岛生物科技有限公司及本所同仁的共同努力，顺利完成各项工作，全面实现产量目标。

一、任务来源

根据浙江省种子管理总站《关于布置 2016 年浙江省农作物新品种适应性扩展鉴定和丰产示范计划的通知》（浙种〔2016〕21 号）的要求，我们严格制定实施方案与确定工作目标，即将新品种安排在交通便利、排灌条件良好、土地平整、土壤肥力中上、均匀并适合连片种植的地块种植。示范方内实行"五统一"服务。新品种丰产示范要与品种适应性、抗逆性考察，新技术示范，高产攻关相结合，订立产量目标。在示范方设高产攻关田 2～3 块，研究增产潜力。以上措施确保了展示和示范工作的顺利实施。

根据工作需要，成立了以浙江省农业科学院作物与核技术利用研究所为技术依托，衢州市种子管理站、衢州市农业科学研究院作物所、衢州现代宝岛生物科技有限公司为实施主体，衢江区梅泉家庭农场、衢江区甘霖家庭农场为协作单位的实施小组，明确分工，责任到人，相互配合，以确保各项技术到位，较好地完成各项任务指标。

二、基本情况

1. 实施概况

新品种展示示范实施概况见表 1。

表 1　实施概况

	甘薯新品种展示	甘薯新品种示范
计划情况	浙薯 13 等 10 个品种，每个品种 0.2 亩	浙薯 13、心香各 20 亩
完成情况	浙薯 13 等 10 个品种，另增加浙薯 259、浙薯 20、QZ66 3 个品种，每个品种 0.22 亩	浙薯 13 两个示范方共 60 亩；心香两个示范方两季共 225 亩
实施地点	衢州现代宝岛生物科技有限公司	衢州现代宝岛生物科技有限公司[浙薯 13 40 亩，心香（第二季）25 亩，浙薯 259、QZ66 各 1.9 亩，浙紫薯 3 号 0.5 亩] 衢江区梅泉家庭农场[心香 200 亩（每季各 100 亩）] 衢江区甘霖家庭农场（浙薯 13 20 亩）

2. 实施地点

地处衢州盛世莲花休闲农业观光园的衢州现代宝岛生物科技有限公司，作为展示示范核心区，拥有露地480亩。此露地原为水田，由于修建沟渠、道路以及土地平整等导致其砂石化、旱地化，极大部分已不适合种植水稻，近年来以抛荒为主，部分种植高粱等旱地作物。此地的土地相对平整，成方连片，每块地长75米左右，宽25米左右，为砂壤土，肥力中上。2015年实施甘薯新品种展示3亩和丰产示范200亩，产量水平较高。由于机械化收获较难操作，2016年实施面积减少：甘薯新品种展示4.5亩，丰产示范浙薯13 40亩、心香（第二季）25亩。薯苗来自衢州现代宝岛生物科技有限公司（种薯为上一年展示示范留种）、浙江省农业科学院作物与核技术利用研究所、衢江区梅泉家庭农场。

地处衢江区高家镇郭家村的衢江区梅泉家庭农场，作为心香迷你薯栽培示范重点区，拥有旱地化水田300亩，土地相对平整、连片，土壤肥力中等。2015年种植心香100亩，产量中等。2016年心香作为迷你薯示范栽培两季，每季分别实施100亩。薯苗为本农场上一年自留种薯育苗。

地处衢江区周家乡川坑村的衢江区甘霖家庭农场，作为浙薯13大薯栽培示范基地，拥有满山遍野的废弃橘园。甘霖家庭农场组织农民退橘还田、种植甘薯，并统一以1.2元/千克收购。土地为低坡缓丘，相对集中连片，土壤肥力中等。采取“公司＋农户”的产业模式，2016年第一年试行，落实11户、20亩。薯苗由衢州现代宝岛生物科技有限公司提供。

3. 气象条件

试验期间气象条件总体一般。扦插时阴雨有利于秧苗返青成活，苗期地上部及时封垄，长势正常。但生长中期（7月15日—9月15日）由于干旱，地下部延缓生长。生长后期（9月下旬至11月中旬）雨水充沛，有利于薯块膨大，增加产量，因而延期收获。收获期（11月下旬至12月中旬）天气晴好，但收获后期（12月中旬）由于低温冷害，部分田块有烂薯现象。

4. 订单生产

衢州现代宝岛生物科技有限公司示范基地生产的浙薯13全部由遂昌金色食品有限公司收购，鲜薯收购价为1.5元/千克。衢江区甘霖家庭农场生产的浙薯13全部自行收购，鲜薯收购价为1.2元/千克。心香作为迷你薯，主要销往上海、杭州、宁波等地，收购价第一季平均为5.0元/千克，第二季平均为3.2元/千克。

三、主要措施

1. 培育壮苗

展示的13个品种及示范的大部分浙薯13由衢州现代宝岛生物科技有限公司自行繁育，3月19日排种大棚育苗。心香由衢江区梅泉家庭农场自行繁育，第一季于2月底排种大棚育苗，第二季薯苗直接剪自第一季即将收获的大田。

2. 土地整理

翻耕后施底肥，每亩施35～40千克三元硫酸钾复合肥，展示田与两块高产攻关田另加施4000千克/亩有机肥。拖拉机横向耙一次后，竖向耙时一并作垄。其中，心香2个示范点均为2.3米作3垄。浙薯13衢州现代宝岛生物科技有限公司示范基地的垄宽1米，衢江区甘霖家庭农场的垄宽0.8～1米。展示田4.5亩及攻关田3.8亩，垄宽1米。扦插前喷施乙草胺。

3. 及时扦插

抢晴整地，抢雨扦插，分期分批完成。两块攻关田于5月1日扦插，展示田于5月20日扦插。浙薯13两个示范方于5月1—25日扦插完成，扦插密度统一控制在3000～3500株/亩。心香示范第一季于4月10日至7月初扦插100亩，第二季于7月中旬至9月2日两个示范方共扦插125亩，扦插密度统一控制在4500～5500株/亩。

4. 田间管理

栽培管理按当地习惯进行，一般只需治虫，不需防病。但2016年展示田中浙薯6025发生茎腐病，于7月16日用生石灰处理该品种，8月5日喷施噻菌铜20%（悬浮剂）。

四、实施成效

1. 展示结果

展示的浙薯13等13个品种，除浙薯6025因发生茎腐病而减产外，其他12个品种全部完成亩产指标（1500～3500千克），其中浙薯259实测亩产达5008.14千克。

2. 示范结果

示范及高产攻关共实施289.3亩，全面完成亩产指标。其中，浙薯13为60亩，亩产指标为2500千克，衢州现代宝岛生物科技有限公司示范基地实测亩产为2875.14千克，产品作加工、鲜食两用。心香225亩，作为迷你薯双季栽培，商品薯亩产指标为每季500～1000千克，第一季梅泉家庭农场的心香生育期为89天，实测亩产为1048.90千克，第二季衢州现代宝岛生物科技有限公司示范基地的心香生育期为111天，实测亩产为1626.75千克。

其中，1.9亩高产攻关田的浙薯259，11月28日自测亩产为4627.08千克。12月6日，由“浙江农业之最”办公室组织有关专家测产验收鲜薯亩产为4509.91千克。

五、品种评价

相关结果见表2～表8。

表2　2016年浙江省农作物新品种适应性扩展鉴定结薯性状表

品种名称	小薯（<50克）		中薯（50～250克）		大薯（>250克）		最大单薯重（千克）	平均单株		理论亩产（千克）	备注
	重量（千克）	个数	重量（千克）	个数	重量（千克）	个数		重量（千克）	个数		
浙薯13	/	/	1.18	10	5.79	14	0.69	1.39	4.8	4224.45	
心香	0.065	4	0.77	6	3.88	8	0.89	0.94	3.6	2854.68	薯形差
浙薯75	0.615	29	4.74	42	0.87	3	0.32	1.25	14.8	3772.91	
浙薯132	0.175	10	2.65	18	4.71	6	1.29	1.51	6.8	4563.86	
浙薯6025	0.065	2	2.86	18	0.26	1	0.26	0.64	4.2	1927.37	烂薯严重
浙紫薯1号	0.110	3	2.83	21	3.66	9	0.77	1.32	6.6	3997.16	有烂薯
浙薯81	0.025	1	1.45	11	4.35	12	0.49	1.16	4.8	3527.44	
浙薯70	0.160	5	5.38	43	2.11	7	0.34	1.53	11	4636.59	
浙菜薯726	0.060	3	1.32	9	5.37	9	1.77	1.35	4.2	4088.08	有芽薯
衢紫薯57	0.050	2	2.46	18	3.02	8	0.54	1.11	5.6	3348.65	
浙薯259	0.285	11	4.21	28	3.79	10	0.66	1.66	9.8	5015.39	
浙薯20	0.135	5	2.29	20	3.79	8	0.89	1.23	6.6	3730.48	
QZ66	0.230	8	3.15	21	5.19	15	0.69	1.71	8.8	5188.13	

注：1. 考种取样：11月8日，各品种取1个点，连续5株。
2. 扦插：5月20日。
3. 密度： 3030株/亩（100厘米×22厘米）。

表 3 2016 年浙江省农作物新品种适应性扩展鉴定产量表

品种名称	面积（米^2）	小区产量（千克）	亩产（千克）
浙薯 13	30	125.04	2778.71
心香	30	134.38	2986.26
浙薯 75	30	147.62	3280.62
浙薯 132	30	172.45	3832.38
浙薯 6025	30	58.48	1299.61
浙紫薯 1 号	30	126.79	2817.71
浙薯 81	30	169.60	3769.13
浙薯 70	30	168.48	3744.12
浙菜薯 726	30	182.94	4065.56
衢紫薯 57	30	75.00	1666.75
浙薯 259	30	225.36	5008.14
浙薯 20	30	132.51	2944.92
QZ66	30	176.08	3913.07

注：5 月 20 日扦插，11 月 28 日随机取点测产。

表 4 2016 年浙江省农作物新品种丰产示范结薯性状及产量表

<table>
<tr><th rowspan="3">扦插期（月/日）</th><th rowspan="3">收获期（月/日）</th><th colspan="3" rowspan="2">地上部性状</th><th colspan="7">结薯性状</th><th rowspan="3">地上部重量/地下部重量</th><th rowspan="3">理论亩产（千克）</th></tr>
<tr><th colspan="2">小薯（<50 克）</th><th colspan="2">中薯（50～250 克）</th><th colspan="2">大薯（>250 克）</th><th rowspan="2">地下部重量（克/株）</th></tr>
<tr><th>分枝数（个/株）</th><th>主蔓长（厘米）</th><th>重量（克/株）</th><th>重量（克）</th><th>个数</th><th>重量（克）</th><th>个数</th><th>重量（克）</th><th>个数</th></tr>
<tr><td>4/10</td><td>7/5</td><td>4.2</td><td>40.6</td><td>182.88</td><td>556.3</td><td>29</td><td>263.8</td><td>4</td><td>/</td><td>/</td><td>164.02</td><td>1.11</td><td>798.78</td></tr>
<tr><td>4/20</td><td>7/5</td><td>4.8</td><td>63.0</td><td>180.24</td><td>141.6</td><td>7</td><td>539.1</td><td>7</td><td>/</td><td>/</td><td>157.58</td><td>1.14</td><td>767.41</td></tr>
<tr><td>4/10</td><td>7/18</td><td>7.0</td><td>47.2</td><td>165.46</td><td>256.9</td><td>10</td><td>604.6</td><td>9</td><td>195.4</td><td>1</td><td>211.38</td><td>0.78</td><td>1029.42</td></tr>
<tr><td>4/20</td><td>7/18</td><td>7.4</td><td>67.4</td><td>223.6</td><td>405.2</td><td>16</td><td>655.1</td><td>8</td><td>/</td><td>/</td><td>212.06</td><td>1.05</td><td>1032.73</td></tr>
<tr><td>5/3</td><td>7/18</td><td>4.2</td><td>35.4</td><td>171.66</td><td>338.8</td><td>16</td><td>504.1</td><td>6</td><td>/</td><td>/</td><td>168.58</td><td>1.02</td><td>820.98</td></tr>
<tr><td>4/20</td><td>9/1</td><td>12.0</td><td>44.6</td><td>185.99</td><td>399.8</td><td>16</td><td>484.9</td><td>5</td><td>734.0</td><td>4</td><td>323.74</td><td>0.57</td><td>1576.61</td></tr>
<tr><td>5/3</td><td>9/1</td><td>9.2</td><td>39.5</td><td>113.84</td><td>117.5</td><td>5</td><td>738.5</td><td>7</td><td>524.1</td><td>3</td><td>276.02</td><td>0.41</td><td>1344.22</td></tr>
<tr><td>5/22</td><td>9/1</td><td>6.0</td><td>48.2</td><td>129.4</td><td>306.5</td><td>13</td><td>570.3</td><td>7</td><td>479.2</td><td>3</td><td>271.2</td><td>0.48</td><td>1320.74</td></tr>
<tr><td>5/22</td><td>9/25</td><td>10.4</td><td>49.2</td><td>198.9</td><td>534.7</td><td>24</td><td>646.3</td><td>6</td><td>400.8</td><td>2</td><td>316.36</td><td>0.63</td><td>1540.67</td></tr>
<tr><td>6/26</td><td>9/25</td><td>9.0</td><td>28.6</td><td>151.9</td><td>291.9</td><td>9</td><td>893.9</td><td>9</td><td>/</td><td>/</td><td>237.16</td><td>0.64</td><td>1154.97</td></tr>
<tr><td>8/8</td><td>11/8</td><td>/</td><td>/</td><td>/</td><td>180.3</td><td>8</td><td>822.55</td><td>9</td><td>405.0</td><td>2</td><td>281.57</td><td>/</td><td>1371.25</td></tr>
</table>

品种：心香种植面积为 225 亩（第一季 100 亩、第二季 125 亩）。

表 5　2016 年心香作为迷你薯栽培丰产示范各收获时期产值

季别	扦插期	收获时期	生育期（天）	商品薯亩产（千克）	收购价（元/千克）	产值（元/亩）
第一季	4 月初至 5 月初	6 月中旬至 7 月中旬	70～90	350～500	6.4～8.4	2500～4000
	4 月初至 5 月初	7 月中旬至 8 月中旬	90～105	500～1000	4.4～6.0	3000～5000
	5 月中旬至 5 月底		70～90	500～900		2200～4000
	5 月中旬至 5 月底	8 月中旬至 9 月中旬	90～105	900～1200	4.0～5.0	3750～4000
	6 月初至 6 月中旬		70～90	750～1000		3000～3750
	6 月初至 6 月中旬	9 月中旬至 10 月初	90～120	900～1200	3.4～4.6	3000～4500
	6 月下旬至 7 月初		70～90	750～900		2500～3500
第二季	7 月中旬至 8 月初	10 月中旬至降霜前	90～110	500～1000	3.0～4.6	留作种薯
	7 月底至 8 月底	10 月底至 12 月 10 日	90～130	500～1500	2.0～4.6	1000～4000
全年平均			第一季	800	5.0	4000
			第二季	900	3.2	2880
			合计	1700	/	6880

注：表中数据为调查统计所得，以衢江区梅泉家庭农场及衢州现代宝岛生物科技有限公司示范基地的数据为主。

表 6　浙江省 2016 年甘薯新品种丰产示范测产结果表

品种名称	面积（亩）	全生育期（扦插期—测产期）（月/日）	测产		亩产（千克）
			面积（米^2）	产量（千克/区）	
浙薯 13	40	5/1—11/28	30	129.38	2875.14
心香	100（第一季）	4/20—7/18	23	36.19	1048.90
	125（第二季）	8/8—11/28	23	56.12	1626.75
浙薯 259	1.9	5/1—11/28	30	208.21	4627.08
QZ66	1.9	5/1—11/28	30	125.58	2790.84
浙紫薯 3 号	0.5	5/1—11/28	30	94.50	2100.11

表 7　2016 年浙江省农作物新品种适应性扩展鉴定结果表

品种名称	扦插期（月/日）	收获期（月/日）	全生育期（天）	面积（亩）	亩产（千克）	亩产与对照比较（%）	田间抗性	综合评价		
								排名	主要优点	主要缺点
浙薯 13	5/20	11/28	192	0.22	2778.71	14.19	好	11	干率高，味特甜，薯形好	中迟熟，结薯性一般
心香	5/20	11/28	192	0.22	2986.26	22.72	中	8	早熟高产，干率高，食味香甜，结薯性好	作大薯栽培时薯形较差，感茎腐病
浙薯 75	5/20	11/28	192	0.22	3280.62	34.82	好	7	早熟高产，干率高，粉质细腻，结薯性极好	白皮白心
浙薯 132	5/20	11/28	192	0.22	3832.38	57.50	好	4	早熟高产，红肉，食味软糯，结薯性好	干率偏低
浙薯 6025	5/20	11/28	192	0.22	1299.61	−46.59	差	13	节间密，结薯性好	茎腐病严重
浙紫薯 1 号	5/20	11/28	192	0.22	2817.71	15.80	好	10	干率高，紫肉，无苦涩味，薯形极好，高抗	收获时无甜味
浙薯 81	5/20	11/28	192	0.22	3769.13	54.90	好	5	高胡萝卜素，早熟高产，耐肥水	干率偏低
浙薯 70	5/20	11/28	192	0.22	3744.12	53.87	好	6	早熟高产，耐肥水，红肉	薯块长纺锤形，易弯曲
浙菜薯 726	5/20	11/28	192	0.22	4065.56	67.08	好	2	早熟超高产，耐肥水，菜薯兼用（绿叶蔬菜/薯片加工）	薯形较差，易开裂，干率偏低，鲜食品质差，易发芽
衢紫薯 57	5/20	11/28	192	0.22	1666.75	−31.50	好	12	高花青素，味略甜，干率适中	中迟熟，不耐肥水，产量偏低
浙薯 259	5/20	11/28	192	0.22	5008.14	105.82	好	1	早熟超高产，耐肥水，红肉	干率偏低，薯脯加工率偏低
浙薯 20	5/20	11/28	192	0.22	2944.92	21.02	好	9	早熟高产，干率高，薯形好，食味优	肉色太浅，有粗纤维
QZ66	5/20	11/28	192	0.22	3913.07	60.81	好	3	高产，红皮红肉，干率适中，食味优	薯块长圆形，易弯曲

注：　对照亩产取 2016 年浙江省甘薯多点品比试验中对照品种衢州点亩产数据，为 2433.32 千克。

表 8　2016 年浙江省农作物新品种丰产示范结果表

农户数	品种名称	作物类型	计划面积（亩）	实施面积（亩）	中心方面积（亩）	验收亩产（千克）	当地平均亩产（千克）	亩产与当地平均比较(%)	示范方总增产（千克）	示范方增产增收（万元）	示范方节本增收（万元）	示范方总增收（万元）	订单农业情况		
													订单面积（亩）	生产数量（千克）	订单产值（万元）
3	浙薯 259	甘薯	/	/	1.9	4509.91	2433.32	85.34	3945.5	0.59	/	0.59	/	/	/
	浙薯 13	甘薯	20	40＋20	40	2875.14	2433.32	18.16	26509.2	3.98	/	3.98	60	100000	14.5
	心香	甘薯	20	25＋200	25	1048.90	850.00	23.40	44752.5	22.38	/	22.38	/	200000	100.0

印发资料（份）	技术培训		投入资金									攻关田				
	期数	人数	合计（万元）	技术培训（万元）	印发资料（万元）	种子补贴（万元）	农资补贴（万元）	展示示范牌制作（万元）	辅导员工资（万元）	考察总结（万元）	其他（万元）	面积（亩）	田块数	验收亩产（千克）	产量最高田块	
															面积（亩）	亩产（千克）
100	1	60	15.00	0.60	0.05	3.00	6.55	0.30	2.10	1.00	1.40	3.8	2	3708.96	1.9	4509.91

注：1. 验收亩产：浙薯 259 以专家组验收结果为准，其他品种采用自测实产数据。

2. 当地平均亩产：大薯栽培取 2016 年浙江省甘薯多点品比试验中对照品种衢州点亩产数据；迷你薯栽培取面上生产调查平均亩产数据。

3. 迷你薯单价以第一季平均收购价 5.0 元/千克计，浙薯 13 等大薯以收购价 1.5 元/千克计。

2016年浙江省油菜、玉米、高粱新品种适应性扩展鉴定和丰产示范总结

桐庐县种子种苗管理站

根据浙江省种子管理总站《关于落实2015—2016年浙江省春花作物新品种展示示范的通知》（浙种〔2015〕69号）和《关于布置2016年浙江省农作物新品种适应性扩展鉴定和丰产示范计划的通知》（浙种〔2016〕21号）的统一部署，我县承担浙油51的品种示范，以及浙甜11等16个春季鲜食玉米品种、泸糯8号等14个高粱品种的适应性扩展鉴定任务。在上级领导与专家的支持、指导下，我们克服了阴雨寡照等诸多不利因素，使各品种特征特性和增产潜力得到了充分展示与挖掘，达到了预期的效果。现将展示示范情况汇报如下。

一、项目实施基本情况

1. 基地概况

新品种展示示范田畈位于我县分水镇里湖村粮食功能区，功能区临近天目溪，距分水镇5千米，距县城10千米，北临新淳公路桐千线，交通便利。展示示范田畈地势开阔，日照充足，道路、排灌系统等配套齐全，土壤肥力中等偏上，平均海拔42米。承担展示示范任务的农户具有多年的田间试验示范经验，栽培水平相对较高，在桐庐范围内具有较好的示范辐射作用。

2. 示范概况

浙油51示范面积为100亩。

浙油51采用人工移栽种植技术，播种期为9月10日，种植期为10月20日前后，亩栽4000株，抽薹期为次年2月中旬，始花期为次年3月上旬，终花期为次年4月上旬，成熟期和收获期为次年5月中下旬。

3. 展示概况

展示面积为7.6亩，共3组。

（1）鲜食甜玉米

面积为3.0亩，品种10个：先甜5号（CK）、美玉甜002号、浙甜11、浙甜12、BM800、金珠甜脆、华耘301、金银208、双色先蜜、超甜1626。

3月31日播种，4月上旬陆续出苗，4月19日统一移栽，密度为3000株/亩，6月中旬陆续抽雄吐丝，7月中下旬采收。

另有中276桐庐、A218黄山这2个品种，虽不在我县种植，但统计数据时亦计入。

（2）鲜食糯玉米

面积为1.8亩，品种6个：美玉8号（CK）、美玉13号、彩甜糯617、浙糯玉7号、彩甜糯6号、钱江糯3号。

3月31日播种，4月上旬陆续出苗，4月19日统一移栽，密度为3000株/亩，6月中旬陆续抽雄吐丝，7月中下旬采收。

（3）高粱

面积为 2.8 亩，品种 14 个：兴湘梁 2 号（CK）、矮棠粟、泸糯 8 号、川糯梁 1 号、晋杂 33、德胜农 4 号、4083、0778、0583、4842、晋梁白 1 号、晋糯 3 号、晋糯 201 号、晋糯 202 号。

4 月 10 日直播，密度为 3000～3500 株/亩，5 月 8 日陆续拔节，6 月中旬陆续抽穗，8 月上旬成熟，8 月中旬统一收割。

4. 田间管理概况

（1）浙油 51

单季水稻收割后，及时开沟排水。10 月 20 日前后进行人工移栽，栽种密度为 4000 株/亩。对于杂草较多的田块，在种植前 3～5 天，每亩用 60%丁草胺乳油 100 毫升，兑水 30 千克，喷于土表，以扑杀杂草。在杂草 3～4 叶期，每亩用 5%精禾草克 50 毫升，兑水 40 千克，喷洒。对以阔叶草为主的田块，在杂草 2～3 叶期每亩喷洒 50%高特克 30 毫升，兑水 40 千克。采用配方施肥技术，保证基肥足、苗肥早、薹肥稳，促使冬春双发。一般每亩总施肥量控制在折合纯氮 15～16 千克、过磷酸钙 20 千克、氯化钾 7.5 千克、硼肥 1 千克。一般磷、钾、硼肥作基肥时一次性施用，氮肥施用比例为基肥的 30%、苗肥的 35%、腊肥的 15%、薹肥的 20%。前、中期每亩用 10%吡虫啉 20 克，兑水 40 千克，喷洒，以防治蚜虫。在初花、盛花期，每亩用 50%速克灵 100 克或 25%使百克 20～40 毫升，兑水 40 千克，喷洒，以防治菌核病。

（2）鲜食玉米

选择地势平坦、土质疏松、排灌方便的地块种植。每个品种种植 0.3 亩，栽种密度为 3000 株/亩。在播种前，通过深耕细作，施足底肥，每亩施用优质复合肥 20～25 千克。播种前将种子晾晒，以提高发芽率。种子用种衣剂（60% 吡虫啉）拌种处理，以防治地下害虫和土传病害。春季地表温度较低，温度变化大，采用育苗移栽。将种子均匀播种在温室沙畦上，播种后 12～14 天，苗龄为三叶一心时定植。及时查苗补苗，保证苗齐苗壮。及时中耕除草，及时清除多余分蘖，甜玉米慎用除草剂。雌穗吐丝前及时去除多余雌穗，只保留最上面一个雌穗，确保一株一穗，提高鲜穗等级。

4 月 26 日，三亩地施用三包有机复合肥 70 千克，促扎根和平衡壮秆，争大穗，防空秆和倒伏。6 月 4 日，大喇叭口期追施攻穗肥，每亩追施尿素 20 千克，以利穗大粒饱。

甜、糯玉米主要虫害有苗期的地下害虫和穗期玉米螟等，采用药剂拌种结合苗期杀虫剂灌根的方式防治地下害虫。在大喇叭口期，亩用“康宽”15 毫升，兑水 30 千克，喷洒叶面，以防治玉米螟。

（3）高粱

前作地块为桑园地。每个品种种植 0.2 亩，栽种密度为 4500 株/亩。

播种前用甲基托布津 500 倍液消毒浸种 2～4 小时，然后清水冲洗，催芽。每穴播种 8～10 粒，用细土覆盖 3 厘米深，以防止鸟类取食。种子出苗后，长到 4～5 叶时进行定苗、间苗，每穴留 2 株。及时清沟、排湿、除草，加强中耕。

重施底肥，每亩施用 5%专用复合肥 30～35 千克、农家肥 1500～2000 千克。定苗后 3 天，每亩施用 10 千克尿素作提苗肥。5 月 9 日，高粱拔节期后，封沟并追施三元复合肥 25 千克/亩。

苗期用 40%乐果乳液 3000 倍液喷洒，防治蚜虫。苗期至孕穗期用代森锰锌喷洒两三次，预防炭疽病、纹枯病等。拔节散籽期用杀虫双大粒剂喷洒，防治螟虫；用井冈霉素防治纹枯病。

二、生长期间气象与栽培管理等的有利和不利因子

1. 浙油 51

（1）有利因子：9 月中旬至 10 月下旬，抓住时机抢收单季水稻，及时进行油菜移栽；油菜生长期间晴雨相间，未出现灾情，苗期长势较好。

（2）不利因子：一是深秋初冬多雨寡照天气，不利于作物生长，植株根系发育不良，株体纤弱，

长势差，移栽油菜苗情偏差。二是冬季低温冰冻雨雪天气，造成部分油菜叶片脱落、发黄和卷曲，影响长势，发育期推迟。三是抽薹期至成熟期雨水较多，油菜菌核病容易发生蔓延，开花结荚前菌核病较普遍发生，但不严重，相比 2015 年，油菜大田产量明显下降。2016 年展示方浙油 51 亩产为 160.8 千克，比全县油菜平均亩产（119 千克）增产 41.8%。

2. 春季鲜食玉米

（1）有利因子：甜、糯玉米均于 3 月底播种，地膜覆盖栽培。4 月中旬移栽时晴雨相间，苗情较好，长势较旺。

（2）不利因子：一是前作地块为桑园地，肥力偏低。二是 4 月下旬以后，降雨开始增多，大风频繁，甜玉米普遍出现黄叶现象，少量植株有不同程度的倒伏，长势受到影响。三是 6 月中旬，玉米陆续抽雄吐丝，其间阴雨天较多，对叶片光合作用和果穗籽粒发育有较大影响（多数玉米果穗出现不同程度的秃尖）。四是个别品种因前期内涝严重，严重减产。

3. 高粱

（1）有利因子：一是田畈排水较好，无内涝。二是播种期间无极端天气，苗情较好，长势较旺。

（2）不利因子：一是前作地块为桑园地，肥力偏低。二是播种后，降雨开始增多，长势受到影响。三是 4—7 月的试验期间雨水多，光照少。四是 7 月中下旬至高粱成熟收获时，高温持续。

三、实施结果

1. 示范品种产量

100 亩浙油 51 示范方平均亩产为 160.8 千克，未能达到亩产 170 千克的目标。这与浙油 51 生长期的不利气象条件有很大的关系。

2. 展示品种产量

（1）春季鲜食玉米

展示品种 18 个，亩产为 614.7～1224.6 千克，平均亩产为 886.3 千克。甜玉米中，中 276 桐庐亩产最高，达到 1242.0 千克，比对照先甜 5 号增产 52.95%；其次是 A218 黄山，亩产为 1224.6 千克，比对照先甜 5 号增产 50.81%；浙甜 12 亩产为 960.0 千克，比对照先甜 5 号增产 18.23%；浙甜 11 亩产为 930.3 千克，比对照先甜 5 号增产 14.57%；亩产最低的是华耘 301，平均为 614.7 千克，比对照先甜 5 号减产 24.30%。糯玉米中，美玉 13 号亩产最高，为 1042.3 千克，比对照美玉 8 号增产 11.67%；钱江糯 3 号亩产为 993.7 千克，比对照美玉 8 号增产 6.47%；亩产最低的是浙糯玉 7 号，为 878.7 千克，比对照美玉 8 号减产 5.85%。从综合性状来看，中 276 桐庐、A218 黄山、浙甜 11、浙甜 12、美玉 13 号、钱江糯 3 号表现较突出。

（2）高粱

展示品种 14 个，亩产为 212.8～419.8 千克，平均亩产为 361.2 千克。泸糯 8 号亩产最高，达到 419.8 千克，比对照兴湘梁 2 号增产 20.70%；其次是 4842，亩产为 406.3 千克，比对照兴湘梁 2 号增产 16.82%；晋梁白 1 号亩产为 393.7 千克，比对照兴湘梁 2 号增产 13.19%；晋糯 3 号亩产为 385.6 千克，比对照兴湘梁 2 号增产 10.86%。从综合性状来看，泸糯 8 号、4842、晋梁白 1 号、晋糯 3 号表现较佳。

四、展示示范成效

1. 充分发挥了新品种展示示范效应。及时组织召开新品种现场考察观摩会，扩大新品种示范方示范辐射作用，增强种子经营户、种粮大户对浙油 51 长势、特征特性表现的认识，使农民对它们的认可度提高，为后续推广创造了条件。

2. 明确了展示示范品种在我市的适应性。采用油菜秋冬栽培、配方施肥、病虫害综合防治技术，浙油 51 可以稳产高产，适宜于我县推广种植。鲜食玉米中，浙甜 11、浙甜 12、中 276 桐庐、A218 黄山、美玉 13 号、钱江糯 3 号和美玉 8 号的综合抗性、产量均表现突出，可在我县推广种植。高粱中，泸糯 8 号、4842、晋粱白 1 号和晋糯 3 号的综合抗性好，丰产性好，适合于我县推广种植。鲜食玉米、高粱中有部分新品种仍需进一步试种，发掘增产潜力。

3. 增产增效明显。示范方通过选用优质高产品种、机插及其他各项配套技术措施的综合运用，节本增产明显。示范品种浙油 51 平均亩产为 160.8 千克，比全县油菜平均亩产增加 42 千克，亩药、肥、水等成本下降 40 元左右，亩节本增产增效 207 元。春季鲜食玉米中，甜玉米平均亩产为 850.2 千克，比全县甜玉米平均亩产增加 150 千克，亩药、肥、水等成本下降 39 元左右，亩节本增产增效 490 元。糯玉米平均亩产为 958.6 千克，比全县糯玉米平均亩产增加 359 千克，亩药、肥、水等成本下降 42 元左右，亩节本增产增效 1206 元。高粱平均亩产为 361.2 千克，比全县高粱平均亩产增加 11 千克，亩药、肥、水等成本下降 36 元左右，亩节本增产增效 71 元。

五、主要工作措施

1. 种子种苗管理站与农作站分工协作，部署落实专业技术人员蹲点工作，实行统一品种布局、统一田间管理、统一病虫害防治等多项统一服务，确保高产稳产。

2. 根据《关于落实 2015—2016 年浙江省春花作物新品种展示示范的通知》（浙种〔2015〕69 号）和《关于布置 2016 年浙江省农作物新品种适应性扩展鉴定和丰产示范计划的通知》（浙种〔2016〕21 号）的要求，组织专家进行现场测产评估。

3. 充分利用媒体进行多次宣传和报道。在示范方内设置了 3 米×2 米的标志牌，标明展示示范品种。在示范品种成熟期内组织全县种子经营户、种粮大户、乡镇农技人员参加田间新品种现场观摩交流会，提高展示示范效果。组织技术培训 2 期，受训人员达 95 人（次），印发技术资料 200 份，重点介绍新品种特征特性和高产栽培技术，以及病虫（新农药）防治措施。

4. 加大示范方建设投入，确保良种良法配套到位。免费提供示范种子，推广最优的有机肥、农药的使用。

5. 对示范方开展统防统治工作，抓住防治适期关键节点。

六、对品种的综合评价

（一）示范品种

浙油 51：全生育期为 249 天左右，熟期适中，株形较紧凑，丰产性好，含油量高，品质优。但该品种叶片较大，田间易郁闭，较易引发霜霉病、菌核病等病害，应当注意防治。

（二）展示品种

1. 甜玉米

（1）特点突出的 4 个品种

浙甜 11：该品种全生育期为 107 天左右，株形半紧凑，株高较高，整齐度好，抗病性强，抗倒性一般。果穗较大，穗形好，籽粒排列整齐，丰产性好，风味佳。适合于我县推广种植。

浙甜 12：该品种全生育期为 107 天左右，株形半紧凑，株高适中，整齐度好，抗病性强，抗倒性强。果穗较大，穗形较好，籽粒排列整齐，丰产性好，风味佳。适合于我县推广种植。

中 276 桐庐：该品种全生育期为 106 天左右，株形半紧凑，株高较高，整齐度一般，抗病性、抗倒性强。穗大，生长势较旺，糖度高，皮较薄，口感较佳，丰产性好。适宜我县推广种植。

A218 黄山：该品种全生育期为 106 天左右，株形半紧凑，株高较高，整齐度一般，抗病性、抗倒性强。穗大，生长势较旺，风味口感与中276桐庐相近，丰产性好。适宜我县推广种植。

（2）表现较好的5个品种

先甜5号：该品种全生育期为106天左右，株形半紧凑，株高较高，整齐度一般，抗病性、抗倒性强。大穗，穗形好，籽粒饱满，色泽好，商品性好，皮略厚，果穗少量秃尖，丰产性较好。可在我县进一步试种。

美玉甜002号：该品种全生育期为107天左右，株形平展，株高适中，整齐度一般，抗病性、抗倒性强。穗形稍差，籽粒整齐度稍差，色泽稍差，丰产性较好。可在我县进一步试种。

金银208：该品种全生育期为113天左右，株形紧凑，株高较高，整齐度好，抗病性、抗倒性强。风味独特，口感好，商品性优，丰产性较好。可在我县进一步试种。

双色先蜜：该品种全生育期为113天左右，株形平展，株高较高，出苗较迟，整齐度好，抗病性、抗倒性强。籽粒黄白相间，生育期较长，丰产性一般。可在我县进一步试种。

超甜1626：该品种全生育期为113天左右，株形紧凑，株高较高，整齐度一般，抗病性、抗倒性强。生长旺，丰产性较好。可在我县进一步试种。

（3）在我县推广意义不大的3个品种

BM800：出苗较迟，整齐度较差，轻感纹枯病，不耐积水，丰产性较差。

金珠甜脆：整齐度一般，轻感纹枯病，不耐积水，丰产性较差。

华耘301：产量低，与同类品种相比丰产优势不明显。

2. 糯玉米

（1）特点突出的3个品种

美玉13号：该品种全生育期为97天左右，株形半紧凑，株高较高，整齐度较差，抗病性、抗倒性强。丰产性好，商品性较佳，品质较优。糯性好，口感较好。适合于我县推广种植。

钱江糯3号：该品种全生育期为96天左右，株形紧凑，株高适中，整齐度一般，抗病性、抗倒性强。籽粒排列整齐、紧密，皮薄。丰产性好，商品性较佳。糯性较好。适合于我县推广种植。

美玉8号：该品种全生育期为100天左右，株形紧凑，株高适中，整齐度一般，抗病性、抗倒性强。丰产性好，商品性较佳。糯性好，口感较好。适合于我县推广种植。

（2）表现较好的2个品种

彩甜糯6号：该品种全生育期为97天左右，株形紧凑，株高适中，整齐度一般，抗病性、抗倒性强。丰产性较好，商品性较佳。糯性好，口感较好。可在我县进一步试种。

彩甜糯617：该品种全生育期为97天左右，与彩甜糯6号相近。商品性较佳，丰产性较好。可在我县进一步试种。

（3）在我县推广意义不大的1个品种

浙糯玉7号：综合抗性一般，与其他新品种相比优势不明显。

3. 高粱

（1）特点突出的4个品种

泸糯8号：该品种全生育期为118天左右，株高较高，综合抗性好，果穗纺锤形、中散。丰产性好。适合于我县推广种植。

4842：该品种全生育期为122天左右，株高适中，综合抗性好，穗中散、红色。丰产性好。适合于我县推广种植。

晋粱白1号：该品种全生育期为119天左右，株高较高，综合抗性好，穗中散、白色。丰产性好。适合于我县推广种植。

晋糯3号：该品种全生育期为125天左右，株高适中，综合抗性好，穗中散、红色，丰产性好。适合于我县推广种植。

（2）表现较好的2个品种

川糯粱1号：该品种全生育期为123天左右，株高较高，综合抗性好。丰产性较好。可进一步试种。

德胜农4号：该品种全生育期为124天左右，株高适中，综合抗性好。丰产性较好。可进一步试种。

（3）在我县推广意义不大的8个品种

兴湘粱2号：与其他高粱新品种相比优势不明显。

矮棠粟：与其他高粱新品种相比优势不明显。

晋杂33：产量较低。

4083：产量较低。

0778：长势较差，与其他高粱新品种相比优势不明显。

0583：长势较差，产量较低。

晋糯201号：发芽率低，产量低。

晋糯202号：发芽率低，产量低。

相关结果见表1～表5。

表 1　2016 年浙江省农作物新品种丰产示范结果表（油菜）

品种名称	播种期（月/日）	成熟期（月/日）	全生育期（天）	面积（亩）	亩产（千克）	亩产与对照比较（%）	田间抗性	抗倒性	综合评价	
									主要优点	主要缺点
浙油 51	9/10	5/16	249	100	160.8	35.12	好	好	熟期适中，株形较紧凑，丰产性好，含油量高，品质优	叶片较大，田间易郁闭，较易患霜霉病、菌核病等

表 2　2016 年浙江省农作物新品种适应性扩展鉴定结果表（鲜食糯玉米）

品种名称	播种期（月/日）	成熟期（月/日）	全生育期（天）	面积（亩）	亩产（千克）	亩产与对照比较（%）	田间抗性	抗倒性	综合评价		
									排名	主要优点	主要缺点
美玉 8 号（CK）	3/31	7/8	100	0.3	933.3	0.0	好	好	4	鲜食品质较好，糯性好，口感好	少量空穗
美玉 13 号	3/31	7/5	97	0.3	1042.3	11.67	好	好	2	丰产性好，商品性较佳，糯性好，口感较好	果穗秃尖
彩甜糯 617	3/31	7/5	97	0.3	951.6	1.96	中	好	3	商品性较佳	抗病性一般
浙糯玉 7 号	3/31	7/7	99	0.3	878.7	−5.85	中	好	6	糯性较好	抗病性一般
彩甜糯 6 号	3/31	7/5	97	0.3	952.0	2.00	好	好	5	商品性较佳	果穗秃尖
钱江糯 3 号	3/31	7/4	96	0.3	993.7	6.47	好	好	1	皮薄，糯性较好，丰产性好，商品性较佳	果穗秃尖

表 3　2016 年浙江省农作物新品种适应性扩展鉴定结果表（鲜食甜玉米）

品种名称	播种期（月/日）	成熟期（月/日）	全生育期（天）	面积（亩）	亩产（千克）	亩产与对照比较(%)	田间抗性	抗倒性	综合评价		
									排名	主要优点	主要缺点
先甜 5 号（CK）	3/31	7/14	106	0.3	812.0	0.00	好	好	4	大穗，穗形好，籽粒饱满，色泽好，商品性好	皮略厚，果穗少量秃尖
美玉甜 002 号	3/31	7/15	107	0.3	840.3	3.49	好	好	3	品质较优	穗形稍差，籽粒整齐度稍差，色泽稍差
浙甜 11	3/31	7/15	107	0.3	930.3	14.57	好	一般	2	果穗较大，穗形好，籽粒排列整齐	果穗秃尖
浙甜 12	3/31	7/15	107	0.3	960.0	18.23	好	好	1	穗形适中，籽粒大小匀称，色泽较好	果穗秃尖
BM800	3/31	7/12	103	0.3	638.7	−21.34	中	好	9	穗形适中，籽粒大小均匀	不耐积水
金珠甜脆	3/31	7/15	107	0.3	714.3	−12.03	中	好	7	保绿度较好，口感好	不耐积水
华耘 301	3/31	7/15	107	0.3	614.7	−24.30	好	好	10	果穗大，出籽率高	生育期较长
金银 208	3/31	7/21	113	0.3	726.7	−10.50	好	好	6	风味独特，口感好，商品性优	生育期较长
双色先蜜	3/31	7/21	113	0.3	708.7	−12.72	好	好	8	抗病性、抗倒性强	生育期较长
超甜 1626	3/31	7/21	113	0.3	790.0	−2.71	好	好	5	生长势较旺，丰产性好	生育期较长
中 276 桐庐	3/31	7/14	106	0.3	1242.0	52.95	好	好	—	穗大，生长势较旺，丰产性好	植株较高
A218 黄山	3/31	7/14	106	0.3	1224.6	50.81	好	好	—	穗大，生长势较旺，丰产性好	植株较高

注：中 276 桐庐和 A218 黄山（由浙江省种子管理总站寄来），不计入排名。

表4　2016年浙江省农作物新品种适应性扩展鉴定结果表（高粱）

品种名称	播种期（月/日）	成熟期（月/日）	全生育期（天）	面积（亩）	亩产（千克）	亩产与对照比较（%）	田间抗性	抗倒性	综合评价		
									排名	主要优点	主要缺点
兴湘梁2号（CK）	4/10	8/8	121	0.2	347.8	0.00	好	好	7	长势较好	发芽率一般
矮棠粟	4/10	8/12	125	0.2	357.7	2.84	好	好	11	株高适中	发芽率一般
泸糯8号	4/10	8/5	118	0.2	419.8	20.70	好	好	1	籽粒饱满，丰产性好	植株较高
川糯梁1号	4/10	8/10	123	0.2	403.2	15.92	好	好	3	抗病性强，丰产性好	植株较高
晋杂33	4/10	8/15	128	0.2	366.7	5.43	好	好	9	商品性较佳，籽粒饱满	生育期较长
德胜农4号	4/10	8/11	124	0.2	392.4	12.82	好	好	6	商品性较佳，籽粒饱满	发芽率一般
4083	4/10	8/8	121	0.2	371.2	6.72	好	好	10	籽粒饱满，穗大	发芽率一般
0778	4/10	8/6	119	0.2	398.7	14.63	好	好	4	生育期较短	长势较差，整齐度差
0583	4/10	8/10	123	0.2	331.6	−4.65	好	好	12	籽粒饱满，穗大	长势较差
4842	4/10	8/9	122	0.2	406.3	16.82	中	好	2	丰产性好，生育期适中	抗性一般
晋梁白1号	4/10	8/6	119	0.2	393.7	13.19	好	好	5	丰产性好，商品性较佳	出苗整齐度差
晋糯3号	4/10	8/12	125	0.2	385.6	10.86	好	好	8	丰产性好，商品性较佳	出苗整齐度差
晋糯201号	4/10	8/14	127	0.2	269.6	−22.48	好	好	13	籽粒饱满，穗大	发芽率低，生育期较长
晋糯202号	4/10	8/10	123	0.2	212.8	−38.81	好	好	14	籽粒饱满，穗大	发芽率低，长势差

表 5 2016 年浙江省农作物新品种适应性扩展鉴定和丰产示范结果表

农户数	品种名称	作物类型	计划面积（亩）	实施面积（亩）	中心方面积（亩）	验收亩产（千克）	当地平均亩产（千克）	亩产与当地平均比较(%)	示范方总增产（千克）	示范方增产增收（万元）	示范方节本增收（万元）	示范方总增收（万元）	订单农业情况		
													订单面积（亩）	生产数量（千克）	订单产值（万元）
1	浙油 51	油菜	100	100	100	160.8	119	35.12	4180	1.67	0.40	2.07	/	/	/
1	甜玉米	玉米	10.3	3	3	850.2	700	21.46	0.045	0.135	0.012	0.147	/	/	/
1	糯玉米	玉米	4.7	1.8	1.8	958.6	600	59.77	645.48	0.210	0.007	0.217	/	/	/
1	高粱	高粱	5	2.8	2.8	361.2	350	3.20	31.36	0.010	0.010	0.020	/	/	/

印发资料（份）	技术培训		投入资金									攻关田				
	期数	人数	合计（万元）	技术培训（万元）	印发资料（万元）	种子补贴（万元）	农资补贴（万元）	展示示范牌制作（万元）	辅导员工资（万元）	考察总结（万元）	其他（万元）	面积（亩）	田块数	验收亩产（千克）	产量最高田块	
															面积（亩）	亩产（千克）
/	2	95	17.40	0.00	0.00	0.18	8.65	0.53	8.04	0.00	0.00	/	/	/	/	/